Walter Krug

Wirtschafts- und Sozialstatistik heute

Theorie und Praxis

Festschrift für Walter Krug

herausgegeben von

Peter von der Lippe / Norbert Rehm
Heinrich Strecker / Rolf Wiegert

Verlag Wissenschaft & Praxis

CIP-Titelaufnahme der Deutschen Bibliothek

Wirtschafts- und Sozialstatistik heute / Peter von der Lippe ...
(Hrsg.). Mit Beitr. von: Gerhard Arminger ...
– Sternenfels ; Berlin : Verl. Wiss. und Praxis, 1997
    ISBN 3-89673-016-9
NE: von der Lippe, Peter [Hrsg.]; Arminger, Gerhard

ISBN 3-89673-016-9

© Verlag Wissenschaft & Praxis
Dr. Brauner GmbH 1997
Nußbaumweg 6, D-75447 Sternenfels
Tel. 07045/930093, Fax 07045/930094

Alle Rechte vorbehalten

Das Werk einschließlich aller seiner Teile ist urheberrechtlich geschützt. Jede Verwertung außerhalb der engen Grenzen des Urheberrechtsgesetzes ist ohne Zustimmung des Verlages unzulässig und strafbar. Das gilt insbesondere für Vervielfältigungen, Übersetzungen, Mikroverfilmungen und die Einspeicherung und Verarbeitung in elektronischen Systemen.

Printed in Germany

Vorwort

Die in diesem Bande vereinigten Autoren widmen Herrn Prof. Dr. Walter Krug, Trier, diese Festschrift zu Ehren seines 60. Geburtstages. Der Titel des Buches, *Wirtschafts- und Sozialstatistik heute, Theorie und Praxis*, wurde gewählt, einerseits um die Gesamtheit der darin vertretenen Beiträge zuzuordnen und andererseits um das zentrale Arbeitsgebiet Walter Krugs hervorzuheben und zu würdigen.

Die einzelnen Arbeiten sind, je nach ihrem Inhalt, den drei, für die Gliederung gewählten Themenbereichen zugeordnet. Nach theoretischen Arbeiten folgen Aufsätze zur Wirtschaftsstatistik sowie amtlichen Statistik und dann solche zur Ökonomik und Statistik. Wer etwas von der Krugschen Arbeitsweise weiß und in seinem Schriftenverzeichnis gelesen hat, wird unschwer erkennen, daß diese Gliederung die spezifischen Arbeitsfelder des Statistikers Krug sichtbar werden läßt und betont. Die Autoren stehen Herrn Krug in Auffassung und Überzeugung dessen, was in der Statistik geleistet werden muß, nahe und haben deshalb zu seinen Ehren einen Beitrag geleistet. Sie verbinden mit dieser Würdigung des Statistikers Krug zugleich eine herzliche Gratulation zum runden Geburtstag.

Die Herausgeber und Autoren wünschen Walter Krug alles Gute, Schaffenskraft und eine Gesundheit, die den Turbulenzen der Zeit standhalten kann sowie weiterhin Geduld, die man für die universitäre Lehrvermittlung benötigt. Daneben vertrauen sie darauf, daß er seine Auffassung von den Aufgaben der Statistik weiterhin offensiv vertritt und so, wie bisher, nicht unwesentlich mithilft, dem Fach seine Bedeutung zu erhalten.

Ad multos annos, lieber Herr Krug !

Autoren und Herausgeber

Inhaltsverzeichnis

Laudatio

Teil A: Theoretische Statistik

Finite Mischungen von Strukturgleichungsmodellen
Gerhard ARMINGER und Petra STEIN 3

Statistische Adäquation, Trendelimination und empirischer Gehalt
Walter ASSENMACHER 15

Nonparametric Tests for Second Order Stochastic Dominance from
Paired Observations: Theory and Empirical Application
Friedrich SCHMID und Mark TREDE 31

On the atomic structure of the tail-sigma algebra for discrete
Markov-chains
Wolfgang SENDLER 47

Begründung der Zufallsauswahl im Rahmen des Prognoseansatzes
der Stichprobentheorie
Horst STENGER 52

Teil B: Wirtschaftsstatistik / Amtliche Statistik

Johann Peter Süßmilch (1707-1767)
Wegbereiter der Statistik in Deutschland
Eckart ELSNER 65

Preisindizes mit dem Kettenansatz.
Ein Plädoyer für die Abschaffung von Kettenindizes.
Peter von der LIPPE 78

Der Handel in der amtlichen Statistik
Lothar MÜLLER-HAGEDORN 110

Was mißt der EU-Verbraucherpreisindex?
Werner NEUBAUER 141

Amtsstatistik in Wirtschaft und Politik
Klaus REEH 159

Wie Konjunkturdiagnosen treffsicherer werden
Jürgen SCHMIDT 185

Zur Zukunft der Amtlichen Statistik
- Quo vadis Amtliche Statistik? -
Hans STRECKER und Rolf WIEGERT 200

Teil C: Ökonomik und Statistik

Auswirkungen des Planungshorizonts und der Ausfallwahrscheinlichkeit auf die Portfolio-Bildung
Günter BAMBERG und Rainer LASCH 215

Demographische Entwicklung, Erwerbspersonenpotential und Altersvorsorge: die Schweiz und Japan im Vergleich
Hans Wolfgang BRACHINGER und Sara CARNAZZI 233

Ökonomische Effekte sportlicher Großveranstaltungen
- Das Beispiel Olympische Spiele
Klaus HEINEMANN 257

Die Auswirkungen des demographischen Wandels auf die soziale Sicherung
Eckhard KNAPPE 272

Modelling the Demand for Citizenship by Russians in Estonia:
An Ordered Choice Analysis
Attiat OTT und Kamal DESAI 296

Bemerkungen zur Qualität der Konjunkturprognosen des Sachverständigenrates zur Begutachtung der gesamtwirtschaftlichen Entwicklung
Horst RINNE 319

Unternehmerische Kompensationspolitik im internationalen Wettbewerb von Sozialregimes
Dieter SADOWSKI und Ruth BÖCK 341

Wissenschaftliche Veröffentlichungen von Walter Krug 365

Verzeichnis der Autoren 370

Laudatio

Die Statistik heute, so wie sie uns in der universitären Forschung und Lehre sowie in ihrer praktischen Ausrichtung als amtliche Statistik entgegentritt, hat in der Arbeits- und Wirkenszeit von Walter Krug bemerkenswerte Änderungen und Fortentwicklungen erfahren.

Aber sie hat sich auch problematische Züge zugelegt, die gerade einem Statistiker der Krugschen Prägung besonders auffallen und ihn besorgt machen.

Die doppelte Gestalt der Statistik ist heute in ihrer unverzichtbaren Zusammengehörigkeit bedroht von Tendenzen, die einerseits auf die zu starke Betonung einer rein theoretischen Statistik ohne Praxisnähe setzen und andererseits bedroht durch Tendenzen der Mißachtung bei den Praktikern, die mit statistischem Purismus und abgewandter Theorie nichts anfangen können und sich deshalb ihren praktischen Problemen zuwenden. Man wird manchmal an den müßigen Streit zwischen reiner und angewandter Mathematik erinnert, der lange Zeit mit wenig ansprechender Arroganz zwischen den Mathematikern geführt wurde. Walter Krug, dem mit dieser Festschrift für seine Arbeit auf beiden Feldern der Statistik Dank und Anerkennung von seinen Freunden und Kollegen ausgesprochen wird, neigt zu keiner dieser Extrempositionen. Er verkörpert den seltener gewordenen Typ des Statistikers, der beides kann und der in der Statistik eine Wissenschaft erblickt, die ohne einen kreativen Praxisbezug auf die Dauer obsolet wird und die ohne theoretische Arbeit zu einem unübersichtlichen Nebeneinander von Fallstudien degeneriert. Seine Laufbahn und seine Tätigkeit sowohl in der amtlichen Statistik wie der universitären Statistik befähigen und berechtigen ihn zu diesem entschiedenen Urteil.

Während der verflossenen Arbeitsjahre hat diese Überzeugung hinter seinem Wirken gestanden und seinen Arbeiten Beachtung und Zustimmung eingetragen. Wenn der sechzigste Geburtstag von Walter Krug den Anlaß bietet, einen Blick auf die Situation der Statistik heute zu werfen, so dient dies zugleich der Standortbestimmung, die das Werk Walter Krugs in der deutschen Statistik einnimmt, nämlich das einer gebotenen Praxisnähe und zugleich überzeugenden theoretischen Fundierung. Wir brauchen solche Vorbilder wie ihn dringend, um vom Streit um Prioritäten der einen oder anderen Richtung loszukommen. Es ist niemandem mit der Streichung von Lehrstühlen der Statistik gedient, wie wir es schon erlebt haben und niemandem mit dem Abwracken unserer bewährten amtlichen Statistik und deren Gesamtsystem, nur weil die Mittel knapp sind und man sich gegenseitig nicht hilft, die Bedeutung der Statistik als Ganzes zu bestätigen. Es darf die Wissenschaft nicht kalt lassen, wenn politische Ignoranz die amtliche Statistik nicht mehr als eine gesamtkulturelle Institution begreifen kann, sie darf es u.a. auch deshalb nicht, weil sie sonst einen wesentlichen Teil ihrer universitär-wissenschaftlichen Daseinsberechtigung verliert und zum Schaden aller eingeschränkt wird. Wenn eine Tradition einmal zerbrochen ist, dann fällt es schwer, sie wiederherzustellen. Dem Jubilar sind diese Schwierigkeiten unserer Zeiten im Umfeld der Statistik wohl bewußt, er hat mit seinem Wirken diesen Tendenzen entgegengestanden, er hat der Statistik die ganze Kraft seines Arbeitslebens gegeben und kann heute darauf vertrauen, daß sein Arbeitsstil und seine Ausformung als Statistiker sich so darstellen, wie wir sie jetzt und in Zukunft brauchen.

Walter Krug wurde am 24. Mai 1937 in Erlangen geboren. Nach Grundschule und Gymnasium entschied er sich 1957 zum Studium der Volkswirtschaftslehre an der Universität Erlangen. Während einiger Semester setzte er es in München fort, um es dann an der Universität Erlangen/Nürnberg im Jahre 1961 mit dem Diplom abzuschließen. Er war danach für kurze Zeit als Assistent an der Universität Freiburg i. Breisgau tätig, um dann als Assistent an das Institut für Sozialökonomie und Wirtschaftsstatistik an der Universität Erlangen/Nürnberg zurückzukehren, das von Frau Prof. Dr. Ingeborg Esenwein-Rothe geleitet wurde. Im Jahre 1966 promovierte Walter Krug dort mit seiner Arbeit zum Thema: *Das immaterielle Kapital und seine statistische Erfassung.*

Es zeichnet den Statistiker Walter Krug aus, daß er vor einer weiteren Qualifikation an der Universität den Weg in die Praxis suchte und im Jahre 1967 als wissenschaftlicher Mitarbeiter an das Statistische Bundesamt in Wiesbaden ging, um dort die erforderlichen praktischen Kenntnisse im Umgang mit der materiellen Statistik, der Erhebungstechnik und dem Gesamtsystem der amtlichen Statistik in diesem System selbst zu erwerben. Er avancierte dort nach kurzer Zeit zum Leiter des Referats Hochschulstatistik mit der Amtsbezeichnung Regierungsrat und füllte dieses Amt während einiger Jahre aus. Im Jahre 1970 bewarb sich Herr Krug um ein Habilitationsstipendium der Deutschen Forschungsgemeinschaft, das ihm auch für 2 Jahre gewährt wurde. Nach Abschluß der damit verbundenen Arbeit kehrte er an das Statistische Bundesamt zurück und wurde dort Leiter des Referats für Statistische Aus- und Weiterbildung. Im November 1975 wurde Walter Krug zum Professor an die Universität Trier (Fachgebiet Statistik) berufen.

In seinem neuen Amt kam ihm seine Praxiserfahrung sehr zu gute und sie förderte seine Lehr- und weitere wissenschaftliche Tätigkeit, die damit zu einem Spezifikum der Trierer Statistik wurde. In den nachfolgenden Jahren entstanden viele Aufsätze, Expertisen und zahlreiche Gutachten für Ministerien und die sich bildende EU-Statistik in Luxemburg. Daneben hat er auch der Universität in ihrer Selbstverwaltung gedient und seiner Fakultät als Dekan vorgestanden. Im Sommersemester 1980 lehrte er als Gastprofessor an der Clark University in Worcester, Massachusets.

Walter Krug ist Mitglied der Deutschen Statistischen Gesellschaft, des Vereins für Socialpolitik, der deutschen Gesellschaft für Bevölkerungspolitik, der European Society for Population Economics und des Statistischen Landesausschusses Rheinland-Pfalz.

Unter den von ihm verfaßten oder mitverfaßten Monographien, die Walter Krug im Laufe der Jahre publizierte und in denen er vorrangig angewandte wirtschafts- und sozialwissenschaftliche Themen darstellte und bearbeitete, wie z.B. Kaufkraftparitäten für nicht marktbestimmte Güter, Disparitäten der Sozialhilfedichte, Pflegebedürftigkeit in Heimen u.ä. ist eine Arbeit besonders bemerkenswert und hervorragend, die inzwischen in der 4. Auflage erscheint und lautet: *Wirtschafts- und Sozialstatistik: Die Gewinnung von Daten*. Dieses Buch ist eine einmalige Erscheinung in der deutschen statistischen Literatur unserer Tage und verdient hervorgehobene Beachtung. Walter Krug und seine Mitautoren, früher M. Nourney und heute J. Schmidt aus der amtlichen Statistik haben mit diesem Werk der Flut methodenorientierter statistischer Bücher ein Korrektiv gegenübergestellt, das nachdrücklich darauf verweist, daß Methoden nur die eine Seite einer guten und hinreichenden statistischen Darstellung wiedergeben, daß jedoch die andere Seite die Datenprobleme behandeln sollte und die Daten-Generierung, Evaluation und kritische Würdigung bei spezifischer Verwendung umfassen muß. Walter Krug vertritt die fundamentale These, daß Statistik durch das Zusammenwirken von Daten, Sachtheorie und Methoden gekennzeichnet ist und keine dieser Komponenten ohne die andere existieren kann. Er bietet in seinem Buch eine gültige, grundlegende Darstellung für die Probleme der forschenden und analysierenden Statistik, die sich vorrangig als eine der Realität zugewandte Wissenschaft bewähren muß. Sein Profil als Statistiker wird mit diesem Buch überzeugend vorgestellt und in seiner Bedeutung unübersehbar.

Walter Krugs Literaturverzeichnis weist über das hier einzeln Erwähnte hinaus eine große Zahl statistisch-angewandter Arbeiten aus der Wirtschafts- und Sozialstatistik, viele qualitätvolle Aufsätze aus diesem Bereich und eine beachtliche Zahl von Gutachten für die Politikberatung auf. Die vorgelegte Festschrift aus Anlaß der Vollendung seines 60. Lebensjahres trägt deshalb nicht ohne Grund den Titel: *Wirtschafts- und Sozialstatistik heute, Theorie und Praxis*, und pointiert damit die Bedeutung Krugs für diesen wichtigen Grundbereich der Statistik.

Bei akademischen Laudationes zeigt sich die rituelle Merkwürdigkeit, daß die Technik dieser Lobreden darauf hinausläuft, den Geehrten säuberlich, quasi wie bei einer Varianzanalyse, in den Wissenschaftler, in eine sozusagen vom Personalen und Menschlichen abstrahierte Form zu zerlegen und danach erst Person und menschliche Vorzüge des Gelobten als weitere Komponente ins Bild treten zu lassen. Natürlich ist das ein Unding, doch das akademische Protokoll sieht es vor, jedoch, die Person ist eins in ihren Vorzügen und auch in ihren Defiziten und selbstverständlich auch als Wissenschaftler. Trennung in verschiedene Schichten ohne Interaktion derselben läuft eigentlich auf die Konstruktion eines entpersonalisierten Zerrbildes des Geehrten hinaus. Wie will man z.B. mit anderen zusamenarbeiten, wenn man nicht offen, unvoreingenommen und kooperationsbereit ist, wie will man an Studierende sein Wissen weitergeben, wenn man es nicht klar formuliert im Kopfe mit sich trägt, wie will man dem Leben, auch dem in den Wissenschaften standhalten, wenn man des Humors entbehrt, diesem Elixier einer erfolgreichen Lebensstrategie? Woher soll Toleranz einem erwachsen, Standhaftigkeit gegenüber absprechender Kritik und dem abstoßenden Hang anderer, Leistungen nicht gelten zu lassen, woher sollen Kreativität und Ideen kommen, wenn nicht aus dem Personalen, der inneren Stärke des Menschen selbst? Auch in einer akademischen Laudatio müssen deshalb, der ariden Konvention trotzend, diese Qualitäten im Humanen und Sozialen gewürdigt werden, weil sie so unverzichtbar und deutlich zur Person gehören, wie seine Leistungen beim Abfassen von Büchern und Schriften. Den Menschen Walter Krug zeichnen dieser Humor und eine großzügige Toleranz, standfeste Überzeugung und Kreativität aus. Wer mit ihm einmal abends bei einem Glas Moselwein saß, mit ihm sprach und ihn näher kennenlernte, weiß das genau und wurde von seinen liebenswerten Eigenschaften gewonnen.

Es soll am Ende dieser Laudation gesagt werden, daß Person und wissenschaftliche Leistung ohne einander nichts sind, Stückwerk, und daß die Würdigung der Person im Gesamten in einer akademischen Lobrede zwar nur einen Seitenblick gestattet, daß sie aber nichts von ihrer zentralen Bedeutung verliert, denn sie steht hinter allem. Es ist hierbei wie in der Statistik, eines ist nichts ohne das andere, Theorie und Praxis, ja, mehr noch, Theorie in der Praxis das zeichnet aus und macht Leistungen unverwechselbar. Walter Krug hat in seinem Leben als menschlich überzeugende Persönlichkeit und statistisch produktiver Wissenschafter dies stets angestrebt und gelebt. Die in dieser Festschrift zu seinen Ehren Versammelten bekunden ihren Respekt und ihre Anerkennung und wünschen Walter Krug für die Zukunft noch viele ertragreiche Jahre im Dienste einer Statistik, die ihre Aufgabe ernst nimmt und zum Wohle aller erfüllt.

Für alle Autoren der Festschrift im Mai 1997

Peter von der Lippe, Norbert Rehm, Heinrich Strecker, Rolf Wiegert

Teil A:
Theoretische Statistik

Finite Mischungen von Strukturgleichungsmodellen

Von Gerhard Arminger und Petra Stein, Wuppertal

Zusammenfassung: In dieser Arbeit wird ein Mischverteilungsmodell für konditional normal verteilte Zufallsvariable formuliert. Dieses Modell bietet die Möglichkeit, allgemeine Mittelwert- und Kovarianzstrukturmodelle, insbesondere auch LISREL Modelle, für Daten aus konditional heterogenen Grundgesamtheiten zu spezifizieren und Modellspezifikation zu testen. Im Unterschied zur Clusteranalyse ist ein Test auf Zahl der Komponenten sowie die Einbeziehung von Regressoren möglich. Als Schätzmethode wird eine Kombination aus EM Algorithmus und Minimum Distanz Schätzung vorgeschlagen. Modell und Schätzmethode werden durch eine Simulationsstudie illustriert. Das Modell kann wie die Clusteranalyse allgemein zur Klassifikation verwendet werden. Unmittelbare Anwendung kann es in Studien zur Marktsegmentation und zur Lebensstilforschung finden.

1 Problembeschreibung

Bei der Analyse multivariater Daten in den Sozial- und Wirtschaftswissenschaften werden häufig komplexe Modelle angewandt, die zum einen differenzierte Beziehungen zwischen abhängigen Variablen untereinander und zwischen abhängigen und unabhängigen Variablen abbilden und zum anderen die Beziehung zwischen Indikatoren von latenten Variablen zu den latenten Variablen im Sinne eines Meßmodells darstellen. Der erste Modelltyp umfaßt die multivariate Regression, die multivariate Varianz- und Kovarianzanalyse sowie die simultanen Gleichungssysteme der Ökonometrie. Der zweite Modelltyp umfaßt die Hauptkomponenten- und Faktorenanalyse sowie die Faktorenanalyse höherer Ordnung. Die Faktorenanalyse wird heute in zahlreichen Wissenschaften als multivariates Analyseinstrument eingesetzt. Hervorragende Beispiele zum Einsatz der Faktorenanalyse bei der Analyse von Daten der amtlichen Statistik findet man in den Arbeiten von Krug (1985, 1986) sowie von Krug und Rehm (1986) zu regionalen Disparitäten der Sozialhilfedichte. Kombiniert man den ersten mit dem zweiten Modelltyp, indem latente Variablen durch ein faktorenanalytisches Meßmodell mit beobachtbaren Indikatoren verknüpft werden und auf die latenten Variablen Regressionsmodelle aufgeprägt werden, erhält man die Klasse der Mittelwert- und Kovarianzstrukturmodelle. Diese Modelle werden häufig auch als Strukturgleichungs- oder Kausalmodelle bezeichnet, wobei die Bezeichnung *kausal* eher irreführend als hilfreich ist. Eine Darstellung des allgemeinen Modells sowie wichtiger Submodelle, etwa des LISREL Modells, findet man in Browne und Arminger (1995).

Zentrale Voraussetzung einer korrekten Spezifikation eines Mittelwert- und Kovarianzstrukturmodells sowie einer konsistenten Schätzung der Parameter ist die Annahme, daß die Stichprobenwerte y_i der abhängigen Variablen voneinander unabhängige Ziehungen aus der gleichen Grundgesamtheit sind gegeben die erklärenden Variablen x_i. Diese Voraussetzung wird als konditionale Stichprobenhomogenität bezeichnet. Ist die Homogenität verletzt, aber die kritische Variable, die die Inhomogenität erzeugt, bekannt, lassen sich getrennte Analysen für jede Merkmalsausprägung der kritischen Variablen berechnen und Hypothesen über die Gleichheit von Strukturen in den einzelnen Submodellen für jede Merkmalsausprägung der kritischen Variablen testen. Im Jargon der Programme zur Schätzung für Mittelwert- und Kovarianzstrukturmodelle wird dies als Mehrgruppenanalyse (multiple group option) bezeichnet. In diesem Aufsatz wird ebenfalls davon ausgegangen, daß die Werte y_i gegeben x_i aus unterschiedlichen Grundgesamtheiten stammen können. Im Unterschied zur Mehrgruppenanalyse ist jedoch keine kritische Variable bekannt, die die Heterogenität der Stichprobe erzeugt. Das statistische Modell der Heterogenität in diesem Fall ist eine finite Mischung, in der angenommen wird, daß jede Beobachtung von y_i gegeben x_i mit Wahrscheinlichkeit $\pi_k, k = 1, \ldots, K$ aus einer Grundgesamtheit k stammt, die eine spezielle Dichte $f_k(y_i|x_i)$ aufweist. Die Möglichkeit, die Anteile π_k und die Parameter der Dichte $f_k(y_i|x_i)$ zu schätzen, wird erst durch spezifische Annahmen über die Dichte möglich. Daher wird von der Standardannahme ausgegangen, daß y_i einer konditionalen Normalverteilung folgt, deren konditionaler Erwartungswert und Kovarianzmatrix in einem Strukturgleichungsmodell parametrisiert sind.

Ein derartiges Modell ist eng mit der Clusteranalyse verwandt und läßt sich für ebenso viele Anwendungen einsetzen. Typische Beispiele sind etwa die Marktforschung oder die Lebensstilforschung. In diesen Bereichen können die Wahrscheinlichkeiten π_k der einzelnen Komponenten der finiten Mischung als Marktanteile oder Anteile von Lebensstiltypen in der Population interpretiert werden, während Hypothesen über das Verhalten einzelner Lebensstiltypen mit komponentenspezifischen Strukturgleichungsmodellen formuliert und überprüft werden können. Von der Clusteranalyse unterscheidet sich der vorgestellte Ansatz in folgender Hinsicht. Erstens kann die Analyse konditional auf erklärende Variable x_i erfolgen. Zweitens werden zur Beschreibung der Unterschiede zwischen Komponenten (Cluster) nicht nur die Mittelwerte sondern auch die Kovarianzmatrizen der untersuchten Variablen verwendet. Drittens können die bedingten Mittelwerte und Kovarianzmatrizen als Strukturgleichungsmodelle parametrisiert werden. Viertens kann die Zahl K der Komponenten als Zufallsvariable aufgefaßt und statistischen Tests unterzogen werden. Man beachte jedoch, daß das vorgeschlagene Verfahren auf Variable y_i beschränkt ist, die stetig und konditional normalverteilt sind. Allgemeine Literatur zu finiten Mischungen findet man in McLachlan and Basford (1988). Spezielle Modelle zur Faktorenanalyse wurden von Yung (1994) entwickelt. Eine technische Beschreibung des hier vorgestellten Ansatzes ist in Arminger, Stein und Wittenberg (1996) enthalten.

2 Spezifikation des Mischmodells

Es sei $y_i \sim p \times 1$ ein Vektor von Zufallsvariablen und $x_i \sim q \times 1$ ein Vektor von Regressoren, die metrisch oder als Indikatorvariablen kodiert sind. Die Zufallsvariable $C \in \{1, 2, \ldots, K\}$ indiziert die Komponenten der Mischung. Die bedingte Verteilung $f(y_i|x_i)$ von y_i gegeben x_i sei gegeben als bedingte Mischverteilung

$$f(y_i|x_i) = \pi_1 f_1(y_i|x_i) + \pi_2 f_2(y_i|x_i) + \ldots \pi_K f_K(y_i|x_i) \tag{1}$$

wobei die Parameter $\pi_k \geq 0$ mit $\sum_{k=1}^{K} \pi_k = 1$ die Anteile der heterogenen Grundgesamtheiten sind und die bedingte Dichte $f_k(y_i|x_i)$ einer Normalverteilung $\mathcal{N}(\mu_{ik}, \Sigma_k)$ folgt. Der Erwartungswert μ_{ik} wird als multivariates Regressionsmodell

$$\mu_{ik} = \gamma_k + \Pi_k x_i \tag{2}$$

spezifiziert. Entsprechend ist Σ_k die Kovarianzmatrix der Fehler. Zusätzlich können γ_k, Π_k und Σ_k durch einen Parametervektor $\vartheta \sim d \times 1$ strukturiert werden.

Als erstes Beispiel der Aufprägung einer parametrischen Struktur wird das faktorenanalytische Meßmodell von Yung (1994) betrachtet. In diesem Modell liegen keine Regressoren vor. Dieser Annahme entspricht ein unkonditionales Mischverteilungsmodell. Der Mittelwertvektor und die Kovarianzmatrix jeder Komponente $k = 1, \ldots, K$ sind dann gegeben durch

$$\mu_{ik} = \nu_k, \quad \Sigma_k = \Lambda_k \Phi_k \Lambda'_k + \Theta_k. \tag{3}$$

In dieser Gleichung ist ν_k der Vektor der Regressionskonstanten im faktorenanalytischen Modell, $\Lambda_k \sim p \times m$ ist die Matrix der Faktorladungen für den Vektor $\eta_i \sim m \times 1$ der Faktorwerte mit $E(\eta_i) = 0$, Φ_k ist die $m \times m$ Kovarianzmatrix von η_i und $\Theta_k \sim p \times p$ ist die (üblicherweise diagonale) Kovarianzmatrix der Meßfehler $\epsilon_i \sim p \times 1$ mit $E(\epsilon_i) = 0$. Man beachte, daß wie in der Faktorenanalyse einer homogenen Stichprobe Identifikationsrestriktion einzuführen sind, um eine konsistente Schätzung von $\nu_k, \Lambda_i, \Phi_k, \Theta_k$ zu gewährleisten. In diesem Modell wird ein unterschiedliches Meßmodell für jede Komponente eingeführt. Gleichheits- und andere Restriktionen können in ϑ formuliert und überprüft werden.

Als zweites Beispiel wird ein konditionales LISREL Modell spezifiziert. Man beachte, daß das herkömmliche LISREL Modell (Jöreskog & Sörbom 1993) als Spezialfall dieses konditionalen LISREL Modells formuliert werden kann. Es sei wieder η_i der Vektor der latenten Variablen mit $E(\eta_i) = 0$ und dem komponentenspezifischen Gleichungssystem

$$\eta_i|(x_i,k) = \mathbf{B}_k\eta_i + \Gamma_k x_i + \zeta_i^{(k)}, \; k=1,\ldots,K \quad \text{mit}$$
$$\zeta_i^{(k)} \sim \mathcal{N}(0,\Psi_k). \tag{4}$$

Der Vektor $\zeta_i^{(k)}$ ist der Störterm des Gleichungssystems. Die Matrix $(I-B_k)$ sei invertierbar. Dann ist der bedingte Erwartungswert gleich

$$E(\eta_i|x_i,k) = (I-\mathbf{B}_k)^{-1}\Gamma_k x_i, \tag{5}$$

und die bedingte Kovarianzmatrix ist

$$V(\eta_i|x_i,k) = (I-\mathbf{B}_k)^{-1}\Psi_k(I-\mathbf{B}_k)^{-1'}. \tag{6}$$

Setzt man auf $\eta_i^{(k)}$ ein komponentenspezifisches Meßmodell der Form

$$y_i = \nu_k + \Lambda_k \eta_i^{(k)} + \epsilon_i^{(k)}, \tag{7}$$

erhält man den bedingten Erwartungswert

$$E(y_i|x_i,k) = \nu_k + \Lambda_k(I-\mathbf{B}_k)^{-1}\Gamma_k x_i = \gamma_k + \Pi_k x_i, \tag{8}$$

mit $\gamma_k = \nu_k$ und $\Pi_k = \Lambda_k(I-\mathbf{B}_k)^{-1}\Gamma_k$ sowie die bedingte Kovarianzmatrix

$$V(y_i|x_i,k) = \Lambda_k(I-\mathbf{B}_k)^{-1}\Psi_k(I-\mathbf{B}_k)^{-1'}\Lambda_k' + \Theta_k = \Sigma_k. \tag{9}$$

Dieses bedingte LISREL Modell ist die Formulierung eines vollen Strukturgleichungsmodells für jede (unbekannte) Komponente k. Man beachte, daß im Unterschied zum LISREL Modell von Jöreskog und Sörbom (1993) die abhängigen Variablen y_i und die Regressoren x_i nicht simultan betrachtet und modelliert werden. Der Grund für die Bevorzugung der konditionalen Schreibweise liegt in der Tatsache, daß die simultane Schätzung zu inkonsistenten Schätzern für die Parameter $\pi_i, B_k, \Gamma_k, \Psi_k, \nu_k, \Lambda_k$ und Θ_k führt (vgl. Arminger et al. 1996, Section 3.4).

3 Parameterschätzung

Wegen der Annahme der multivariaten Normalverteilung $\phi(\boldsymbol{y}_i; \boldsymbol{\mu}_{ik}(\vartheta), \boldsymbol{\Sigma}_k(\vartheta))$ für die Dichte $f_k(\boldsymbol{y}_i|\boldsymbol{x}_i)$ der einzelnen Komponente liegt es nahe, für eine fest vorgegebene Zahl K von Komponenten die Loglikelihoodfunktion des Parametervektors $\vartheta^* = ((\pi_1, \pi_2, \ldots, \pi_{K-1})', \vartheta')$

$$l(\vartheta^*) = \sum_{i=1}^{n} \ln f(\boldsymbol{y}_i|\boldsymbol{x}_i) \quad \text{mit} \tag{10}$$

$$f(\boldsymbol{y}_i|\boldsymbol{x}_i) = \sum_{k=1}^{K} \pi_k \phi(\boldsymbol{y}_i; \boldsymbol{\mu}_{ik}(\vartheta), \boldsymbol{\Sigma}_k(\vartheta)), \tag{11}$$

zu maximieren. Die direkte Maximierung ist jedoch auf Grund der flachen Loglikelihoodfunktion schwierig, die üblichen numerischen Verfahren erweisen sich als außerordentlich instabil. Zur Lösung dieses Maximierungsproblems sind eine Reihe von Verfahren, insbesondere auch eine Bayesianische Formulierung und Schätzung der a posteriori Dichten der Parameter mit Markov-Chain Monte-Carlo (MCMC) Methoden, denkbar. Im folgenden wird ein klassisches Schätzverfahren, das auf dem EM Algorithmus und der Minimum Distanz Schätzung basiert, skizziert.

Im ersten Schritt wird die multivariate Erweiterung des EM Algorithmus von De Sarbo und Cron (1988) verwendet, um zunächst $\pi_k, \boldsymbol{\gamma}_k, \boldsymbol{\Pi}_k$ und $\boldsymbol{\Sigma}_k$ ohne Berücksichtigung der durch ϑ aufgeprägten parametrischen Struktur zu schätzen. Die Berechnungsschritte sind nach Wahl von Anfangswerten $\pi_k^{(0)}, \boldsymbol{\gamma}_k^{(0)}, \boldsymbol{\Pi}_k^{(0)}, \boldsymbol{\Sigma}_k^{(0)}$ wie folgt:

1. Man berechne in jedem Schritt $j + 1 = 1, 2, \ldots$ für jedes Element $i = 1, \ldots, n$ und jede Komponente k die a posteriori Wahrscheinlichkeit $\pi_{ik}^{(j+1)}$, daß Element i in Komponente k fällt.

$$\pi_{ik}^{(j+1)} = \frac{\pi_k^{(j)} \phi(\boldsymbol{y}_i; \boldsymbol{\gamma}_k^{(j)} + \boldsymbol{\Pi}_k^{(j)} \boldsymbol{x}_i, \boldsymbol{\Sigma}_k^{(j)})}{\sum_{k=1}^{K} \pi_k^{(j)} \phi(\boldsymbol{y}_i; \boldsymbol{\gamma}_k^{(j)} + \boldsymbol{\Pi}_k^{(j)} \boldsymbol{x}_i, \boldsymbol{\Sigma}_k^{(j)})} \tag{12}$$

2. Man berechne die Mischungsanteile $\pi_k^{(j+1)}$ und die Stichprobengröße $n_k^{(j+1)}$ jeder Komponente k.

$$\pi_k^{(j+1)} = \frac{1}{n} \sum_{i=1}^{n} \pi_{ik}^{(j+1)} \tag{13}$$

$$n_k^{(j+1)} = n \pi_k^{(j+1)} \tag{14}$$

3. Man berechne die Regressionskonstante $\gamma_k^{(j+1)}$ und die Matrix $\Pi_k^{(j+1)}$ durch eine gewichtete Regression mit erklärenden Variablen $z_i = (1, x_i')'$ und Koeffizientenmatrix $B_k^* = (\gamma_k, \Pi_k)$.

$$\mathbf{B}_k^{*(j+1)} = (\sum_{i=1}^n y_i \pi_{ik}^{(j+1)} z_i')(\sum_{i=1}^n z_i \pi_{ik}^{(j+1)} z_i')^{-1}. \tag{15}$$

4. Die Kovarianzmatrix $\Sigma_k^{(j+1)}$ wird mit Hilfe der Residuen $e_i^{(j+1)} = y_i - B_k^* z_i$ der gewichteten Regression berechnet.

$$\Sigma_k^{(j+1)} = \frac{1}{n_k^{(j+1)}} \sum_{i=1}^n \pi_{ik}^{(j+1)} e_{ik}^{(j+1)} e_{ik}^{(j+1)'}. \tag{16}$$

Nach Konvergenz des EM-Algorithmus werden die ML Schätzer mit $\hat{\pi}_{ik}$, $\hat{\pi}_k$, $\hat{\gamma}_k \hat{\Pi}_k$ und $\hat{\Sigma}_k$ bezeichnet. $\hat{n}_k$ ist der Schätzer der Stichprobengröße der k-ten Komponente.

Im zweiten Schritt wird die asymptotische Kovarianzmatrix der Parameterschätzer $\hat{\gamma}_k$, $\hat{\Pi}_k$ und $\hat{\Sigma}_k$, die im Vektor $\hat{\kappa}$ zusammengefaßt werden, geschätzt. Diese Kovarianzmatrix wird mit

$$\hat{\Omega} = \hat{V}(\hat{\kappa}) \tag{17}$$

bezeichnet. Ihre Berechnung geht auf ein allgemeines Verfahren von McLachlan und Basford (1988) zurück. Die in diesem Algorithmus erforderlichen Ableitungen sind im Anhang von Arminger et al. (1996) zu finden. Man beachte, daß unter der Struktur des Modells $\hat{\kappa}$ asymptotisch normalverteilt ist mit $E(\hat{\kappa}) = \kappa(\vartheta)$ und $\hat{V}(\hat{\kappa}) = \hat{\Omega}$.

Im dritten Schritt wird ϑ geschätzt, indem die gewichtete Distanz zwischen $\hat{\kappa}$ und der durch ϑ indizierten parametrischen Struktur $K(\vartheta)$ minimiert wird.

$$Q(\vartheta) = [\hat{\kappa} - \kappa(\vartheta)]' \hat{\Omega}^{-1} [\hat{\kappa} - \kappa(\vartheta)]. \tag{18}$$

Der Minimum Distanz Schätzer ist wiederum asymptotisch normalverteilt mit Erwartungswert ϑ und $d \times d$ geschätzter asymptotischer Kovarianzmatrix

$$\hat{V}(\hat{\vartheta}) = \left[\left(\frac{\partial \kappa'(\hat{\vartheta})}{\partial \vartheta} \right) \hat{\Omega}^{-1} \left(\frac{\partial \kappa'(\hat{\vartheta})}{\partial \vartheta} \right)' \right]^{-1}. \tag{19}$$

Aus dieser Kovarianzmatrix lassen sich Standardfehler und Wald-Statistiken zur Konstruktion von Konfidenzintervallen und statistischen Tests berechnen. Unter der Nullhypothese $H_0 : \kappa = \kappa(\vartheta)$ folgt die Teststatistik $Q(\hat{\vartheta})$

asymptotisch einer χ^2 Verteilung mit $r - d$ Freiheitsgraden. Dabei ist r die Zahl der in Schritt 1 geschätzten Parameter in $\gamma_k, \Pi_k, \Sigma_k, k = 1, \ldots, K$.

Die Zahl $K = 1, 2, \ldots$ der Komponenten einer finiten Mischung von multivariat normal verteilten Zufallsvariablen wird üblicherweise mit Hilfe einer Likelihood Ratio (LR) Teststatistik durchgeführt. Dabei ist jedoch zu beachten, daß z.B. die LR Statistik der Nullhypothese $H_0 : K = 1$ gegen $H_1 : K = 2$ asymptotisch nicht einer zentralen χ^2 Verteilung folgt. Der Grund ist, daß unter der Nullhypothese die Wahrscheinlichkeit π_2 mit dem Wert 0 am Rand und nicht im Inneren des Parameterraums liegt. Damit ist eine wesentliche Regularitätsbedingung für die ML-Schätzung und damit für die standardmäßige Verwendung der LR Teststatistik verletzt (vgl. McLachlan und Basford 1988). Zur korrekten Berechnung der asymptotischen Verteilung der LR Teststatistik kann ein parametrisches Bootstrapverfahren eingesetzt werden. Zunächst wird die aus den Daten berechnete LR Statistik festgehalten. Dann werden unter der Nullhypothese R neue Datensätze mit einem Zufallsgenerator erzeugt, für die jeweils die Analyse unter dem Modell der Nullhypothese und der Alternativhypothese erfolgt. Ergebnis dieser Analysen sind R LR Statistiken. Ist die aus den Daten berechnete LR Statistik größer als das $(1 - \alpha)$ Quantil der R Bootstrap LR Statistiken, wird die Nullhypothese mit Fehler α abgelehnt.

4 Simulation eines LISREL Modells

Zur Veranschaulichung des vorgeschlagenen Modells und des zweistufigen Schätzverfahrens werden die Ergebnisse einer Monte Carlo Simulation für ein konditionales LISREL Modell vorgestellt. Die erklärenden Variablen werden mit $\boldsymbol{x} = (x_1, x_2, x_3)'$ und die abhängigen Variablen werden mit $\boldsymbol{y} = (y_1, y_2, y_3, y_4, y_5, y_6)'$ bezeichnet. Um zu illustrieren, daß das Modell nur auf konditionaler Normalverteilung von $\boldsymbol{y}$ gegeben $\boldsymbol{x}$ und nicht auf simultaner Normalverteilung von $\boldsymbol{y}$ und $\boldsymbol{x}$ beruht, wird angenommen, daß x_1 normal verteilt ist mit Erwartungswert 1 und Varianz 1, x_2 χ_1^2 verteilt ist mit Erwartungswert 1 und Varianz 2, und daß x_3 Bernoulli verteilt ist mit Erwartungswert 0.7 und Varianz 0.21. Die Zahl der Komponenten wird auf zwei gesetzt. Die Daten werden durch ein konditionales LISREL Modell für eine zweidimensionale Variable $\boldsymbol{\eta}$ erzeugt:

$$\boldsymbol{\eta} = \mathbf{B}\boldsymbol{\eta} + \boldsymbol{\Gamma}\boldsymbol{x} + \boldsymbol{\zeta} \tag{20}$$

wobei $\boldsymbol{\zeta} \sim \mathcal{N}(\mathbf{0}, \boldsymbol{\Psi})$. Die reduzierte Form des simultanen Gleichungsmodells ist daher gegeben durch:

$$\boldsymbol{\eta} = (\boldsymbol{I} - \mathbf{B})^{-1}\boldsymbol{\Gamma}\boldsymbol{x} + (\boldsymbol{I} - \mathbf{B})^{-1}\boldsymbol{\zeta}, \tag{21}$$

mit Erwartungswert $E(\boldsymbol{\eta}|\boldsymbol{x}) = (\boldsymbol{I} - \mathbf{B})^{-1}\boldsymbol{\Gamma}\boldsymbol{x}$ und Kovarianzmatrix

$V(\eta|x) = \Omega = (I - B)^{-1}\Psi(I - B)^{-1\prime}$. Die Variable η wird durch ein faktorenanalytisches Meßmodell mit y verknüpft

$$y = \nu + \Lambda\eta + \epsilon \tag{22}$$

wobei $\epsilon \sim \mathcal{N}(0, \Theta)$. Der konditionale Erwartungswert von y gegeben x ist daher

$$E(y|x) = \nu + \Lambda(I - B)^{-1}\Gamma x = \gamma + \Pi x, \tag{23}$$

und die konditionale Kovarianzmatrix ist

$$V(y|x) = \Lambda(I - B)^{-1}\Psi(I - B)^{-1\prime}\Lambda' + \Theta = \Sigma. \tag{24}$$

Die Parameter der Matrizen $(B, \Gamma, \Psi, \nu, \Lambda, \Theta)$ in der ersten Komponente werden gewählt als

$$B_1 = \begin{pmatrix} 0.0 & 0.0 \\ 0.5 & 0.0 \end{pmatrix}, \tag{25}$$

$$\Gamma_1 = \begin{pmatrix} 0.2 & 0.5 & 1.0 \\ -0.3 & 0.0 & 0.5 \end{pmatrix}, \tag{26}$$

$$\Psi_1 = \begin{pmatrix} 0.5 & 0 \\ 0 & 0.5 \end{pmatrix}, \tag{27}$$

$$\nu_1 = \begin{pmatrix} 0 & 0 & 0 & 0 & 0 & 0 \end{pmatrix}', \tag{28}$$

$$\Lambda_1 = \begin{pmatrix} 1.0 & 0 \\ 0.8 & 0 \\ 0.7 & 0 \\ 0 & 1.0 \\ 0 & 0.9 \\ 0 & 0.6 \end{pmatrix}, \tag{29}$$

$$\Theta_1 = diag\{0.25, 0.4, 0.4, 0.25, 0.3, 0.5\}. \tag{30}$$

Die Parametermatrizen der zweiten Komponente sind:

$$B_2 = \begin{pmatrix} 0 & 0 \\ -0.5 & 0 \end{pmatrix}, \tag{31}$$

$$\Gamma_2 = \begin{pmatrix} 0.5 & -0.5 & 0.5 \\ 0.3 & 1.0 & -0.5 \end{pmatrix}, \quad (32)$$

$$\Psi_2 = \begin{pmatrix} 0.25 & 0 \\ 0 & 0.25 \end{pmatrix}, \quad (33)$$

$$\nu_2 = \begin{pmatrix} 1 & 1 & 1 & 1 & 1 & 1 \end{pmatrix}', \quad (34)$$

$$\Lambda_2 = \begin{pmatrix} 1.0 & 0 \\ 0.8 & 0 \\ 0.7 & 0 \\ 0 & 1.0 \\ 0 & 0.9 \\ 0 & 0.6 \end{pmatrix}, \quad (35)$$

$$\Theta = diag\{0.5, 0.6, 0.6, 0.5, 0.6, 0.8\}. \quad (36)$$

Das Modell weist zwei deutlich unterschiedliche simultane Gleichungssysteme für die latenten Variablen auf. Die Regressionskonstanten sind ebenfalls in den zwei Komponenten verschieden. Im Sinne der psychologischen Testtheorie wäre dies als komponentenspezifischer Itembias zu interpretieren. Die Faktorladungen sind gleich gesetzt. Dies entspricht gleicher Bedeutung der Items in beiden Komponenten. Die Meßfehler weisen unterschiedliche Werte in ihren Varianzen für die Komponenten auf.

Die Zahl der Monte Carlo Replikationen ist 500. In jeder Replikation werden die Anteile der Komponenten π_k und die reduzierten Form-Parameter γ_k, Π_k und Σ_k sowie deren asymptotische Kovarianzmatrix geschätzt. Im zweiten Schritt werden die Parameter $\hat{\vartheta}$ mit der Minimum Distanz Methode berechnet. Die Berechnungen wurden mit dem GAUSS Programm MECOSA 3 (Arminger, Wittenberg und Schepers 1996) durchgeführt. Die Stichprobengröße beträgt für jede Komponente 1000. Daher sind insgesamt 2000 Fälle zu analysieren.

Tabelle 1

Monte Carlo Simulation eines konditionalen LISREL Modells
(Simultanes Gleichungssystem)

Parameter	Erste Komponente		Zweite Komponente	
π_k	0.500	(0.020 / 0.010)	0.500	(0.020 / 0.010)
β_{21}	0.503	(0.053 / 0.056)	-0.514	(0.094 / 0.100)
γ_{11}	0.202	(0.016 / 0.031)	0.498	(0.019 / 0.029)
γ_{12}	0.500	(0.023 / 0.029)	-0.499	(0.024 / 0.029)
γ_{13}	0.998	(0.029 / 0.067)	0.504	(0.023 / 0.062)
γ_{21}	-0.301	(0.022 / 0.037)	0.306	(0.050 / 0.060)
γ_{22}	-0.004	(0.033 / 0.037)	0.993	(0.054 / 0.068)
γ_{23}	0.491	(0.055 / 0.081)	-0.489	(0.054 / 0.080)
ψ_{11}	0.491	(0.039 / 0.040)	0.245	(0.031 / 0.032)
ψ_{22}	0.495	(0.039 / 0.046)	0.241	(0.036 / 0.038)

In Tabelle 1 werden die Ergebnisse für die Parameter des simultanen Gleichungsmodells angegeben. Die Mittelwerte der geschätzten Parameter sind praktisch identisch mit der datenerzeugenden Parameterstruktur. Der geschätzte Anteil stimmt ebenfalls gut mit dem spezifizierten Wert von 0.5 überein. Die erste Zahl in dem Klammerausdruck nach dem mittleren Schätzwert des Parameters ist der mittlere Wert der asymptotischen Standardfehler, der zweite Wert in der Klammer ist die Standardabweichung der Parameterschätzer über die 500 Monte Carlo Replikationen. Obwohl diese beiden Werte immer die gleichen Größenordnungen aufweisen, tendieren die mittleren Standardfehler zu kleineren Werten als die Monte Carlo Standardabweichungen, so daß es in Anwendungen zu einer Unterschätzung der Standardfehler und damit zu einer Überschätzung der z-Werte kommen kann.

Tabelle 2
Monte Carlo Simulation eines konditionalen LISREL Modells
(Faktorenanalytisches Meßmodell)

Parameter	Erste Komponente		Zweite Komponente	
ν_1	-0.007	(0.057 / 0.073)	0.998	(0.064 / 0.076)
ν_2	-0.006	(0.028 / 0.070)	0.994	(0.031 / 0.073)
ν_3	-0.005	(0.018 / 0.064)	1.002	(0.021 / 0.066)
ν_4	0.003	(0.053 / 0.075)	1.002	(0.062 / 0.075)
ν_5	0.004	(0.050 / 0.076)	1.002	(0.052 / 0.079)
ν_6	0.006	(0.029 / 0.068)	1.004	(0.031 / 0.072)
λ_{21}	0.804	(0.032 / 0.030)	0.804	(0.032 / 0.030)
λ_{31}	0.703	(0.020 / 0.037)	0.703	(0.020 / 0.037)
λ_{52}	0.902	(0.022 / 0.053)	0.902	(0.022 / 0.053)
λ_{62}	0.598	(0.016 / 0.030)	0.598	(0.016 / 0.030)
ϑ_{11}	0.248	(0.028 / 0.027)	0.495	(0.036 / 0.037)
ϑ_{22}	0.392	(0.027 / 0.028)	0.589	(0.035 / 0.036)
ϑ_{33}	0.392	(0.025 / 0.028)	0.590	(0.034 / 0.037)
ϑ_{44}	0.245	(0.027 / 0.035)	0.494	(0.037 / 0.042)
ϑ_{55}	0.293	(0.026 / 0.032)	0.592	(0.037 / 0.039)
ϑ_{66}	0.493	(0.030 / 0.030)	0.789	(0.043 / 0.045)

Ähnliche Ergebnisse findet man auch für das faktorenanalytische Meßmodell in Tabelle 2. Auch hier findet man wieder eine gute Übereinstimmung zwischen den datengenerierenden Parametern und den mittleren Schätzwerten. Während mittlere Standardfehler und Monte Carlo Standardabweichungen für die Faktorladungen und die Fehlervarianzen eng zusammen liegen, sind größere Abweichungen bei den Regressionskonstanten sichtbar.

Literatur

Arminger, G., Stein, P., & Wittenberg, J. (1996). "Mixtures of Conditional Mean- and Covariance Structure Models", unter Revision für *Psychometrika*, Bergische Universität Wuppertal, FB 6.

Arminger, G., Wittenberg, J., & Schepers, A. (1996). *MECOSA 3: A Program System for the Analysis of General Mean- and Covariance Structures with Metric- and Non-Metric Dependent Variables and Mixtures of Conditional Normal Distributed Variables*, ADDITIVE GmbH, Max Planck Str. 9, D-61381 Friedrichsdorf/Ts, Germany. (web address: http://www.additive-net.de/).

DeSarbo, W. S., & Cron, W. L. (1988). "A Maximum Likelihood Methodology for Clusterwise Linear Regression", *Journal of Classification* 5, 249–282.

Jöreskog, K. G., & Sörbom, D. (1993). *LISREL 8: Structural Equation Modeling with the SIMPLIS Command Language*. Hillsdale, NJ: Erlbaum.

Krug, W. (1985). "Gefälle der Sozialhilfedichte und seine Einflußfaktoren. Teilergebnisse eines Forschungsauftrages." *Nachrichtendienst des Deutschen Vereins für öffentliche und private Fürsorge*, Heft 7, 65, S. 211 ff.

Krug, W. (1986). "Das regionale Gefälle der Sozialhilfedichte." *Der Landkreis*, 8/9, S. 422 ff.

Krug, W., & Rehm, N. (1986). *Disparitäten der Sozialhilfedichte*, Band 190 der Schriftenreihe des Bundesministers für Jugend, Familie, Frauen und Gesundheit, Stuttgart: W. Kohlhammer.

McLachlan, G. J., & Basford, K. E. (1988). *Mixture Models*. New York: Marcel Dekker.

Yung, Y. F. (1994). *Finite Mixtures in Confirmatory Factor-Analytic Models*. Dissertation, University of California at Los Angeles, Department of Psychology.

Statistische Adäquation, Trendelimination und empirischer Gehalt

Von Walter Assenmacher, Essen [*]

Zusammenfassung: Um den empirischen Gehalt einer ökonomischen Theorie zu überprüfen, bedarf es nicht nur geeigneter ökonomischer Methoden, sondern auch statistischer Daten, die dem Adäquationspostulat genügen. Statistische Adäquation umfaßt drei Ebenen: Abgrenzung, Aggregation und Zerlegung. Ihre Umsetzung kann auf jeder Ebene nur problembezogen gelingen. Bei ökonomischen Theorien, die eine stationäre Volkswirtschaft beschreiben, sind zu ihrer empirischen Überprüfung trendbereinigte Daten heranzuziehen. Vor der Zerlegung einer Zeitreihe in Wachstums- und Konjunkturkomponente sollte daher geklärt sein, ob von einem stochastischen oder deterministischen Trend auszugehen ist. Am Multiplikator–Akzelerator–Modell von Samuelson wird gezeigt, wie sich die Bewertung seines empirischen Gehalts mit Datensätzen ändert, bei denen in unterschiedlichem Maße die dritte Ebene der Adäquation umgesetzt wurde. Es zeigt sich, daß bei diesem Modell eine Trendbereinigung und die Berücksichtigung von Strukturbrüchen bedeutsamer sind als die Frage der angemessenen Trendhypothese.

I.

Die wirtschaftswissenschaftliche Forschung wurde seit ihren Anfängen von zahlreichen Kontroversen über das angemessene Verhältnis zwischen Wirtschaftstheorie und Empirie begleitet. Die von den meisten Theoretikern akzeptierte wissenschaftstheoretische Position des kritischen Rationalismus (Popper, 1963) hat bis heute zur Folge, daß wirtschaftsstatistische Daten nicht nur zur Illustration, sondern zur Überprüfung einer aufgestellten Theorie dienen, und daß zwischen der Entwicklung einer Theorie, der Datenbeschaffung und Überprüfung zu unterscheiden ist. Der Ökonometrie kam die Aufgabe zu, die zur Umsetzung dieses Verständnisses von empirischer Wirtschaftsforschung notwendige Zusammenführung von ökonomischer Theorie, Wirtschaftsstatistik und Mathematik zu leisten. Ergebnis war ein Forschungsansatz, der zur empirischen Analyse ökonomischer Zusammenhänge von einem formalisierten, stochastisch fundierten wirtschaftstheoretischen Modell, dem ökonometrischen Modell, ausgeht, dessen numerisch unbestimmte Parameter mit geeigneten ökonometrischen Methoden anhand wirtschaftsstatistischer Daten schätzt und schließlich die Schätzungen auf Signifikanz prüft. Die Bedeutung der Wirtschaftstheorie für diesen Forschungsansatz wird in letzter Zeit angezweifelt. Vertreter der modernen Zeitreihenanalyse gehen von der Annahme aus, daß die Beziehungen zwischen ökonomischen Variablen aufgrund statistischer Analysen allein gewonnen werden können, und daß die Wirtschaftstheorie dabei eher verwirrend als

---

[*] Meinen Mitarbeitern, Herrn Dipl. Vw. A. Faust und Herrn Dipl. Vw. M. Zwick, danke ich für ihre Hilfe bei den Schätzungen.

klärend wirkt[1]. Die ökonometrische Forschung wird daher heute von zwei Paradigmen geleitet. Neben die klassische, theoriebezogene Ökonometrie tritt die zeitreihenanalytische mit ihrem weitgehenden Verzicht auf ökonomisch theoretische Vorgaben.

Bei wirtschaftstheoretischem Bezug besitzen ökonometrische Modelle eine kognitive Dimension. Die stochastische Fundierung und die Meßvorschriften der im Modell enthaltenen Variablen müssen daher unter Ausschöpfung des gesamten relevanten Wissens so erfolgen, daß sich in der durch das Modell definierten Klasse zulässiger Strukturen auch diejenige befindet, die im Beobachtungszeitraum die wahre Struktur[2] mit geringster Diskrepanz approximiert [3]. Die eindeutige Isolierung dieser besten Struktur erfolgt durch die Schätzung der Parameter mit solchen ökonometrischen Verfahren, die den jeweiligen Modellbesonderheiten am besten Rechnung tragen. Für die isolierte Struktur gilt, daß bei ihr die Wahrscheinlichkeit, den vorliegenden Datensatz generiert zu haben, maximal wird. Nur jetzt folgt aus signifikanten Strukturparameterschätzungen auch ein empirischer Gehalt für das ökonometrische Modell und die in ihm implementierte ökonomische Theorie. Der probabilistische Charakter ökonometrischer Modelle läßt jedoch die Umkehrung dieses Zusammenhanges nicht zu. Aus nicht signifikanten, einmaligen Parameterschätzungen folgt nicht zwingend eine Falsifikation des theoretischen Teils des Modells. Erst mehrere Falsifikationen qualifizieren ein ökonometrisches Modell als empirisch leer[4]. Seine theoretische Fundierung wurde dann von der Realität widerlegt, sie besitzt somit keinen empirischen Gehalt.

Der statistischen Analyse kommt im Forschungsprogramm der Ökonometrie eine doppelte Rolle zu: Zum einen obliegt ihr das Messen und damit die quantitative Bestimmung der Variablen, zum anderen das Überprüfen der im Modell enthaltenen Theorie. Ohne die Bedeutung der ökonomischen Theorie und der statistisch–ökonometrischen Methoden für die empirische Forschung zu schmälern, hängt die Verläßlichkeit ökonometrischer Ergebnisse entscheidend von der Güte der statistischen Daten ab. Der grundlegende Schritt beim Messen besteht in einer Übersetzung der Modellbegriffe der ökonomischen Theorie (theoretische Konstrukte) in die Zählbegriffe der Statistik (operationale Definitionen). Bei diesem Übergang, als Adäquationsproblem bezeichnet, ist eine minimale logische Diskrepanz zwischen Zähl- und Modellbegriff anzustreben[5]. „Zu dieser Prozedur bedarf es aber einer

---
[1] Vgl. z.B. Granger, 1992, S. 3.
[2] Unter „wahrer Struktur" wird diejenige verstanden, die das quantitative Erscheinungsbild der Realität, komprimiert in den vorliegenden wirtschaftsstatistischen Daten, generiert hat.
[3] Eine wissenschaftstheoretisch formale Analyse dieses Problems findet man bei Assenmacher (1986).
[4] Vgl. hierzu Assenmacher (1986), S. 338.
[5] Dieses von Hartwig (1956) begründete Erfordernis wurde zunächst von Menges (1961) mit Akkommodation bezeichnet; seit Schäffer (1980) wird es als Adäquationsproblem

klaren Orientierung, und diese vermittelt der in einem theoretischen Zusammenhang eingebettete idealtypische Begriff. Das ist seine Funktion im Rahmen einer statistischen Erhebung"[6]. Diese Funktion ist keineswegs trivial. Eine auf dieser frühen Stufe begangene Fehlspezifikation läßt sich bei der technischen Durchführung des Messens auch mit ausgereiften statistischen Verfahren nicht mehr kompensieren. Ungeachtet weiterer möglicher Fehlerquellen[7] sind so erhobene Daten für die empirische Forschung wertlos.

Statistische Adäquation setzt auf drei Ebenen an. Zunächst ist das Abgrenzungsproblem zu lösen, d.h. was alles unter dem idealtypischen Begriff zu erfassen ist. Sodann, insbesondere in makroökonomischem Kontext, muß eine Aggregationstheorie die Zusammenfassung von Objekten unterschiedlicher Qualitäten zu homogenen Quantitäten sichern. Die dritte Ebene der Adäquation betrifft die Zerlegung bereits quantifizierter Größen in die von der Wirtschaftstheorie benötigten Komponenten. Da hier notgedrungen eine enge Verbindung mit der ökonomischen Theorie vorliegt, ist die Gefahr groß, daß die zur Lösung des Zerlegungsproblems herangezogene und die einem ökonometrischen Modell zugrunde liegende Theorie übereinstimmen. Die Folge ist eine dateninduzierte Tautologisierung des ökonometrischen Modells.

Auf jeder Ebene stellt sich statistische Adäquation als ein vielschichtiges Problem dar, das zudem noch mit den konkreten Anwendungsfällen variiert. Das klassische Beispiel für das Zerlegungsproblem ist die Identifikation von Trend und Zyklus in der Zeitreihe einer ökonomischen Variablen. Da die Vorgehensweise vom Untersuchungsobjekt abhängt, wird im folgenden den Zerlegungsmöglichkeiten für die Zeitreihe des realen Bruttoinlandsprodukts der Bundesrepublik Deutschland nachgegangen. Im zweiten Abschnitt werden zunächst die konkurrierenden Trendhypothesen und ihre Implikationen auf die Entwicklung des Bruttoinlandsprodukts dargestellt sowie Überprüfungen ihres empirischen Gehalts aufgezeigt. Mit der akzeptierten Trendhypothese ist auch eine Entscheidung über das Ausmaß der zyklischen Schwankungen verbunden.

Die Konsequenzen, die aus der Trendhypothese für die Beurteilung des empirischen Gehalts einer Theorie resultieren, können nur fallweise diskutiert werden. Um die Modifikationen bei der Beurteilung des empirischen Gehalts beispielhaft aufzuzeigen, die mit verschiedenen Trendeliminationen einhergehen, wird im dritten Teil mit unterschiedlich trendbereinigten Datensätzen das Multiplikator–Akzelerator Konjunkturmodell von Samuelson (1939) geschätzt, dessen Bewertung als empirisch leer bis heute breite Akzeptanz findet. Der abschließende vierte Teil enthält eine vergleichende Bewertung

---
diskutiert.
[6] Siehe Grohmann (1985), S. 11.
[7] Eine Zusammenstellung und Diskussion der wichtigsten systematischen Fehler findet man bei Krug u.a. (1994), S. 187 – 210.

der Ergebnisse sowie ein kurzes Resumee.

II.

Die langfristige Entwicklung des realen Bruttoinlandsprodukts[8] wurde in Übereinstimmung mit dem steady state Konzept der Wachstumstheorie und gestützt auf zahlreiche ökonometrische Untersuchungen lange Zeit als deterministischer Trend angesehen. Mit der Arbeit von Nelson und Plosser (1982) setzt eine Änderung dieser Einschätzung ein. Nicht ein deterministischer, sondern ein stochastischer Trend ist das angemessene Bewegungsmuster der Wachstumskomponente des Bruttoinlandsprodukts und anderer wichtiger Makrovariablen. Damit stehen zwei konkurrierende Möglichkeiten für eine Trendelimination zur Verfügung, die unterschiedliche qualitative und quantitative Auswirkungen auf die verbleibende Restkomponente haben.

Nach der deterministischen Trendhypothese entsteht jeder Zeitreihenwert Y_t des realen Bruttoinlandsprodukts aus einer deterministischen Wachstums– und einer stochastischen Restkomponente, die Konjunktur– und Zufallseinflüsse umfaßt. Spezifiziert man die Wachstumskomponente gemäß des steady state Konzeptes als exponentielles Wachstum, erhält man nach Logarithmustransformation:

$$y_t = \alpha + g_1 t + b_t, \quad y_t := ln Y_t, \qquad t: \text{Zeit}. \tag{1}$$

Die Zufallsvariable b_t unterliegt einem schwach stationären, invertierbaren ARMA–Prozeß:

$$\Phi(L)b_t = \Theta(L)u_t, \quad u_t : \text{i.i.d.}, \quad E(u_t) = 0, \quad var(u_t) = \sigma^2 \quad \text{für alle } t$$

$$E : \text{Erwartungswert}, \quad var : \text{Varianz}, \quad L : \text{Lag–Operator},$$

$$\Phi(L) \text{ und } \Theta(L) : \text{Lag–Polynome}.$$

Die Mittelwertfunktion für Prozeß (1) ergibt sich als: $E(y_t) = \alpha + g_1 t$; nach Entlogarithmieren erhält man den Trend als (gleichgewichtigen) Wachstumspfad: $Y_t = Y_0 \exp(g_1 t)$. Da nach Trendelimination eine stationäre Zeitreihe entsteht, bezeichnet man Prozeß (1) auch als trendstationär.

Gemäß der stochastischen Trendhypothese folgt das reale Bruttoinlandsprodukt einem Random Walk mit Drift:

$$Y_t = Y_{t-1} + g_2 + d_t. \tag{2}$$

Auch hier unterliegt die Zufallsvariable d_t einem schwach stationären, invertierbaren ARMA–Prozeß. Sukzessive Substitution von $Y_{t-i}, i = 1, \ldots, t$ durch Gleichung (2) und Anwendung des Erwartungswertoperators liefert

---

[8] Alle Ausführungen für das Bruttoinlandsprodukt gelten auch für das Bruttosozialprodukt.

die Mittelwertfunktion $E(Y_t) = Y_0 + g_2 t$. Da die Bildung der ersten Differenz Gleichung (2) in eine stationäre Zeitreihe überführt, heißt der Prozeß (2) auch differenzstationär.

Obwohl beide Prozesse in ihrer Mittelwertfunktion formal übereinstimmen, unterscheiden sie sich doch erheblich in ihrer Prognosesicherheit und in der Wirkung von (einmaligen) Impulsen (Innovationen) auf die zukünftige Entwicklung. Während bei trendstationärem Prozeß jeder Prognosewert dieselbe endliche Varianz σ_b^2 aufweist, wächst die Varianz und damit die Prognoseunsicherheit bei differenzstationärer Entwicklung wegen der Addition der Zufallseinflüsse d_t über alle Grenzen.

Die Wirkung einer Innovation auf den Zeitpfad läßt sich mit der Impulsfunktion analysieren[9]. In die erste Differenz überführt besitzen die beiden Gleichungen (1) und (2) die Struktur:

$$(1 - L)w_t = g + A(L)u_t, \quad \text{mit:}$$
$$w_t = y_t := ln Y_t \quad \text{für Gleichung (1) und}$$
$$w_t = Y_t \quad \text{für Gleichung (2).}$$

Wegen der Stationaritätsannahme für alle Lag–Polynome ist die Summe der absoluten Gewichte a_j der unendlichen Lag–Reihe $A(L)$ endlich: $\sum_{j=0}^{\infty} |a_j| < \infty$. Die Wirkung, die eine Innovation u_t auf die Differenz Δw_{t+k}, $k = 0, 1, 2, \ldots$ ausübt, beträgt: $\dfrac{\partial \Delta w_{t+k}}{\partial u_t} = \dfrac{\partial \Delta w_t}{\partial u_{t-k}} = a_k$, die entsprechende Wirkung auf das Niveau beträgt daher: $\dfrac{\partial w_{t+k}}{\partial u_t} = 1 + a_1 + \ldots + a_k$. Die Substitution des Lag–Operators L durch die Variable x ergibt somit die Impulsfunktion I, definiert an der Stelle $x = 1$:

$$I = A(x)|_{x=1} = \sum_{j=0}^{\infty} a_j.$$

Die Impulsfunktion für den trendstationären Prozeß (1) lautet:

$$I = (1-x)\frac{\Theta(x)}{\Phi(x)}\bigg|_{x=1} = 0, \text{ für den differenzstationären Prozeß (2) gilt:}$$

$I = \dfrac{\Lambda(x)}{\Omega(x)}\bigg|_{x=1} \neq 0$. Aus den Impulsfunktionen folgt, daß bei einer trendstationären Entwicklung Innovationen transitorisch, bei stochastischen Prozessen hingegen permanent wirken.

Die mit den Gleichungen (1) und (2) dargestellten Entwicklungen lassen sich zu Prozessen höherer Ordnung verallgemeinern und wegen der gezeigten formalen Strukturübereinstimmung gemeinsam als Augmented–Dickey–Fuller

---

[9] Vgl. hierzu Campbell und Mankiw (1987 a,b) sowie Watson (1986).

Regressionsgleichung (3) darstellen; k gibt die Ordnung des trend- bzw. differenzstationären Prozesses an[10]:

$$y_t = \alpha + gt + \beta_0 y_{t-1} + \sum_{j=1}^{k-1} \beta_j \Delta y_{t-j} + u_t. \tag{3}$$

Trifft die differenzstationäre Trendhypothese zu, gilt: $\beta_0 = 1$ und $g = 0$; bei trendstationärer Entwicklung folgt: $g > 0$ und $\beta_0 < 1$. Nach einer Schätzung ihrer Parameter mit der Methode der kleinsten Quadrate kann mit dem Einheitswurzeltest geprüft werden, welche der beiden in der Regressionsgleichung (3) als Spezialfälle enthaltenen Hypothesen für die historische Entwicklung des Bruttoinlandsprodukts realistischer ist. Mit der ökonometrisch bestätigten Hypothese ist dann die Trendelimination vorzunehmen.

Gleichung (3) ist für viele makroökonomische Zeitreihen verschiedener Volkswirtschaften statistisch–ökonometrisch analysiert worden. Während in den von Nelson und Plosser inspirierten Arbeiten die stochastische Trendhypothese nicht widerlegt werden konnte, mehren sich in letzter Zeit die Zweifel an ihrem uneingeschränkten empirischen Gehalt. Zwei Gründe sind hierfür vor allem verantwortlich:

(1) Die Berücksichtigung von Strukturbrüchen, deren Vernachlässigung sich fälschlicherweise als stochastische Trendänderung niederschlägt und somit die Annahme dieser Hypothese begünstigt, kann auch bei Zeitreihen, bei denen die stochastische Trendhypothese bestätigt wurde, jetzt zu ihrer Ablehnung führen (Perron, 1989).

(2) Der Einheitswurzeltest hat nur eine geringe Mächtigkeit. Durch Simulationen mit differenz– und trendstationären Zeitreihen läßt sich für kleine Stichproben zeigen, daß die Wahrscheinlichkeit, die Hypothese einer differenzstationären Entwicklung — obwohl falsch — anzunehmen, recht groß ist (Rudebusch, 1992).

Die empirische Bewertung des Trends im Bruttosozial– bzw. Bruttoinlandsprodukt der Bundesrepublik Deutschland (alte Bundesländer) fällt unterschiedlich aus. So konnten z.B. Scheide (1990) und Wolters (1990) die stochastische Trendhypothese nicht verwerfen; bei Berücksichtigung von Strukturbrüchen und unter Verwendung durch Simulation erstellter empirischer Dichtefunktionen folgt ihre Ablehnung (Assenmacher, 1996). Da die Diskriminierung zwischen stochastischem und deterministischem Trend im allgemeinen noch sehr unscharf bleibt, ist bis jetzt keine abschließende Beurteilung über den Charakter des Trends möglich. Damit stellt sich die Frage,

---

[10] Ein in Differenzen autoregressiver Prozeß der Ordnung $k - 1$ stellt in Niveaugrößen formuliert einen Prozeß k-ter Ordnung dar.

ob und welcher Fehler mit einer falschen Trendelimination einhergeht, d.h. wenn keine Adäquation bei der Komponentenzerlegung gelingt.

III.

Die Auswirkungen einer falschen Trendelimination hängen von der jeweiligen Verwendung der trendbereinigten Daten ab. Im folgenden dienen sie gemäß der zentralen Aufgabe der klassischen Ökonometrie zur Quantifizierung und Überprüfung der in einem ökonometrischen Modell enthaltenen Theorie. Ausgangspunkt ist das realwirtschaftliche Multiplikator–Akzelerator Konjunkturmodell (MA–Modell) von Samuelson, das die zyklischen Schwankungen des Volkseinkommens erklärt. Der Konsum C_t hängt vom Einkommen Y_t der Vorperiode ab: $C_t = c_0 + cY_{t-1}$, c_0 : autonomer Konsum, c : marginale Konsumneigung. Die (Netto–) Investitionen I_t sind proportional zur Veränderung der Konsumausgaben der laufenden gegenüber der vorangegangenen Periode: $I_t = k(C_t - C_{t-1})$ k : Akzelerationskoeffizient. Bezeichnet G die über die Zeit konstanten, autonomen Staatsausgaben, folgt aus der Periodengleichgewichtsbedingung $Y_t = C_t + I_t + G$ nach Substitution der Nachfragekomponenten durch ihre Verhaltensgleichungen eine inhomogene Differenzengleichung zweiter Ordnung mit konstanten Koeffizienten. Nach Addition der Zufallsvariablen u_t erhält man die Regressionsgleichung:

$$Y_t = \alpha_0 + \alpha_1 Y_{t-1} + \alpha_2 Y_{t-2} + u_t, \qquad (4)$$

$$\alpha_0 := c_0 + G, \quad \alpha_1 := c(1+k), \quad \alpha_2 := -ck.$$

Sind in der ökonomischen Theorie alle wesentlichen Einflußfaktoren erfaßt, stellt u_t „weißes Rauschen" dar.

Die aus der ökonomischen Theorie folgenden allgemeinen Parameterrestriktionen lauten: (I) $0 < c < 1$ und (II) $k > 0$. Die untere Intervallgrenze für die marginale Konsumneigung c kann aufgrund theoretischer und empirischer Erwägungen erhöht werden: $0,5 < c < 1$. Will das Modell die Zyklen im Volkseinkommen realitätsnah erklären, müssen seine Parameter solche Werte annehmen, die gedämpfte oder harmonische Schwingungen ermöglichen. Aus dem Schur–Kriterium und der Bedingung für konjugiert komplexe Lösungen der zur Regression (4) gehörenden charakteristischen Gleichung ergeben sich die beiden speziellen Restriktionen: (III) $c \leq \dfrac{1}{k}$ und (IV) $c < \dfrac{4k}{(1+k)^2}$.

Die ökonometrische Überprüfung der in Gleichung (4) implementierten Theorie geschieht nach ihrer Schätzung mit der Methode der kleinsten Quadrate (OLS) in zwei Schritten. Zunächst wird getestet, ob die OLS–Schätzungen signifikant von $\alpha_1 = \alpha_2 = 0$ abweichen. Die Testergebnisse sind jedoch nicht überzubewerten, da mit der OLS–Schätzung der Gleichung (4) keine Erwartungstreue, sondern bei nicht autokorrelierenden Störvariablen nur Konsistenz vorliegt. Bei geringer Verzerrung bzw. großem Signifikanzniveau dürften die Schlußfolgerungen von denen bei Erwartungstreue nicht gravierend abweichen, insbesondere dann, wenn die Störvariablen frei von Autokorrelation sind[11]. Da die Durbin–Watson–Statistik d bei verzögerten endogenen Regressoren verzerrt gegen $d = 2$ (keine Autokorrelation) ist, wird Autokorrelation mit der Durbin–h–Statistik getestet. Sodann werden aus den Schätzungen die empirischen Werte für c und k berechnet und geprüft, ob sie die vier Modellrestriktionen erfüllen. Fallen alle Überprüfungen positiv aus, wäre dem MA–Modell empirischer Gehalt zu konstatieren, falls die zur Schätzung herangezogenen Daten der statistischen Adäquation genügen.

Bei der Wahl der Daten sind die drei Stufen der Adäquation zu beachten. Die ersten beiden Stufen: „Abgrenzung" und „Aggregation" lassen sich hier relativ problemlos umsetzen. Die Variable Y in Gleichung (4) steht für den idealtypischen Begriff „Volkseinkommen", das durch das reale Bruttosozialprodukt oder Bruttoinlandsprodukt gemessen werden kann. Da das Modell Konjunkturschwankungen erklären will, sind als Zeitbezug Jahreswerte gerechtfertigt. Das MA–Modell bezieht sich aber auf eine stationäre Volkswirtschaft[12]: Damit wird die dritte Ebene der Adäquation angesprochen, nämlich die Zerlegung der Zeitreihe in Trend und Zyklus. Die Parameter der Regression (4) sind mit Daten zu schätzen, die keinen Trend mehr enthalten.

Um aufzuzeigen, wie sich die Einschätzung des empirischen Gehalts des MA–Modells mit der Umsetzung der dritten Stufe der Adäquation ändert, wird Regression (4) zunächst mit der nicht trendbereinigten Zeitreihe des realen Bruttoinlandsprodukts[13] (alte Bundesländer) in Preisen von 1991 geschätzt. Stützzeitraum sind die Jahre 1950 bis 1995. Bei den folgenden Schätzungen werden dann Datensätze verwendet, aus denen sowohl ein deterministischer als auch stochastischer Trend eliminiert wurde. Die letzten Schätzungen basieren auf trendbereinigten Daten unter Berücksichtigung der Strukturbrüche in den Jahren 1961 und 1973. Diese Brüche sind wirtschaftshistorisch begründet und statistisch durch den Chow–Test bestätigt.

---

[11] Dies auch deshalb, weil sich die OLS–Methode in ihren Schätzeigenschaften als relativ robust gegenüber Verletzungen ihrer Anwendungsvoraussetzungen erweist. Vgl. hierzu Krämer (1980).
[12] Das Multiplikator–Akzelerator–Modell wird daher auch zur Analyse ökonomischer Stagnation verwendet. Vgl. hierzu Samuelson (1988).
[13] Im MA–Modell ist „Einkommen" eine Nettogröße. Von daher müßte bei der Schätzung das Nettoinlandsprodukt herangezogen werden. Die statistisch ermittelten Abschreibungen enthalten jedoch (u.a. wirtschaftspolitische) Komponenten, die zu einer Diskrepanz zwischen dem Zählbegriff und dem idealtypischen Begriff der Abschreibungen als produktionsbedingtem Kapitalverbrauch führen. Die Verwendung der Bruttogröße vermeidet den Meßfehler, der mit dem Übergang zur Nettogröße einhergeht.

Tabelle 1 gibt die OLS–Schätzung[14] der Regression (4) auf der Basis der Zeitreihe von 1950 bis 1995 ohne Trendbereinigung wieder:

Tabelle 1: OLS – Schätzung (ohne Trendbereinigung)

Koeffizient	Schätzung	t–Statistik	
α_0	40,9418	2,5346	
α_1	1,2714	8,4601	$\bar{R}^2 = 0,9970$
α_2	-0,2739	-1,8220	$h = 6,7468$
$\bar{R}^2$: bereinigter Determinationskoeffizient			
h: Durbin–h–Statistik			

Die h–Statistik zeigt (positive) Autokorrelation für die Störvariablen an; die Signifikanz der Parameterschätzungen darf daher nicht überbewertet werden. Aus den Schätzungen folgen die Strukturparameter als $\hat{c} = 0,9975$ und $\hat{k} = 0,2746$. Diese Werte verletzen Restriktion (IV); es können daher keine Zyklen eintreten. Zusammen mit der kaum von eins abweichenden marginalen Konsumneigung und dem sehr kleinen Wert für den Akzelerationskoeffizient kann dem MA–Modell nicht empirischer Gehalt attestiert werden. Die verwendeten Daten genügen jedoch nicht den statistischen Adäquationsanforderungen des MA–Modells: Der empirische Befund ist wissenschaftlich wertlos. Regressionsgleichung (4) wird daher mit trendbereinigten Daten geschätzt.

Die Spezifikation der deterministischen Trendhypothese erfolgt nach Gleichung (1). Die OLS–Schätzung ergibt:

$$\hat{Y}_t = 645,6836 \exp(0,035819 t),$$
$$\hat{Y}_t : \text{Trendwert des realen Bruttoinlandsprodukts } Y_t.$$

Die trendbereinigte Zeitreihe: $W_t = Y_t - \hat{Y}_t$ ist nach dem Augmented–Dickey–Fuller–Test (ADF–Test) bei einem α–Fehler von 5% stationär[15]. Da sie nach Trendelimination um die Zeitachse schwankt, wurde Regression (4) auf der Basis der Zeitreihe W_t mit und ohne Achsenabschnitt geschätzt. Aus beiden Ansätzen resultieren jedoch OLS–Schätzungen, die zu derselben Bewertung des empirischen Gehalts des MA–Modells wie bei Verwendung trendbehafteter Daten führen; sie sind deshalb hier nicht wiedergegeben.

Obwohl Trendbereinigung notwendige Voraussetzung für die angestrebte statistische Adäquation ist, kann ihre dritte Stufe wegen der Vernachlässigung

---

[14] Alle Schätzungen wurden mit EViews, Version 1.0 durchgeführt.
[15] Alle folgenden, trendbereinigten Zeitreihen sind nach dem ADF-Test bei einem α-Fehler von höchstens 5 % stationär. Kommt dem Signifikanzniveau bei der Beurteilung der Schätzung keine besondere Bedeutung zu, entfällt seine Angabe.

der beiden Strukturbrüche immer noch nicht im notwendigen Maße umgesetzt worden sein. Hat sich nämlich in den durch die Strukturbrüche festgelegten drei Zeitintervallen die steady state Wachstumsrate signifikant verändert, führt die Trendelimination mit einheitlicher Rate zwar zu einer theoretisch richtigen, quantitativ aber falschen Adäquation. Der deterministische Trend wird daher für die Zeiträume 1950 bis 1961, 1962 bis 1973 und 1974 bis 1995 getrennt geschätzt. Die Trendfunktionen der einzelnen Intervalle lauten:

1. Intervall: $\hat{Y}_t = 479,1658 \exp(0,073650t)$,
2. Intervall: $\hat{Y}_t = 1091,3281 \exp(0,041729t)$,
3. Intervall: $\hat{Y}_t = 1715,4386 \exp(0,022691t)$.

Nach Elimination des intervallspezifischen Trends resultiert die für die Schätzung des MA–Modells adäquate Zeitreihe $W_t = Y_t - \hat{Y}_t$, die alle Anforderungen der statistischen Adäquation erfüllt. Ihren Graph gibt Abbildung 1 wieder:

Abb. 1: Zeitreihe des realen Bruttoinlandsprodukts ohne deterministischen Trend bei Berücksichtigung von Strukturbrüchen

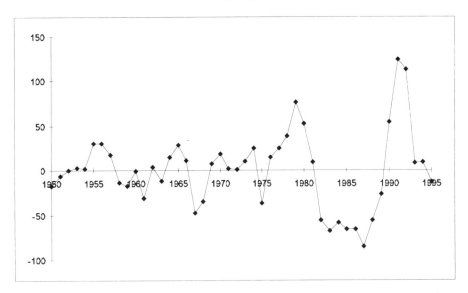

Die Zeitreihe ist nach dem ADF–Test jetzt bei einem α-Fehler von 1% stationär. Auch hier wird das MA–Modell mit und ohne Achsenabschnitt geschätzt. Die Schätzergebnisse unterscheiden sich kaum; da der Achsenabschnitt erwartungsgemäß nicht signifikant ist[16], gibt Tabelle 2 die Schätzung der Regression (4) ohne α_0 wieder.

---

[16] Bei allen Schätzungen des MA-Modells mit trendbereinigten Daten ist die Konstan-

Tabelle 2: OLS − Schätzung (ohne deterministischen Trend, mit Berücksichtigung von Strukturbrüchen)

Koeffizient	Schätzung	t–Statistik	
α_1	0,955722	6,668863	$\bar{R}^2 = 0,5423$
α_2	-0,379499	-2,651645	$h = -1,2076^*$
Legende: siehe Tabelle 1			
*: berechnet nach der Regression mit α_0			

Aus den Schätzungen folgen die Strukturparameter als[17]: $\hat{c} = 0,5762$ und $\hat{k} = 0,6586$. Diese Parameter erfüllen alle vier Parameterrestriktionen. Nach der h–Statistik kann die Hypothese, daß die Störvariablen frei von Autokorrelation sind, bei einem α–Fehler von 1% nicht abgelehnt werden. Die Schätzungen $\hat{\alpha}_1$ und $\hat{\alpha}_2$ sind daher mit hoher Wahrscheinlichkeit konsistent. Der Rückgang des (bereinigten) Determinationskoeffizienten nach der Trendelimination darf nicht als Verringerung des empirischen Gehalts interpretiert werden. Die Trendbeseitigung reduziert die Varianz der Zeitreihe und daher muß der Determinationskoeffizient sinken. Aus all dem folgt, daß der Multiplikator–Akzelerator–Ansatz als empirisch gehaltvoller Mechanismus zur Erklärung der ökonomischen Dynamik einzuschätzen ist.

Wegen der noch schwachen statistischen Diskriminierung zwischen deterministischem und stochastischem Trend wird das MA–Modell auch mit Daten geschätzt, aus denen ein stochastischer Trend eliminiert wurde. Über die angemessene Vorgehensweise zur Beseitigung eines stochastischen Trends herrscht keine Einigkeit. Vielfach wird vorgeschlagen, die Elimination durch Differenzenbildung vorzunehmen. Doch bereits Nelson und Plosser (1982, S. 160) weisen darauf hin, daß dann zwar eine stationäre Zeitreihe resultiert, aus der aber die stochastische Wachstumskomponente nicht gänzlich beseitigt wurde. Die Schätzung von Gleichung (4) mit der durch erste Differenzbildung gewonnenen Zeitreihe $W_t = Y_t - Y_{t-1}$ fällt daher erwartungsgemäß schlecht aus, obwohl W_t nach dem ADF–Test signifikant stationär ist. Daß durch Differenzbildung keine Daten gewonnen wurden, die den Adäquationsanforderungen des Modells auch nur annähernd entsprechen, belegt bereits der niedrige Wert des bereinigten Determinationskoeffizienten $\bar{R}^2 = 0,1103$.

---

te α_0 nicht signifikant. Es werden daher nur die Schätzungen ohne Konstante angegeben. Die Schätzung des Autokorrelationskoeffizienten $\hat{\rho}$, benötigt zur Berechnung der h–Statistik, wird aber mit Residuen vorgenommen, die aus dem inhomogenen Regressionsansatz stammen.

[17] Da die Haushalte ihre Konsumnachfrage in Abhängigkeit vom verfügbaren Einkommen planen, läßt sich der im Vergleich zu anderen Schätzungen relativ geringe Wert für die marginale Konsumneigung durch die Verwendung des Bruttoinlandsprodukts erklären.

In der Formulierung der stochastischen Trendhypothese gemäß Gleichung (2) erfaßt die Driftvariable g_2 die Wachstumskomponente; die Mittelwertfunktion $E(Y_t) = Y_0 + g_2 t$ beschreibt die langfristige Entwicklung der Zeitreihe. Die Elimination des stochastischen Trends soll daher so erfolgen, daß aus der Zeitreihe zunächst die Driftvariable geschätzt und anschließend mit der Mittelwertfunktion eine Trendbereinigung vorgenommen wird. Obwohl die Mittelwertfunktion linear in t ist und von daher formal einem linearen Trend entspricht, unterscheidet sich ihre Quantifizierung von derjenigen eines linearen Trends. Bei der Schätzung des linearen Trends $Y_t = a + bt + u_t$ werden beide Koeffizienten a und b mit derselben Methode, z.B. der OLS–Methode, bestimmt. Bei der Mittelwertfunktion entspricht a immer dem Anfangswert der Zeitreihe. Die Quantifizierung der Drift erfolgt über eine Gleichung, in die alle Annahmen einer differenzstationären Entwicklung integriert werden können. Gleichung (3) erfüllt diese Voraussetzungen: Bei differenzstationärer Entwicklung gilt: $g = 0$ und $\beta_0 = 1$. Aus Gleichung (3) folgt nach Substitution dieser Vorgaben:

$$\Delta Y_t = \alpha + \sum_{j=1}^{k-1} \beta_j \Delta Y_{t-j} + u_t, \qquad (5)$$

wobei die Konstante α jetzt die Drift bezeichnet. Die Anzahl der in Regression (5) aufzunehmenden Regressoren ΔY_{t-j} hängt von der Ordnung des differenzstationären Prozesses ab. Da das Bruttoinlandsprodukt nach dem ADF–Test bei einem α–Fehler von 1% stationär erster Ordnung ist, gilt $k = 1$. Somit lautet die Schätzgleichung für diese Vorgabe: $\Delta Y_t = \alpha + u_t$, d.h. α ist durch das arithmetische Mittel der Differenzen ΔY_t zu schätzen. Ohne Beachtung der Strukturbrüche erhält man $\hat{\alpha} = 50,8578$; die Mittelwertfunktion für den Zeitraum 1950 bis 1995 ergibt sich dann als[18]: $\hat{Y}_t = 461,6 + 50,8578 t$. Die Schätzung des MA–Modells (ohne Konstante) mit der trendbereinigten stationären Zeitreihe $W_t = Y_t - \hat{Y}_t$ gibt Tabelle 3 wieder:

Tabelle 3: OLS – Schätzung (ohne stochastischen Trend)

Koeffizient	Schätzung	t–Statistik	
α_1	1,136475	8,063583	$\bar{R}^2 = 0,7017$
α_2	-0,408752	-2,899140	$h = 1,0087^*$
Legende: siehe Tabelle 2			

Die Strukturparameter betragen jetzt: $\hat{c} = 0,7277$ und $\hat{k} = 0,5617$; sie erfüllen alle vier Parameterrestriktionen. Da die h–Statistik Freiheit von Autokorrelation anzeigt, und dadurch die signifikanten Parameterschätzungen

---

[18] Es handelt sich auch bei $k = 1$ nicht um die OLS – Schätzung eines linearen Trends. Diese lautet bei gleichem Stützzeitraum: $\hat{Y}_t^{\text{OLS}} = 479,3 + 50,1596\, t$.

aussagekräftig werden, ist auch dieses Ergebnis als empirisch gehaltvoll einzustufen.

Die Berücksichtigung der beiden Strukturbrüche verlangt die Schätzung der Driftvariablen für die drei Teilintervalle. Die Mittelwertfunktionen lauten:

1. Intervall: $\hat{Y}_t = 461,6 + 53,1546t,$
2. Intervall: $\hat{Y}_t = 1095,1 + 57,5583t$
3. Intervall: $\hat{Y}_t = 1740,4 + 46,0546t.$

Die nach intervallspezifischer Trendbereinigung resultierende stationäre Zeitreihe gibt Abbildung 2 wieder:

Abb. 2: Zeitreihe des realen Bruttoinlandsprodukts ohne stochastischen Trend bei Berücksichtigung von Strukturbrüchen

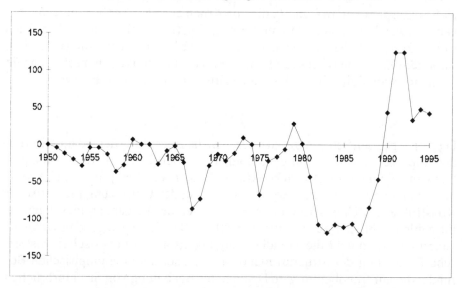

Die Schätzergebnisse für das MA–Modell (ohne Konstante) bei diesen Daten enthält Tabelle 4:

Tabelle 4: OLS–Schätzung (ohne stochastischen Trend, mit Berücksichtigung von Strukturbrüchen)

Koeffizient	Schätzung	t–Statistik	
α_1	1,132375	7,894574	$\bar{R}^2 = 0,6724$
α_2	-0,371067	-2,566800	$h = 0,4231^*$
Legende: siehe Tabelle 2			

Die Parameterschätzungen $\hat{c} = 0,7613$ und $\hat{k} = 0,4874$ genügen den vier Parameterrestriktionen. Die h–Statistik nimmt einen so kleinen Wert an, der Autokorrelation bei den Störvariablen nahezu mit Sicherheit ausschließt. Auch mit diesen Daten wird der empirische Gehalt des MA–Modells bestätigt.

Dem Ordnungsparameter k der Regressionsgleichung (5) kommt bei der Komponentenzerlegung eine bedeutende Rolle zu. Ginge man z.B. von $k = 2$ aus, lautet die aus Gleichung (5) zur Schätzung der Driftvariablen α relevante Regression: $\Delta Y_t = \alpha + \beta_1 \Delta Y_{t-1} + u_t$. Intervallspezifische Schätzungen liefern Driftvariablen, die nach Trendbereinigung jetzt eine nicht stationäre Zeitreihe W_t generieren. Da aber $k = 2$ impliziert, daß die Zeitreihe des realen Bruttoinlandsprodukts stationär zweiter Ordnung wäre, liegt jetzt Überdifferenzierung vor. Überdifferenzierung verstößt somit gegen die dritte Stufe der Adäquation beim MA-Modell. Die Schätzung der Regressionsgleichung (4) (ohne Konstante) mit dieser „trendbereinigten" Zeitreihe W_t führt zu Strukturparametern $\hat{c}$ und $\hat{k}$, die von denen aus der Tabelle 1 berechneten kaum abweichen und die Parameterrestriktion (IV) auch nicht erfüllen. Dies ist insofern nicht überraschend, da wegen der Überdifferenzierung eine nicht stationäre Zeitreihe W_t resultiert, die ähnliche qualitative Eigenschaften wie die historische Zeitreihe Y_t des realen Bruttoinlandsprodukts aufweist.

IV.

Die vorliegenden Schätzergebnisse zeigen die Bedeutung der Adäquation bei der empirischen Überprüfung ökonomischer Theorien. Statistische Adäquation kann nicht losgelöst vom konkreten Problem erfolgen; sie muß sich vielmehr von den spezifischen Erfordernissen bei der Umsetzung theoretischer Konstrukte in Zählbegriffe leiten lassen. Welche Aufgabenfelder dabei zu ihr zählen, läßt sich nur fallweise angeben. Bei der vorliegenden Untersuchung gehört sowohl die Trendbereinigung als auch die wirtschaftshistorische Festlegung der Strukturbrüche dazu. Daher sind die empirischen Befunde, die auf trendbereinigten Daten unter Beachtung von Strukturbrüchen basieren, den anderen empirischen Ergebnissen überlegen: Nur mit „adäquaten" Daten läßt sich überhaupt eine beste Struktur isolieren. Die Frage, ob aus der Zeitreihe des Bruttoinlandsprodukts ein deterministischer oder stochastischer Trend zu eliminieren ist, kann mit Rekurs auf die klassische Ökonometrie allein nicht befriedigend beantwortet werden. Hierzu ist eine Zeitreihenanalyse notwendig. Die zeitreihenanalytische Ökonometrie muß daher nicht im Gegensatz zur klassischen Ökonometrie stehen, sondern kann diese sinnvoll ergänzen. Annäherungen zwischen beiden Richtungen der Ökonometrie zeigen sich nicht nur im Rahmen der Kointegrationsanalyse, sondern auch wie hier bei der Lösung eines bestimmten Aspektes der Adäquation. Die Bewertung des empirischen Gehalts des MA–Modells hängt nach dieser Untersuchung nicht davon ab, nach welcher Hypothese der Trend aus der Zeitreihe entfernt wurde. Dies mag daran liegen, daß sich in den relativ kurzen Zeitspannen zwischen den Strukturbrüchen die Elimination eines (schwach) exponentiellen oder eines linearen Trends kaum voneinander unterscheidet. Die Trendelimination läßt sich daher in bestimmten Fällen unabhängig von der ökonometrischen Klärung der relevanten Trendhypothese vornehmen.

Literatur

Assenmacher, W. (1986), Zum Verhältnis zwischen Wirtschaftstheorie und Ökonometrie; Allgemeines Statistisches Archiv, Bd. 70, S. 327 – 343.

Assenmacher, W. (1996), Trend und Zyklus im Bruttoinlandsprodukt der Bundesrepublik Deutschland. Zur ökonometrischen Ermittlung der empirischen Basis der Konjunktur– und Wachstumstheorie; Mimeo, Essen.

Campbell, J.Y. und Mankiw, N.G. (1987 a), Are Output Fluctuations Transitory ?; Quarterly Journal of Economics, Vol. 102, S. 857 – 880.

Campbell, J.Y. and Mankiw, N.G. (1987 b), Permanent and Transitory Components in Macroeconomic Fluctuations; American Economic Review, Vol. 77, S. 111 – 117.

Clark, P.K. (1987), The Cyclical Component of the U.S. Economic Activity; Quarterly Journal of Economics, Vol. 102, S. 797 – 817.

Granger, G.W.J. (1992), Evaluating Economic Theory; Journal of Econometrics, Vol. 51, S. 3 – 6.

Grohmann, H. (1985), Vom theoretischen Konstrukt zum statistischen Begriff: Das Adäquationsproblem; Allgemeines Statistisches Archiv, Bd. 69, S. 1 – 15.

Hartwig, H. (1956), Naturwissenschaftliche und Sozialwissenschaftliche Statistik; Zeitschrift für die gesamte Staatswissenschaft, Bd. 112, S. 252 – 266.

Krämer, W. (1980), Eine Rehabilitation der Gewöhnlichen Kleinst–Quadrate–Methode als Schätzverfahren in der Ökonometrie; Frankfurt (M.).

Krug, W., Nourney, M. und Schmidt, J. (1994), Wirtschafts– und Sozialstatistik; München, Wien.

Menges, G. (1961), Ökonometrie; Wiesbaden.

Perron, P. (1989), The Great Crash, the Oil Price Shock and the Unit Root Hypothesis; Econometrica, Vol. 57, S. 1361 – 1401.

Popper, K.P. (1969), Logik der Forschung, 3. Aufl.; Tübingen.

Rudebusch, G.D. (1992), Trends and Random Walks in Macroeconomic Time Series: A Re–Examination; International Economic Review, Vol. 33, S. 661 – 680.

Samuelson, P.A. (1939), Interactions between the Multiplier Analysis and the Principle of Acceleration; Review of Economics and Statistics, Vol. 21, S. 75 – 78.

Samuelson, P.A. (1988), The Keynes–Hansen–Samuelson Multiplier–Accelerator Model of Secular Stagnation; Japan and the World Economy, Vol. 1, S. 3 – 19.

Schäffer, K.-H. (1980), Zur Entwicklung der statistischen Methodik und ihrer Anwendungen; Allgemeines Statistisches Archiv, Bd. 64, S. 1 – 18.

Wolters, J. (1990), Stochastische Eigenschaften von Bruttosozialprodukt und Preisniveau; in: Wolters u.a. (Hrsg.) (1990), S. 43 – 79.

Wolters, J., Kuhbier, P. und Buscher, H.S. (Hrsg.) (1990), Die konjunkturelle Entwicklung in der Bundesrepublik. Ergebnisse von Schätzungen alternativer aggregierter Konjunkturmodelle; Frankfurt, New York.

Nonparametric Tests for Second Order Stochastic Dominance from Paired Observations: Theory and Empirical Application

Von Friedrich Schmid und Mark Trede, Köln

Summary: This paper introduces two nonparametric tests for second order stochastic dominance from matched pairs. The test statistics are not distribution free but critical values can be calculated by the permutation principle. The tests are not only interesting from a theoretical point of view but also useful in practical applications especially for investigating stochastic dominance relations between asset returns which are usually nonnormal. We apply the tests to daily returns of all stocks included in the DAX index. The period covered ranges from 1 October 1991 until 30 September 1994. It turns out that in roughly one third of all pairwise combinations there is no stochastic dominance in either direction. Tests for stochastic dominance in only one direction show that some stocks (e.g. Metallgesellschaft, Lufthansa, Volkswagen) perform poorly while others do well (e.g. Veba, RWE, Linde).

1 Introduction

Stochastic dominance induces a useful partial ordering on random variables and distributions. To know whether or not one random variable is "better" in a certain sense than another random variable is important in many branches of economics such as finance, distribution theory and decision under risk.

Let X and Y denote two random variables with corresponding continuous distribution functions F and G. X and Y may represent the returns of two risky assets or of two differently structured portfolios. X dominates (or is equivalent to) Y in the sense of first order stochastic dominance ($X \geq_1 Y$) if $E(u(X)) \geq E(u(Y))$ for every *nondecreasing* utility function u whenever the expectations exist and are finite.

In economic applications another notion of stochastic dominance is more useful. X dominates (or is equivalent to) Y in the sense of second order stochastic dominance ($X \geq_2 Y$) if $E(u(X)) \geq E(u(Y))$ for every *nondecreasing and concave* utility function u whenever the expectations exist and are finite. Agents having a nondecreasing and concave utility function are usually called risk averters.

In most cases of practical interest F and G will be unknown and statistical procedures are required to establish or reject stochastic dominance. This is easy if we confine ourselves to a parametric framework, but more complex if we do not want to restrict our attention to a particular family of distribution functions.

This paper is concerned with nonparametric tests of hypotheses such as

$$H_0 : X \geq_2 Y$$

$$H_1 \; : \; \text{not } H_0$$

This kind of testing problems have already been considered in the frame of the one-sample problem (i.e., distribution function G of Y is known and a sample $X_1, \ldots, X_n$ of X is available), see e.g. Deshpande and Singh (1985) and Schmid and Trede (1996b). They have also been considered in the frame of the two-sample problem, i.e., F and G are both unknown and $X_1, \ldots, X_n$ and $Y_1, \ldots, Y_m$ are two — usually independent — samples from F and G, respectively, see e.g. McFadden (1989), Klecan et al. (1991), Xu et al. (1994) and Schmid and Trede (1996a).

Another sampling scheme seems to be of more practical interest than independent samples from the two distributions. If X and Y denote the returns of two risky assets and (X_i, Y_i), $i = 1, \ldots, n$ are observations of X and Y referring to the same point of time, it is fairly unrealistic to assume independence of X_i and Y_i. On the contrary: there will be considerable correlation between X_i and Y_i and it is more appropriate to take X_i and Y_i as matched pairs. Testing H_0 from matched pairs has scarcely been considered in the literature (see e.g. Klecan et al., 1991); it is the subject of this paper.

The paper is organized in the following way: Section 2 introduces the notation and presents tests for second order stochastic dominance for paired observations which are based on the permutation principle and which are applicable for samples of small, medium and large size. Section 3 contains the empirics. We test to what extent there is second order stochastic dominance in the returns of German stocks contained in the DAX. We describe the data and explain in some detail why the testing procedure should be based on matched pairs. Section 4 gives some concluding remarks.

2 Permutation Tests for Second Order Stochastic Dominance from Paired Observations

We begin this section by introducing some notation and stating preliminary results. Let $\mathcal{F}_1$ denote the set of continuous distribution functions F on the real line having a finite mean

$$\mu_F := \int_{-\infty}^{+\infty} x \, dF(x).$$

It is easy to see that for $F \in \mathcal{F}_1$

$$\begin{aligned} I\!\!F(t) &:= \int_{-\infty}^{t} F(x) dx \\ &= \int_{-\infty}^{t} (t-x) dF(x) \\ &= E((t-X)\mathbf{1}_{\{t-X\}}) \end{aligned}$$

is defined and finite for $t \in \mathbb{R}$. $\mathbb{F}$ is continuous, nondecreasing and convex; further $\lim_{t \to -\infty} \mathbb{F}(t) = 0$ and $\lim_{t \to \infty} \mathbb{F}(t) = \infty$.

Let $\mathcal{U}$ denote the set of nondecreasing and concave functions $u : \mathbb{R} \longrightarrow \mathbb{R}$. For random variables X, Y with distribution functions $F, G \in \mathcal{F}_1$ the following statements are equivalent (see e.g. Levy (1992)):

(i) $X \geq_2 Y$, i.e., $E(u(X)) \geq E(u(Y))$ for $u \in \mathcal{U}$

(ii) $\mathbb{F}(t) \leq \mathbb{G}(t)$ for $t \in \mathbb{R}$

Let $x_1, \ldots, x_n$ and $y_1, \ldots, y_n$ denote observations of X and Y and let

$$\hat{F}_n(x) = \frac{1}{n} \sum_{i=1}^n \mathbf{1}_{\{x-x_i \geq 0\}}$$

$$\hat{G}_n(y) = \frac{1}{n} \sum_{i=1}^n \mathbf{1}_{\{y-y_i \geq 0\}}$$

denote the corresponding empirical distribution functions and let

$$\hat{\mathbb{F}}_n(t) = \int_{-\infty}^t (t-x) d\hat{F}_n(x)$$
$$= \frac{1}{n} \sum_{i=1}^n (t-x_i) \mathbf{1}_{\{t-x_i \geq 0\}},$$

$$\hat{\mathbb{G}}_n(t) = \int_{-\infty}^t (t-y) d\hat{G}_n(y)$$
$$= \frac{1}{n} \sum_{i=1}^n (t-y_i) \mathbf{1}_{\{t-y_i \geq 0\}}.$$

It is easy to see that

$$t \mapsto \hat{\mathbb{F}}_n(t) - \hat{\mathbb{G}}_n(t)$$

is continuous and piecewise linear between $z_{(i)}$ and $z_{(i+1)}$ where $z_{(i)}$ is the i-th order statistic of the combined observations $(z_1, \ldots, z_{2n}) = (x_1, \ldots, x_n, y_1, \ldots, y_n)$.

There are two testing problems we are going to deal with. Let us first consider the testing problem

$$H_0 : X \geq_2 Y$$
$$H_1 : \text{not } H_0$$

which can also be written as

$$H_0 : \mathbb{F}(t) - \mathbb{G}(t) \leq 0 \text{ for } t \in \mathbb{R}$$
$$H_1 : \text{there is a } t^* \text{ satisfying } \mathbb{F}(t^*) - \mathbb{G}(t^*) > 0.$$

It is intuitive to use
$$T = \sup_{t \in \mathbb{R}}(\hat{\mathbb{F}}_n(t) - \hat{\mathbb{G}}_n(t))$$
$$= \max_i(\hat{\mathbb{F}}_n(z_{(i)}) - \hat{\mathbb{G}}_n(z_{(i)}))$$

as a test statistic and to reject H_0 if it is too large, i.e., if $T \geq c$ where c has to be determined.

Before dealing with the problem of how to find the critical value let us have a look at the second testing problem. Let

$$H_0^* \ : \ X \geq_2 Y \text{ or } Y \geq_2 X$$
$$H_1^* \ : \ \text{not } H_0$$

which can be written equivalently

$$H_0^* \ : \ \mathbb{F}(t) - \mathbb{G}(t) \leq 0 \text{ for } t \in \mathbb{R}$$
$$\text{or } \mathbb{G}(t) - \mathbb{F}(t) \leq 0 \text{ for } t \in \mathbb{R}$$
$$H_1^* \ : \ \text{there are } t' \text{ and } t'' \text{ satisfying}$$
$$\mathbb{F}(t') - \mathbb{G}(t') > 0 \text{ and } \mathbb{G}(t'') - \mathbb{F}(t'') > 0.$$

A suitable test statistic for testing H_0^* is

$$T^* = \min\left\{\sup_{t \in \mathbb{R}}(\hat{\mathbb{F}}_n(t) - \hat{\mathbb{G}}_n(t)), \sup_{t \in \mathbb{R}}(\hat{\mathbb{G}}_n(x) - \hat{\mathbb{F}}_n(t))\right\}$$

and H_0^* is rejected if $T^* \geq c^*$.

There is a fundamental difference in testing H_0 and H_0^*. If H_0 is rejected (at a certain level of significance α) one can conclude that either $X <_2 Y$ or there is no second order dominance at all. If H_0^* is rejected then one can conclude that there is no second order dominance at all. In various practical applications this might be the more interesting conclusion (see section 3.2 of this paper).

Determining the critical values c (and c^*) requires some care as both the finite sample and asymptotic distribution of T (and T^*) are not distribution free under $F = G$. Therefore the critical values cannot be determined in advance. A possible remedy is the permutation principle which was introduced by Fisher (1935) and further investigated by Pitman (1937). An application oriented exposition of permutation tests is given in Efron and Tibshirani (1993) and Good (1993) and we will only briefly sketch the theory.

The basic principle of permutation testing can easily be applied to the testing problems under study. If we have a paired sample $(X_1, Y_1), \ldots, (X_n, Y_n)$ from (X, Y) there are 2^n possibilities of permuting X_i and Y_i in (X_1, Y_1), $\ldots, (X_n, Y_n)$. The corresponding values of the test statistic can be ordered:

$$T^{(1)} \leq T^{(2)} \leq \ldots \leq T^{(2^n)}$$

and the critical value c is determined by $c = T^{((1-\alpha)2^n)}$. The null hypothesis is rejected if $T > c$ where T denotes the value of the test statistic calculated from the original (non-permuted) observations $(X_1, Y_1), \ldots, (X_n, Y_n)$.

Under $F = G$ the probability of wrongly rejecting H_0 is approximately α. Indeed by applying a randomized test we could attain the level α exactly but because of the practitioneers' unwillingness to randomize we will not pursue this approach any further.

Another problem occurs with the practical application of the permutation principle: the number of permutations (namely 2^n for the case of matched pairs) becomes quickly intractably large with increasing n. The usual approach is to take B permutations at random and to determine the critical value by $c = T^{((1-\alpha)B)}$ where $T^{(1)} \leq \ldots \leq T^{(B)}$ is the ordered sequence of the B values of the test statistic. The determination of B is therefore crucial for the applicability and validity of the method.

A small Monte Carlo study (see the results in table 1) shows that $B = 500$ permutations are sufficient to guarantee a satisfactory agreement between the prescribed and attained error probability of the first kind. Samples (X_1, Y_1), $\ldots, (X_n, Y_n)$ of length $n = 25, 50, 100$ and 150 are drawn from a bivariate normal distribution with correlation coefficients $\rho = 0.1, 0.5$ and 0.8. The number of Monte Carlo replications was $N = 3000$.

3 Testing for Second Order Stochastic Dominance in German Stock Returns

There are two main fields of application for second order stochastic dominance testing. First, in comparing two income distributions without making strict assumptions about the form of the social welfare function. A recent contribution including an empirical application is Anderson (1996). Second, in financial economics one may want to test whether the return from some asset is better or worse than the return from some other asset. As returns are notoriously nonnormal, many of the usual test procedures fail in this setting and nonparametric methods are preferable. An empirical application to the returns of American investment funds is given by Klecan et al. (1991). In the following we apply the test presented in the previous section to investigate whether there is second order stochastic dominance of the returns of the 30 stocks contained in the DAX index.

3.1 The Data

The daily spot stock prices are taken from the Deutsche Finanzdatenbank (DFDB), Karlsruhe. As usual, the returns at day t are defined as

$$r_t = \ln\left(\frac{p_t}{p_{t-1}}\right)$$

where p_t denotes the daily spot stock price at day t. Before calculating the returns the price data have been adjusted for dividend payments and capital increases or decreases; a more comprehensive description of the adjustment is given in Barth (1996). We restricted our attention to the three year time period between 1 October 1991 and 30 September 1994. The number of observations is thus about 750. This particular observation period is chosen because, (a) the starting point lies well after the influential shocks created by the Gulf war and the attempted putsch in Russia, (b) the time period is sufficiently long to obtain accurate estimates while it is still reasonable to assume that the relationships between the stocks' returns do not change dramatically over time. Table 2 lists all the 30 stocks along with the common three letter abbreviations and some descriptive statistics of the returns.

Apart from Metallgesellschaft all stocks display a positive mean return.

Table 1: Error probability of the first kind of the SSD tests with matched pairs of bivariat normal distributions with $B = 500$ and $N = 3000$

	Error probability of the first kind					
	T			T^*		
n	$\alpha = 0.1$	$\alpha = 0.05$	$\alpha = 0.01$	$\alpha = 0.1$	$\alpha = 0.05$	$\alpha = 0.01$
	$\rho = 0.1$					
25	0.1017	0.0483	0.0113	0.1090	0.0550	0.0117
50	0.0983	0.0510	0.0123	0.1027	0.0467	0.0120
100	0.0963	0.0513	0.0087	0.1047	0.0507	0.0107
150	0.1193	0.0633	0.0167	0.1090	0.0500	0.0113
	$\rho = 0.5$					
25	0.1047	0.0527	0.0133	0.0900	0.0463	0.0120
50	0.1087	0.0583	0.0133	0.0983	0.0477	0.0137
100	0.1073	0.0540	0.0140	0.1043	0.0500	0.0097
150	0.1100	0.0513	0.0113	0.0960	0.0517	0.0140
	$\rho = 0.8$					
25	0.1060	0.0547	0.0157	0.0970	0.0470	0.0110
50	0.1043	0.0563	0.0117	0.1040	0.0490	0.0120
100	0.1027	0.0543	0.0127	0.1083	0.0620	0.0130
150	0.1087	0.0603	0.0133	0.0953	0.0540	0.0113

Table 2: Descriptive statistics of the daily returns

Name of Stock		Mean ×100	Std.dev. ×100	Normality test
Allianz	ALV	0.0288	1.2090	2.3182
BASF	BAS	0.0425	1.1456	1.9015
Bayer	BAY	0.0405	1.0784	2.1547
BHW	BHW	0.0312	1.0307	2.6641
BMW	BMW	0.0699	1.2442	4.2336
Bay. Vereinsbank	BVM	0.0281	1.0936	3.5566
Commerzbank	CBK	0.0521	1.1424	4.1993
Continental	CON	0.0152	1.6186	2.7483
Daimler	DAI	0.0144	1.2756	1.5882
Degussa	DGS	0.0581	1.4066	3.6320
Deutsche Babcock	DBC	0.0495	1.6120	3.0696
Deutsche Bank	DBK	0.0164	1.0194	3.4702
Dresdner Bank	DRB	0.0324	1.1080	4.4589
Henkel	HEN	0.0101	0.9781	1.9480
Hoechst	HFA	0.0543	1.2403	3.6844
Karstadt	KAR	0.0049	1.2028	2.8626
Kaufhof	KFH	0.0014	1.4662	5.0691
Linde	LIN	0.0174	0.9655	4.1955
Lufthansa	LHA	0.0274	2.0814	3.5348
MAN	MAN	0.0200	1.4120	2.5942
Mannesmann	MMW	0.0600	1.4780	3.5299
Metallgesellschaft	MET	-0.1418	2.7701	30.5481
Preussag	PRS	0.0351	1.4038	5.9359
RWE	RWE	0.0384	0.9302	4.7773
Schering	SCH	0.0310	1.2784	7.0786
Siemens	SIE	0.0071	0.9461	0.8199
Thyssen	THY	0.0385	1.4873	1.7306
Veba	VEB	0.0628	0.9518	2.8257
VIAG	VIA	0.0354	1.1878	6.2960
Volkswagen	VOW	0.0290	1.5636	0.6594

The normality test is the modified Anderson-Darling goodness-of-fit test (D'Agostino, Stephens, 1986). The table reports the values of the test statistic; the critical values are 0.752 and 1.035 for a significance level of $1 - \alpha = 0.95$ and $1 - \alpha = 0.99$. Hence, the only stock having possibly normal returns is Volkswagen. The test statistic for Siemens is significant at $\alpha = 0.05$ but not so at $\alpha = 0.01$. The remaining 28 stocks have highly significantly nonnormal returns. Therefore, the usual parametric tests presupposing normal returns are not applicable.

As to dependencies of the observations two types have to be distinguished: contemporaneous and intertemporal dependencies. Tables 3a and 3b show the contemporaneous correlations of the returns. Obviously, the correlation between all stocks of the DAX is high indicating that market forces (as opposed to stock-specific forces) play an important role in the price determination.

It would be clearly wrong to assume contemporaneous independence of the returns; regarding the observations as matched pairs is more appropriate. However, the matched pairs test assumes independence or at least exchangability over time, a strong assumption which is questionable and which should be checked.

Table 4 gives the 1st up to the 5th autocorrelations of the returns. Note that the usual statistical inference for coefficients of autocorrelation is based on normality; if the returns are nonnormal (as they are in fact) it is hard to give valid confidence intervals or to perform statistical tests about the absence of autocorrelation. Nevertheless, the figures give the impression that correlation over time is small but may exist, at least for some stocks. A nonparametric method for testing the independence assumption are run tests (see e.g. Büning and Trenkler, 1994). The results of a two-sided run test are also reported in table 4. The two columns on the right indicate whether the null hypothesis of independence over time can be rejected. As can be seen, the null is rejected at $1 - \alpha = 0.95$ for 6 stocks, while for $1 - \alpha = 0.99$ there is only one rejection, namely MAN. The overall impression is that there is only little intertemporal dependence in the returns.

Table 3a: Contemporaneous correlation of returns ×100

	ALV	BAS	BAY	BHW	BMW	BVM	CBK	CON	DAI	DGS	DBC	DBK	DRB	HEN	HFA
ALV	–	63	64	69	61	69	66	42	68	52	45	77	71	51	61
BAS	63	–	81	59	60	55	59	46	64	55	47	66	58	53	79
BAY	64	81	–	60	61	56	61	47	66	54	48	67	61	53	80
BHW	69	59	60	–	54	78	68	37	57	41	41	75	73	51	58
BMW	61	60	61	54	–	52	56	42	66	49	43	63	55	51	62
BVM	69	55	56	78	52	–	66	36	54	44	41	74	71	45	54
CBK	66	59	61	68	56	66	–	41	61	45	43	77	77	50	56
CON	42	46	47	37	42	36	41	–	45	40	33	42	36	39	48
DAI	68	64	66	57	66	54	61	45	–	52	43	70	61	49	63
DGS	52	55	54	41	49	44	45	40	52	–	39	51	45	42	52
DBC	45	47	48	41	43	41	43	33	43	39	–	44	44	39	46
DBK	77	66	67	75	63	74	77	42	70	51	44	–	81	55	63
DRB	71	58	61	73	55	71	77	36	61	45	44	81	–	47	56
HEN	51	53	53	51	51	45	50	39	49	42	39	55	47	–	53
HFA	61	79	80	58	62	54	56	48	63	52	46	63	56	53	–
KAR	52	53	51	46	47	46	49	37	51	45	39	54	45	43	48
KFH	57	53	52	51	49	51	52	37	55	47	39	57	53	40	52
LIN	54	54	54	47	54	47	46	42	55	45	43	52	48	43	56
LHA	43	42	44	33	35	37	29	24	43	34	30	40	35	32	41
MAN	55	57	61	47	50	46	48	41	59	45	42	53	47	43	57
MMW	54	53	55	46	52	47	49	41	59	46	45	54	47	39	52
MET	32	36	35	30	31	32	35	26	30	30	25	36	32	31	35
PRS	39	37	39	39	47	38	39	27	41	36	28	40	38	32	41
RWE	66	63	65	65	58	61	60	41	60	49	43	68	64	48	64
SCH	40	42	44	44	33	40	38	31	40	32	29	43	42	36	38
SIE	72	70	73	65	65	63	68	47	73	57	48	76	68	55	68
THY	54	53	59	45	52	45	48	39	58	43	42	56	48	38	52
VEB	64	62	63	62	59	58	62	44	64	52	43	69	65	50	60
VIA	49	50	52	48	48	46	36	33	50	42	34	53	48	40	49
VOW	55	54	56	47	58	49	52	44	67	44	40	57	48	41	54

Table 3b: *Contemporaneous correlation of returns* ×100

	KAR	KFH	LIN	LHA	MAN	MMW	MET	PRS	RWE	SCH	SIE	THY	VEB	VIA	VOW
ALV	52	57	54	43	55	54	32	39	66	40	72	54	64	49	55
BAS	53	53	54	42	57	53	36	37	63	42	70	53	62	50	54
BAY	51	52	54	44	61	55	35	39	65	44	73	59	63	52	56
BHW	46	51	47	33	47	46	30	39	65	44	65	45	62	48	47
BMW	47	49	54	35	50	52	31	47	58	33	65	52	59	48	58
BVM	46	51	47	37	46	47	32	38	61	40	63	45	58	46	49
CBK	49	52	46	29	48	49	35	39	60	38	68	48	62	36	52
CON	37	37	42	24	41	41	26	27	41	31	47	39	44	33	44
DAI	51	55	55	43	59	59	30	41	60	40	73	58	64	50	67
DGS	45	47	45	34	45	46	30	36	49	32	57	43	52	42	44
DBC	39	39	43	30	42	45	25	28	43	29	48	42	43	34	40
DBK	54	57	52	40	53	54	36	40	68	43	76	56	69	53	57
DRB	45	53	48	35	47	47	32	38	64	42	68	48	65	48	48
HEN	43	40	43	32	43	39	31	32	48	36	55	38	50	40	41
HFA	48	52	56	41	57	52	35	41	64	38	68	52	60	49	54
KAR	–	60	45	31	45	45	28	28	47	31	56	42	52	42	45
KFH	60	–	48	35	46	46	26	33	53	34	59	43	53	48	49
LIN	45	48	–	32	50	46	27	42	53	37	56	46	52	43	47
LHA	31	35	32	–	37	33	23	27	39	25	44	35	41	27	36
MAN	45	46	50	37	–	55	31	43	48	36	60	53	49	45	49
MMW	45	46	46	33	55	–	28	40	51	32	60	62	52	42	57
MET	28	26	27	23	31	28	–	12	31	12	33	27	35	29	25
PRS	28	33	42	27	43	40	12	–	38	24	44	43	37	37	40
RWE	47	53	53	39	48	51	31	38	–	42	67	51	74	58	51
SCH	31	34	37	25	36	32	12	24	42	–	44	35	40	33	30
SIE	56	59	56	44	60	60	33	44	67	44	–	60	70	57	64
THY	42	43	46	35	53	62	27	43	51	35	60	–	52	44	61
VEB	52	53	52	41	49	52	35	37	74	40	70	52	–	56	55
VIA	42	48	43	27	45	42	29	37	58	33	57	44	56	–	41
VOW	45	49	47	36	49	57	25	40	51	30	64	61	55	41	–

Table 4: Autocorrelation and run tests for the daily returns

Name of Stock	Autocorrelation					Run-Test	
	ρ_1	ρ_2	ρ_3	ρ_4	ρ_5	$\alpha = .05$	$\alpha = .01$
ALV	0.093	0.050	-0.028	0.088	0.006	-	-
BAS	0.000	-0.038	-0.098	0.047	0.001	-	-
BAY	0.012	-0.078	-0.078	0.052	0.009	-	-
BHW	0.069	0.014	-0.048	0.011	0.009	-	-
BMW	0.160	0.050	-0.016	0.056	0.036	-	-
BVM	0.068	0.023	-0.049	0.065	-0.048	X	-
CBK	0.034	0.018	-0.090	0.024	0.040	-	-
CON	0.114	-0.034	-0.094	-0.003	0.060	-	-
DAI	0.072	0.082	0.013	0.110	0.026	-	-
DGS	0.022	0.037	-0.045	0.014	-0.045	-	-
DBC	0.060	0.009	-0.084	0.077	0.021	-	-
DBK	0.022	0.003	-0.060	0.080	0.005	-	-
DRB	0.048	0.014	-0.071	0.034	-0.028	-	-
HEN	0.025	0.012	-0.016	0.034	0.046	-	-
HFA	0.078	-0.030	-0.048	0.011	0.023	-	-
KAR	0.016	-0.014	-0.054	0.017	0.053	-	-
KFH	-0.003	-0.033	-0.098	0.100	0.053	-	-
LIN	0.139	0.105	0.044	0.060	0.035	-	-
LHA	-0.018	0.010	-0.063	-0.043	0.003	-	-
MAN	0.135	0.063	0.017	0.014	-0.002	X	X
MMW	0.091	0.022	-0.008	0.040	0.055	X	-
MET	0.037	-0.135	-0.054	0.139	-0.043	-	-
PRS	0.115	-0.010	-0.080	0.021	-0.016	X	-
RWE	0.060	0.016	-0.038	0.051	0.002	X	-
SCH	0.028	-0.002	-0.077	0.031	0.045	-	-
SIE	-0.010	0.076	-0.056	0.096	0.036	-	-
THY	-0.003	0.029	-0.035	0.100	-0.079	-	-
VEB	-0.006	0.049	-0.089	0.000	-0.019	-	-
VIA	0.049	0.002	-0.029	0.036	0.025	X	-
VOW	0.010	0.005	-0.003	0.023	0.023	-	-

Remark: For the run test, a rejection of the hypothesis of independence over time at significance level α is symbolized by X.

3.2 Test results

Both hypotheses
$$H_0 : X \geq_2 Y$$
$$H_1 : \text{not } H_0$$
and
$$H_0^* : X \geq_2 Y \text{ or } Y \geq_2 X$$
$$H_1^* : \text{not } H_0$$

are subjected to the permutation test, the random variables X and Y representing the returns of two stocks. Each of the $30 \times (30 - 1) = 870$ pairwise combinations is tested. The number of randomly chosen permutations is $B = 500$ in each case.

As to H_0 the results are presented in table 5. A rejection of the null hypothesis at $(1 - \alpha) = 0.9, 0.95, 0.99$ level is symbolized by ○, ⊙, •, respectively. For instance, the hypothesis that Daimler (DAI) second order dominates Bayer (BAY) is rejected at the $(1 - \alpha) = 0.99$ level, while the hypothesis that Siemens (SIE) dominates Deutsche Bank (DBK) cannot be rejected.

In almost all combinations a rejection of $X \geq_2 Y$ goes in line with accepting (or more correctly, non-rejection of) the reverse, $Y \geq_2 X$. This is of course not necessarily so: rejecting both $X \geq_2 Y$ and $Y \geq_2 X$ simply indicates that there is no stochastic dominance at all. There are just two pairs where this is the case, namely SIE/BMW and SIE/HFA. There are some stocks which fare badly in most comparisons, e.g., the hypothesis that Metallgesellschaft dominates some other stock is rejected in every case, resulting in a horizontal line of black circles. Stocks which performed worse than most other stocks are Metallgesellschaft (MET), Lufthansa (LHA), Volkswagen (VOW) and Continental (CON). On the other hand there are stocks which are almost never dominated by other stocks, such as Veba (VEB), RWE, Linde (LIN) and Henkel (HEN).

The test results concerning H_0^* are shown in table 6. Again, a rejection of the null hypothesis at $(1 - \alpha) = 0.9, 0.95, 0.99$ level is indicated by ○, ⊙, •, respectively. For instance, the hypothesis that there is second order stochastic dominance in either direction between Dresdner Bank (DRB) and Deutsche Bank (DBK) can be rejected at $(1 - \alpha) = 0.95$.

Since the null hypothesis is symmetric in the random variables table 6 ought to be symmetric, too. As can be seen by closer inspection it is not. The reason is that the test decision of the permutation test is a random event unless all permutations are enumerated. As only random subsets of $B = 500$ permutations have been chosen in our setting, testing the symmetric hypothesis (which is in fact the same) may bring about a different test decision.

The null hypothesis of stochastic dominance in either direction is rejected at significance levels of $(1 - \alpha) = 0.9$ or more in roughly 30 % of all cases.

Remember that rejecting the null hypothesis implies that there is no second order stochastic dominance in either direction. Non-rejection of the null is, of course, no proof of stochastic dominance occuring between the stocks, but it provides at least some indication of it.

Table 5: Test of $H_0 : X \geq_2 Y$

Y \ X	ALV	BAS	BAY	BHW	BMW	BVM	CBK	CON	DAI	DGS	DBC	DBK	DRB	HEN	HFA	KAR	KFH	LIN	LHA	MAN	MMW	MET	PRS	RWE	SCH	SIE	THY	VEB	VIA	VOW
ALV	.	.	⊙	⊙	.	.	o	.	.	.	.	⊙	o	⊙	.	.	.	•	.	.	.	.	•	.	.	.	•	.	.	.
BAS	.	.	.	.	.	.	.	.	.	.	.	.	.	.	.	.	⊙	.	.	.	.	.	•	.	⊙	.	•	.	.	.
BAY	.	.	.	.	.	.	.	.	.	.	.	.	.	.	.	.	.	.	.	.	.	.	⊙	.	.	⊙	.	.	⊙	.
BHW	.	.	.	.	.	.	.	.	.	.	.	.	.	.	.	.	.	.	.	.	.	.	⊙	.	.	.	.	.	o	.
BMW	.	.	.	.	.	.	.	.	.	.	.	.	.	.	.	.	⊙	.	.	.	.	.	•	.	.	o	•	.	.	.
BVM	.	.	.	.	.	.	.	.	.	.	.	.	.	.	.	.	.	.	.	.	.	.	⊙	.	.	.	⊙	.	.	.
CBK	.	.	.	.	.	.	.	.	.	.	.	.	.	.	.	.	.	.	.	.	.	.	⊙	.	.	.	⊙	.	.	.
CON	•	•	•	•	•	•	•	.	⊙	⊙	.	•	•	•	•	•	•	.	o	o	.	⊙	•	•	•	.	•	.	•	.
DAI	.	⊙	•	•	⊙	⊙	•	.	.	•	⊙	•	.	.	.	.	•	.	.	.	.	.	•	.	•	.	•	.	⊙	.
DGS	.	⊙	⊙	•	.	o	⊙	•	.	.	.	•	•	•	.	.	•	.	.	.	.	.	•	.	•	.	•	.	⊙	.
DBC	•	•	•	•	•	•	•	.	.	o	o	.	•	•	•	•	⊙	.	•	.	.	.	⊙	•	•	•	.	.	•	.
DBK	.	.	.	.	o	.	.	.	.	.	.	.	.	.	.	.	.	.	.	.	.	.	o	.	.	.	⊙	.	.	.
DRB	.	.	.	.	.	.	.	.	.	.	.	.	.	.	.	.	.	.	.	.	.	.	•	.	.	.	.	.	.	.
HEN	.	.	.	.	o	.	.	.	.	.	.	.	.	.	.	.	.	.	.	.	.	.	.	.	.	.	.	.	⊙	.
HFA	.	.	⊙	o	.	.	.	.	.	.	⊙	.	⊙	.	.	.	•	.	.	.	.	.	•	.	⊙	.	•	.	.	.
KAR	.	.	o	⊙	.	o	o	.	.	.	⊙	.	⊙	.	.	.	•	.	.	.	.	.	•	.	⊙	.	•	.	.	.
KFH	⊙	•	•	•	•	•	•	.	.	.	.	•	•	⊙	⊙	•	.	.	.	.	.	.	•	.	⊙	•	•	.	•	.
LIN	.	.	.	.	.	.	.	.	.	.	.	.	.	.	.	.	.	.	.	.	.	.	.	.	.	.	o	.	.	.
LHA	•	•	•	•	•	•	•	.	⊙	•	•	•	•	•	•	•	•	.	.	•	•	.	•	•	•	•	•	•	•	⊙
MAN	⊙	•	•	.	⊙	•	•	.	.	.	.	•	•	•	⊙	o	.	•	.	.	.	.	•	.	o	•	•	.	.	.
MMW	o	⊙	•	•	.	⊙	•	.	.	.	.	•	•	.	o	.	.	•	.	.	.	.	•	.	.	.	•	.	•	.
MET	•	•	•	•	•	•	•	.	.	.	.	•	•	•	•	•	.	⊙	•	•	.	.	•	•	•	•	•	•	•	•
PRS	.	.	o	⊙	.	.	o	o	.	.	.	.	⊙	o	⊙	.	.	.	•	.	.	.	.	•	.	⊙	.	•	.	o
RWE	.	.	.	.	.	.	.	.	.	.	.	.	.	.	.	.	.	.	.	.	.	.	.	.	.	.	.	.	.	.
SCH	.	.	o	.	.	.	.	.	.	o	.	o	.	.	.	⊙	.	.	.	.	.	.	•	.	.	o	•	.	.	.
SIE	.	.	.	⊙	.	.	.	.	.	.	.	.	.	.	.	o	.	.	.	.	.	.	o	.	.	⊙	.	.	.	.
THY	•	•	•	•	.	.	o	.	.	.	•	•	•	⊙	o	.	•	.	.	.	.	•	⊙	•	.	.	.	.	•	.
VEB	.	.	.	.	.	.	.	.	.	.	.	.	.	.	.	.	.	.	.	.	.	.	⊙	.	.	⊙	.	.	.	.
VIA	.	.	.	.	.	.	.	.	.	.	.	.	.	.	.	.	.	.	.	.	.	.	⊙	.	.	⊙	.	.	.	.
VOW	•	•	•	•	•	•	.	•	⊙	.	•	•	•	•	•	.	•	.	.	o	⊙	.	•	•	•	•	.	•	•	.

Remark: The symbols $\circ, \odot, \bullet$ stand for rejection of the null hypothesis at $1 - \alpha = 0.9, 0.95, 0.99$, respectively.

Table 6: Test of $H_0^*: X \geq_2 Y$ or $Y \geq_2 X$

	ALV	BAS	BAY	BHW	BMW	BVM	CBK	CON	DAI	DGS	DBC	DBK	DRB	HEN	HFA	KAR	KFH	LIN	LHA	MAN	MMW	MET	PRS	RWE	SCH	SIE	THY	VEB	VIA	VOW
ALV	·	·	·	·	·	·	•	○	○	·	⊙	·	·	·	·	·	·	·	·	·	•	·	·	·	•	·	·	·	·	·
BAS	·	·	·	·	·	○	·	·	·	○	·	•	⊙	•	○	·	·	•	·	·	○	·	·	·	•	·	·	○	·	·
BAY	·	·	·	•	·	·	·	⊙	·	⊙	·	•	○	·	•	·	·	○	·	·	•	·	·	·	•	·	·	·	·	·
BHW	·	·	•	·	•	·	·	•	○	·	·	⊙	⊙	·	⊙	·	·	⊙	·	·	•	·	·	·	•	·	·	·	·	·
BMW	·	•	•	·	·	⊙	⊙	·	·	·	·	•	•	•	·	·	·	•	·	·	•	·	·	·	•	·	·	·	○	·
BVM	·	○	·	·	⊙	·	·	·	·	•	○	⊙	○	⊙	•	·	·	○	·	·	•	·	·	·	•	·	·	·	·	·
CBK	·	·	·	•	·	⊙	·	·	·	·	·	•	⊙	•	·	·	·	·	·	·	•	·	·	·	•	·	·	·	·	·
CON	·	·	·	·	·	·	·	·	·	·	·	·	·	·	·	·	·	·	·	·	·	·	·	·	·	·	·	·	·	·
DAI	·	·	·	·	·	·	·	·	·	•	•	·	·	·	·	·	·	·	·	·	•	·	·	·	·	○	·	⊙	·	○
DGS	•	○	⊙	•	·	·	•	·	·	·	⊙	·	·	•	⊙	•	·	⊙	·	•	·	·	⊙	⊙	•	•	·	·	⊙	·
DBC	○	·	·	○	·	⊙	·	·	·	•	·	·	·	•	·	·	•	⊙	·	⊙	·	·	·	○	•	·	·	·	·	○
DBK	⊙	•	⊙	·	•	⊙	•	·	·	•	•	·	•	·	•	·	·	·	·	·	•	·	·	○	·	○	○	⊙	•	⊙
DRB	·	⊙	·	·	•	·	○	○	·	⊙	·	•	·	⊙	·	·	○	·	·	⊙	·	·	·	·	•	·	·	·	·	·
HEN	⊙	•	•	○	·	•	⊙	•	·	•	•	·	•	·	·	·	·	·	·	•	·	⊙	·	·	⊙	·	⊙	·	•	○
HFA	·	○	⊙	•	·	·	•	·	·	·	•	⊙	⊙	•	·	·	·	·	·	·	·	⊙	·	•	·	·	⊙	·	·	·
KAR	·	·	·	·	·	·	·	·	·	•	•	·	·	·	·	·	·	·	·	·	○	·	•	·	○	⊙	·	•	·	⊙
KFH	·	·	·	·	·	·	·	·	·	·	·	·	·	·	·	·	·	·	·	·	·	○	·	·	·	·	·	·	·	•
LIN	•	•	⊙	•	·	·	•	·	·	•	•	·	·	•	·	·	·	·	·	·	•	·	⊙	·	·	•	·	⊙	○	·
LHA	·	·	·	·	·	·	·	·	·	·	·	·	·	·	·	○	○	·	·	·	·	·	·	·	·	·	·	·	·	·
MAN	·	·	·	·	·	·	·	·	·	⊙	·	·	·	·	·	○	·	·	·	·	○	·	·	·	·	·	○	⊙	·	·
MMW	•	○	⊙	⊙	·	·	•	·	·	·	·	•	⊙	•	·	·	•	·	·	○	·	·	⊙	⊙	⊙	•	·	·	⊙	·
MET	·	·	·	·	·	·	·	·	·	·	·	·	·	·	·	·	·	·	·	·	·	·	·	·	·	·	·	·	·	·
PRS	·	·	·	·	·	·	·	·	·	⊙	·	·	○	·	⊙	·	⊙	·	⊙	·	⊙	·	·	·	·	•	·	·	·	·
RWE	·	·	·	·	•	·	·	·	·	⊙	·	·	·	·	⊙	·	·	·	·	·	○	·	·	·	·	·	·	·	·	·
SCH	·	·	·	·	·	·	·	·	·	⊙	·	·	·	·	⊙	·	⊙	·	○	·	⊙	·	·	·	·	•	·	·	·	·
SIE	•	•	•	•	•	•	•	·	·	•	•	·	·	•	·	·	·	·	·	·	•	·	·	·	·	·	⊙	·	•	⊙
THY	·	·	·	·	·	·	⊙	·	·	⊙	·	·	•	·	•	·	⊙	○	·	·	·	·	·	·	•	·	·	·	·	·
VEB	·	·	·	·	·	·	·	·	·	·	·	·	·	·	·	·	·	·	·	·	·	·	·	·	·	·	·	·	·	·
VIA	·	○	·	○	·	·	•	·	⊙	·	⊙	•	·	·	○	·	·	•	·	·	·	·	·	•	·	·	·	·	·	·
VOW	·	·	·	·	·	○	·	○	·	·	⊙	•	·	·	·	·	○	·	·	·	·	·	·	·	⊙	·	·	·	·	·

Remark: The symbols $\circ, \odot, \bullet$ stand for rejection of the null hypothesis at $1 - \alpha = 0.9, 0.95, 0.99$, respectively.

4 Concluding Remarks

This paper presents a permutation test for second order stochastic dominance from paired observations. It is applied to the 30 stocks contained in the DAX index for finding or excluding possible dominance relations.

Though the test is operable and keeps the prescribed error probability of the first kind at every sample size there are various theoretical issues to be addressed in further research. First, power properties of the test are not yet known and should be investigated either analytically or by Monte Carlo simulations. Further properties such as consistency or special optimality relations should be established. Second, the influence of intertemporal dependencies in the data on level and power of the test must be investigated because economic data typically show some intertemporal dependence. Preliminary results in Klecan et al. (1991) indicate that weak dependencies are of minor importance at least in large samples.

Applying the permutation test to the returns of the DAX stocks from 1 October 1991 till 30 September 1994 shows that in roughly one third of all pairwise combinations there is no stochastic dominance in either direction (at significance level $(1 - \alpha) = 0.9$ or more). Tests for stochastic dominance in one direction only show that some stocks (e.g. Metallgesellschaft, Lufthansa, Volkswagen, Continental) perform poorly while others do well (e.g. Veba, RWE, Linde, Henkel). By construction, the tests do not positively detect second order stochastic dominance, but only its absence. In particular, if the one directional test rejects the null hypothesis there might be either stochastic dominance in the opposite direction or none at all.

The present paper exclusively concentrates on second order stochastic dominance. A more complete analysis of the returns should also look at first order stochastic dominance using, for instance, the Kolmogorov-Smirnov test. Further, we did not consider the influence of the observation period. The dominance relations may not be stable over time; the extraordinary decline of Metallgesellschaft during the observation period is bound to exert some influence on the test statistics which might not have happened in different observation periods. These tenets do, of course, also hold for parametric testing procedures.

We may conclude that the tests presented in this paper are not only of theoretical interest but also bring about interesting empirical results.

5 References

Anderson, G. (1996): "Nonparametric Tests of Stochastic Dominance in Income Distributions," *Econometrica* 64, 1183–1193.

Barth, W. (1996): *Fraktale, Long Memory und Aktienkurse*, Köln.

Büning, H.; Trenkler, G. (1994): *Nichtparametrische statistische Methoden*, 2. Aufl., Berlin.

D'Agostino, R.B.; Stephens, M.A. (eds.)(1986): *Goodness-of-fit Techniques*, New York.

Deshpande, J.V.; Singh, H. (1985): "Testing for Second Order Stochastic Dominance", *Communications in Statistics — Theory and Methods* 14: 887–897.

Efron, B.; Tibshirani, R.J. (1993): *An Introduction to the Bootstrap*, New York.

Eubank, R.; Schechtman, E.; Yitzhaki, S. (1993): "A Test for Second Order Stochastic Dominance", *Communications in Statistics — Theory and Methods* 22: 1893–1905.

Fisher, R.A. (1935): *Design of Experiments*, Edinburgh.

Good, P. (1993): *Permutation Tests*, Springer, New York.

Kaur, A.; Rao, B.L.S.P.; Singh, H. (1994): "Testing for Second-order Stochastic Dominance of Two Distributions," *Econometric Theory* 10: 849–866.

Klecan, L.; McFadden, R.; McFadden, D. (1991): A Robust Test for Stochastic Dominance, mimeographed.

Levy, H. (1992): "Stochastic Dominance and Expected Utility: Survey and Analysis", *Management Science* 38: 555–593.

McFadden, D. (1989): "Testing for Stochastic Dominance", in: T. Fombay, T.K. Seo (eds.), *Studies in Economics of Uncertainty*, New York.

Pitman, E.J.G. (1937): "Significance Tests Which May Be Applied to Samples from Any Population," *Journal of the Royal Statistical Society* 4: 119–130.

Schmid, F.; Trede, M. (1996a): Nonparametric Inference for Second Order Stochastic Dominance, Discussion Paper in Statistics and Econometrics No. 2/96, Universität zu Köln.

Schmid, F.; Trede, M. (1996b): A Kolmogorov-Type Test for Second Order Stochastic Dominance, Discussion Papers in Statistics and Econometrics No. 3/96, Universität zu Köln.

Xu, K.; Fisher, G.; Willson, D. (1994): New Distribution-Free Tests for Stochastic Dominance, mimeographed.

On the atomic structure of the tail-σ algebra for discrete Markov-chains

Von Wolfgang Sendler, Trier

Summary: In connection with zero-one laws the investigation of the underlying σ-algebras is of some interest. The subject of the paper is to study the terminal σ-algebras in the case of a time- and state- discrete Markov chain, where elementary mathematical tools can be used.

1 Introduction

Let $X = \{X_n : n \in I\!N\}$ be a Markov-chain with state space $(E, \mathcal{B})$, defined on some probability space $(\Omega, \mathcal{A}, P)$. Throughout this paper we agree $(\Omega, \mathcal{A}) = (E^{I\!N}, \mathcal{B}^{I\!N})$, and P to be the unique measure compatible with the marginal distributions of X, where X is the process of 1-dimensional projections. We call P a Markov-measure. We shall consider atoms of the terminal σ-algebra in the case of countable E, say $E = I\!N$, equipped with $\mathcal{B} = 2^{I\!N}$, where extremely simple methods of proof may be employed (essentially infinite products of reals) to get results similar to one derived by Cohn (1970).

2 Terminal atoms

Denote by $\mathcal{A}_s^t$, $s \leq t$, the sub-σ-algebra generated by $\{X_i : s \leq i \leq t\}$, by $\mathcal{A}_s^\infty$ the σ-algebra generated by $\{\mathcal{A}_s^t : t \geq s\}$ and by $\mathcal{T} = \bigcap_{s \in I\!N} \mathcal{A}_s^\infty$ the terminal σ-algebra.

2.1 Definition

(i) Let $\mathcal{S} \subset \mathcal{A}$ be a pavement; $A \in \mathcal{S}$ is called an $\mathcal{S}$-atom, if
$$B \subset A, \; B \in \mathcal{S} \implies B = \emptyset \text{ or } B = A$$

(ii) $A \in \mathcal{A}$ is called a P-atom, if
$$B \subset A, \; B \in \mathcal{A} \implies P(B) = 0 \text{ or } P(B) = P(A)$$

For countable E it is easy to see, that a set $A \in \mathcal{A}$ is a $\mathcal{T}$-atom iff there is exactly one $\eta = (y_1, y_2, \ldots) \in \Omega$ such that
$$A = \{\xi = (x_1, x_2, \ldots) \in \Omega : x_i \neq y_i \text{ only finitely often }\} =: A_\eta$$

In other words: A_η contains all sequences ξ which coincide "terminally" with η.
Writing $\eta \sim \xi$ in this case it is readily seen that $\sim$ is an equivalence relation and the set of $\mathcal{T}$-atoms is simply $\Omega/\sim$.

Moreover, if A_η, A_ξ are $\mathcal{T}$-atoms, then $A_\eta \cap A_\xi = \emptyset \Leftrightarrow y_i \neq x_i$ infinitely often.

2.2 Definition

We call two sets $A, B \in \mathcal{A}$ asymptotically separated (a.s.) if for $\xi \in A$, $\eta \in B$ there is an $n = n(\xi, \eta) \in I\!N$ such that $x_i \neq y_i$, $i \geq n$.

Evidently, two $\mathcal{T}$ atoms A_ξ, A_η are a.s. iff the one-point sets $\{\xi\}, \{\eta\}$ are so; equivalently, if $\{\xi'\}, \{\eta'\}$ are so for each $\xi' \sim \xi$, $\eta' \sim \eta$. In this case we simply call ξ and η a.s.

2.3 Proposition

There exists a single point $\eta \in \Omega$ with $P(\{\eta\}) > 0$ iff there are at most countably many points $\eta^i, i \in I\!N$, with $\sum_{i \in I\!N} P(\{\eta^i\}) = 1$.

Proof

The sufficiency is clear; the necessity follows from $P(A_\eta) \geq P(\{\eta\}) > 0$ and Kolmogoroff's zero-one-law. $\square$

The proof utilizes Kolmogoroff's zero-one-law. However, for countable E the "necessary" part can be achieved simply as follows: with $E = I\!N$ write $p_i^n := P\{X_n = i\}$, then $P(\{\eta\}) = \prod_{n \in I\!N} p_{y_n}^n > 0$ implies $p_{y_n}^n \to 1, n \to \infty$, whence $\prod_{n \in I\!N} p_{x_n}^n > 0$ is possible only if $y_n \neq x_n$ at most finitely often due to $p_{x_n}^n \leq 1 - p_{y_n}^n$ in this case, i.e. $\xi \sim \eta$.

To adapt this idea for Markov-chains we introduce the following notions.

2.4 Definition

Let $m \in I\!N \cup \{\infty\}$ and $\mathcal{S} \subset \mathcal{A}$. A probability P on $(\Omega, \mathcal{A})$ is said to be

(i) $\mathcal{S}$-totally-m-atomic ($\mathcal{S} - t.m.a.$) if there are exactly m $\mathcal{S}$-atoms $\{S_i : 1 \leq i \leq m\}$ with $\sum_{i \leq m} P(S_i) = 1$, where "$i \leq \infty$" is to be read as "$i \in I\!N$".

(ii) $\mathcal{S}$- diffuse, if $P(S) = 0$ for every $\mathcal{S}$-atom S.

In this terminology proposition 2.3 states that $P(\{\eta\}) > 0$ for some $\eta \in \Omega$ iff P is $\mathcal{A} - t.\infty.a$. An equivalent formulation is:

$$P(\{\eta\}) > 0 \text{ for some } \eta \in \Omega \Leftrightarrow P \text{ is } \mathcal{T} - t.1.a.,$$

and consequently:

$$P \text{ is } \mathcal{A} - t.\infty.a. \Leftrightarrow P \text{ is } \mathcal{T} - t.1.a.$$

We shall use the last formulation to describe the situation of a Markov-chain. If P is the Markov-measure of the chain X, we write

$$p_i := P\{X_1 = i\}, \; p_{ij}^n := P\{X_{n+1} = j | X_n = i\}, \; i,j,n \in I\!N$$

2.5 Proposition

Let P be a Markov-measure and E_k be the state space of the chain, where $E_k = \{1, \ldots k\}$ and $E_k = I\!N$ for $k = \infty$; then

(i) P is $\mathcal{A} - t.\infty.a.$ iff P is $\mathcal{T} - t.m.a.$ for some m with $1 \leq m \leq k$, and the $\mathcal{T}$-atoms S_i with $P(S_i) > 0$, $1 \leq i \leq m$ ($i \in I\!N$, if $m = \infty$) are pairwise a.s.

(ii) in any case there are at most k P–atoms in $\mathcal{T}$ which are also $\mathcal{T}$-atoms.

Proof

(i) the sufficiency is trivial (see 2.2). To prove necessity let $\xi^1 = (x_i^1)_{i \in I\!N} \in \Omega$ be an $\mathcal{A}$-atom with

$$0 < P(\{\xi^1\}) = p_{x_1^1} \prod_{n \in I\!N} p_{x_n^1, x_{n+1}^1}^n ;$$

let $A_1 := A_{\xi_1}$ be the corresponding $\mathcal{T}$-atom. If $P(A_1) = 1$ we are ready; otherwise there is a $\xi^2 = (x_i^2)_{i \in I\!N} \in \Omega \setminus A_1$ with $P(\{\xi^2\}) > 0$. By induction, let $A_1, \ldots A_s$ at all be constructed for some $s < k$, pairwise a.s. and with $A_j := A_{\xi_s}$, and assume $\sum_{i=1}^{s} P(A_i) < 1$ (otherwise nothing is to be shown). Then we can choose $\xi^{s+1} \in \Omega \setminus \bigcup_{i=1}^{s} A_i$ with $p_{x_1^{s+1}} \prod_{n \in I\!N} p_{x_n^{s+1}, x_{n+1}^{s+1}}^n > 0$; it suffices to show, that $\{\xi^{s+1}\}$ and $\bigcup_{i=1}^{s} A_i$ are a.s., which is immediately reduced to show that ξ^{s+1}, ξ^i are a.s., for $1 \leq i \leq s$.

By contradiction and without loss of generality, assume ξ^{s+1} and ξ^1 not to be a.s. Due to $A_1 \cap A_{s+1} = \emptyset$ this implies the existence of an infinite set $N \subset I\!N$ with $x_n^{s+1} = x_n^1$ but $x_{n+1}^{s+1} \neq x_{n+1}^1$, $n \in I\!N$.

From $p_{x_1^1} \prod_{n \in I\!N} p_{x_1^n, x_1^{n+1}}^n > 0$ we derive

(2.6) $\quad p_{x_1^n, x_1^{n+1}}^n \to 1 \quad n \to \infty;$

but for $n \in N$ we have

$$p^n_{x^{s+1}_n,x^{s+1}_{n+1}} = P\{X_{n+1} = x^{s+1}_{n+1} | X_n = x^{s+1}_n\}$$
$$\leq P\{X_{n+1} \neq x^1_{n+1} | X_n = x^1_n\} = 1 - p^n_{x^1_n,x^1_{n+1}}$$

i.e. $(p^n_{x^1_n,x^1_{n+1}})_{n \in I\!N}$ contains a subsequence converging to 0, thus contradicting (2.6).
The proof of (i) is now a consequence of the following proposition 2.7.

(ii) is a trivial consequence of (i) □

2.7 Proposition

(i) If E is countable and $\mathcal{T}' \subset \mathcal{T}$ is a system of pairwise asymptotically separated $\mathcal{T}$-atoms, then $\mathcal{T}'$ is countable.

(ii) if E is finite, say $E = \{1, \ldots k\}$, then $\mathcal{T}'$ has at most k elements.

For the **proof** of (i) it suffices to show the following

2.8 Lemma

If E is countable and $M \subset \Omega$ a set of pairwise a.s. points, then M is countable.

Proof

Let Δ be the diagonal of $M \times M$ and $H := (M \times M) \setminus \Delta$. Now define for $n \in I\!N$ the set

$$B_n := \{(\xi, \eta) \in H : x_i \neq y_i \text{ for } i \geq n\},$$

then the sequence $(B_n)_{n \in I\!N}$ is nondecreasing, and since ξ, η are a.s. for $(\xi, \eta) \in H$, we get $H = \bigcup_{n \in I\!N} B_n$.
On the other hand, since $x_{n+1} \neq y_{n+1}$ for $(\xi, \eta) \in B_n$,

$$\varphi_n(\xi, \eta) := (x_1, \ldots x_n, x_{n+1}, y_1, \ldots y_n, y_{n+1})$$

defines an injection $B_n \to E^{2(n+1)}$, thus yielding countability of H.
Now define

$$\psi(\xi^0, \eta) = \begin{cases} \xi^0, & \text{for } \eta = \xi^0 \\ (\xi^0, \eta) & \text{for } \eta \neq \xi^0 \end{cases} \quad \eta \in M,$$

then ψ is injective $M \to H \cup (\xi^0, \xi^0)$, therefore M is countable.

As for 2.7 (ii), it is easy to see that a set of pairwise a.s. points can contain at most k different elements. □

Remarks

(i) $\mathcal{S}$-diffuseness as defined in 2.4 (ii) should not be mistaken for the usual diffuseness of a measure, since we refer explicitly to $\mathcal{S}$-atoms, not to P-atoms. Thus P can e.g. fulfill a zero-one-law and nevertheless be $\mathcal{T}$-diffuse.

(ii) Proposition 2.5 is generally not appropriate to estimate n_a, the total number of P-atoms. However, if P is at all known to be $\mathcal{A}-t.m.a.$, then 2.5 gives the number of P-atoms as well. In this case we have a definite improvement on the estimates for n_a given in Cohn (1970).

As an example consider
$$k = 2, \quad p_{ij}^n = \Delta_{ij}, \quad p_1 = \varepsilon, \quad \text{where } 0 < \varepsilon < \frac{1}{2}$$

Then the corresponding Markov-measure lives on exactly 2 $\mathcal{A}$−atoms, but Cohn's estimate for n_a would be $\frac{1}{\varepsilon}$; i.e. it can be arbitrary bad.

References

Cohn, H. (1970): On the tail σ-algebra of the finite inhomogeneous Markov chains. Ann. Math. Stat. 41, 2175-2176.

Sendler, W. (1978): On zero-one laws. Trans. 8th Prague Conf. B, 181-191.

Begründung der Zufallsauswahl im Rahmen des Prognoseansatzes der Stichprobentheorie

Von Horst Stenger, Mannheim

Zusammenfassung: Man habe die Summe der Ausprägungen zu schätzen, die ein Untersuchungsmerkmal den Einheiten einer interessierenden Grundgesamtheit zuordnet. Zu diesem Zweck sei eine Stichprobe zu ziehen und eine Schätzfunktion festzulegen, beides unter Berücksichtigung vorliegender Informationen. Wenn die Ausprägungen des Untersuchungsmerkmals sich als Realisationen von Zufallsvariablen auffassen lassen, die einem klassischen linearen Modell genügen, empfiehlt sich bewußte Auswahl der Stichprobe (mit anschließender Verwendung des besten linearen unverzerrten Schätzers). Wenn jedoch die Varianzstruktur des linearen Modells nur unvollständig bekannt ist, hat man eine Zufallsauswahl vorzunehmen.

1 Fragestellung und Ergebnisse
1.1 Stichprobenstrategien

Den Einheiten 1, 2, ... N einer Grundgesamtheit seien Ausprägungen $y_1, y_2, \cdots y_N$ eines Untersuchungsmerkmals zugeordnet. Um eine Vorstellung von

$$y = \sum_{1}^{N} y_i$$

zu gewinnen, wählt man eine n-elementige *Stichprobe* $s \subset \{1, 2, \ldots N\}$ aus, ermittelt

$$y_i, i \in s$$

und berechnet unter Verwendung von Gewichten $a_{si}, i \in s$ einen Näherungswert

$$\sum_{i \in s} a_{si} y_i$$

für y. Dadurch entsteht der *Verlust*

$$\left(\sum_{i \in s} a_{si} y_i - y \right)^2$$

In der Praxis macht man die Auswahl der Stichprobe s vom Ausgang eines Zufallsexperiments abhängig, das durch einen *Auswahlplan*, d.h. eine Funktion

$$p : s \to p_s$$

mit

$$p_s \geq 0 \text{ für alle } s \in S$$

$$\sum_{s \in S} p_s = 1$$

auf der Menge S aller $\binom{N}{n}$ Stichproben vom Umfang n charakterisiert ist. Natürlich müssen dann jedem s mit $p_s > 0$ auch Gewichte $a_{si}, i \in s$ zugeordnet werden. Im folgenden schreiben wir kurz $\underline{a}_s$ an Stelle von $a_{si}, i \in s$ und nennen $\underline{a}_s$ *Gewichtungsvektor* und $a : s \to \underline{a}_s$

Gewichtungsplan. Der *Strategie* (p, a) ist der *mittlere Verlust*

$$R(\underline{y}; p, a) = \sum p_s \left(\sum_{i \in s} a_{si} y_i - y \right)^2 \tag{1}$$

zugeordnet.

1.2 Prognoseansatz der Stichprobentheorie

Bei der Entscheidung für eine Strategie (p, a) wird man Informationen nutzen, die bzgl. der Einheiten 1, 2, ... N bzw. deren Ausprägungen $y_1, y_2, \ldots y_N$ vorliegen.

Vielfach läßt sich der Vektor $\underline{y}$ als Realisation eines Zufallsvektors $\underline{Y} = (Y_1, Y_2, \cdots Y_N)'$ interpretieren, für den das *lineare statistische Modell*

$$\underline{Y} = X \underline{\theta} + \underline{\varepsilon}$$

gilt; hierbei ist X eine nichtstochastische $N \times K$-Matrix, $\underline{\theta} \in \mathfrak{R}^K$ ist ein Parametervektor, und für den Residualvektor $\underline{\varepsilon}$ hat man

$$E\underline{\varepsilon} = \underline{0}$$
$$V\underline{\varepsilon} = \gamma U$$

wobei mit $\underline{0}$ der Nullvektor bezeichnet wird, U eine positiv definite Matrix ist, die man kennt, während $\gamma(>0)$ nicht bekannt zu sein braucht.

Wer $y_i, i \in s$ kennt, und einen Näherungswert für y sucht, wird im Hinblick auf das beschriebene Modell

$$\sum_{i \notin s} y_i$$

in geeigneter Weise *prognostizieren,* sagen wir durch

$$\sum_{i \in s} A_{si} y_i ,$$

und

$$\sum_{i \in s} y_i + \sum_{i \in s} A_{si} y_i = \sum_{i \in s} (A_{si} + 1) y_i$$
$$= \sum_{i \in s} a_{si} y_i$$

als Näherungswert verwenden. Vom betrachteten linearen statistischen Modell ausgehend, wird man (p, a) so wählen, daß

$$\sup_{\underline{\theta} \in \Re^K} ER(\underline{Y}; p, a) \qquad (2)$$

möglichst klein ausfällt. Dies ist die Zielsetzung des *Prognoseansatzes* der Stichprobentheorie.

1.3 Stichprobenauswahl: bewußt oder zufällig

Nun zeigt sich (vgl. Abschnitt 2), daß (2) stets durch eine Strategie (p_o, a_o) mit einem entarteten Auswahlplan p_o minimiert wird, d.h. p_o ordnet nur einer einzigen Stichprobe s_o positive Wahrscheinlichkeit, und damit die Wahrscheinlichkeit 1 zu. Also ist *bewußte* Auswahl von s_o optimal, und es bleibt zu klären, wie *nichtentartete Auswahlpläne,* und damit die in der Praxis üblichen *zufälligen Auswahlverfahren,* im Rahmen des Prognoseansatzes der Stichprobentheorie gerechtfertigt werden können.

Häufig wird darauf hingewiesen, daß die oben angegebenen Voraussetzungen eines linearen statistischen Modells in Anwendungssituationen im allgemeinen nicht exakt erfüllt sind und eine zufällige Auswahl der Stichprobe eine gewisse Robustheit sicherstellt. Dabei bleibt aber offen, wie diese Robustheit zustandekommt, und vor allem, welche zufälligen Auswahlverfahren gegen welche Abweichungen der Modellannahmen absichern.

Wir werden die Modellannahmen im Abschnitt 3 abschwächen und lediglich die Kenntnis einer Klasse Δ von Matrizen voraussetzen, der U angehört. Wir haben dann

$$ER(\underline{Y}; p, a)$$

als Funktion von $\underline{\theta} \in \Re^K$ und $U \in \Delta$ anzusehen, und es liegt nahe, (p, a) so festzulegen, daß

$$\sup_{U, \underline{\theta}} ER(\underline{Y}; p, a)$$

möglichst klein ausfällt. Der in einer solchen *Minimax-Strategie* (p, a) vorkommende Auswahlplan p ist nicht entartet, wenn Δ hinreichend umfangreich ist.

In Abschnitt 3 betrachten wir einen Spezialfall, dem besondere Bedeutung zukommt. Wir nehmen an, U sei eine Diagonalmatrix mit Diagonalelementen, die einer linearen Ungleichung genügen, und bestimmen explizit die zugehörige Minimax-Strategie (p, a). Es zeigt sich, daß p hierbei der nach *Lahiri, Midzuno, Sen* benannte Auswahlplan ist (vgl. Chaudhuri/Stenger 1992, S. 65) und a die *ungebundene Hochrechnung* bezeichnet, d. h.

$$\sum a_{si} y_i = \frac{N}{n} \sum_{i \in s} y_i$$

Damit erweist sich im Rahmen des Prognoseansatzes der Stichprobentheorie eine Strategie als optimal, deren Optimalität in einem ganz anderen Kontext von Stenger/Gabler (1996) bewiesen wurde.

2 Repräsentativität und Minimax- Strategien

Für $s \in S$ und einen Gewichtungsvektor $\underline{a}_s$ setzen wir

$$t_{si} = a_{si} \quad \text{für } i \in s$$
$$= 0 \quad \text{sonst}$$

$$\underline{t}_s = (t_{s1}, t_{s2}, \ldots t_{sN})'$$

(und, wenn $a: s \to \underline{a}_s$ definiert ist, $t: s \to \underline{t}_s$; an Stelle von (p,a) schreiben wir auch (p,t)). Es gilt

$$E\left(\sum_{i \in s} a_{si} Y_i - \sum Y_i\right)^2 = E\left(\sum_{1}^{N} t_{si} Y_i - \sum Y_i\right)^2 \quad (3)$$

$$= \gamma(\underline{t}_s - \underline{1})' U(\underline{t}_s - \underline{1}) + \underline{\theta}' X'(\underline{t}_s - \underline{1})(\underline{t}_s - \underline{1})' X \underline{\theta}$$

Hierbei ist $\underline{1}$ der N-Vektor, dessen Komponenten gleich 1 sind. Wir schreiben r für das Komplement von s (d.h. für $i = 1, 2, \ldots N$ ist $i \in r$ äquivalent mit $i \notin s$) und unterteilen die Vektoren $\underline{Y}, \underline{\varepsilon}, \underline{1}, \underline{0}$ und die Matrizen X, U in naheliegender Weise gemäß r und s.

Offenbar ist (3) als Funktion von $\underline{\theta} \in \mathfrak{R}^K$ unbeschränkt, es sei denn

$$X'(\underline{t}_s - \underline{1}) = \underline{0} \quad (4\,a)$$

ist erfüllt, wofür wir auch

$$X'_s(\underline{a}_s - \underline{1}_s) = X'_r \underline{1}_r \quad (4\,b)$$

schreiben können. Unter der Nebenbedingung (4 b) minimiert man (3) durch den Gewichtungsvektor

$$\underline{a}_s'(U) = \underline{1}'_s + \underline{1}'_r \left[U_{rs} U_{ss}^{-1} + \left(X_r - U_{rs} U_{ss}^{-1} X_s\right)\left(X'_s U_{ss}^{-1} X_s\right)^{-1} X'_s U_{ss}^{-1} \right]$$

$$(5)$$

Das Minimum ist gleich

$$\gamma \Big[\underline{1}'_r \left(U_{rr} - U_{rs} U_{ss}^{-1} U_{sr}\right) \underline{1}_r \quad (6)$$

$$+ \underline{1}'_r \left(X_r - U_{rs} U_{ss}^{-1} X_s\right)\left(X'_s U_{ss}^{-1} X_s\right)^{-1} \left(X'_r - X'_s U_{ss}^{-1} U_{sr}\right) \underline{1}_r \Big]$$

(vgl. Royall, 1976, S. 658) und hängt somit nicht von $\underline{\theta}$ ab.

Mit $S(U)$ bezeichnen wir die Menge aller $s \in S$, für die (6) minimal wird. Wenn U bekannt ist, wird man (bewußt) $s_0 \in S(U)$ wählen und sich für den Schätzvektor $\underline{a}_{s_0}(U)$ entscheiden.

Wenn man lediglich eine Klasse $\Delta \ni U$ kennt, interessiert (6) als Funktion von $U \in \Delta$ und $s \in S$. Man wird vor allem Strategien (p,t) in Betracht ziehen, die der Bedingung (4) genügen für alle $s \in S$ mit

$p_s > 0$. Diese Strategien werden als *repräsentativ* bezeichnet (vgl. Chaudhuri/Stenger, 1992, S. 55). Für die Menge aller repräsentativen Strategien schreiben wir D. Man beachte, daß für $(p,t) \in D$

$$E\left(\sum t_{si} Y_i - \sum Y_i\right) = 0$$

erfüllt ist und insofern auch von *unverzerrter Prognose* gesprochen werden kann.

Wir setzen im folgenden

$$r(U; p, t) = ER(\underline{Y}; p, t)$$

$$= E \sum_s p_s \left(\sum_i t_{si} Y_i - \sum Y_i\right)^2$$

Wenn

$$r = \inf_D \sup_\Delta r(U; p, t,) < \infty$$

gilt, nennt man r *Minimax-Wert*. Man wird eine *Minimax-Strategie* $\left(\overset{*}{p}, \overset{*}{t}\right) \in D$ suchen mit

$$r\left(U; \overset{*}{p}, \overset{*}{t}\right) \leq r \quad \text{für alle} \quad U \in \Delta$$

Wenn noch $\overset{*}{U} \in \Delta$ existiert mit

$$r\left(\overset{*}{U}; \overset{*}{p}, \overset{*}{t}\right) = r$$

hat man insgesamt

$$r\left(U; \overset{*}{p}, \overset{*}{t}\right) \leq r\left(\overset{*}{U}; \overset{*}{p}, \overset{*}{t}\right) = r \leq r\left(\overset{*}{U}; p, t\right) \text{für alle} \quad U \in \Delta \quad \text{und alle} \quad (p, t) \in D$$

$\overset{*}{U}$ ist als ungünstigstes Element von Δ anzusehen.

3 Minimax-Strategien bei linearen Restriktionen für die Residualvarianzen

Im folgenden nehmen wir speziell $K = 1$ und

$$X = \underline{1}$$

an. Δ sei die Klasse der Diagonalmatrizen

$$\begin{pmatrix} \delta_1^2 & & & 0 \\ & \delta_2^2 & & \\ & & \ddots & \\ 0 & & & \delta_N^2 \end{pmatrix}$$

mit

$$\sum \alpha_i \delta_i^2 \leq \sigma_o^2 \qquad (7)$$

Hierbei wird $\alpha_i > 0$ und

$$\sum \alpha_i = 1$$

vorausgesetzt, so daß mit der N × N-Einheitsmatrix I erfüllt ist

$$\sigma_0^2 \, I \in \Delta$$

Wir wollen einen speziellen Auswahlplan betrachten und nehmen an, es seien $q_1, q_2, \cdots q_N > 0$ vorgegeben mit $\sum q_i = 1$. Man greife mit Wahrscheinlichkeit q_i Einheit i heraus und wähle dann uneingeschränkt zufällig $n-1$ Einheiten aus der Gesamtheit der verbleibenden $N-1$ Einheiten aus, d. h. jede der $\binom{N-1}{n-1}$-elementigen Teilmengen der nach der ersten Ziehung verbleibenden Einheiten besitzt dieselbe Wahrscheinlichkeit, im zweiten Auswahlschritt erfaßt zu werden. Dadurch ist ein Auswahlplan festgelegt, der nach *Lahiri, Midzuno, Sen* (LMS) benannt wird.

Für den LMS-Auswahlplan, der dem Vektor $\underline{q} = (q_1, \cdots q_N)$ zugeordnet ist, schreiben wir q; q_s ist die Wahrscheinlichkeit, mit der man bei Durchführung von q zur Auswahl der Stichprobe s gelangt.

Von $\alpha_1, \alpha_2, \cdots \alpha_N$ ausgehend, definieren wir

$$\tilde{q}_i = \frac{n}{N} \frac{N-2}{N-2n} \frac{N(N-1)\alpha_i - 1}{N-2} - \frac{n-1}{N-2n} \qquad (8)$$

und schreiben $\tilde{q}$ für den entsprechenden LMS-Auswahlplan, sofern

$$\tilde{q}_1, \tilde{q}_2, \ldots \tilde{q}_N > 0$$

erfüllt ist.

Von besonderer Bedeutung ist die Prognose durch ungebundene Hochrechnung $\tilde{t}$ der Daten y_i, $i \in s$ (vgl. Abschnitt 1.3.). Für den zugehörigen Prognosevektor $\tilde{t}_s$ gilt

$$\tilde{t}_{si} = \frac{N}{n} \text{ falls } i \in s$$
$$= 0 \quad \text{sonst}$$

Theorem

Für beliebige $\alpha_1, \alpha_2, \ldots \alpha_N > 0$ mit $\sum \alpha_i = 1$ und (7) gilt

$$r \geq \frac{N(N-n)}{n} \gamma \sigma_o^2 \tag{9}$$

Wenn für $i = 1, 2, \cdots N$

$$\alpha_i > \frac{1}{N-1}\left(1 + \frac{1}{N} - \frac{1}{n}\right) \tag{10}$$

erfüllt ist, hat man (vgl. (8))

$$\tilde{q}_1, \tilde{q}_2, \ldots \tilde{q}_N > 0 \tag{11}$$

In diesem Fall trifft das Gleichheitszeichen in (9) zu, und

$$(\tilde{q}, \tilde{t})$$

ist Minimax-Strategie mit

$$r(U; \tilde{q}, \tilde{t}) \leq r(\gamma \sigma_o^2 I; \tilde{q}, \tilde{t}) = \frac{N(N-n)}{n} \gamma \sigma_o^2$$

für alle $U \in \Delta$ (vgl. (7)). \hfill (12)

4 Beweis des Theorems

Im folgenden setzen wir ohne Beschränkung der Allgemeingültigkeit $\gamma = 1$.

Bei beliebigem (p, t) mit (4) ist erfüllt

60   A: Theoretische Statistik

$$r(\sigma_o^2 I; p, t) = \sigma_o^2 \sum p_s (\underline{t}_s - \underline{1})' (\underline{t}_s - \underline{1})$$

wobei wegen (5) und (6) gilt

$$(\underline{t}_s - \underline{1})' (\underline{t}_s - \underline{1}) \geq \underline{1}'_r \underline{1}_r + \underline{1}'_r \underline{1}_r (\underline{1}'_s \underline{1}_s)^{-1} \underline{1}'_r \underline{1}_r = \frac{N(N-n)}{n}$$

Damit ist die 1. Behauptung bewiesen. Daß (11) eine direkte Folge von (10) ist, ergibt sich durch Einsetzen in (8). Für einen LMS-Auswahlplan q definieren wir

$$\pi_{ii} = \sum_{s: i \in s} q_s \quad ; \quad i = 1, 2, \ldots N$$

$$\pi_{ij} = \sum_{s: i, j \in s} q_s \quad ; \quad i \neq j$$

und setzen

$$\Pi = \begin{pmatrix} \pi_{11} & \pi_{12} & \cdots & \pi_{1N} \\ \pi_{21} & \pi_{22} & \cdots & \pi_{2N} \\ \vdots & \vdots & & \vdots \\ \pi_{N1} & \pi_{N2} & \cdots & \pi_{NN} \end{pmatrix}$$

$$\underline{\pi} = (\pi_{11}, \pi_{22}, \cdots \pi_{NN})'$$

Für $U \in \Delta$ gilt dann

$$\begin{aligned} r(U; q, \tilde{t}) &= \sum q_s (\underline{\tilde{t}}_s - \underline{1})' U (\underline{\tilde{t}}_s - \underline{1}) \\ &= sp\, U \sum q_s (\underline{\tilde{t}}_s - \underline{1})(\underline{\tilde{t}}_s - \underline{1})' \\ &= sp\, U \left(\frac{N^2}{n^2} \Pi - \frac{N}{n} \underline{\pi} \underline{1}' - \frac{N}{n} \underline{1} \underline{\pi}' + \underline{1}\underline{1}' \right) \end{aligned}$$

wobei sp die Spurbildung bezeichnet.

Man überlegt sich leicht, daß

$$\pi_{ii} = \frac{N-n}{N-1} q_i + \frac{n-1}{N-1}$$

$$\pi_{ij} = \frac{n-1}{N-1} \left(\frac{N-n}{N-2} (q_i + q_j) + \frac{n-2}{N-2} \right); i \neq j$$

erfüllt ist, und folgert

$$\frac{N^2}{n^2}\Pi - \frac{N}{n}\underline{\pi}\underline{1}' - \frac{N}{n}\underline{1}\underline{\pi}' + \underline{1}\,\underline{1}'$$

$$= \frac{N^2}{n^2}\frac{N-2n}{N-2}\left(diag\,\underline{\pi} - \frac{1}{N}\underline{\pi}\underline{1}' - \frac{1}{N}\underline{1}\underline{\pi}' + \frac{n}{N^2}\underline{1}\,\underline{1}'\right)$$

$$+ \frac{N^2}{n}\frac{n-1}{(N-1)(N-2)}\left(I - \frac{1}{N}\underline{1}\,\underline{1}'\right)$$

$$= \frac{N^2}{n^2}\frac{N-2n}{N-2}\frac{N-n}{N-1}\left(diag\,\underline{q} - \frac{1}{N}\underline{q}\underline{1}' - \frac{1}{N}\underline{1}\underline{q}' + \frac{1}{N^2}\underline{1}\,\underline{1}'\right)$$

$$+ \frac{N^2}{n^2}\frac{n-1}{N-1}\frac{N-n}{N-2}\left(I - \frac{1}{N}\underline{1}\,\underline{1}'\right)$$

Damit erhält man

$$r(U;q,\tilde{t}) = \sum \delta_i^2 \left[\frac{N^2}{n^2}\frac{N-2n}{N-2}\frac{N-n}{N-1}\left(q_i - \frac{2}{N}q_i + \frac{1}{N^2}\right)\right.$$

$$\left. + \frac{N^2}{n^2}\frac{n-1}{N-1}\frac{N-n}{N-2}\left(1 - \frac{1}{N}\right)\right]$$

und durch Einsetzen

$$r(U;\tilde{q},\tilde{t}) = \frac{N(N-n)}{n}\sum \alpha_i \delta_i^2$$

$$\leq \frac{N(N-n)}{n}\sigma_o^2$$

Da

$$r\!\left(\sigma_o^2\,I;\,p,\tilde{t}\right) = \frac{N(N-n)}{n}\sigma_o^2$$

für beliebiges p, also auch für $p = \tilde{q}$ gilt, folgt (12).

Literatur

Chaudhuri A., Stenger H. (1992) Survey Sampling, Theory and Methods. Marcel Dekker New York.

Royall R.M. (1976) The Linear Least-Squares Prediction Approach to Two-Stage Sampling. Journal of the American Statistical Association 71: 657 - 665.

Stenger H., Gabler S. (1996) A Minimax Property of Lahiri-Midzuno-Sen's Sampling Scheme. Metrika 43: 213 - 220.

Teil B:

Wirtschaftsstatistik / Amtliche Statistik

Johann Peter Süßmilch
(1707 - 1767)
Wegbereiter der Statistik in Deutschland

Von Eckart Elsner, Berlin

Zusammenfassung: SÜSSMILCH ist inzwischen wenigstens in Fachkreisen relativ bekannt als Vater der deutschen Demographie und Statistik, bei manchen gilt er sogar als Pionier der Bevölkerungswissenschaft. Ihn so eng zu sehen, würde ihm nicht gerecht, denn er hat neben seinem hohen kirchlichen Amt auf sehr vielen Gebieten Herausragendes geleistet, nicht selten ist er dabei in Neuland vorgestoßen: Die drei Bände statistischer Art und deren holländische Übersetzung machten ihn international bekannt, wenn auch erst relativ spät. Er war aber nicht nur ein Mann der Kirche, Statistiker oder Demograph, er war auch ein nicht unbedeutender Sprachforscher, Historiker, Wirtschaftsexperte und Unternehmer, Theaterkritiker, Neuerer auf dem Gebiet der Kindererziehung und des Schulwesens, der Hochschulausbildung, der Philosophie und des Gesundheitswesens sowie vieler anderer Bereiche. Der Beitrag versucht, in Grundzügen sein Leben und seine vielseitigen Begabungen darzustellen.

Johann Peter SÜSSMILCH ist der Urahn der deutschen Statistik. Er hat 1741 in Buchform das erste grundlegende Werk mit statistischen Analysen in Deutschland veröffentlicht [1]. Er ist aber nicht nur Statistiker[1], er ist ein Universalgelehrter von hohem wissenschaftlichem Rang, über den im folgenden einiges berichtet werden soll.

---

[1] Das Wort „Statistik" kommt weltweit zwar aus Deutschland (ACHENWALL in Göttingen), war damals aber noch nicht allgemein gebräuchlich; man sprach stattdessen von „Politischer Arithmetik".

SÜSSMILCHs Leben begann am 3. September 1707. Im Kirchenbuch von Zehlendorf ist er als Hanß Peter SÜSSMILCH eingetragen. Der kleine Ort lag damals bei schnellen Pferden eine halbe Tagereise vor den Toren von Berlin, heute ist Zehlendorf einer der 23 Bezirke von Berlin. Der Vater war gelernter Sattler und hatte kurz vor der Geburt des Kindes von seinen Eltern eine Schankwirtschaft mit erblichem Braurecht übernommen[2]. Der Großvater hatte nach der Schlacht von Fehrbellin 1675 den Dienst als Leibtrabant des GROSSEN KURFÜRSTEN quittiert und sich dorthin zurückgezogen. Fortan konnten die Reiter des Herrschers auf dem halbwegs zwischen Berlin und Potsdam gelegenen Kruggut ihre Pferde wechseln. Süssmilchs Mutter war die Tochter eines angesehenen Schönfärbers aus Brandenburg an der Havel, die dem Enkel als Städter eine solide Ausbildung bieten konnte. Anfangs unterrichtete ihn ein Hauslehrer, später ging er auf das Gymnasium in der Neustadt Brandenburgs. Als dann 1715 beide Großeltern kurz nacheinander starben, schickte ihn der Vater auf das Berlinische Gymnasium zum Grauen Kloster, wo er am 19. Juni 1716 in die Klasse 6 aufgenommen wurde und wo der sechzehnjährige Schüler anläßlich der 149-Jahr-Feier seiner Schule am 3. Dezember 1723 einen Vortrag in lateinischer Sprache über die Gründung der Berliner Akademie der Künste im Jahr 1696 hielt.

Während der Schulzeit war es zunächst SÜSSMILCHs Wunsch gewesen, Arzt zu werden. Infolgedessen besuchte er außerhalb der Schulstunden die medizinischen Vorlesungen am Theatrum anatomicum in Berlin und legte dort sogar eine öffentliche Prüfung im Fach Osteologie (Knochenlehre) ab. Selbst in seiner Freizeit befaßte er sich mit medizinischen Problemen, legte sich ein Kräuterbuch an und war bestrebt, alle für die „Arzeneykunde" wichtigen Heilpflanzen, z.B. nach der Methode des französischen Botanikers TOURNEFORT (1656-1708), kennenzulernen.

Seine Sprachstudien mußten bei alledem zwangsläufig etwas zu kurz kommen, obwohl das Interesse hierfür zweifelsohne vorhanden war. Seine Eltern wünschten, daß er - der Familientradition folgend - Jura studierte, schließlich waren die Vorfahren Erbrichter auf Burg Tollenstein in Böhmen gewesen. So ging er 1724 zu August Hermann FRANCKE (1623-1727) nach Glaucha bei Halle, um sich an dessen Bildungsinstitut (Schule des Waisenhauses) sprachlich zu vervollständigen und um sich auf ein juristisches Studium vorzubereiten. Wahrscheinlich ist es dem Einfluß von FRANCKE, einem führenden Vertreter des Pietismus, zuzuschreiben, daß bei SÜSSMILCH bereits zu diesem Zeitpunkt die Liebe zur Theologie

---

[2] An der heutigen Berliner Straße / Ecke Teltower Damm weist eine Gedenktafel auf den Statistiker hin.

geweckt wurde: Am 24. April 1727 schrieb sich SÜSSMILCH an der Friedrichs-Universität in Halle, an der FRANCKE als Professor lehrte, für dieses Fach ein. Fast täglich war SÜSSMILCH in dessen Haus zu Gast, um mit ihm über theologische Probleme zu sprechen. Nach dem Tod FRANCKEs und um andere Lehrmeinungen genauer kennenzulernen, wechselte SÜSSMILCH am 10. April 1728 zur Fortsetzung seines Studiums nach Jena über, wo er in der Folgezeit nebenbei als Privatlehrer Mathematik unterrichtete.

Über seinen ehemaligen Religionslehrer ROLOFF (1684-1748), der inzwischen Propst in Berlin geworden war, erhielt SÜSSMILCH das Angebot, die Stelle eines Hofmeisters (Erziehers) im Hause des Generals VON KALCKSTEIN (1682-1759) anzunehmen. Zuvor war dieser neben dem Grafen VON FINCKENSTEIN (1660-1735) Erzieher des Kronprinzen FRIEDRICH (des späteren FRIEDRICH II., „der Große") gewesen. SÜSSMILCH nahm die Offerte dankbar an, kehrte nach Berlin zurück und kümmerte sich- nach Fertigstellung seiner Dissertation über Probleme der *Kohäsion und Attraktion von Körpern* am 26. April 1732 in Jena - um den ältesten Sohn des Generals in der Hoffnung, später mit diesem zusammen in den Wissenschaftsbereich der Universität zurückkehren zu können. 1734 veröffentlichte SÜSSMILCH sein nach der Doktorarbeit wohl erstes gedrucktes Werk „*Das Wunderkind von Kehrberg*", eine philosophische Abhandlung. An einer weiteren Veröffentlichung, der „*Göttlichen Ordnung*" [1], die heute als sein Hauptwerk gilt und seinen Ruhm vor allem ausmacht, begann SÜSSMILCH wohl erst danach zu arbeiten. Eine ausgedehnte Reise nach Holland, die er zusammen mit seinem Zögling unternahm, erweiterte seinen Gesichtskreis. Aus der zunächst beabsichtigten Rückkehr zu Forschung und Lehre wurde aber vorerst nichts.

Am 5. August 1736 erhielt SÜSSMILCH vielmehr die Stelle eines Feldpredigers im Kalcksteinischen Regiment und war nunmehr in der Lage, auch eine Familie zu gründen: Am 27. Juni 1737 heiratete er die sechzehnjährige Charlotte Dorothea LIEBERKÜHN (1720-1772), jüngste Tochter des Königlichen Hofgoldschmiedes in Berlin. Deren später hoch angesehene Brüder[3] (1) dürfte er während seines Studiums schon kennengelernt haben. Um den Schwiegervater, dessen wertvolle Kunstgegenstände heute

---

[3] Einer war ein bekannter Arzt geworden (Lieberkühnsche Drüsen), einer war als Gold- und Silberschmied in die Fußstapfen des Vaters getreten und schuf bedeutende Kunstwerke - u.a. für die Höfe von Berlin und St. Petersburg -, einer wurde später Bruderbischof der Herrnhuter Brüdergemeinde und einer lutherischer Inspektor (höherrangiger Pfarrer) in Potsdam.

noch in Museen zu bewundern sind, rankt sich die Altberliner „*Sage vom Neidkopf*"[4]. Aus der Ehe gingen insgesamt zehn Kinder hervor.

Noch im gleichen Jahr erhielt SÜSSMILCH das Angebot, die Pfarre in Peißen zu übernehmen. Er bat jedoch inständig, zuvor noch einige Zeit bei seinem Regiment in Berlin bleiben zu dürfen. Da ihm dieser Wunsch erfüllt werden konnte, war denn auch er es, der 1739 als wortgewandter Feldprediger die letzte Predigt vor dem todkranken Soldatenkönig, dem Vater Friedrichs des Großen, in Berlin gehalten hat.

Im Jahr 1740, als FRIEDRICH II. (1712-1786) den Thron gerade bestiegen hatte, brach der Erste Schlesische Krieg aus. Damals war SÜSSMILCHs statistischer Gottesbeweis, die „*Göttliche Ordnung*", schon fast abgeschlossen[5]. Dieses Buch, zu dem der wohl berühmteste deutsche Philosoph der damaligen Zeit, Christian WOLFF (1679-1751), das Vorwort schrieb, gilt als das erste wissenschaftliche statistische Werk in Deutschland überhaupt. Es ist - wenngleich in zunächst sehr bescheidener einbändiger Form - der Grundstein für die später völlig überarbeitete dreibändige Fassung. Im Verlauf der kriegerischen Auseinandersetzungen kam es am 10. April 1741 zu der für Preußen siegreichen Schlacht von Mollwitz, an der auch das „hochlöbliche" Regiment, in dem SÜSSMILCH diente, beteiligt war[6]. Im Dorf Pampitz, wo er hinter den eigenen Aufmarschlinien einen Amtsbruder besucht hatte, konnte SÜSSMILCH nur knapp einem Detachement österreichischer Husaren entkommen; sein historisch bedeutsamer Bericht vom 19. April 1741 aus Grüningen über den Verlauf dieser Schlacht war in Berlin die erste „umständlich-zuverlässige" Nachricht über das damalige Geschehen.

Noch mitten im Krieg, am 20. Mai 1741, schrieb er in französischer Sprache an den KÖNIG, der wie seine Vorväter sehr stark an statistischen Ergebnissen interessiert war, um ihm sein neuestes Werk zu präsentieren[7]. Ob die verfügbaren Exemplare rasch vergriffen waren, kann nicht mit Be-

---

[4] Danach hat der SOLDATENKÖNIG einem fleißigen Berliner Hofgoldschmied ein Haus in der (nicht mehr vorhandenen) Heilige-Geist-Straße 28 geschenkt (heute internationaler Hotelkomplex am Berliner Dom), an dem er einen „Neidkopf" hatte anbringen lassen (Frauenkopf mit Schlangenhaaren, bleckender Zunge und hängenden Brüsten) zur Abwehr von Neidern.
[5] Das Schlußkapitel mußte der damalige Feldprediger beim „hochlöblichen Kalcksteinischen Regiment" allerdings unter Zeitdruck fertigstellen, weil seine Einheit - wie er schreibt - bereits den Befehl zum Ausrücken nach Schlesien hatte.
[6] WOLFFs Vorwort stammt vom 5. April 1741. Es wurde also fünf Tage vor der Schlacht von Mollwitz geschrieben.
[7] „Es sind hierinnen einige Gründe und Mittel so wol als die Hindernisse der Bevölkerung eines Landes enthalten, darauf die Macht und der Reichtum eines Staates beruhet".

stimmtheit gesagt werden; in jedem Fall wurde 1742 ein Nachdruck aufgelegt - vermutlich aber ohne Wissen und Zustimmung des Autors.

Schon am 6. Dezember 1740 war in Etzin und Knoblauch[8] im Havelland der dortige Pfarrer MANITUS (1679-1740) gestorben. SÜSSMILCH sollte - unter anderem aufgrund einer Fürsprache der KÖNIGIN - sein Nachfolger werden. Zunächst hinderte ihn aber noch der Krieg daran, dieses Amt anzutreten. Erst als das Kalcksteinische Regiment am 30. Juni 1741 nach Berlin zurückkehrte, war für SÜSSMILCH die Stunde gekommen, sich von den Kameraden zu verabschieden, um als Pfarrer von Etzin mit dem Filial Knoblauch im Havelland eine neue Aufgabe zu übernehmen.

Kurz danach, am 21. August 1741, starb im Stadtteil Cölln[9] von Berlin, der Propst von Cölln, REINBECK (1683-1741). SÜSSMILCH wurde zu seinem Nachfolger bestimmt und trat am 8. Januar 1742 das neue Amt an mit der Hauptkirche St. Petri[10]. Die Familie wohnte zunächst noch in Etzin. Nach dem KÖNIG (Funktion eines Bischofs) war SÜSSMILCH nun einer der ranghöchsten Geistlichen Brandenburg-Preußens geworden, einer von zwei Pröpsten in der Doppelstadt Berlin/Cölln. Als Wohn- und Amtssitz stand ihm die Cöllnische Propstei zur Verfügung, ein wie durch ein Wunder dem Bombenhagel des Zweiten Weltkriegs weitgehend entgangenes, sagenumwobenes Haus[11], das „Galgenhaus"[12]. Am Berliner Dön-

---

[8] Das Filial der Pfarre Etzin war Knoblauch. Dieses hatte eine gewisse Berühmtheit erlangt durch die Vertreibung der Juden aus der Mark Brandenburg im Jahre 1510. Zu Beginn des 16. Jahrhunderts war dort eine Monstranz aus der Sakristei der Kirche gestohlen und angeblich an einen Spandauer Juden verkauft worden. Der Raub hatte die Ausweisung zur Folge und führte am 14. Juli 1510 zur Verbrennung von 38 Juden und einem Christen sowie zur Enthauptung (Strafmilderung) von zwei getauften Juden auf dem Neuen Markt in Berlin. Die jüdischen Grabsteine aus dieser Zeit sind später für den Bau der Fundamente der Zitadelle Spandau verwendet worden, wo sie inzwischen zu besichtigen sind. Der Ort Knoblauch allerdings existiert seit 1964 nicht mehr, da die ehemalige DDR dort ein Gaslager errichtet und die Bewohner umgesiedelt hat.
[9] heute Teil des Zentrums von Berlin
[10] Dem dortigen Ersten Prediger oblag die Inspektion von 25 Parochien im Süden von Berlin, darunter auch Zehlendorf als Filial von Gütergetz.
[11] Sein Haus steht in der Brüderstraße 10, unmittelbar hinter dem einstigen Staatsratsgebäude der DDR.
[12] Der Sage nach wurde vor diesem Haus eine Dienstmagd aufgehängt, weil sie angeblich einen silbernen Löffel gestohlen hatte, den man später im Magen einer Ziege wiederfand. Wegen dieses Justizirrtums kam es zu Volksaufläufen, die dem Besitzer des Hauses, Finanzminister VON HAPPE, Unbehagen bereiteten. Er zog um. Da niemand das Haus kaufen wollte, gab FRIEDRICH II. dem Magistrat schließlich den Befehl, das Haus für die Kirche zu erwerben und es als Cöllnische Propstei zu nutzen.

hoffplatz[13] besaß er damals noch ein eigenes Haus, das er an einen seiner Nachfolger im Kalcksteinischen Regiment, dem Feldprediger ZECH (1716-1780), vermietet hatte.

Zusammen mit der Ernennung zum Propst erhielt SÜSSMILCH auch Sitz und Stimme im Churmärkischen Consistorium, dem Armendirektorium (1744) und weiteren Gremien. Besonders ehrenvoll war seine Berufung zu einem der insgesamt 26 Mitglieder der Königlich Preußischen Akademie der Wissenschaften: Hier war er in der historisch-philologischen Klasse für Literatur (belles lettres) einer der angesehensten, aktivsten und fleißigsten Mitarbeiter und erwarb sich durch eine Reihe beachtlicher Vorlesungen und Veröffentlichungen alsbald hohes Ansehen. SÜSSMILCH setzte sich z.B. auf wissenschaftlich vorbildliche Weise in statistischen und demographischen Fragen mit dem damals renommierten Kameralisten Heinrich Gottlob VON JUSTI (1717-1771) über das Wachstum der Städte auseinander, und mit dem bei Hofe lebenden Vertrauten FRIEDRICHs des Großen aus der Rheinsberger Zeit, Baron VON BIELFELD (1717-1770), erörterte er aus unterschiedlicher Position die Wirkungen des Luxus. An den wenig sachbezogen geführten Kontroversen, die zu dem Skandal an der Akademie um das „Prinzip der kleinsten Aktion" führten[14], beteiligte sich SÜSSMILCH nicht.

Als aufgeklärtem Theologen waren ihm, dem gläubigen Christen und geistlichen Würdenträger, die Lehren der aufkommenden Bewegung der Freigeisterei und der schwärmerischen Sekten aber ein Dorn im Auge, insbesondere die Thesen des in seinen Augen „berüchtigten" Johann Christian EDELMANN (1698-1767), gegen den er in seinen Predigten und Schriften die sonst gewohnte Toleranz völlig vermissen ließ und vehement zu Felde zog.

Dies war möglicherweise einer der Gründe, warum FRIEDRICH ihn zum Zensor ernannte, denn am 11. Mai 1749 führte der KÖNIG, der eine für damalige Zeiten erstaunliche Toleranz bei Druckerzeugnissen an den Tag

---

[13] Den Platz gibt es nicht mehr, die dortige Meilensäule von 1732 wurde aber an gleicher Stelle rekonstruiert (heute: Leipziger Straße). Von ihr wird noch die Rede sein.
[14] Der Gelehrte Samuel KÖNIG hatte in aller Bescheidenheit darauf aufmerksam gemacht, daß nicht der Akademiepräsident MAUPERTUIS - wie behauptet - als erster dieses Prinzip entdeckt hatte, sondern vor ihm schon in Grundlinien der Philosoph LEIBNIZ. FRIEDRICH hielt zu unrecht zu seinem Präsidenten und ließ die Akademiemitglieder wider besseres Wissen zu dessen Gunsten abstimmen (SÜSSMILCH fehlte jeweils). Der Spötter VOLTAIRE machte sich darüber lustig, was den Zorn des FRIEDRICHs erregte und mit zum Zerwürfnis zwischen dem Dichter-Philosophen und KÖNIG führte.

gelegt hatte, doch eine - wenn auch gemäßigte - Zensur wieder ein. Er ernannte SÜSSMILCH zu einem der vier amtlichen Zensoren: Sein Ressort war die Theologie; er bekam jeweils ein Exemplar aller diesbezüglichen Schriften. Von Beschwerden gegen seine Amtsführung ist nichts bekannt, EDELMANN bedankte sich sogar in hintersinniger Weise bei SÜSSMILCH.

Von den zehn Nachkömmlingen der Familie überlebten immerhin neun die Phase der Kindheit, sicherlich auch dank der medizinischen Vorbildung des Vaters. Angesichts der Kindersterblichkeit damals war es ziemlich ungewöhnlich, daß von so vielen Kindern nur eines der Geschwister nicht überlebte. Das am Heiligen Abend 1746 geborene fünfte Kind war am 7. Februar 1747 an einer epidemischen Krankheit gestorben. SÜSSMILCH schlug - wohl auch vor diesem Hintergrund - einerseits noch im gleichen Jahr die Gründung einer Hebammenschule vor, was rund vier Jahre später realisiert werden konnte. Das Obercollegium medicum griff 1751 die Idee auf und setzte sie 1751/52 in die Praxis um. Andererseits befaßte sich SÜSSMILCH, der die Todesursachenstatistik in Deutschland begründete, intensiv mit epidemischen Krankheiten und setzte sich 1757 unter anderem auch mit den Göttinger Professoren darüber auseinander.

Preußen war um die Mitte des 18. Jahrhunderts ein bedeutender Staat geworden, so daß nun - nicht zuletzt aufgrund der territorialen Erweiterung infolge der Schlesischen Kriege - auch die Einrichtung eines Oberkonsistoriums zur Aufsicht über die einzelnen Regionalkonsistorien erwogen werden mußte. Im Zuge der Justizreform wurde es schließlich 1750 gegründet, nicht ohne daß vorher SÜSSMILCH Gelegenheit hatte, in mehreren umfangreichen Gutachten für den Großkanzler VON COCCEJI (1679-1755) seine Ansichten dazu zu äußern und seinen Einfluß hinsichtlich der Kompetenzen dieses Gremiums und der Besetzung der Stellen geltend zu machen. Kaum überraschen kann, daß er auch einer der ersten war, die in das Oberkonsistorium berufen wurde. Er hielt seine Sitzungen im ersten Stock des linken Gebäudeteils des damaligen Kollegienhauses in der Lindenstraße ab, dem ersten Verwaltungsbau von Berlin (1735), in dem sich heute das Stadtmuseum Berlin befindet.

Da SÜSSMILCH sehr gebildet und auf kulturellem Sektor versiert war, empfand er das damalige Theater mit den wenig anspruchsvollen Stegreifspielen und dem „possenreißenden Hanswurst" als großes Ärgernis. Er setzte sich deshalb 1754 im Haus des Polizeipräsidenten mit dem Schauspielunternehmer Franz SCHUCH /1716-1763) auseinander, der dort um eine Zulassung seiner Wandertruppe ersucht hatte. Angesichts des finanziellen Erfolgs dieser beim einfachen Volk beliebten Stücke ließ sich

SCHUCH von SÜSSMILCH aber durch die Argumentation für ein besseres Theater wenig beeindrucken.

Im gleichen Jahr (1754) wurde ein Unternehmer für den neu einzurichtenden täglichen Schnellverkehr[15] zwischen Berlin und Potsdam gesucht. Diese Schnelligkeit dieser Verbindung war seinerzeit eine Sensation, aber anstrengend für die Pferde. SÜSSMILCH, der den elterlichen Krug in Zehlendorf am 23. Januar 1754 als Alleineigentümer übernommen hatte, meldete sich - nachdem kein anderer zu finden war - als potentiell interessierter Posthalter: Sein Erbbraukrug lag auf halber Strecke und war für den Pferdewechsel und die Erfrischung der Passagiere hervorragend geeignet. Am 2. April 1754 kam es zum Vertrag mit dem für unter FRIEDRICH für Verkehrsangelegenheiten zuständigen Grafen VON GOTTER (1692-1762). Schon kurz danach war SÜSSMILCH als nebenberuflicher Transportunternehmer überaus erfolgreich: So wurde beispielsweise bereits am 1. Juli 1754 eine zweite Linie nach Potsdam eingerichtet. Allerdings verlor er die Lizenz hierfür bereits wieder am 8. August 1754 wegen „lässiger Besorgung". Als Propst hatte er vermutlich zu wenig Zeit, sich um alles gebührend zu kümmern. Am 1. April 1755 gab er schließlich nach mehreren Verwarnungen durch den Grafen VON GOTTER das Postkutschengeschäft ganz auf und verkaufte 1756 auch den väterlichen Erbbraukrug in Zehlendorf an seinen Schwager.

Noch im gleichen Jahr - am 20. Juli 1756 - erwarb er das Schulzengehöft[16] und damit die Verantwortung für den Ort, die Windmühle in Friedrichshagen sowie Ländereien in Köpenick (Weinberg, Windmühle) und Rahnsdorf („Wiesenwachs"). Er wurde zum eigentlichen Begründer des heutigen Berliner Ortsteils Friedrichshagen, weil er sich eingehend um den Aufbau des weitgehend liegengebliebenen Kolonistendorfes kümmerte, verursacht durch seinen inzwischen abgesetzten und bestraften Vorgänger, der vom KÖNIG bereitgestelltes Baumaterial mißbräuchlich nicht wie vorgesehen im Interesse der Siedler, sondern für eigene Zwecke verwendet hatte. SÜSSMILCH ließ 1757/1758 entlang der Dorfstraße für 500 Reichstaler mindestens 676 Maulbeerbäume pflanzen, von denen ein kleiner Teil nach wie vor existiert. Die Blätter des Maulbeerbaums werden bekanntlich von Seidenraupen gefressen: SÜSSMILCH förderte mit die-

---

[15] Mit dieser Fahrgelegenheit konnte man in einem Tag (frz. *jour*) von Berlin nach Potsdam kommen und wieder zurück, sie hieß deshalb „Journaliere".
[16] Dieser Besitz befand sich auf dem Gelände der heutigen Berliner Bürgerbräu GmbH.

ser Pflanzung die Seidenproduktion in der Mark[17]. Von daher verwundert es nicht, daß er auch im Oberkonsistorium für die statistische Erfolgskontrolle des Seidenbaus [8] zuständig war.

Der Dichter und Journalist Gotthold Ephraim LESSING (1729-1781) war 22 Jahre jünger als SÜSSMILCH. Zu Zeiten der Auseinandersetzung SÜSSMILCHs mit SCHUCH (1754) war er allerdings erst wenigen bekannt. Unter anderem machte er sich mit dem ganz kurz danach erschienenen ersten bürgerlichen Trauerspiel *„Miß Sara Sampson"* (1755) und den *„Briefen die neueste Literatur betreffend"* (ab 1759) in der Nachwelt und bei SÜSSMILCH einen guten Namen, nicht jedoch beim KÖNIG. Dem Hofe galt LESSING als unbequem. Er ist - wie viele vermuten - vor allem von VOLTAIRE (1694-1778) denunziert worden. Eingeweihte wußten damals, daß beim KÖNIG, der im allgemeinen die weltgewandten Franzosen bevorzugte, für diesen „frechen" jungen deutschen Journalisten und Dichter kein Wohlwollen zu erwarten war. Trotzdem schlug ihn SÜSSMILCH für die Aufnahme in die Akademie der Wissenschaften vor. Mitten im Siebenjährigen Krieg stimmte der König, wohl ohne genauere Prüfung und in aller Eile, dieser Aufnahme sowie der einiger weiterer Deutscher zu, was er später allerdings bereute. Als Konsequenz dieses Vorganges entzog FRIEDRICH fortan der Akademie das Recht, ihre Mitglieder selbst zu wählen, revidierte seine damalige Entscheidung bezüglich LESSING aber nicht.

1762 kam die zweite autorisierte - jetzt zweibändige - Ausgabe der *„Göttlichen Ordnung"* heraus. Ein Jahr später - am 21. Mai 1763 - erlitt SÜSSMILCH einen Schlaganfall, der ihn gesundheitlich schwer schädigte und zu einer halbseitigen Lähmung führte. Trotz der körperlichen Beeinträchtigungen erschien 1765 die dritte - autorisierte - Ausgabe der *„Göttlichen Ordnung"*, wie die zweite in zwei Bänden.

Eine der letzten öffentlichen Amtshandlungen SÜSSMILCHs war 1765 die feierliche Einweihung der neuen Kanzel in der St.-Petri-Kirche, bei der sein schlechter Gesundheitszustand jedermann sichtbar und allgemein bedauert wurde.

Gleichwohl brachte SÜSSMILCH, der sich im Laufe seines Lebens umfassend mit der Geschichte und der sprachlichen Entwicklung des Menschen befaßt hatte, 1766 noch ein Buch heraus: *„Über den Ursprung der Sprache"* lautete der Titel seines letzten Werkes. Seine Geschichts- und Sprachkenntnisse hatten ihn schon 1745 zu der von der Akademie der

---

[17] SÜßMILCH war über viele Jahre maßgeblich am Aufbau und der wirtschaftlichen Entwicklung dieses Seidenspinnerdorfes beteiligt.

Wissenschaften vertretenen Auffassung geführt, daß es Gott geben müsse, da die erste Sprache nur von Gott auf den Menschen gekommen sein könne. Diese These versuchte er wissenschaftlich fundiert darzulegen und zu begründen.

SÜSSMILCH hat sich im Laufe seines Lebens, aber auch von Amts wegen, intensiv um das Erziehungs- und Schulwesen[18] gekümmert. Über die bereits erwähnte Gründung einer Hebammenschule hinaus, die 1751 eingerichtet wurde, läßt sich das beispielhaft zeigen an SÜSSMILCHs Einsatz für die beiden Gymnasien in Berlin und Cölln: Im Jahr 1765 hatte eine Kommission, SÜSSMILCHs wiederholten Vorstellungen und Anregungen folgend, beim Magistrat den Vorschlag zur Zusammenlegung des Berlinischen und Cöllnischen Gymnasiums gemacht. Das nun *Vereinigte Gymnasium zum Grauen Kloster*, eine auch heute noch existierende, hoch angesehene Institution wurde zwei Jahre später, am 27. März 1767, unter der Leitung von BÜSCHING (1724-1793), der ebenfalls als einer der Vorväter der Statistik gilt, feierlich eröffnet.

Nur fünf Tage vor den schulischen Eröffnungsfeierlichkeiten war SÜSSMILCH am Sonntag, den 22. März „um 11.00 Uhr in der Cöllnischen Propstei im Alter von 59 Jahren, 6 Monaten und 19 Tagen" (Sterbebucheintragung) an einem weiteren Schlaganfall gestorben. Bei seiner Beisetzung in der St.-Petri-Kirche am Freitag, den 27. März 1767 um 16.30 Uhr wurde eine „kleine Trauermusik" aufgeführt. Am übernächsten Sonntag, dem 5. April 1767, hielt sein noch aktiver Amtsbruder von St. Nikolai, Propst SPALDING (1714-1804), in der St.-Petri-Kirche eine Gedächtnispredigt für SÜSSMILCH.

Weil sie das Geld dringend brauchte, ließ die Witwe am 2. Mai 1768 SÜSSMILCHs wertvolle Bibliothek mit über 5 800 Titeln versteigern. Der gedruckte Versteigerungskatalog ist noch heute erhalten [3]; aus ihm ist ersichtlich, welche ungeheuren Schätze SÜSSMILCH im Laufe seines Lebens zusammengetragen hatte: Neben Werken Albrecht DÜRERs (1604) sind die von PARACELSUS (1603) und AGRICOLA (1546), Tycho DE BRAHE, PTOLEMÄUS, GALILEI, DESCARTES und viele andere bibliophile Kostbarkeiten zu finden sowie natürlich Schriften aller bedeutenden Zeitgenossen SÜSSMILCHs.

Um SÜSSMILCH zu ehren, brachte 1768 Johann Christian FÖRSTER im Auftrag der Akademie der Wissenschaften SÜSSMILCHs Lebenslauf in gedruckter Form heraus. [4]

---

[18] vgl. dazu [2]

SÜSSMILCHs Witwe verkaufte 1771 das Schulzengut in Friedrichshagen und die anderen Besitzungen bei Köpenick. Im gleichen Jahr gewann Johann Gottfried HERDER (1744-1808), 37 Jahre jünger als SÜSSMILCH, den Akademiepreis mit einer Arbeit, in der er sich - wie 31 andere auch - mit SÜSSMILCHs Buch *„Über den Ursprung der Sprache"* philosophisch auseinandersetzte.

SÜSSMILCHs Verdienste sind zweifelsohne außerordentlich vielfältig. Es wäre falsch, ihn - wie oft - allein als Statistiker sehen zu wollen: Schließlich kümmerte er sich um ein anspruchsvolleres Theater, die Verbesserung von Erziehung und Schulwesen, die Ausbildung der Studenten, die Korrektheit der Geschichtsschreibung sowie um Fragen der Sprachwissenschaft, der Philosophie und vieler anderer Bereiche. Sein ökonomisch orientiertes Engagement, den Seidenbau und das Postwesen betreffend, illustriert beispielhaft, daß er sich intensiv und „praxisorientiert" um wirtschaftliche Fragen kümmerte. Sogar mit dem Thema „Außenhandel" hat er sich befaßt. Den nachhaltigsten Eindruck haben dennoch SÜSSMILCHs statistische Arbeiten hinterlassen, nicht nur in Deutschland. Nach SÜSSMILCHs Tod gab es 1772 eine holländische Übersetzung in vier Bänden; eine von SCHRADER bearbeitete Fassung der *„Göttlichen Ordnung"* kam 1777 als *„Grundgesetze der Natur"* heraus. Auch das Originalwerk erlebte immer neue Auflagen. SÜSSMILCH setzte Maßstäbe, er stand in Verbindung mit der schwedischen Akademie der Wissenschaften, wirkte beispielsweise auch auf die ungarische Bevölkerungsstatistik ein und beeinflußte Thomas Robert MALTHUS (1766-1843) in England[19], dessen *„geometrische Progression"* er mit Hilfe EULERs (1707-1783) schon lange vor MALTHUS berechnet hatte.

Für einige Zeit trat SÜSSMILCHs Hauptwerk dann jedoch in den Hintergrund: Die Zeit der Aufklärung war überwunden, das damalige Denken nicht mehr zeitgemäß und ein neues, weniger optimistisches Gedankengut hatte sich in bevölkerungspolitischen Fragen durchgesetzt. SÜSSMILCH war „altmodisch" geworden.

Nach und nach wurde er dann aber als einer unserer Vorväter wieder entdeckt: So feierte ihn 1872 Georg Friedrich KNAPP als Begründer der Bevölkerungswissenschaft [5]; nach dem Zweiten Weltkrieg wurde SÜSSMILCH erst von den Japanern, dann von den Ungarn und Franzosen

---

[19] MALTHUS hatte die Diskussionen im 19. Jahrhundert ausgelöst, die sich heute im Neomalthusianismus fortsetzen (Anschauung, daß Geburtenbeschränkung die wirtschaftlichen und sozialen Probleme der Dritten Welt zu lösen vermag).

„entdeckt" [20]. Anfang Juli 1985 beschloß der Volksbildungsausschuß der Bezirksverordnetenversammlung von Berlin-Zehlendorf, die Fußgängerzone im Neubaublock zwischen Pasewaldtstraße und Clayallee, ganz in der Nähe des ehemaligen Standortes von SÜSSMILCHs Geburtshaus, *„Propst-Süßmilch-Weg"* zu benennen. Die Einweihung war im Januar 1988.

Angesichts des Ost-West-Konflikts war Gesamtdeutsches in der damaligen DDR wenig gefragt, der Pfarrer SÜSSMILCH war zwar im Ostteil Berlins gestorben, aber im Westteil geboren. In bescheidenem Umfang wurde SÜSSMILCH später auch im Ostteil der Stadt gewürdigt, unter anderem von Wissenschaftlern der Humboldt-Universität zu Berlin und der ehemaligen Akademie der Wissenschaften der DDR. In diesem Zusammenhang sind die Veröffentlichungen von WILKE hervorzuheben [6], die sich noch heute von anderen, damals stark ideologisch ausgerichteten Publikationen wohltuend abheben.

Zur Rückbesinnung auf SÜSSMILCH trug zudem bei, daß die Deutsche Gesellschaft für medizinische Dokumentation, Information und Statistik sich 1987 entschloß, eine *Süßmilch-Medaille* zu stiften und an junge Wissenschaftler zu verleihen[21]. Nach der politischen Wende war 1991 die nach

---

[20] 1775/1776 erschien die von BAUMANN, dem Neffen SÜSSMILCHs, herausgegebene und bearbeitete vierte, dreibändige deutsche Ausgabe, 1787/1788 sowie 1790 bis 1792 und 1797 jeweils wieder eine. 1949 kam eine japanische Übersetzung von T. MORITO und J. TAKANO heraus, 1967 eine japanische Neuauflage in deutscher Sprache durch den Japaner Sh. MATSUKAWA, beide Male des Werkes von 1741 (Faksimile). 1969 gab es in Tokio einen Nachdruck der japanischen Übersetzung, 1977 einen von ELSNER veranlaßten Nachdruck der deutschen Ausgabe von 1741 /Faksimile) im Kulturbuch-Verlag-Berlin. 1979 erschien u.a. auf Initiative des Ungarn R. HORWATH eine französische Übersetzung des größten Teils der Ausgabe von 1765 (identisch mit der von 1761/1762), bearbeitet am Institut National des Études Démographiques durch J. HECHT (3 Bände) und 1983 eine englische Übersetzung eines Teils (zwei Kapitel) der vierten Ausgabe von 1775. 1988 kam nach einem Vorstoß ELSNERs ein ungekürzter deutscher Nachdruck der drei Bände von 1765 bzw. 1776 im J. Cromm-Verlag heraus.

[21] Die Empfänger der Johann-Peter-Süßmilch-Medaille waren:
    1987: Privatdozent Dr. Hans-Joachim TRAMISCH, Bochum;
           Dr. Thomas TOLXDORFF, Aachen
    1988: keine Vergabe
    1989: Privatdozent Dr. Erhard GODEHARDT, Düsseldorf
    1990: Dr. Helmut SCHÄFER, Heidelberg
           Dr. Jörg A. WIEDERSPOHN, Heidelberg
    1991: keine Vergabe
    1992: keine Vergabe
    1993: Dr. Hermann BRENNER, Saarbrücken
    1994 keine Vergabe
    1995 Dr. rer. nat. Karin STEINDORF, Heidelberg

ihm benannte *Johann-Peter-Süßmilch-Gesellschaft* für Demographie e.V. gegründet worden und am 8.10.1992 wurde, verbunden mit einem dreitägigen *Süßmilch-Symposium* in der Dorfkirche und einer *Süßmilch-Ausstellung* im Heimatmuseum Zehlendorf, die oben erwähnte *Gedenktafel* aus Porzellan an SÜSSMILCHs Geburtshaus im Rahmen des einheitlichen Berliner Gedenktafelprogramms enthüllt. Eine weitere folgte am 20.10.1994 an seinem Sterbehaus[22] im Berliner Bezirk Mitte. Die vorläufig letzte Ehrung gab es im Land Brandenburg mit einer Gedenktafelenthüllung in der Kirche von Etzin, in der er als Pfarrer gewirkt hatte, am 11.8.1996 im Rahmen eines Festgottesdienstes.

Quellennachweis

[1] SÜSSMILCH, J.P.: *Die göttliche Ordnung in den Veränderungen des menschlichen Geschlechts, aus Geburt, Tod und Fortpflanzung desselben erwiesen...*; Berlin 1741.

[2] NEUGEBAUER, W.: *Johann Peter Süßmilch: Geistliches Amt und Wissenschaft im friderizianischen Berlin*; Jahrbuch des Landesarchivs Berlin 1985 „Berlin in Geschichte und Gegenwart", S. 33 bis 68.

[3] KRÜNI(T)Z, J.G.: *Catalogus praestantissimi thesauri exquistissimorum et rariorum in omni studiorum et linguarum genere librorum, quos magno labore ac sumtu collegit, dum superabat, D. Jo(h)annes Petrus Süssmilch ...*; Berlin 1768, mit 5 800 Positionen

[4] FÖRSTER, J.C.: *Nachricht von dem Leben und Verdiensten des Herrn Oberconsistorialraths Johann Peter Süßmilch*; Berlin 1768

[5] KNAPP, G.F.: *Darwin und die Sozialwissenschaften*; Jahrbücher für Nationalwissenschaften und Statistik, Band XVIII, 1872, S. 244

[6] WILKE, J.: *Johann Peter Süßmilch, ein universeller Gelehrter Berlins des 18. Jahrhunderts*;   „Berliner Geschichte", Heft 10, Stadtarchiv der Hauptstadt der DDR, Berlin, 1989.

[7] SÜSSMILCH, J.P.: *Brief an den Göttinger Professor MICHAELIS vom 20. Juni 1758.* Handschriftenabteilung der UB Göttingen.

[8] *Acta die Bepflantzung der Kirchhöfe mit Maulbeerbäumen und den von den Predigern, Küstern und Schuldienern zu treibenden Seidenbau in der Churmark betreffend.* Staatsarchiv der Stiftung Preußischer Kulturbesitz, X.H.A., Br., Rep. 40 Nr. 1904, Blatt 67.

---

[22] in der Brüderstraße 10 hinter dem ehemaligen Staatsratsgebäude

Preisindizes mit dem Kettenansatz
Ein Plädoyer für die Abschaffung von Kettenindizes

Von Peter von der Lippe, Essen

Zusammenfassung: Im revidierten SNA von 1993 wird die Verwendung von Kettenindizes empfohlen, und zwar sowohl für die Messung des Preisniveaus, als auch für die Deflationierung. Für beide Zwecke sind Kettenindizes aber unbrauchbar. Keines der Argumente, die üblicherweise zur Begründung der Forderung nach Kettenindizes aufgeführt wird, ist überzeugend. Der Argumentation liegen z.T. unkorrekte Vergleiche zugrunde, es werden zur Rechtfertigung von Kettenindizes begriffliche Unklarheit ausgenutzt und es wird oft einseitig nur ein Aspekt von mehreren zusammengehörigen Aspekten betrachtet. Kettenindizes erfüllen viele elementare Indexaxiome nicht und die Ziele, denen sie dienen sollen (Transitivität und laufende Aktualisierung des Warenkorbs) widersprechen sich. Kettenindizes sind weder als Mittelwerte von Meßzahlen, noch als Ausgabenvergleiche zu interpretieren. Man kann deshalb im Zusammenhang mit Kettenindizes auch nicht von einem "Warenkorb" sprechen. Kettenindizes verstoßen gegen das Prinzip des reinen Preisvergleichs. Die Bezugnahme auf den Divisia-Index verleiht ihnen keine exklusive indextheoretische Rechtfertigung.

Die Verwendung des Preisindexes nach I. Fisher ("Idealindex") zur Deflationierung hat schon im Fall des direkten Indexes P_{0t}^F große Mängel. P_{0t}^F erfüllt keine der für Deflatoren gewünschten Eigenschaften, während die traditionelle Deflationierung mit einem direkten Paasche Preisindex P_{0t}^P diese alle erfüllt. Deflationierung mit dem Kettenindex $\overline{P}_{0t}^{FC}$, wie im SNA gefordert, hat noch den zusätzlichen Mangel, daß eine Veränderung des Volumens angezeigt werden kann, obgleich alle Mengen gleich geblieben sind (ähnlich wie bei Ketten-Preisindizes eine Veränderung der Preise ausgewiesen werden kann, obgleich alle Preise gleich geblieben sind). Ein Ketten-Preisindex kann also keine sinnvolle Alternative sein zur Verwendung von direkten Laspeyres-Preisindizes (P_{0t}^L), die ohnehin in der Praxis von Zeit zu Zeit umbasiert werden, und zur Deflationierung mit Paasche-Preisindizes (P_{0t}^P). Dabei sind wichtige praktische Aspekte (Erhebungsaufwand bei Kettenindizes) noch nicht einmal in die Betrachtung einbezogen worden. Schon allein wegen der konzeptionellen Mängel sollten Kettenindizes umgehend abgeschafft werden.

1. Warum Kettenindizes kontrovers sind

Das revidierte System of National Accounts von 1993 (SNA 93) empfiehlt die Verwendung von Kettenindizes[1] und innerhalb der EU gibt es uneinheitliche Auffassungen über Kettenindizes, die von einigen Ländern aufgrund der Tradition ihrer Statistischen Ämter befürwortet oder gar vehement gefordert werden, von anderen Ländern (u.a. Deutschland) dagegen abgelehnt werden. Es gibt deshalb eine aus praktischen Erwägungen angeregte Diskussion über Kettenindizes. Solche Indizes[2] sind seit langem bekannt und werden auch gelegentlich in Aufsätzen und Büchern zur Indextheorie dargestellt. Die dabei angeführten Argumente für Kettenindizes, denen offenbar das SNA in seiner Empfehlung gefolgt ist, sind jedoch, wie im folgenden gezeigt wird, wenig überzeugend.[3]

Es fällt auf, daß den Kettenindizes gegensätzliche Eigenschaften zugesprochen werden und daß sogar dieselbe Eigenschaft von einigen Autoren als Vorteil, von anderen als Nachteil herausgestellt wird. Hierfür jeweils ein Beispiel:
1. Es wird gesagt, der Kettenindex erfülle die Rundprobe, er sei also verkettbar (transitiv)[4], andererseits wird in vielen Darstellungen untersucht, wann und in welchem Ausmaß ein Kettenindex von einem "direkten" In-

---

[1] Der hier gemeinte Text der Empfehlung (SNA 93, Textziffer 16.73) lautet in voller Länge:
(1)the preferred measure of year to year movement of real GDP is a Fisher volume index, changes over longer periods being obtained by chaining: that is, by cumulating the year to year movements;
(2)the preferred measure of year to year inflation for GDP is therefore a Fisher price index, price changes over long periods being obtained by chaining the year to year price movements: the measurement of inflation is accorded equal priority with the volume measurements;
(3)chain indices that use Laspeyres volume indices to measure movements in real GDP and Paasche price indices to year to year inflation provide acceptable alternatives to Fisher indices..."
[2] Wenn im folgenden einfach von einem Index die Rede ist, ist ein Preisindex gemeint.
[3] W. Neubauer 1995, S. 10 schreibt dazu: "Für meinen Geschmack wäre damit das Maximum an sachlogischer Verdunkelung und das Minimum an sachlogischer Interpretierbarkeit erreicht. Überdies müßte dabei ein enormer Erhebungs- und Berechnungsaufwand in Kauf genommen werden. Niemand vermag in faßlichen Worten auszudrücken, was sich eigentlich um wieviel verändert hat, wenn ein Kettenindex nach Fisher von 1990 bis 1994 um 10% gestiegen ist". Ich teile diese Auffassung voll und ganz, nicht aber Neubauers Reserven gegen die axiomatische Betrachtung.
[4] So schreibt etwa Banerjee 1975: "...the circular test is ... satisfied by the chain index" (S. 55).

dex mehr oder weniger wegdriftet (so etwa Allen 1975, S. 186ff)[5], was ja bedeutet, daß der Index **nicht** verkettbar ist. Offenbar beziehen sich die Aussagen auf unterschiedliche Begriffsbestandteile im "Kettenindex".
2. Es ist bekannt, daß bei gleichen Preisen zur Basis- und Berichtszeit, also bei gleichen Preisvektoren $\mathbf{p}_0' = [p_{10} \ldots p_{n0}]$ und $\mathbf{p}_t' = [p_{1t} \ldots p_{nt}] = \mathbf{p}_0$ ein (gemessen an gewissen Axiomen) vernünftiger Index, der nach dem "traditionellen" Muster des "direkten" Vergleichs konstruiert ist, den Wert 1 annimmt, ein Kettenindex dies dagegen nicht notwendig tut. Ein Kettenindex kann sogar sehr verschiedene Werte annehmen, je nachdem, was in der Zwischenzeit zwischen 0 und t passiert ist. Diese "Wegabhängigkeit" wird von einigen Autoren wegen der Nichteindeutigkeit des Ergebnisses kritisiert, von anderen Autoren werden Kettenindizes aber gerade deshalb gelobt, weil die "Berücksichtigung"[6] aller Daten einer Zeitreihe der traditionellen "direkten" Methode überlegen sei, die einfach darauf hinausläuft "to establish a trend by a kind of end-point method" (Craig 1969, S. 147)[7].

Der Grund für eine solche Situation ist, daß offenbar die Terminologie nicht exakt genug ist, also unter einem Kettenindex jeweils etwas verschiedenes verstanden wird und daß ein Mangel an klaren, unkontroversen Beurteilungsmaßstäben besteht. Hierauf soll in Abschn. 2 eingegangen werden. Dabei sollen in diesem Beitrag allerdings praktische, wirtschaftsstatistische Gesichtspunkte, wie z.B. der mit der Berechnung von Kettenindizes verbundene Aufwand außer Acht gelassen werden. Es gibt die Meinung, daß Kettenindizes gut seien, nur eben recht aufwendig. Im folgenden wird dagegen die Meinung vertreten daß Kettenindizes schon von der Konzeption her unsinnig sind.

---

[5] Selbstverständlich soll der hier übliche Begriff "driften", nicht bedeuten, daß der direkte Index der "wahre" Index ist und der Kettenindex in dem Maße "falsch" sei, in dem er vom direkten Index weg-"driftet".
[6] Die Anführungszeichen sollen andeuten, daß die Überzeugungskraft dieses Arguments zum Teil einfach darauf zurückzuführen ist, daß es etwas vage bleibt, was mit der "Berücksichtigung" gemeint ist.
[7] Oder es wird argumentiert, daß eine Rückkehr zum ursprünglichen Preisniveau, also ein Preisindex $P_{0t} = 1$, wenn die Preise zur Zeit 0 und t die gleichen sind, gar nicht wünschenswert sei, weil ja 0 eine schlecht gewählte, unvorteilhafte Basis sein könne. Man kann diese Überlegung nur dann als "Argument" begreifen, wenn man vergißt, daß in diesem Fall auch ein Kettenindex die gleiche (schlecht gewählte) Basis 0 hat und wenn man, wie das häufig geschieht, von der falschen Vorstellung ausgeht, bei einem Kettenindex habe man sich vom Problem der Wahl eines Basisjahres befreit.

2. Mängel in der Begründung von Kettenindizes
a) Definition eines Kettenindexes, Kette und Link

Es ist nützlich, eingangs zwei völlig verschiedene Ansätze des zeitlichen Zwei-Perioden-Vergleichs (binären Vergleichs) zu unterscheiden, wobei wir davon ausgehen, daß zwischen 0 und t mindestens zwei Perioden liegen (also $t \geq 2$), nämlich

1. der **direkte Ansatz**, in dem P_{0t} eine Funktion der Vektoren p_0, p_t, q_0, q_t ist, etwa die traditionellen Preisindizes nach Laspeyres[8]

$$P_{0t}^L = \frac{p_t q_0}{p_0 q_0} \text{ oder Paasche } P_{0t}^P = \frac{p_t q_t}{p_0 q_t},$$

2. der **Ketten-Ansatz**, den man auch als "indirekt" bezeichnen kann, wonach definitionsgemäß der binäre Vergleich das Produkt von Kettengliedern (links) P_t^C ist

(1) $\overline{P}_{0t}^C = \overline{P}_{0t} = P_1^C P_2^C \cdots P_t^C$.

Man sollte mit der Notation P_{0t} (direkt) und $\overline{P}_{0t}$ (indirekt, Kette) unterscheiden und auch deutlich machen, daß die Definition eines Kettenindexes stets aus **zwei Elementen** besteht (nicht nur aus einem wie der direkte Index):

1. der **Kette (chain)**, die **stets** mit Gl. 1 definiert ist (das ist das konstante Element des Kettenansatzes) und mit $\overline{P}_{0t}$ symbolisiert werden soll, um Verwechslungen mit dem direkten Index P_{0t} zu vermeiden, und
2. dem individuellen "**link**" (dem Kettenglied), P_t^C (C = chain), einem **Index** $P_t^C = P_{t-1,t}$, bei dem die Basis jeweils die Vorperiode ist, so daß ein Subskript ausreicht; hierbei gibt es verschiedene Ansätze (Formeln), so daß man auch vom variablen Element der Definition eines Kettenindexes sprechen kann; so ist etwa[9]

(2a) $P_t^{LC} = \frac{\sum p_t q_{t-1}}{\sum p_{t-1} q_{t-1}}$,   (2b) $P_t^{PC} = \frac{\sum p_t q_t}{\sum p_{t-1} q_t}$ oder (2c) $P_t^{FC} = \sqrt{P_t^{LC} P_t^{PC}}$

das Laspeyres-, Paasche- oder Fisher-Kettenglied, und die ihnen entsprechenden Ketten sollen mit $\overline{P}_{0t}^{LC}$, $\overline{P}_{0t}^{PC}$ und $\overline{P}_{0t}^{FC}$ bezeichnet werden.

---

[8] Bei allen folgenden Betrachtungen verzichten wir auf die Multiplikation mit 100.
[9] Notation: direkte-Indizes haben ein Superskript (etwa L = Laspeyres, P = Paasche, F = Fisher) und zwei Subskripte (0 = Basisperiode, t = Berichtsperiode), Kettenglieder eines Kettenindexes haben zwei Superskripte (etwa LC, PC) und ein Subskript t (weil die Basis stets t-1 ist).

Danach ist ein Kettenindex "verkettbar" nur so lange man auf der Ebene der Produkte $\overline{P}_{0t}$ argumentiert, weil natürlich für beliebige drei Perioden 0, s, t gilt $\overline{P}_{0t} = \overline{P}_{0s}\overline{P}_{st}$. Das ist jedoch - was oft vergessen wird - nicht eine Erkenntnis, sondern nur eine triviale Folgerung aus der Definition von $\overline{P}_{0t}$. Vergleicht man dagegen P_{0t} mit $\overline{P}_{0t}$, so ist sofort erkennbar, daß der Kettenindex keineswegs verkettbar ist, denn offensichtlich gilt mit den Links P_t^{LC}

$$\overline{P}_{02}^{LC} = P_1^{LC} P_2^{LC} = \frac{\sum p_1 q_0}{\sum p_0 q_0} \frac{\sum p_2 q_1}{\sum p_1 q_1}$$, was keineswegs identisch sein muß mit

$$P_{02}^L = \frac{\sum p_2 q_0}{\sum p_0 q_0}.$$

Die Betrachtung gilt für mit P_t^{PC} und P_t^{FC} gebildete Ketten analog. Damit ist aber auch die Aussage hinfällig, der Kettenindex sei nach Belieben umbasierbar ("shiftable without error") und man mache sich mit ihm frei von dem lästigen Problem der Wahl eines Basisjahres, weil stets

$$\overline{P}_{st} = \frac{\overline{P}_{0t}}{\overline{P}_{0s}} = \frac{\overline{P}_{kt}}{\overline{P}_{ks}}$$ gilt (wobei zwischen 0, k, s und t eine beliebige Reihenfolge existieren mag) [10]: Denn das sind nur Implikationen der Definition von $\overline{P}$ in Gl. 1, die nichts aussagen über den Vergleich mit dem direkten Index, mit dem aber $\overline{P}$ der Intention nach verglichen werden sollte. Schon der Name "Kettenindex" ist mißverständlich: der Index bedient sich der Idee der Verkettung bei der Definition von $\overline{P}_{0t}$, aber er ist deswegen nicht "verkettbar".

b) Einfache und kumulierte Gewichtung

Als eines der stärksten Argumente für den Kettenindex und gegen traditionelle direkte Indizes, insbesondere dem Laspeyres Index, wird meist die ständige Aktualisierung der Gewichte ins Feld geführt. Damit sei ein Kettenindex einem "fixed based-" oder gar einem "base weighted index" (vgl. Übersicht 1) überlegen, weil er den aktuelleren Warenkorb besitzt. Solche Aussagen sind irregeleitete Assoziationen[11], die darauf beruhen, daß man für die Kette $\overline{P}_{0t}$ (die allein mit P_{0t} zu vergleichen ist) eine Ei-

---

[10] Verkettbarkeit und Identität implizieren Invarianz der Basis, bzw. Zeitumkehrbarkeit.
[11] Es soll im folgenden gezeigt werden, daß praktisch alle Argumente **für** Kettenindizes von dieser Art sind.

genschaft reklamiert, die dem einzelnen link P_t^C zukommt, nicht aber dem Produkt $\overline{P}_{0t}$.

Übersicht 1

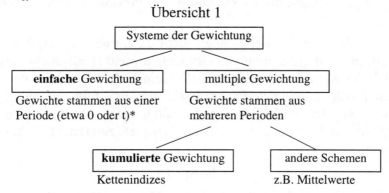

* "fixed base," wenn sie für alle t stets aus der gleichen Periode s stammen, "base weighted" (direkter Laspeyres Index) wenn s = 0. Es ist zu beachten, daß 0 (konstant) und t (variabel) von verschiedener Qualität sind, und daß deshalb der Laspeyres- und Paasche Ansatz **nicht**, wie es gerne so dargestellt wird, methodologisch (oder "logisch") auf der gleichen Stufe stehen.

Jeder Index hat **eine** Zeitbasis, aber ein Index kann **mehrere** Gewichtsbasen haben, z.B. ein Mittelwert[12] der Ausgabenanteile von 0 und t. Ein Teil dieser Klasse von Indizes mit multiplen Gewichten hat "kumulierte" Gewichte, wie das im folgenden genannt werden soll. Eine sinnvolle Unterscheidung ist also nicht zwischen "festen Gewichten" und "laufend aktualisierten Gewichten", sondern wohl eher die Gegenüberstellung in Übersicht 1.

Natürlich hat P_2^{LC} aktuellere Gewichte als P_{02}^L, aber wie sieht es mit $\overline{P}_{02}^{LC}$ aus? Bei nur zwei Waren und dem Ausgabenanteil a der Ware 1 zur Basiszeit (Periode 0) und b für die Periode 1 erhält man

$$\overline{P}_{02}^{LC} = \left[\frac{p_{11}}{p_{10}}a + \frac{p_{21}}{p_{20}}(1-a)\right]\left[\frac{p_{12}}{p_{11}}b + \frac{p_{22}}{p_{21}}(1-b)\right].$$ Das, nicht P_2^{LC} ist zu vergleichen mit $P_{02}^L = \frac{p_{12}}{p_{10}}a + \frac{p_{22}}{p_{20}}(1-a) = m_1 a + m_2(1-a)$, um zu erkennen, inwiefern die Art der Wägung beim Kettenindex "besser" sein soll als beim direkten Index.

Die Darstellung von $\overline{P}_{02}^{LC}$ als Funktion der Meßzahlen $m_i = p_{i2}/p_{i0}$ (i = 1, 2) führt zu

---

[12] So etwa bei den bekannten Indexformeln von Edgeworth - Marshall oder von Walsh.

(3) $\overline{P}_{02}^{LC} = m_1 a[b + g(1-b)] + m_2(1-a)[(1-b) + b/g] = m_1 a f_1 + m_2(1-a) f_2$

mit $g = p_{11}p_{22}/p_{12}p_{21}$, einem Verhältnis von Preismeßzahlen[13] $g = p_{22}/p_{21} : p_{12}/p_{11}$.

Daraus folgt, daß der Kettenindex **nicht** darzustellen ist als Meßzahlenmittelwert, weil die Summe der Gewichte af_1 und $(1-a)f_2$ nicht notwendig 1 ist[14] Ein Kettenindex kann deshalb kleiner als die kleinste und größer als die größte individuelle Preismeßzahl sein. Er erfüllt, wie im folgenden Beispiel gezeigt wird, die Proportionalität nicht, damit auch nicht die Identität[15], und (wie eine Variante des Beispiels zeigt) auch nicht die Monotonie.

Beispiel 1

Gegeben seien die folgenden Preise und Mengen für zwei Waren (i = 1,2)

	Periode 0		Periode 1		Periode 2	
i	Preise	Mengen	Preise	Mengen	Preise	(aP)*
1	8	6	6	10	8	8, 8
2	12	4	15	5	12	11, 14

* aP = alternative Preise für Periode 2 (vgl. unten Varianten des Beispiels)

Die Mengen zur Zeit 2 sind irrelevant und das Beispiel wird variiert hinsichtlich der Mengen zur Zeit 1, weshalb dieser Teil der Tabelle schattiert ist. Man erhält dann die folgenden Ergebnisse:
$P_1^{LC} = P_{01}^L = 1$ und $P_2^{LC} = 1{,}037$ und damit $\overline{P}_{02}^{LC} = P_1^{LC} P_2^{LC} = 1{,}037$ im Unterschied zu $P_{02}^L = 1$ (da ja die Preise in Periode 0 und 2 identisch sind), ferner a = 0,5 und b = 4/9.

Vertauscht man die Zahlen 10 und 5 in der schattierten Box (Mengen zur Periode 1), so erhält man bei gleichem P_1^{LC} die Werte $P_2^{LC} = \overline{P}_{02}^{LC} = 0{,}888$ und b = 1/6. Wegen der Identität der Preise zur Periode 0 und 2 ist die kleinste (und größte) Preismeßzahl 1, aber der Kettenindex kann, wie man sieht, sehr wohl kleiner als die kleinste oder größer als die größte Preismeßzahl sein.

Angenommen, die Mengen zur Periode 1 sind 10 und 5, die Preise zur Periode 2 aber 8 und 11 (statt 8 und 12), so daß man eindeutig von einem

---

[13] beim Übergang von t = 1 zu t =2, nicht von 0 zu 2.
[14] Sie beträgt 1 + ab(2-g) - a(1-g) - b(g-1+a)/g.
[15] Aus Proportionalität folgt Identität (nicht umgekehrt). Die erwähnte Eigenschaft des Kettenindexes bei gleichen Preisvektoren in Periode 0 und 2 nicht notwendig den Wert 1 anzunehmen bedeutet Verletzung der Identität.

Fallen der Preise sprechen kann. P_{02}^L ist mit 92/96 = 0,9583 auch in der Tat kleiner als 1. Aber $\overline{P}_{02}^{LC}$ ist 1. Mit den Mengen 5 und 10 zur Periode 1 und den Preisen 8 und 14 zur Periode 2 (also einem eindeutigen **Steigen** der Preise gegenüber 0) erhält man P_{02}^L = 1,0833 aber $\overline{P}_{02}^{LC}$ = 1. Der Kettenindex erfüllt also auch nicht die (strenge) Monotonie.

Bei mehr als zwei Waren oder Ketten von mehr als zwei Gliedern sind die mit Gl. 3 beschriebenen Verhältnisse natürlich noch komplizierter, und es dürfte noch schwerer sein diese Art von Gewichtung zu interpretieren oder zu verstehen, weshalb gerade sie besonders sinnvoll sein soll (wenn man nicht schon allein von dem Umstand beeindruckt ist, daß neben a und 1-a auch die aktuelleren Anteile b und 1-b in der Formel auftreten).

Ein Kettenindex läßt sich somit weder als Meßzahlenmittelwert darstellen noch als Verhältnis von Ausgaben[16]. Die Aussage, der Kettenindex $\overline{P}_{0t}^{LC}$ sei dem direkten Index P_{0t}^L überlegen, weil er einen aktuelleren Warenkorb besitzt, ist irreführend, denn

- sie suggeriert, **beide** Indizes seien als Verhältnis von Ausgaben, von Kosten des "Kaufs" eines Warenkorbs zu verschiedenen Zeiten darzustellen und zu interpretieren, und
- der Unterschied bestehe darin, daß $\overline{P}_{0t}^{LC}$ einen aktuelleren Warenkorb hat als P_{0t}^L.

Tatsächlich ist aber nur der Link P_t^{LC} ein Verhältnis von Ausgaben, nicht $\overline{P}_{0t}^{LC}$. Im Zähler und Nenner von $\overline{P}_{0t}^{LC}$ erscheinen nicht Ausgaben, sondern Produkte von Ausgaben und der Unterschied besteht auch nicht darin, daß P_{0t}^L auf ein konstantes, lange zurückliegendes Mengenschema (Warenkorb) hat, $\overline{P}_{0t}^{LC}$ dagegen **ein** aktuelleres, vielmehr nimmt $\overline{P}_{0t}^{LC}$ Bezug auf die Mengen aller zurückliegenden Perioden 0 bis t-1, wie Übersicht 2 (Vergleich der Folgen P_{0t}^L und $\overline{P}_{0t}^{LC}$) zeigt.

Weil der Kettenindex keine Warenkorb- (Ausgaben-) Interpretation besitzt, können übrigens auch alle Versuche nicht überzeugen, ihn mit Hinweis auf die ökonomische Theorie der Indexzahlen[17] zu rechtfertigen oder

---

[16] Keine der beiden in der Indextheorie üblicherweise gewünschten Interpretationen ist möglich. Das hat der Kettenindex mit dem vielgerühmten direkten "Ideal"-Index von Fisher gemeinsam, dessen Aussage man *unter anderem* deshalb auch mit "at best opaque" (Pfouts 1966) bezeichnen kann.

[17] Bekanntlich wird dort ein Index betrachtet, der sich aus dem Vergleich von nutzentheoretisch hergeleiteten Ausgaben ergibt. Auch bei diesem Argument erlebt man erstaunliche Inkonsequenzen. Selbst wenn die "ökonomische Theorie der Indexzahlen" zum Ergebnis

gar für überlegen zu halten. Dieser Teil der Indextheorie berührt deshalb unser Thema gar nicht.

Übersicht 2

P_{0t}^L	Mit Umbasierung und Verkettung bei t = 3	Kettenindex $\overline{P}_{0t}^{LC}$
$\dfrac{\Sigma p_1 q_0}{\Sigma p_0 q_0}$	$\dfrac{\Sigma p_1 q_0}{\Sigma p_0 q_0}$	$\dfrac{\Sigma p_1 q_0}{\Sigma p_0 q_0}$
$\dfrac{\Sigma p_2 q_0}{\Sigma p_0 q_0}$	$\dfrac{\Sigma p_2 q_0}{\Sigma p_0 q_0}$	$\dfrac{\Sigma p_1 q_0}{\Sigma p_0 q_0} \dfrac{\Sigma p_2 q_1}{\Sigma p_1 q_1}$
$\dfrac{\Sigma p_3 q_0}{\Sigma p_0 q_0}$	$\dfrac{\Sigma p_3 q_3}{\Sigma p_3 q_3}$	$\dfrac{\Sigma p_1 q_0}{\Sigma p_0 q_0} \dfrac{\Sigma p_2 q_1}{\Sigma p_1 q_1} \dfrac{\Sigma p_3 q_2}{\Sigma p_2 q_2}$
$\dfrac{\Sigma p_4 q_0}{\Sigma p_0 q_0}$	$\dfrac{\Sigma p_3 q_0}{\Sigma p_0 q_0} \dfrac{\Sigma p_4 q_3}{\Sigma p_3 q_3}$	$\dfrac{\Sigma p_1 q_0}{\Sigma p_0 q_0} \dfrac{\Sigma p_2 q_1}{\Sigma p_1 q_1} \dfrac{\Sigma p_3 q_2}{\Sigma p_2 q_2} \dfrac{\Sigma p_4 q_3}{\Sigma p_3 q_3}$

c) Einige unfaire Vergleiche, zweischneidige Schwerter und Scheinargumente

Von den Befürwortern des Kettenansatzes wird nicht bestritten, daß ein solcher Index einen wesentlich größeren Aufwand für die Datenbeschaffung verlangt[18], aber dies sei eben der Preis für die "overwhelming advantages" (Forsyth and Fowler 1981, S. 230). Untersucht man jedoch die in der Literatur üblicherweise angeführten Vorteile des Kettenindex, so ist von unzweifelhaften oder überwältigenden Vorteilen nicht viel zu spüren. Es fällt auf, daß die Vorteile, abgesehen vom gern gebrachten Hinweis auf den Divisia-Index[19]

- entweder auf nicht überzeugenden Vergleichen[20] (d.h. auf einer Nichtbeachtung der **zwei** Ebenen der Definition des Kettenindexes) beruhen, oder

---

gelangt, es sei besser, einen möglichst aktuellen Warenkorb zu betrachten (als z.B. den konstanten Warenkorb eines evtl. lange zurückliegenden Basisjahres), dann wäre das doch nur dann ein Argument für den Kettenindex (wie es z.B. von Szulc 1983, S.539 auch unter Berufung auf Diewert vorgebracht wird), wenn dieser (wie z.B. ein Link) **einen** Warenkorb hätte, und nicht - wie oben gezeigt - quasi eine multiple, kumulierte Gewichtung.

[18] Auf diese mehr wirtschaftsstatistisch interessanten Aspekte wird hier, wie gesagt, nicht eingegangen.
[19] Vgl. hierzu unten Abschn. 5.
[20] Ein Aspekt, auf den hier nicht näher eingegangen werden soll, ist auch die Frage, mit welchem direkten Index man den Kettenindex vergleicht. Ist es der Index mit einem Warenkorb vor zwanzig Jahren, dann steht der Kettenindex natürlich besser da, als wenn er verglichen wird mit dem, was allein realistisch ist, ein Index der etwa alle fünf Jahre eine

- Aspekte berühren, die nicht eindeutig Vorteile sind,
- wenn es sich nicht sogar um reine Scheinargumente (Scheinlogik) handelt.

I. Zur **Kategorie der "unfairen Vergleiche"** gehören

1. Vergleiche von chains untereinander, z.B. von $\overline{P}_{0s}$ mit $\overline{P}_{sk}$ usw., also auf der Ebene der als Produkt **definierten** Größen. Sie sind unfruchtbar, weil sie nichts anderes sind als Implikationen der Definition (Gl. 1). Hierzu gehören z.B.

a) die bereits erwähnten Aussagen, der Kettenindex sei verkettbar, man habe mit ihm das Problem der Wahl des Basisjahres gelöst,

b) die Aussage, der einzelne Kettenindex P_t^{LC} oder P_t^{PC} sei direkt als Wachstumsfaktor (gegenüber dem Vorjahr) zu interpretieren.

2. Vergleiche von Links, etwa P_t^{LC} mit dem direkten Index P_{0t}^{L}, statt (wie es allein richtig wäre) der Kette $\overline{P}_{0t}^{LC}$ mit dem direkten Index P_{0t}^{L}, wie etwa in folgenden "Argumenten":

a) Der Kettenindex erlaubt ein kontinuierliches Anpassen der Mengen, seine Aussage ist weniger fiktiv als beim direkten Laspeyres-Index P_{0t}^{L} (bei dem die darin enthaltene Größe $\sum p_t q_0$ fiktiv sei und sich oft auf einen veralteten Warenkorb bezieht).

b) Zuverlässig meßbar sei nur die **Richtung** der Preisbewegung auf kurze Sicht[21], das **Niveau** der Preise zu bestimmen (insbesondere beim Vergleich über einen längeren Zeitraum) sei dagegen eher zweifelhaft: der Kettenindex konzentriert also seine Aussage auf das eher Gesicherte (Richtung) statt auf das eher Zweifelhafte (Niveau).

Der Hauptmangel von P_{0t}^{L} sei, so wird meist gesagt, der unrealistische Warenkorb, wenn 0 und t weit auseinander liegen. Wenn Kettenindizes ein Mittel hiergegen sein sollen, müßten sie in erster Linie beim langfristigen, nicht beim kurzfristigen Vergleich Vorteile haben. Tatsächlich wird aber nicht selten empfohlen, Kettenindizes vor allem im kurzfristigen Vergleich anzuwenden[22]. Sie sind damit einem Medikament ver-

---

neue Basis erhält. Um es deutlich zu sagen: die Kontroverse ist nicht, ob ein Warenkorb für immer beibehalten werden muß, sondern ob es das gegenteilige Extrem sein muß, jedes Jahr eine neue Basis zu verlangen, nicht etwa nur alle fünf Jahre.

[21] Fragen der Fehlerfortpflanzung sollen in diesem Beitrag nicht untersucht werden Es ist keineswegs sicher, daß ein kleinerer Fehler beim Vergleich von jeweils zwei Perioden 0 mit 1, 1 mit 2 usw. auch nach Multiplikation zu einem kleinerer Fehler führt.

[22] Ein Beispiel für diese Argumentation liefert Stuvel 1989. Er lehnt Kettenindizes für lange Zeiträume ab, weil sie in der von ihm besonders hervorgehobenen additiven Analy-

gleichbar, das helfen soll, wenn man gesund ist, aber nicht hilft, wenn man krank ist.

c) Es wird gerne argumentiert, der Kettenindex sei qualitativ nicht anders zu beurteilen als der ohnehin periodisch neu zu berechnende (mit neuem Warenkorb) bzw. umzubasierende Laspeyres Index P_{0t}^L. Wenn die Neuberechnung jedes Jahr (statt alle 5 Jahre) stattfände, habe man einen Kettenindex. Das ist nicht stichhaltig, denn hier wird P_t^{LC} mit P_{0t}^L und nicht, wie es richtig wäre $\overline{P}_{0t}^{LC}$ mit P_{0t}^L verglichen. Daß hier ein erheblicher Unterschied besteht, zeigt sich auch beim Vergleich von Spalte 2 und 3 der Übersicht 2. Außerdem geht das sehr verführerische[23] Argument implizit davon aus, daß $\overline{P}_{0t}^{LC}$ genauso wie P_{0t}^L eine Warenkorbinterpretation besitzt. Die umbasierten direkten Indizes werden auch meist nicht für längere Zeiträume miteinander multipliziert, also verkettet. Erfolgt aber eine Verkettung im üblichen Sinne von $P_{0\tau}^L$ mit P_{st}^L bei einer Überlappungsperiode $\tau = s = 3$, so wären (in Übersicht 2) die Produkte $P_{03}^L P_{34}^L$, $P_{03}^L P_{35}^L$, $P_{03}^L P_{36}^L$ usw. zu bestimmen, also Produkte von jeweils zwei Faktoren, was doch etwas anderes ist als $\overline{P}_{04}^{LC}$, $\overline{P}_{05}^{LC}$, $\overline{P}_{06}^{LC}$ ($\overline{P}_{06}^{LC}$ ist ein Produkt von sechs, statt zwei Faktoren, mit sechs, statt zwei Warenkörben) usw[24]. Außerdem: wäre diese Denkweise "logisch", dann wäre es doch wohl **noch** konsequenter den ganz aktuellen, **gegenwärtigen** Warenkorb zu benutzen, also die Betrachtung in die Nähe des Wert-indexes zu rücken.[25]

d) Beim Kettenindex spielt es nicht so eine große Rolle, ob man die Formel von Paasche Laspeyres oder irgendeine andere wählt[26] (was auch an Überzeugungskraft verliert, wenn man nicht nur ein Link, sondern eine längere Kette betrachtet).

---

se (Zerlegung des Wertzuwachses in zwei Summanden, statt der üblichen multiplikativen Analyse, d.h. der Zerlegung des Wertindexes in das Produkt von Preis- und Mengenindex) inkonsistent sind. Kettenindizes bei kurzen Reihen dagegen "might be preferable, since the direct comparisons in such a series are between adjacent years" (S. 73).

[23] Es ist ein Argument, das wie so oft im Falle von Kettenindizes, schlüssig klingt, aber einer näheren Betrachtung nicht standhält. Selbst Allen 1975, S. 177 ist diesem Argument erlegen: Die übliche Neuberechnung eines Indexes, z.B. alle fünf Jahre, führe zu einer "five-yearly chain" und es fragt sich dann "why not accelerate and go for annual chaining?"

[24] Das ist auch nicht mehr unser Thema, in dem es um die Gegenüberstellung eines direkten Indexes, mit einem auf den **gleichen** Zeitraum bezogenen Kettenindex geht.

[25] vgl. hierzu unten Abschn.4b.

[26] Man könnte dieses Argument auch als "Einsparung konzeptionellen Aufwands" oder "datenorientiertes Messen" bezeichnen. Hierauf wird unter III noch eingegangen.

e) Bei einem Kettenindex ist es leichter, das Aufkommen neuer und Verschwinden alter Waren durch Einfügen in bzw. Herausnehmen aus dem Warenkorb zu berücksichtigen.[27] Bei aufeinanderfolgenden Jahren ist auch der Überlappungsbereich größer als bei weiter auseinanderliegenden Jahren, so daß es leichter ist, den in der Realität ja auch kontinuierlich auftretenden Änderungen im Sortiment, in der Qualität der Waren usw. "Rechnung zu tragen". Dieses Argument verliert jedoch gänzlich seine Überzeugungskraft, wenn man sich fragt, worin denn die angeblich leichtere Lösung des schwierigen Problems der "Berücksichtigung"[28] von Qualitätsveränderungen besteht: sie besteht darin, daß man sich gar nicht mehr die Mühe macht, den Einfluß von Qualitätsveränderungen rechnerisch zu eliminieren, sondern diese, wie Änderungen der Zusammensetzung des Warenkorbs unkontrolliert (ohne Korrekturen) in den Index einfließen läßt[29].

II. Zweischneidige Schwerter

1. Mit den zuletzt genannten (mehr praktischen) Erwägungen nähert man sich der Kategorie "zweischneidige Schwerter", denn die Kehrseite der behaupteten Erleichterungen ist ja, daß jeweils ein neuer, **repräsentativer** Warenkorb zu ermitteln ist und daß das Prinzip des reinen Preisvergleichs aufgegeben wird.[30]

2. Der Kettenindex macht Gebrauch von allen zwischen 0 und t liegenden Daten über Preise und Mengen. Er nutzt, so wird gesagt, die in den Daten gegebene Information besser aus. Die Kehrseite ist aber, daß $\overline{P}_{0t}^C$ "wegabhängig" ist, in dem Sinne, daß der Zwei-Perioden-Vergleich nicht mehr eindeutig ist und daß von der Zeitreihen - Information in einer sehr eingeschränkten Weise "Gebrauch" gemacht wird, indem

---

[27] Bei diesem Argument ist es nicht unwichtig, daß es etwas vage bleibt, was "berücksichtigen" heißen soll.

[28] So schreibt z.B. Forsyth 1978, S. 349: "A chain index naturally incorporates changes in the qualities and types of goods as it follows changed consumption patterns through the years" (oder er "automatically incorporates", Forsyth u. Fowler 1981, S. 229). Was aber diesen Satz problematisch macht, ist, daß sich wenige Leser viel Gedanken darüber machen werden, was "incorporates" konkret bedeutet und die meisten darin etwas Gutes erblicken werden, weil es im Zweifel gut ist, neue Entwicklungen einzubeziehen. Der Satz verschweigt auch völlig, daß damit das Prinzip des reinen Preisvergleichs aufgegeben wird.

[29] Man kann es durchaus als "unfair" betrachten, wenn man die leichtere Lösung eines Problems verspricht (und als Vorzug rühmt), die "Lösung" dann aber darin besteht, daß man einfach das Problem ignoriert.

[30] Vgl. Abschn. 4.

nämlich der Matrix der Indizes $\mathbf{P} = \begin{bmatrix} \overline{P}_{00} & \cdots & \overline{P}_{0T} \\ \cdots & \cdots & \cdots \\ \overline{P}_{T0} & \cdots & \overline{P}_{TT} \end{bmatrix}$ durch

"Verkettbarkeit" die Restriktion der Singularität auferlegt wird[31]. Es mutet etwas paradox an, daß Transitivität zu fordern, ausgerechnet für die Aufgabenstellung besonders Sinn macht, die im Falle des Kettenindexes (und des Divisia Index) stets ausgeklammert wird[32], nämlich für den internationalen Vergleich.

III. Scheinargumente, daten- und ergebnisorientiertes Messen

1. Das "Gebrauchmachen" von Daten, der Umstand, daß $\overline{P}_{0t}^C$ als Produkt von Kettengliedern (Links) dargestellt werden kann[33] oder daß die Links definitionsgemäß benachbarte Perioden t und t-1 miteinander vergleichen, scheint bei einigen Autoren schon ein Beweis der Überlegenheit des Kettenindexes zu sein. So schreibt z.B. Banerjee 1975: "The chain is thus the resultant of a series of comparisons, each between two consecutive periods. The chain method thus eliminates the limitations involved in the comparison between two distant periods" (S. 48)[34].

2. Ebenfalls sehr fragwürdig ist eine Argumentation, die sich allein (oder zumindest ganz überwiegend) auf Modellrechnungen stützt. So glauben z.B. Selvanathan und Prasada Rao 1994, ein errechnetes Bestimmtheitsmaß r^2 bei einer Anpassung an empirische Zeitreihen von Preisen und Mengen "reinforce the general claim of superiority of the chain base index numbers over fixed base indices, especially when the current period is further away from the base period" (S. 125).

Nicht eine einzige der in diesem Beitrag angesprochenen Überlegungen, z.B. hinsichtlich der Erfüllung von Axiomen, ist von den Autoren erwähnt worden. Die Wahl der geeigneten Indexfunktion ist für sie keine Frage der inhaltlichen Interpretation, sondern ausschließlich der Güte der An-

---

[31] Mit Verkettbarkeit und Identität wird verlangt, daß die Matrix $\mathbf{P}$ singulär sein soll. Pfouts 1966 lehnte diese Restriktion entschieden ab.
[32] Es gibt kein interregionales Analogon zum Kettenindex.
[33] Das ist übrigens auch für anders definierte „Links" bei direkten Indizes genauso möglich, vgl. zur Produktdarstellung Abschnitt 3b.
[34] Was heißt schon "resultant"? Wäre nicht eine Summe, statt ein Produkt von Links genauso eine "resultant" der Links?

passung[35]. Auf der gleichen Linie des an Daten, nicht an Konzepten orientierten Messens liegt auch der Vorschlag des SNA 93, auf Kettenindizes dann zu verzichten, wenn sich die Preise zyklisch verändern, wohl dagegen Kettenindizes zu empfehlen, wenn die Preise monoton steigen oder fallen. Was würde man z.B. davon halten, wenn es hieße, bei hoher Korrelation berechne man den Korrelationskoeffizient nach Formel A und bei geringer verwende man besser die Formel B? Wie man sieht, bleibt wenig übrig, wenn man nach "Vorteilen" des Kettenindexes fragt[36], die auch den unbestritten höheren Aufwand, der mit der Berechnung solcher Indizes verbunden wäre, rechtfertigen könnten.

d) Forderung nach Verkettung, ein Mißverständnis

Bei der Rechtfertigung des Prinzip des Kettenindexes wird meist Alfred Marshall bemüht, dem es vor allem um die laufende Aktualisierung der Gewichte ging. Das führt jedoch in ein Dilemma, das wohl schon I. Fisher zu seiner Ablehnung des "circular test" veranlaßte: Fisher fand keine Indexformel, die verkettbar war und die nicht zugleich in allen betrachteten (Teil-) Zeiträumen die gleiche Gewichtung hatte. Das Dilemma war also:
- entweder wird die Wägung laufend aktualisiert, worin ja meist der Vorteil eines Kettenindexes gesehen wird, dann ist aber die angewandte Indexformel nicht verkettbar,
- oder man bedient sich einer Indexformel, die verkettbar ist, bei der dann aber das Wägungsschema konstant ist oder fundamentale Axiome verletzt werden.

Was bei Fisher nur unbewiesene Vermutung war, konnte von Funke et al. 1979 bewiesen werden[37]: Es gibt nur einen Index, der sowohl verkettbar ist, als auch die Minimalforderungen Monotonie, lineare Homogenität, Identität und Kommensurabilität erfüllt, nämlich der sog. Cobb-Douglas Index

(4) $P_{0t}^{CD} = \prod_{i=1}^{n} \left(\frac{p_{it}}{p_{i0}} \right)^{\alpha_i}$ mit $\alpha_1, \alpha_2, \ldots \alpha_n$ reelle Konstanten und $\Sigma \alpha_i = 1$,

---

[35] Man mag sich z.B. durch die Regression der Geldmenge auf das Sozialprodukt Aufschlüsse über eine evtl. bestehende Kausalbeziehung zwischen diesen beiden Größen erhoffen, aber es wäre unsinnig, darauf gestützt entscheiden zu wollen, wie das Sozialprodukt zu definieren und messen ist.
[36] Selbst in einer, dem Kettenindex weniger ablehnend gegenüberstehenden Schrift heißt es: "The arguments usually advanced to substantiate this superiority are not, however, very convincing" (Szulc 1983, S. 537).
[37] Vgl. auch Eichhorn und Voeller 1983.

der aber gerade **kein** variables Wägungsschema hat. Es gibt also keine Formel, die das leistet, was angeblich den Vorteil eines Kettenindexes ausmacht, nämlich ständige Aktualisierung der Gewichte und Gewinnung eines Vergleichs über viele Perioden durch Multiplikation von Links. Die Geschichte des Kettenindexes begann quasi mit einem Mißverständnis, mit widersprüchlichen Forderungen an eine Indexformel[38].

3. Eigenschaften von Kettenindizes

Eine Beurteilung von Indexfunktionen sollte durch axiomatische Betrachtungen erfolgen. Dabei sollten auch Aspekte berücksichtigt werden, die für die Praxis der Berechnung und Interpretation von Indizes wichtig sind, sich aber nicht leicht formalisieren lassen. Weil aber jeder Link, etwa $P_t^{LC} = P_{t-1,t}^L$ selbst eine (traditionelle) Indexfunktion darstellt, kann sich eine solche Betrachtung nicht auf Links, sondern sinnvoll nur auf Ketten (Produkte von mindestens zwei Links) beziehen[39], also auf $\bar{P}_{0t}(t \geq 2)$ und auf den Vergleich mit dem entsprechenden direkten Index P_{0t}. Es ist nützlich, die Produktdarstellung des direkten Laspeyres-Preisindex[40]:

$$(5) \quad P_{03}^L = \left(\sum \frac{p_1}{p_0} \frac{p_0 q_0}{\sum p_0 q_0}\right)\left(\sum \frac{p_2}{p_1} \frac{p_1 q_0}{\sum p_1 q_0}\right)\left(\sum \frac{p_3}{p_2} \frac{p_2 q_0}{\sum p_2 q_0}\right) = \sum \frac{p_3}{p_0} \frac{p_0 q_0}{\sum p_0 q_0}$$

mit der des Laspeyres-Kettenindexes zu vergleichen

$$(6) \quad \bar{P}_{03}^{LC} = \left(\sum \frac{p_1}{p_0} \frac{p_0 q_0}{\sum p_0 q_0}\right)\left(\sum \frac{p_2}{p_1} \frac{p_1 q_1}{\sum p_1 q_1}\right)\left(\sum \frac{p_3}{p_2} \frac{p_2 q_2}{\sum p_2 q_2}\right).$$

---

[38] Es geht uns darum, zu zeigen, daß das Prinzip der Verkettung viel weniger zu rechtfertigen ist, als z.B. der auf Laspeyres zurückgehende Gedanke der Identität oder des reinen Preisvergleichs.

[39] Obgleich jeder Link alle gewünschten Axiome erfüllen mag, kann ein Produkt solcher Links sehr wohl wichtige Axiome verletzen.

[40] Die "Kettenglieder" sind natürlich nicht P_{01}^L, P_{02}^L und $P_{03,}^L$ weil der Laspeyres-Index ja nicht verkettbar ist, sondern der fixed base index (Gewichte jeweils aus s = 0, der in Klammern genannten Periode), also $P_{01(0)} = P_{01}^L$, $P_{12(0)}$ und $P_{23(0)}$, mithin die Folge der auf 1, 2 **umbasierten** Laspeyres Indizes zur Basis 0. Es ist schon sehr überraschend, daß z.B. Forsyth und Fowler 1981 aufgrund dieser Produktdarstellung zu dem Schluß kommen, die direkten Indizes nach Laspeyres, Paasche oder Fisher seien transitiv, die entsprechenden Kettenindizes aber nicht. Das ist auch deshalb unverständlich, weil die Autoren auf diesen Fehler viele Aussagen aufbauen und z.B. eine Alternative "transitivity versus representativity" in den Raum stellen, die so gar nicht existiert. Die Alternative ist dagegen "reiner Preisvergleich versus Repräsentativität".

Die Verkettbarkeit der Faktoren[41] in Gl.5 wird hergestellt durch Konstanz der Mengen (also ein allein preislich aktualisiertes Wägungsschema in P_{0t}^L). Das ist aber gerade nicht die beim Kettenindex gewünschte Vorgehensweise, die ja darin besteht, daß auch die Mengen laufend angepaßt werden, allerdings zu dem Preis, daß P_{0t}^L und $\overline{P}_{0t}^{LC}$ voneinander abweichen[42].

Was die Drift $D_{02}^L = \overline{P}_{02}^{LC}/P_{02}^L$ betrifft[43], so hängt diese ab von der Korrelation der Preismeßzahlen $x_{12} = p_{i2}/p_{i1}$ mit den **kumulierten** (von 0 bis t-1) Mengenänderung[44] $y_{01} = q_{i1}/q_{i0}$ (allgemein $y_{0t} = q_{it}/q_{i0}$)

(7) $\quad D_{02}^L = \dfrac{\mathrm{Cov}(x_{12}, y_{01})}{\overline{x} \cdot \overline{y}} + 1$.

Es ist aber nicht einfach, zu allgemeineren Aussagen über die intertemporale Korrelation zwischen Preisveränderungen und **kumulierten** Mengenveränderungen zu gelangen. Dabei spielen die Formel für die Links, die Länge des Intervalls (0,t), die Wahl der Verkettungszeitpunkte in einem Intervall und das Verhalten der Preise und Mengen in diesem Intervall eine Rolle. Bekannt ist, daß $\overline{P}$ vor allem dann driftet, wenn sich die Preise zyklisch verändern.[45] Es gibt hier allerdings auch viele populäre Vorurteile, insbesondere daß Kettenindizes meist einen ruhigeren Verlauf haben als direkte Indizes[46]. Die Bilanz für Kettenindizes sieht natürlich unterschiedlich aus, je nachdem womit man sie vergleicht.[47] Wichtiger ist

---

[41] Es sei noch einmal betont: die Faktoren sind natürlich nicht der Laspeyres- und Paasche-Index für zwei aufeinander folgende Perioden, weil der Laspeyres und Paasche Index ja nicht verkettbar ist.

[42] Sie weichen in der Regel voneinander ab (Drift), weil der Kettenindex ja nicht verkettbar ist, es sei denn die Mengen sind in allen Perioden 0,1,...,t-1 gleich, wobei dann natürlich kein Bedarf nach einem Kettenindex besteht.

[43] Man kann natürlich entsprechend die Drift des Paasche- oder Fisher Kettenindex bestimmen.

[44] Mit den mit p_1 und q_0 gebildeten Ausgabenanteilen als relative Häufigkeiten.

[45] Im SNA93 wird deshalb, wie gesagt, auch für **diesen** Fall von Kettenindizes abgeraten.

[46] "chain indices can be more baised than their direct counterparts, which is both contrary to popular belief and to the purpose of linking" (Szulc 1983, S. 555).

[47] Bei dem Versuch, aus zwei Indexreihen, die jeweils für eine bestimmte Zeit berechnet wurden, eine Reihe mit einheitlicher Basis herzustellen, gibt es meist keine Alternative zur Verkettung. Das ist aber etwas anderes als zu empfehlen, daß der Index für jede neue Betrachtung durch Multiplikation des bisherigen Indexes mit einem Faktor gebildet werden soll. Um es noch einmal ganz deutlich zu sagen: es geht in diesem Beitrag nicht um die Verkettung von Indizes schlechthin, sondern nur um die Empfehlung, generell auch über relativ kurze Perioden, Indizes als Produkte von Links mit jährlichem Wechsel der

aber, auch für die Interpretation, ob der Kettenindex gewisse elementare Forderungen (im Sinne der Eindeutigkeit der Indexaussage) an eine Indexfunktion erfüllt, z.B. die Mittelwerteigenschaft[48]. Schon im ersten Beispiel wurde deutlich, daß dies nicht der Fall ist.

Steigen (oder Fallen) die Preise von p_{i0} zu p_{i1} vorübergehend, um anschließend (bis Periode 2) zum ursprünglichen Niveau zurückzukehren, so kann nicht nur $\overline{P}_{02}^{C}$ (z.B. $\overline{P}_{02}^{LC}$) $\neq 1$ sein, sondern es kann auch $\overline{P}_{02}^{C}$ trotz **gleicher** Preisvektoren $\mathbf{p}_0$ und $\mathbf{p}_2$ ganz unterschiedliche Werte annehmen, weil im Produkt $\dfrac{\sum p_1 q_0}{\sum p_0 q_0} \dfrac{\sum p_2 q_1}{\sum p_1 q_1}$ sowohl Mengen q_0 als auch q_1 erscheinen, im direkten Index P^L bzw. P^P aber nur entweder q_0 oder q_2 auftritt. Im SNA 93 wird dieser Mangel ($\overline{P}_{02}^{C} \neq 1$ trotz gleicher Preise in 0 und 2) auch gesehen mit der bezeichnenden[49] Folge, eine noch weniger ökonomisch durchsichtige und interpretierbare Konstruktion zu empfehlen, nämlich verkettete Fisher- bzw. Törnqvist-Indizes[50]. Dabei gilt offensichtlich $\overline{P}_{02}^{F} = 1$ nur unter der zusätzlichen Voraussetzung, daß nicht nur die Preise, sondern auch die Mengen zum ursprünglichen Niveau von Periode 0 zurückkehren. Mit einem weiteren Beispiel soll gezeigt werden, daß selbst ungewogene Kettenindizes (vom Typ Carli $\overline{P}_{0t}^{CC}$)[51] bei zwei Waren diese Mängel aufweisen können.[52]

Gewichtung darzustellen, und es geht auch weniger um die Ergebnisse (ruhiger oder unruhiger Verlauf), sondern um die Interpretation der Indexkonzeption.

[48] Der Index sollte nicht größer (kleiner) als die größte (kleinste) Preismeßzahl sein. Gilt dies, dann gilt auch Proportionalität und Identität.

[49] Bezeichnend ist es in der Tat, daß das SNA offenbar (ziemlich durchgängig) nach dem Prinzip verfährt, wenig haltbare Empfehlungen nicht dadurch zu heilen, daß man zu naheliegenden einfacheren Konstruktionen übergeht, sondern sein Heil eher in noch abgehobeneren Formeln sucht.

[50] Dieser Index ist nach Art des Cobb-Douglas Index (Gl. 4) konstruiert, wobei die "Gewichte" die arithmetischen Mittel der Ausgabenanteile der Perioden 0 und t sind. Natürlich kann man nach dieser Formel auch einen Link konstruieren, also einen verketteten Törnqvist-Index bilden. Schon Forsyth und Fowler 1981, S. 229 wiesen darauf hin, daß es bei dieser Art von Indizes, die auf geometrischer Mittelung der Preismeßzahlen beruhen, schwer sein dürfte, das Ergebnis der Deflationierung zu interpretieren.

[51] Auch Sauerbeck-Index genannt.

[52] Dabei ist klar, daß für einen ungewogenen Kettenindex so gut wie gar nichts spricht, weil hier ja auch von einer laufenden Aktualisierung der Gewichte keine Rede sein kann. Beispiel 2 soll nur zeigen, daß es das Prinzip der Verkettung selbst ist, nicht die Wahl der Formel für die Links, die das Problem erzeugt. Ein ähnliches Beispiel findet sich auch bei Szulc 1983, S.535f.

Beispiel 2

Es sei angenommen, daß sich bei Ware 1 der Preis von t = 0 bis t = 1 verdoppelt und dann anschließend (von t = 1 bis t = 2) wieder halbiert. Für Ware 2 gelte der umgekehrte Vorgang. Dann ist $p_{12}/p_{10} = p_{22}/p_{20} = 1$, und folglich ein direkter Index $\frac{1}{2}\left(\frac{p_{12}}{p_{10}} + \frac{p_{22}}{p_{20}}\right) = \frac{1+1}{2} = 1$ der Kettenindex ist

aber $\frac{1}{2}\left(\frac{p_{11}}{p_{10}} + \frac{p_{21}}{p_{20}}\right)\frac{1}{2}\left(\frac{p_{12}}{p_{11}} + \frac{p_{22}}{p_{21}}\right) \neq 1$ und zwar

$\frac{1}{2}(2+0,5)\cdot\frac{1}{2}(0,5+2) = 1,56 > 1$, also größer als die größte Preismeßzahl. Wiederholt sich dieser Vorgang noch einmal, so daß die Preise in Periode 4 gleich denen von Periode 0 und 2 sind, so ist der Kettenindex $\overline{P}_{04}^{CC} = (1,56)^2 = 2,43$ usw.

Auch bei **Gewichtung** mit Anteilen der Vorperiode (Laspeyres Kettenindex $\overline{P}_{02}^{LC}$) kann die Mittelwerteigenschaft verletzt sein. Angenommen, die Ausgabenanteile der beiden Waren seien in t = 0 jeweils 1/2 und in t = 1 durch die Preissteigerung (-senkung) 1/4 bei Ware 1 und 3/4 bei Ware 2. Dann ist $\overline{P}_{02}^{LC} = \left(2\cdot\frac{1}{2} + \frac{1}{2}\frac{1}{2}\right)\left(\frac{1}{2}\frac{1}{4} + 2\cdot\frac{3}{4}\right) = 2,03$, also erheblich größer als die größte Preismeßzahl.[53]

4. Das Konzept des "reinen Preisvergleichs"

Das Urteil über Kettenindizes ist in erster Linie abhängig davon, wie man abwägt zwischen der Aktualität des Warenkorbs und dem Prinzip des reinen Preisvergleichs. Im SNA 93 wird behauptet, es bestünde ein praktisches (wirtschaftspolitisches) und theoretisches Interesse am jeweils aktuellsten repräsentativen Warenkorb. Eine solche Priorität verleitet viele zu einer Befürwortung des Kettenindexes[54]. Es besteht aber ein mindestens ebenso großes Interesse an einer klaren Herausarbeitung der isolierten ("reinen") Preis- bzw. Mengenentwicklung.

---

[53] Man kann auch leicht ein Beispiel konstruieren, bei dem das Ergebnis der Verkettung kleiner als die kleinste Preismeßzahl ist. Im obigen Fall könnten z.B. in 0 die Wägungsanteile 1/4 und 3/4 sein und in 1 umgekehrt 3/4 und 1/4. Der Kettenindex wäre dann $\overline{P}_{02} = (7/8)^2 = 0,766$.

[54] Dabei wird, wie gesagt, stets stillschweigend vorausgesetzt, der Kettenindex habe, wie ein Link, einen und nur einen Warenkorb.

a) Inhalt und Rechtfertigung des Prinzips des reinen Preisvergleichs

Im zeitlichen Vergleich bedeutet reiner Preisvergleich, daß alle preisbestimmenden Merkmale (Menge, Qualität, Art des Geschäfts, Konditionen und Zusatzvereinbarungen usw.) konstant gehalten werden und allein der Zeitpunkt der Preisnotierung variiert, so daß die Indexaussage in dem Sinne eindeutig ist, daß ein Preisindex nur in dem Maße zu- oder abnimmt, in dem die Preise zu- oder abnehmen. Der Index darf nicht berührt sein von einer Änderung der preisbestimmenden Merkmale oder gar allein deswegen zu- oder abnehmen, weil sich diese ändern. Es wird also zwischen "echten" ("reinen") und "unechten" Preissteigerungen unterschieden. Es ist auch fraglich, ob letzteren durch eine die Inflation bekämpfende Geldpolitik entgegenzuwirken ist[55]. Damit ist jedoch die allein nachzuweisende Preisveränderung im gewissen Sinne fiktiv: es ist diejenige Veränderung der Preise, die sich bei isolierter (ceteris paribus) Änderung der Preise ergeben hätte.

Bei der Preisnotierung einer einzelnen Ware (also der Berechnung von Preismeßzahlen) gilt es als selbstverständlich, daß man gleiche Waren betrachtet[56]. Es wird z.B. nicht für sinnvoll gehalten, den Preis eines Luxus-Sportwagens in Periode 0 mit dem eines Mittelklasseautos in Periode t zu vergleichen und so (weil sich die Konsumenten eingeschränkt haben) auf eine Preissenkung zu schließen. Es ist eigenartig, daß aber das, was bei einzelnen Waren selbstverständlich ist, bei einem Warenkorb, einer "composite commodity" meist nicht mehr so gesehen wird. Mehr noch, es wird meist noch nicht einmal erkannt, daß sich die Kritik an der

- Beibehaltung eines (angeblich sehr schnell veralteten) Warenkorbs und an
- einer unzureichenden Berücksichtigung von Qualitätsveränderungen,

streng genommen widersprechen. Entweder ist ein reiner Preisvergleich gewünscht, bei dem Warenkorb und Güterqualitäten konstant zu halten sind oder es ist der jeweils aktuellste Warenkorb gewünscht mit den je-

---

[55] Reagieren die Haushalte auf Preissteigerungen durch Konsumeinschränkung, so ist es doch fragwürdig, ob diese Anpassungen im Konsumverhalten als Verringerung der Inflation und als Erfolg der Zentralbank bei der Inflationsbekämpfung gewertet werden sollte.
[56] Die folgenden Gedanken sind gut von Stuvel 1989 herausgearbeitet worden: es ist danach wichtig, daß "we indeed are comparing like with like" und "The same is true for composite commodities, i.e. collections or 'baskets' of goods and services of unchanging composition" (S. 3), und "...it is necessary that the physical composition of the basket does not change" (S. 5).

weils aktuellen Arten, Mengen und Qualitäten der Güter, so daß es keinen "reinen" Vergleich gibt und es deshalb auch keine Veränderung, die zu "berücksichtigen" (im Vergleich zu eliminieren) wäre.

b) Wertindex als konsequente Realisierung der Forderung nach einem aktuellen Warenkorb

Die Konsequenz der Bemühung um einen reinen Preisvergleich mit einem Laspeyres - Preisindex ist das Veralten des Warenkorbs, was durch periodische Neubasierung[56] des Indexes abgemildert werden kann, die Notwendigkeit, Qualitätsveränderungen zu berücksichtigen und ein nicht verkettbarer Index. Sind diese Nachteile zu beseitigen, ohne gleichzeitig die mit dem Prinzip des reinen Preisvergleichs gestellte Aufgabe zu opfern?[57]. Eine radikale Vermeidung aller genannten Nachteile wäre die Verwendung des Wertindexes $W_{0t} = \sum p_t q_t / \sum p_0 q_0$, also des Verhältnisses der tatsächlichen Ausgaben bzw. Einnahmen als Preisindex, denn

- mit den Mengen q_t wird jeweils der **aktuellste**[58] Warenkorb mit den **aktuell** nachgefragten Gütern nach Art, Menge und Qualität verwendet,
- es gibt deshalb auch keine Korrekturen für Qualitätsveränderungen, und
- der Wertindex ist auch beliebig verkettbar, denn $W_{0t} = W_{01} W_{12} ... W_{t-1,t}$.

Kürzlich kam eine US-Senatskomission[59] zu dem Schluß, der Consumer Price Index (CPI) der USA habe fünf Arten von "bias", die alle darauf zurückzuführen sind, daß der CPI kein Wertindex (Cost of Living Index) ist: die substitution-[60], outlet-, quality change-[61], new product- und "formula bias". Die Komission gelangt sogar zu einer Schätzung aller dieser Arten von "bias", die danach offenbar unabhängig existieren[62]. Abgesehen da-

---

[56] Bekanntlich unterscheidet man in der amtlichen Statistik "Umbasierung" (ohne neuen Warenkorb bzw. mit nur aktualisierten Preisen) und "Neberechnung" (mit auch mengenmäßig neuem Warenkorb).

[57] Es ist, wie gesagt, grundsätzlich wohl keine "Lösung", die ganze Aufgabenstellung zu beseitigen, um ein Problem zu lösen, das bei dieser Aufgabenstellung auftritt.

[58] Um die zitierte Aussage von Allen (vgl. Fußnote 23) abzuwandeln: "why not accelarate and go for immediate chaining?"

[59] vgl. Advisory Commission (1995).

[60] Sie besteht darin, daß man im CPI nicht jeweils den aktuellen Warenkorb benutzt.

[61] Diese "bias" besteht darin, daß der CPI Qualitätsverbesserungen nicht ausreichend berücksichtige.

[62] Der Gesamtfehler des US-CPI sei danach +1,5% jährlich, wovon allein 0,5% auf das Konto des Formelfehlers gehen (wobei allerdings die richtige Formel nicht genannt wird) und jeweils 0,3% auf das Konto der "substitution bias" und der "new product bias".

von, daß es (wie bereits gesagt) etwas rätselhaft ist, wie man gleichzeitig die Berücksichtigung von Qualitätsveränderungen und den Übergang zu neuen Produkten anmahnen kann[63], kann somit die konsequente Vermeidung aller dieser "Verzerrungen" nur im Übergang zum Wertindex als Preisindex bestehen[64]. Das Problem ist jedoch, daß damit auch das Prinzip des reinen Preisvergleichs vollständig aufgegeben wäre. W_{0t} kann aber als Preisindex nicht akzeptabel sein, denn:

- W_{0t} kann (wie übrigens auch ein Kettenindex) auch bei gleichen Preisen, allein durch die Unterschiedlichkeit der Mengen zu- oder abnehmen[65],
- wird W_{0t} als **Preis**index betrachtet, macht es keinen Sinn, zwischen einem Preis- (P_{0t}) und einem Mengenindex (Q_{0t}) zu unterscheiden, so daß $W_{0t} = P_{0t} Q_{0t}$ und
- es wäre auch fraglich, worin die "Preisbereinigung" bestehen sollte, wenn die "korrekt" gemessene Preissteigerung gleich der Wertzunahme ist.

Bei den Befürwortern eines Kettenindexes ist es oft nicht klar, wie man sich die Zerlegung der Wertveränderung in eine Preis- und Mengenkomponente und die "Arbeitsteilung" zwischen einem Preis- und Mengenindex vorstellen soll. So behaupten z.B. Forsyth und Fowler 1981, S. 234, ein direkter Preisindex, etwa P_{0t}^L sei "unacceptable because it utterly fails to represent the changes", womit Änderungen der Mengen (des Warenkorbs) gemeint waren. Wenn der Preisindex solche Veränderungen darstellen soll, was soll dann ein Mengenindex darstellen? Wie ist

---

[63] Welchen Sinn soll es haben, Korrekturen für Qualitätsveränderungen vorzunehmen, um jetzt angebotene und nachgefragte Qualitäten mit früheren, die ja gar nicht mehr interessieren, vergleichbar zu machen?

[64] Die Kommission glaubt auch, daß in Zukunft die "formula bias" auf Null reduziert werden kann, wobei aber eigenartigerweise nach wie vor eine "substitution bias" bestehen bleibt, und offenbar auch wenn diese verschwindet immer noch eine "new product bias"oder eine "quality change bias" bestehen kann.

[65] Wir sind stets davon ausgegangen, daß bei reinem Preisvergleich im Zähler und Nenner der Indexformel jeweils nur **eine** Mengenstruktur auftritt, und zwar (z.B. im Unterschied zu einem Durchschnittswertindex) die gleiche. Fowler 1974, definiert zwar: "Any price index between time t_0 and t_n will give an estimate of pure price change if the (quantity) weights are the same in both the numerator and the denominator of the index" (S.81). Andererseits läßt er aber auch im Zähler und Nenner eine **Vielzahl** von Gewichten zu. Auch ein Kettenindex ist damit "a 'pure' index and not an average value index" (S. 83). Es ist schwer vorstellbar, welche Indexformel dann, wenn man es so definiert, keinen reinen Preisvergleich darstellt.

"Volumen" definiert, wenn die durch Deflationierung eliminierte Preiskomponente auch die Veränderung des Volumens "repräsentieren" soll?

Abschließend noch ein geradezu groteskes Beispiel dafür, wie ein sinnvoller Index (P^L) für ein marginales Problem geopfert werden soll. Schoch und Wagener (1984) stellten fest, daß bei Indizes, die den fünf Axiomen von Eichhorn und Voeller[66] genügen, durchaus gelten **kann** $P_{01} > 1$, $P_{12} > 1$ und $P_{20} > 1$, statt wie sie es für allein sinnvoll[67] halten $P_{20} < 1$. Nach einer längeren mathematischen Betrachtung schlagen sie deshalb den Wertindex zur Messung des Preisniveaus vor. Offenbar wird auch hier - wie beim Kettenindex - in isolierter Verfolgung eines Ziels (z.B. aktueller Warenkorb) auf Kosten anderer (reiner Preisvergleich) das Kind mit dem Bade ausgeschüttet.

5. Kettenindex und Divisia - Index

Von den Befürwortern des Kettenindexes wird gerne seine Beziehung zum Divisia-Index als entscheidender Vorteil hervorgehoben, offenbar in der Annahme, daß ihm dies eine nicht zu erschütternde theoretische Fundierung verleihe. Dabei wird gern der Eindruck erweckt, als ergäbe sich der Divisia Index ganz natürlich und voraussetzungslos, quasi zwangsläufig aus universell gültigen Prinzipien. Das ist jedoch nicht der Fall.

Nach der in den 20er Jahren von F. Divisia eingeführten Herleitung eines Indexes bei stetiger[68] Variable Zeit (t) gilt für den Wert nach Definition

(8) $\quad W(t) = \sum_{i=1}^{n} p_i(t) q_i(t) \quad$ (i = 1,...,n Waren),

wenn $p_i(t)$ und $q_i(t)$ stetige Preis- und Mengen-Funktionen sind. Divisia postulierte nun ein Paar von Indizes (Preisindex P(t) und Mengenindex Q(t)), so daß für jeden Zeitpunkt t gilt:[69]

---

[66] vgl. auch v.d.Lippe 1990, S.364 .

[67] Schoch und Wagener sprechen von "non-existence of inflationary (deflationary) cycles" (NIC, NDC), die mit solchen Indizes nicht gewährleistet sei. Es ist übrigens nicht ganz einfach, ein Zahlenbeispiel zu konstruieren, in dem ein Laspeyres-Index gegen die NIC-Forderung verstößt, d.h. es ist im Grunde ein wenig relevantes Problem, das hier verfolgt wird.

[68] Im Ausdruck g(t) ist t eine stetige Variable, dagegen in g_t eine diskrete Variable.

[69] Im Unterschied zu Gl. 8 wird hier eine **Annahme** getroffen (daß P und Q die Faktorumkehrbarkeit erfüllen), nicht nur eine Definition expliziert. Diese Annahme ist keineswegs eine Denknotwendigkeit und sie steht außerdem auch im Widerspruch zu Eigenschaften von Indizes, die später im Zusammenhang mit der Deflationierung gefordert

(9) $W(t) = P(t) Q(t)$, woraus in Verbindung mit Gl. 8 folgt

(10) $\dfrac{W'(t)}{W(t)} = \dfrac{P'(t)}{P(t)} + \dfrac{Q'(t)}{Q(t)} = \dfrac{\sum q\, p'}{\sum qp} + \dfrac{\sum p\, q'}{\sum pq}$,

so daß die Wachstumsrate des Wertes die Summe der Wachstumsraten des Preis- und des Mengenindex ist und der Preisindex P(t) durch Integration von

(11) $\dfrac{P'(t)}{P(t)} = \dfrac{\sum q(t)\,[dp(t)/dt]}{\sum q(t)p(t)}$

zu bestimmen ist[70]. Beim Mengenindex ist analog vorzugehen.

Das Argument, der Kettenindex sei eine diskrete Approximation des Divisia Indexes stützt sich nun auf folgende Überlegung: ersetzt man in Gl. 11 dp(t) durch $\Delta p_t = p_{t+1} - p_t$ und entsprechend dP(t) durch $\Delta P_t = P_{t+1} - P_t$, so erhält man

(12) $\dfrac{P_{t+1}}{P_t} = P_{t+1}^{LC} = \dfrac{\sum p_{t+1} q_t}{\sum p_t q_t}$,

das Kettenglied des Laspeyres-Kettenindex[71]. Es ist aber nicht so, daß der Kettenindex durch die Beziehung zu Divisias Index irgendwelche höheren Weihen erhält, die dem direkten Laspeyres Index P_{0t}^L versagt sind. Man kann nämlich bei diskreter Zeit aus Gl. 11 auch den direkten Laspeyres-Index P_{0t}^L wie folgt gewinnen

(13) $\dfrac{\Delta P(t)}{P(t)} + 1 = \dfrac{\sum q(0)\,\Delta p(t)}{\sum q(0)p(t)} + 1 = \dfrac{\sum p_{t+1} q_0}{\sum p_t q_0} = \dfrac{P_{t+1}}{P_t} = P_{t,t+1}$,

und erhält so die Produktbildung von Gl. 5, mit der auch P_{0t}^L definiert ist. Postuliert man bei stetiger Zeit $q(t) = \lambda q(0)$ bzw. $q(t) = \lambda q(T)$ in Gl.11 ($0 \leq t \leq T$), so erhält man[72] die direkten Indizes P_{0T}^L und P_{0T}^P (die Konstante λ bedeutet, daß sich die Struktur des Warenkorbs über den Integrationszeit-

---

werden. Sie reicht aber aus, um die zunächst unbekannten Indizes P(t) und Q(t) auf der rechten Seite von Gl. 9 eindeutig zu bestimmen.

[70] Man spricht deshalb auch vom einem "Integralindex" nach Divisia. In Gl. 11 ist, wie schon in Gl. 10 das Subskript i zur Kennzeichnung der Summenbildung weggelassen worden.

[71] Man kann entsprechend auch den Paasche- oder Fisher-Kettenindex herleiten (vgl. Allen 1975, S. 181f oder Banerjee 1975, 127)

[72] Vgl. Banerjee, a.a.O.

raum nicht ändert). Es ist also nicht die Vorgehensweise von Divisia als solche auf die es ankommt, sondern es sind die (für Kettenindizes und direkte Indizes typischen) Annahmen, die einmal zum Ergebnis Kettenindex und einmal zum Ergebnis direkter Index, P_{0t}^L, bzw. P_{0T}^P führen.

6. Deflationierung und der "Idealindex" von I. Fisher

Wie bereits gesagt, empfiehlt das revidierte SNA 93 Kettenindizes nach der Formel von Fisher (der "Idealindex") zur Deflationierung von Aggregaten der Sozialproduktsrechnung. Bevor auf diesen Index, also auf $\overline{P}_{0t}^{FC}$, eingegangen werden soll, dürfte es nützlich sein, zu überlegen, was eine Deflationierung leisten sollte, und welche Rolle dabei der direkte "Idealindex" P_{0t}^F im Unterschied zum Paascheindex P_{0t}^P spielen kann.

Es sei im folgenden angenommen, daß sich das zu deflationierende Aggregat aus Teilaggregaten zusammensetzt, etwa[73] aus A und B, die wiederum aus Werten (also Preis-Mengen-Produkten) für einzelne Waren bestehen. Die Betrachtung soll sich nur auf die volumenorientierte[74] Preisbereinigung beziehen, bei der auch sinnvoll von "Mengen" gesprochen werden kann. Bekanntlich ist ab n ≥ 2 Waren eine "Gesamtmenge" $\sum_{i=1}^{n} q_{it}$ meist schon wegen einer fehlenden gemeinsamen Mengeneinheit gar nicht definiert. Als "Ersatz" kann nur ein **Volumen** in Frage kommen, wobei zwei Forderungen sinnvoll sein dürften:
1. damit das Volumen analog zur "Menge" zu interpretieren ist, sollten ihm **konstante** Preise zugrundeliegen,

---

[73] Die Beschränkung auf nur zwei Teilaggregate erfolgt nur der Übersichtlichkeit halber. Es ist klar, daß unsere Aussagen auch gelten, wenn stärker disaggregiert wird.

[74] Man spricht von "volumenorientiert" (in volume terms), wenn jedes Aggregat mit seinem eigenen Deflator (Preisindex) deflationiert wird. Bei non commodity flows gibt es jedoch keine **Güter**preise, auf die ein spezifischer Preisindex aufgebaut sein könnte. Hinzu kommt das Problem der "doppelten Deflationierung", wenn der volumenorientierte Ansatz auf ein Aggregat angewendet wird, das als Summe oder Differenz definiert ist. In solchen Fällen mag eine "realwertorientierte" (in real income terms) Deflationierung sinnvoller sein. Daß das SNA auch die Empfehlung ausspricht, alternativ zu einer Deflationierung der Wertschöpfung mit Preisindizes einen Mengenindex (als Kettenindex nach Fisher) zu berechnen, ist ein weiterer kritischer Punkt, auf den hier jedoch nicht eingegangen werden soll. Es ist bekannt, daß es hierzu, gerade auch in Deutschland, eine ausführliche Diskussion (vor allem mit Arbeiten von W. Neubauer) gab.

2. Volumen sollten additiv (oder strukturell) **konsistent** sein, d.h. die Summe der Volumen von A und B sollte identisch sein mit dem (mit der gleichen Methode) deflationierten Gesamtwert A+B (ein Kriterium, das **Konsistenztest** [KT] genannt werden soll).

Im Zusammenhang mit der Deflationierung werden in neuerer Zeit häufig spezielle Axiome für Preisindizes genannt, wenn sie als Deflatoren benutzt werden sollen, dabei jedoch meist nicht der unter Nr. 2 genannte KT, sondern

- der "aggregation test" [AT][75], wonach die Indexfunktion[76] P_T für das Gesamtaggregat aus den entsprechenden (mit gleicher Funktionsform bestimmten) Indizes P_A und P_B für die Teilaggregate und deren Werten zur Basis- und/oder Berichtszeit (also w_{A0}, w_{B0}, w_{At}, w_{At}) zu errechnen sein soll, und
- der "equality test" [ET], d.h. bei Identität aller Teilindizes $P_A = P_B = \lambda$ gilt auch $P_T = \lambda$ und genannt werden soll schließlich auch
- die "Linearität" und damit "Additivität" des zur Deflationierung benutzten Preisindexes P_{0t} und des durch Division W_{0t}/P_{0t} gewonnenen impliziten Mengenindex.

Es lohnt sich einmal festzuhalten: Die traditionelle Deflationierung mit dem Paasche-Preisindex P^P erfüllt **alle** genannten Kriterien. Sie ist der im SNA empfohlenen Division durch den Fisher-Preisindex[77] (P^F) weit überlegen, die demgegenüber selbst in der Version eines direkten Indexes P_{0t}^F (und erst recht in der eines Kettenindexes $\overline{P}_{0t}^{FC}$) **keines** der genannten Kriterien erfüllt.

Lange wurde ET nur als Implikation von AT gesehen, bis es gelang, mit dem "Vartia-I Index" eine Formel zu finden, die AT aber nicht ET erfüllt. Der Preisindex von Edgeworth[78] erfüllt ET aber nicht AT. Somit sind ET und AT unabhängige Forderungen. Die Formeln von Laspeyres und Paasche erfüllen beide, Fishers "Idealindex" aber **keine** von ihnen. P_{0t}^F ist auch nicht als Mittelwert von Preismeßzahlen darzustellen, was auch (wie bereits gesagt) für den (Laspeyres) Kettenindex $\overline{P}_{0t}^{LC}$ gilt und sich sogar

---

[75] auch "consistency in aggregation test" genannt (Balk 1995, S. 84f.)
[76] Das Kriterium soll für beliebige (auch in mehreren Stufen durchführbare) Disaggregationen von Preis- und Mengenindizes, bis hin zur Ebene der einzelnen Meßzahlen gelten.
[77] Sie soll der Einfachheit halber "Fisher-Deflationierung" genannt werden.
[78] Auch bekannt als Edgeworth-Marshall Index (arithmetische Mittelung der Mengen q_0 und q_t).

empirisch bestätigte: Statistics Canada veröffentlichte im März 1978 folgende Zahlen zum Verbraucherpreisindex[79]:

Goods 171,1 Services 171,4 Goods and Services 170,8.

Eine Teilmenge der AT erfüllenden Indizes sind **lineare** Indizes[80], die darstellbar sind als Quotient von Skalarprodukten, etwa der Laspeyres-Mengenindex, Q_{0t}^L als Ergebnis der Deflationierung mit P_{0t}^P:

(14) $\quad Q_{0t}^L = Q(\mathbf{q}_t, \mathbf{q}_0, \mathbf{p}_0) = \dfrac{\mathbf{q}_t{}'\mathbf{p}_0}{\mathbf{q}_0{}'\mathbf{p}_0} = Q(\mathbf{q}_t)$.

Lineare Indizes, und nur diese, sind nach Aczel und Eichhorn (1974) auch **additiv**[81], d.h. bei $\mathbf{q}_t^* = \mathbf{q}_t + \mathbf{d}_t$ gilt $Q(\mathbf{q}_t^*) = Q(\mathbf{q}_t) + Q(\mathbf{d}_t)$, was natürlich der gewünschten Mengeninterpretation der so gebildeten Volumen sehr entgegenkommt.

Der **Konsistenztest** KT ist die restriktivste Forderung. Wird bei Deflationierung, d.h. bei Division von Werten (w = $\Sigma p_t q_t$) durch einen Preisindex P gefordert

(15) $\quad \dfrac{w_1}{P_1} + \dfrac{w_2}{P_2} = \dfrac{w_T}{P_T}$,

d.h. daß die Summe der Volumen der Teilaggregate identisch ist mit dem entsprechend deflationierten Gesamtaggregat, dann läuft das darauf hinaus, den Paasche-Preisindex als Deflator zu verlangen. Denn Auflösung von Gl. 15 nach P_T liefert

(16) $\quad P_T = \dfrac{w_1 + w_2}{\dfrac{w_1}{P_1} + \dfrac{w_2}{P_2}}$.

P_{0t}^P ist als harmonisches Mittel der **einzige** Deflator, mit dem man zu konsistenten Volumen für Teilaggregate (im Sinne des KT) gelangt[82]. Setzt man dagegen $P_1^F = \sqrt{P_1^L P_1^P}$ für P_1, und entsprechende Ausdrücke für P_2 und P_T in Gl. 15 ein, so erhält man

(17) $\quad \dfrac{w_1}{P_1^P}\sqrt{\dfrac{P_1^P}{P_1^L}} + \dfrac{w_2}{P_2^P}\sqrt{\dfrac{P_2^P}{P_2^L}} \neq \dfrac{w_T}{P_T^P}\sqrt{\dfrac{P_T^P}{P_T^L}}$.

---

[79] Nach Szulc 1983, S.560.
[80] Ein Index, der z.B. den Test AT erfüllt aber nicht linear ist, ist z.B. das quadratische Mittel der Preismeßzahlen, gewogen mit den Ausgabenanteilen der Basiszeit.
[81] Wie leicht zu sehen ist, ist Additivität ein Spezialfall der Monotonie.
[82] Es ist überraschend, daß dieses so einfache Ergebnis offenbar gar nicht so bekannt ist.

Fordert man statt Konsistenz bei der Division durch einen Preisindex Konsistenz bei **Multiplikation** mit einem Mengenindex, wie es im Zusammenhang mit der Deflationierung in Gestalt von (w sind jetzt Werte der Basisperiode, also $\Sigma p_0 q_0$)

(18) $w_1 Q_1 + w_2 Q_2 = (w_1 + w_2) Q_T$

besonders wünschenswert erscheint ("Fortschreibung" von Volumen bzw. Mengen), so erhält man Q_{0t}^L für Q. Allein das traditionelle Indexpaar P_{0t}^P, Q_{0t}^L ist für die Deflationierung geeignet, wenn es gilt, den geforderten Bedingungen hinsichtlich Konsistenz, Aggregierbarkeit und reiner Preis- bzw. reiner Mengenvergleich gerecht zu werden[83].

Es mag sein, daß P_{0t}^F für sich genommen eine interessante Indexformel ist, aber für Zwecke der Deflationierung ist sie dem Paasche Index P_{0t}^P hinsichtlich **aller** der genannten Kriterien unterlegen. Die Aussage von P_{0t}^F ist, wie gesagt, nach Pfouts 1966 obskur ("opaque")[84],

- weil P_{0t}^F weder als Meßzahlenmittelwert darstellbar ist noch eine Warenkorb- (Ausgaben-) Interpretation besitzt,
- P_{0t}^F nicht additiv[85] ist, KT, AT und ET verletzt und bei Deflationierung keine Volumina zu **konstanten** Preisen liefert, die auf Mengenbewegungen schließen lassen.

Für die im SNA 93 zum Ausdruck kommende Bewunderung von P_{0t}^F gibt es genau genommen keine hinreichenden Gründe[86]. Wird für P^F vor allem aufgeführt, daß P^F meist zwischen P^L und P^P liegt, so ist das keine ausreichende Begründung für die Wahl von P^F als Deflator.[87] Besser ist die Ent-

---

[83] Es kann somit auch nicht dienlich sein, Faktorumkehrbarkeit zu fordern (wie bei der Herleitung des Divisia Index), es sei denn, man verzichtet auf die eine oder andere Konsistenzforderung.

[84] Pfouts erwähnt implizit auch den Aggregationstest. Wegen der Interpretationsmängel fordert Pfouts "this index should be abandoned".

[85] Das gilt entsprechend für den Fisher-Mengenindex, so daß das im Zusammenhang mit Gl. 14 zu Mengenindizes Gesagte bei Deflationierung mit einem Fisher-Preisindex nicht gilt.

[86] vgl. Balk 1995 zu einem Überblick. Obgleich Balk ausführlich alle P^F betreffenden Theoreme darstellte, gelangte er doch zu der folgenden Schlußfolgerung: "the evidence for choosing the Fisher price index as the ultimate index is not conclusive" und "the use of Laspeyres and Paasche indices in official statistical systems can be legitimized".

[87] Vgl. Abschn. 2.c (Teil III) zu unserer Auffassung zu einer daten- oder ergebnisorientierten Formelwahl.

scheidung für eine Formel, weil sie eine vernünftige Interpretation erlaubt. Aber gerade hier liegen die Schwächen von P^F.

7. Deflationierung mit Fisher-Kettenindizes

Mit der Forderung von **Fisher-Ketten**indizes im SNA 93 werden zwei Ansätze kombiniert, die **beide** eher suspekt sind. Daß dabei nicht anzunehmen ist, daß sich die konzeptionellen Mängel im Ergebnis dieser Kombination gegenseitig aufheben, zeigt Beispiel 3, in dem eine Deflationierung mit einem direkten Fisher-Preisindex sinnvoll ist (und auch mit der Deflationierung mit P_{03}^P identisch ist), diejenige mit einem Fisher-**Ketten**-Preisindex aber offensichtlich nicht. Das Kriterium dabei ist der sog. **Wertindextreuetest**[88], der bei Deflationierung mit P_{03}^F erfüllt ist, nicht aber bei Deflationierung mit $\overline{P}_{03}^{FC}$.

Der Test erfordert ein Paar von Indizes, P und Q, das den Produkttest[89] erfüllt, wobei der Preisindex P dann $P = \mathbf{p}_t'\mathbf{q}_0/\mathbf{p}_0'\mathbf{q}_0$ (und damit gleich dem Wertindex) ist, wenn sich keine Menge ändert ($\mathbf{q}_t = \mathbf{q}_0$) und deshalb Q = 1 ist[90]. Offensichtlich ist unter solchen Voraussetzungen $Q_{0t}^L = Q_{0t}^P = Q_{0t}^F = 1$ und somit auch $P_{0t}^F = W_{0t} = \mathbf{p}_t'\mathbf{q}_0/\mathbf{p}_0'\mathbf{q}_0$. Bei Deflationierung mit Fisher-**Ketten**indizes $\overline{P}_{0t}^{FC}$ (t ≥ 3) ist die Wertindextreue, bzw. allgemeiner, die Proportionalität des (impliziten) Mengenindex, d.h.

wenn $\mathbf{q}_t = \lambda \mathbf{q}_0$, dann ist $Q(\mathbf{q}_0, \mathbf{p}_0, \lambda\mathbf{q}_0, \mathbf{p}_t) = \lambda$ aber keineswegs gewahrt.

Beispiel 3

Es sollen wieder zwei Waren, A und B betrachtet werden, deren Preise gleichmäßig von 0 bis 3 um 50% steigen, wobei die Mengen von A und B in den Perioden 0 und 3 gleich sind. Offensichtlich ist dann der Wertindex 1,5, was allein auf die 50%ige Preissteigerung zurückzuführen ist. Beide Preisindizes P_{03}^L und P_{03}^P sind gleich und 1,5. Damit ist auch $P_{03}^F = 1,5$, so

---

[88] Der Test wurde 1978 von Vogt wieder publik gemacht, wurde aber schon von L. v.Bortkiewicz beschrieben, vgl. auch Balk 1995 (value index preserving test).
[89] Ist das Produkt eines Preis- und Mengenindexes (PQ) der Wertindex, dann erfüllen P und Q die Faktorumkehrbarkeit, wenn P und Q vom gleichen Funktionstyp sind. Wird diese Einschränkung nicht gemacht, dann liegt der schwächere Produkttest vor.
[90] Offensichtlich beschreibt der Wertindextreuetest den Spezialfall λ = 1 der Proportionalität. Es wird also für die Darstellung der Mengen (Volumen) das gefordert, was oben hinsichtlich der Preise gefordert wurde, nämlich $P_{00} = 1$ bei Rückkehr zum ursprünglichen Preisniveau.

daß man mit einer Deflationierung mit P_{03}^F zu dem offensichtlich zutreffenden Ergebnis gelangt, daß sich das Volumen überhaupt nicht verändert hat. Das muß jedoch bei einer Deflationierung mit $\overline{P}_{03}^F$ nicht gelten. Es sei z.B. angenommen :

Ware	Periode 0		Periode 1		Periode 2		Periode 3	
	p_0	q_0	p_1	q_1	p_2	q_2	p_3	q_3
A	30	5	40	3	50	2	45	5
B	10	15	5	20	10	13	15	15

Es gilt jetzt $\sum p_3 q_3 = \sum p_3 q_0 = 1{,}5 \sum p_0 q_0$, so daß sich die Formel für $\overline{P}_{03}^{FC}$ vereinfacht zu $\overline{P}_{03}^{FC} = \sqrt{1{,}5 \dfrac{\sum p_1 q_0 \sum p_2 q_1 \sum p_3 q_2}{\sum p_0 q_1 \sum p_1 q_2 \sum p_2 q_0}}$, was aber keineswegs 1,5 ergeben muß.

Es gilt $P_{01}^L = 275/300$, $P_{01}^P = 220/290$, $P_{12}^L = 350/220$, $P_{12}^P = 230/145$, $P_{23}^L = 285/230$ und $P_{23}^P = 450/400$, so daß $\overline{P}_{03}^{FC} = \sqrt{2{,}4463} = 1{,}564$. Division von $\sum p_3 q_3 = 450$ durch $\overline{P}_{03}^{FC}$ ergibt 287,71, also einem Rückgang des Volumens gegenüber $\sum p_0 q_0 = 300$ um 4,1%, und das, obgleich alle Preise und Ausgaben einheitlich um 50% gestiegen sind und alle Mengen gleich geblieben sind.[91]

Wenn als Alternative zur Preisbereinigung mit einem Deflator die "Fortschreibung" von Mengenreihen möglich oder evtl. praktisch sogar eher durchführbar ist, dann sollten beide Ergebnisse miteinander kompatibel sein[92]. Die Division von W_{0t} durch einen Preisindex sollte also ein Ergebnis liefern, das als Mengenindex zu interpretieren ist. $\overline{Q}_{03}^{FC}$ ist aber ein Ausdruck, der ausgeschrieben lautet $\left(1{,}5 \dfrac{\sum p_2 q_0 \sum p_0 q_1 \sum p_1 q_2}{\sum p_1 q_0 \sum p_2 q_1 \sum p_3 q_2}\right)^{1/2}$, dem

---

[91] Man könnte sicher auch Zahlenbeispiele konstruieren, bei denen die Abweichung sehr viel größer ist, und z.B. auch längere Ketten betrachten, als nur über den Zeitraum von 0 bis 3.

[92] Es war z.B. früher beim Nettoproduktionsindex sehr verbreitet, Mengenreihen zu betrachten bei Branchen, in denen eine Erhebung von Werten und Preisen nicht möglich oder nicht sinnvoll erschien.

man nicht gerade auf den ersten Blick ansieht, daß er ein Mengenindex sein soll, oder weshalb man hier von "konstanten Preisen" (der Periode 0) sprechen sollte.

Es lohnt sich auch einmal für einfache Fälle von zwei oder drei Links darzustellen, wie das Ergebnis einer Deflationierung mit Kettenindizes vom Typ Fisher aussieht. Es ist schon erstaunlich, daß dies im SNA nicht vorgeführt worden ist. Man hätte dann vielleicht schon sehen können, daß die eingangs zitierte Bemerkung von W. Neubauer über die Interpretation des Ergebnisses wohl berechtigt sein dürfte.

Übersicht 3

Deflationierung mit (direkten) Paasche - und mit Ketten - Fisher - Preisindizes

Wert	Ergebnis der Deflationierung mit	
$\sum p_t q_t$	P_{0t}^P	Fisher-Kettenindex $\overline{P}_{0t}^{FC}$
(1)	(2)	(3)
$\sum p_1 q_1$	$\sum p_0 q_1$	$\left(\sum p_1 q_1 \sum p_0 q_1 \dfrac{\sum p_0 q_0}{\sum p_1 q_0} \right)^{1/2}$
$\sum p_2 q_2$	$\sum p_0 q_2$	$\left(\sum p_2 q_2 \sum p_1 q_2 \dfrac{\sum p_0 q_0}{\sum p_1 q_0} \dfrac{\sum p_0 q_1}{\sum p_2 q_1} \right)^{1/2}$
$\sum p_3 q_3$	$\sum p_0 q_3$	$\left(\sum p_3 q_3 \sum p_2 q_3 \dfrac{\sum p_0 q_0}{\sum p_1 q_0} \dfrac{\sum p_0 q_1}{\sum p_2 q_1} \dfrac{\sum p_1 q_2}{\sum p_3 q_2} \right)^{1/2}$
$\sum p_4 q_4$	$\sum p_0 q_4$	$\left(\sum p_4 q_4 \sum p_3 q_4 \dfrac{\sum p_0 q_0}{\sum p_1 q_0} \dfrac{\sum p_0 q_1}{\sum p_2 q_1} \dfrac{\sum p_1 q_2}{\sum p_3 q_2} \dfrac{\sum p_2 q_3}{\sum p_4 q_3} \right)^{1/2}$

Übersicht 3 zeigt, welche Preismengenprodukte bei Division von W_{0t} durch P_{0t}^P und durch $\overline{P}_{0t}^{FC}$ entstehen. Wie man sieht, spielen im zweiten Fall (Spalte 3) im "deflationierten" Aggregat ("zu konstanten Preisen" im Sinne von "in Preisen von t = 0") die Preise von Periode 0 mit zunehmendem t eine immer geringere Rolle. Bei Deflationierung mit einem direkten Paasche Preisindex erhält man dagegen (Spalte 2) nur Ausdrücke, wie $\sum p_0 q_2$ bzw. $\sum p_0 q_3$ oder $\sum p_0 q_0 Q_{02}^L$ und $\sum p_0 q_0 Q_{03}^L$, die in der Tat als "in Preisen von t = 0" interpretiert werden können.

Das Volumen nimmt bei Deflationierung mit dem Paasche-Preisindex von Periode 2 zur Periode 3 (und entsprechend: allgemein von t-1 zu t) mit dem Faktor

$\dfrac{Q_{03}^L}{Q_{02}^L} = \dfrac{\sum q_3 p_0}{\sum q_2 p_0} = \sum \dfrac{q_3}{q_2} \dfrac{p_0 q_2}{\sum p_0 q_2} = Q_{23(0)}^L$, dem auf Basis 2 umbasierten Laspeyres-Mengenindex Q_{03}^L zu. In $Q_{23(0)}^L$ erscheinen keine anderen Preise als die Preise der Periode 0. Bei Deflationierung mit dem Fisher-Ketten(Preis)-index ist der Faktor dagegen $\sqrt{Q_{23}^L Q_{23}^P}$ also Q_3^{FC}, ein Ausdruck, in dem nur Preise p_2 und p_3, aber nicht die Preise p_0 erscheinen. Es ist auch an den Formeln in Spalte 3 leicht zu erkennen, daß bei Deflationierung mit $\overline{P}_{0t}^{FC}$, nicht aber mit P_{0t}^F, das eintreten kann, was bei Deflationierung gerade **nicht** gewünscht ist, und was auch mit Beispiel 3 demonstriert wird: eine Mengen- bzw. Volumenzu- oder -abnahme zwischen Periode 0 und t wird angezeigt, die gar nicht stattgefunden hat. Mit $\overline{P}_{0t}^{FC}$ wird also zum Mangel von P_{0t}^F noch etwas draufgesetzt.

Literatur

Aczel, J. und W. Eichhorn (1974), A Note on Additive Indices, Journal of Economic Theory, Vol.8, S. 525.

Advisory Committe To Study The Consumer Price Index, Towards A More Accurate Measure of the Cost of Living, Interim Report to the Senate Finance Committee (USA), Washington D.C., Sept. 15, 1995.

Allen, R. G. D. (1975), Index Numbers in Theory and Practice, London.

Balk, B. M. (1995), Axiomatic Price Index Theory, A Survey, International Statistical Review, Vol. 63/1, S. 69.

Banerjee, K. S. (1975), Cost of Living Index Numbers. Practice, Precision and Theory, New York.

Craig, J. (1969), On the Elementary Theory of Index Numbers, Journal of the Royal Statistical Society, Series C, 18, S. 141.

Eichhorn W. und J. Voeller (1976), Theory of the Price Index, Berlin, Heidelberg, New York.

Eichhorn W. und J. Voeller (1983), Axiomatic Foundation of the Price Indexes and Purchasing Power Parities, in: Diewert, W. E.und C. Montmarquette, Price Level Measurement, Proceedings from a Conference Sponsored by Statistics Canada, Ottawa.

Forsyth, F. G. (1978), The Practical Construction of a Chain Price Index Number, Journal of the Royal Statistical Society, Series A, Vol. 141, Part 3, S. 348.

Forsyth, F. G. and Fowler, R. F. (1981), The Theory and Practice of Chain Price Index Numbers, Journal of the Royal Statistical Society, Series A, Vol. 144, Part 2, S. 224.

Fowler, R. F. (1974), An Ambiguity in the Terminology of Index Number Construction, Journal of the Royal Statistical Society, Series A, Vol. 137, Part 1, S. 75.

Funke, H., Hacker, G. und Voeller, J. (1979), Fisher's Circular Test Reconsidered, Schweizerische Zeitschrift für Volkswirtschaft und Statistik, H. 4, S. 677.

Krug, W. (1995), Der EKS-Index zur Berechnung der Kaufkraftparitäten der EU-Länder, in: Rinne, H. et al. (Hrsg.): Grundlagen der Statistik und ihre Anwendungen, Festschrift für K. Weichselberger, Heidelberg, S. 285.

Lippe, P. von der (1990), Deskriptive Statistik, Stuttgart, Jena.

Mudgett, B. D. (1951), Index Numbers, New York.

Neubauer, W. (1995), Einführung in das Thema, in: Statistisches Bundesamt (Hrsg.), Indizes, Status quo und europäische Zukunft, Bd. 28 Forum der Bundesstatistik, Stuttgart.

Pfouts, R. W. (1966), An Axiomatic Approach to Index Numbers; Review of the International Statistical Institute, Vol. 34, H. 2, S. 174.

Schoch H. und Wagener, H. (1984), Price Index Paradoxa, in: Methods of Operation Research, Vol. 48, Königstein, S. 113.

Selvanathan, E. A. and Prasada Rao, D. S. (1995), Index Numbers, A Stochastic Approach; Houndsmills, Basingstoke, Hampshire, London.

SNA 93, Inter-Secretariat Working Group, The System of National Accounts 1993, Washington.

Stuvel, G. (1989), The Index-Number Problem and its Solution, Basingstoke and London.

Szulc, B. J. (1983), Linking Price Index Numbers, in: Diewert, W.E. and C. Montmarguette, Price Level Measurement, Proceedings from a conference sponsored by Statistics Canada, Ottawa, S. 537.

Vogt, A. (1978), Der Wertindextreue - Test und eine Vereinfachung des Indexproblems, Statistische Hefte, Bd. 19, S. 131.

Der Handel in der amtlichen Statistik

Von L. Müller-Hagedorn, M. Schuckel, Köln

Zusammenfassung: Der Handel wird in der amtlichen Statistik Deutschlands durch verschiedene Erhebungen erfaßt und in unterschiedlichen Berichtssystemen dargestellt. Der Beitrag gibt zunächst einen Überblick, welche Informationen die amtliche Statistik zum Handel bereitstellt. Anschließend wird untersucht, welche Probleme von der Vielfalt und Dynamik im Handel für das statistische Berichtssystem ausgehen. Anhand von Beispielen werden Diskrepanzen zwischen der realen Handelsentwicklung und deren Abbildung in der amtlichen Statistik sowie hieraus resultierende Anwendungsprobleme illustriert. Daneben wird sowohl auf die Bedeutung ergänzender Datenquellen als auch auf Entwicklungsperspektiven der amtlichen Statistik hingewiesen.

1 Problemstellung

Die amtliche Statistik liefert auf der Grundlage des Handelsstatistikgesetzes (HdlStatG) regelmäßig in monatlichen und jährlichen Erhebungen sowie in Ergänzungserhebungen und Zählungen systematisch erfaßte Daten über den Handel.[1] Die vom Statistischen Bundesamt und den jeweiligen Landesämtern zur Verfügung gestellten Informationen dienen der Beschreibung des Handels in Deutschland sowie der Darstellung, Erklärung und Prognose seiner Entwicklung. Die handelsbezogenen Daten der amtlichen Statistik und die auf ihnen beruhenden Auswertungen können im Rahmen von Planungs- und Entscheidungsprozessen für Ist-Analysen, Ursache-Wirkungs-Analysen und Prognoseaufgaben genutzt werden und stellen in zahlreichen Anwendungsbereichen eine wichtige Entscheidungsgrundlage dar, so z.B.
– in der Politik, insbesondere in der Wettbewerbs-, Mittelstands- und Handelspolitik,
– in der Wissenschaft bzw. der Handelsforschung,
– in Organisationen und Verbänden der Wirtschaft und
– in den einzelnen Unternehmen.
Im Rahmen politischer Aufgabenstellungen können Daten der amtlichen Statistik beispielsweise zur Bestimmung von Marktstrukturen, Konzentrationsraten, Branchenentwicklungen oder zur Entwicklung und Beur-

---

[1] Vgl. Gesetz über die Statistik im Handel und Gastgewerbe vom 10. November 1978, Bbl sowie die Statistikanpassungsverordnung (StatAV) vom 26. März 1991 und das Gesetz zur Änderung des Handels- und Lohnstatistikgesetzes vom 2. März 1994.

teilung von Förderprogrammen zur Existenzgründung bzw. -sicherung herangezogen werden. Unternehmen können Informationen der amtlichen Statistik beispielsweise zur Bestimmung von Markt- und Absatzpotentialen nutzen. Darüber hinaus sind für die Unternehmensplanung insbesondere betriebsbezogene Daten und Informationen über unternehmenspolitische Entscheidungsparameter von Bedeutung, wie z.B. das Faktoreinsatzverhältnis, Kostenstrukturen und -entwicklungen oder Erfolgsgrößen (z.B. Handelsspannen).

Abbildung 1: Nutzungsmöglichkeiten von Daten der amtlichen Statistik

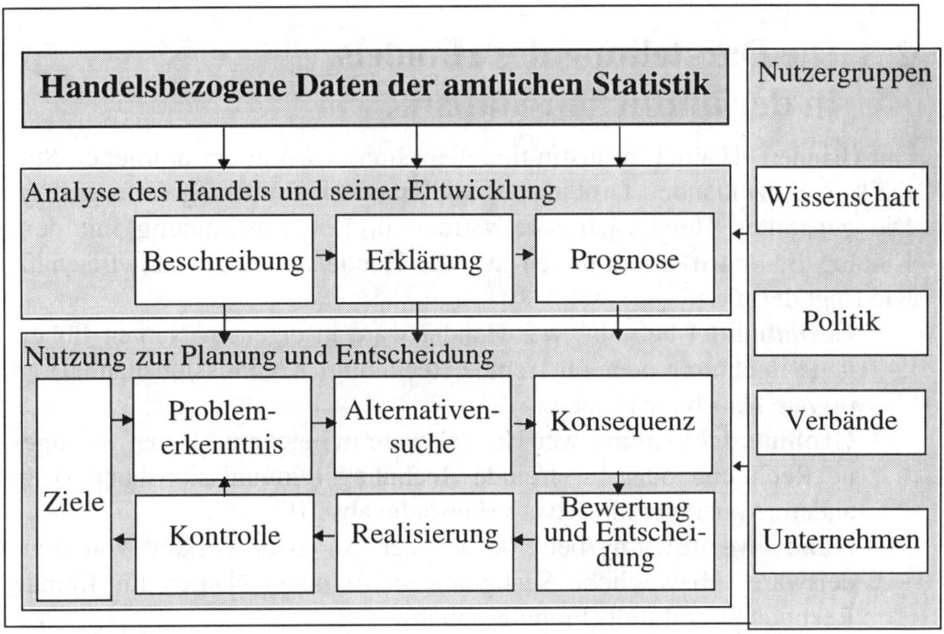

Der Handel in Deutschland ist äußerst vielgestaltig und durch eine Vielzahl von Merkmalen geprägt. Dies führt zu der Frage, inwieweit diese Vielfalt und Dynamik in der amtlichen Statistik abgebildet werden. Die unterschiedlichen Nutzergruppen werden aufgrund ihrer individuellen Ziele und Anwendungsbereiche unterschiedliche Anforderungen an die von der amtlichen Statistik bereitgestellten Daten richten. Welche Probleme ergeben sich bei der Nutzung der Daten? Welches sind die Ursachen für diese Probleme? Mit den genannten Fragen beschäftigt sich der folgende Beitrag.

Zunächst wird das Berichtssystem der amtlichen Statistik dargestellt, soweit es den Handel in Deutschland unmittelbar betrifft. Andere Erhebungen, die durchaus für den Handel von großer Bedeutung sein können, wie Erhebungen zur Struktur der Bevölkerung, zum Ausgabeverhalten der privaten Haushalte usw., werden nicht angesprochen. Anschließend wird systematisch untersucht, inwieweit Probleme bei der Nutzung der Daten auftreten können und worauf diese zurückzuführen sind. Zum Abschluß werden, soweit erkennbar, Ansätze zur Weiterentwicklung des statistischen Berichtssystems sowie die amtliche Statistik ergänzende Datenquellen vorgestellt.

2 Die Darstellung des Handels in der amtlichen Statistik

Der (Binnen-)Handel im institutionellen Sinne wird in der amtlichen Statistik in Einzelhandel, Großhandel und Handelsvermittlung differenziert. Die genannten Handelsbereiche werden in Übereinstimmung mit dem Katalog E, Begriffsdefinitionen aus der Handels- und Absatzwirtschaft, wie folgt definiert:[2]

Einzelhandel betreibt, wer Handelsware in eigenem Namen für eigene Rechnung oder für fremde Rechnung (Kommissionshandel) an private Haushalte absetzt.

Großhandel betreibt, wer Handelsware in eigenem Namen für eigene Rechnung oder für fremde Rechnung (Kommissionshandel) an andere Abnehmer als private Haushalte absetzt.

Handelsvermittlung betreibt, wer den An- oder Verkauf von Handelsware (=bewegliche Sachgüter) in fremdem Namen für fremde Rechnung vermittelt (Fremdgeschäft).

Über den Einzelhandel, Großhandel und die Handelsvermittlung wird im Veröffentlichungssystem des Statistischen Bundesamtes in drei Kategorien berichtet[3], in
- zusammenfassenden Veröffentlichungen,

---

[2] Vgl. Erläuterungen zum Erhebungsvordruck für Unternehmen des Einzelhandels (EU) der Handels- und Gaststättenzählung 1993; vgl. auch Ausschuß für Begriffsdefinitionen aus der Handels- und Absatzwirtschaft: Katalog E - Begriffsdefinitionen aus der Handels- und Absatzwirtschaft, 4. Ausg., Köln 1995.
[3] Vgl. Statistisches Bundesamt (Hrsg.): Verzeichnis der Veröffentlichungen 1994/95, Wiesbaden, S. 3.

- Klassifikationen und
- Fachserien.

Zusammenfassende Veröffentlichungen, wie z.B. das Statistische Jahrbuch, enthalten Ergebnisse aus mehreren oder allen Arbeitsgebieten des Statistischen Bundesamtes.

Klassifikationen sind Hilfsmittel für die einheitliche Zuordnung von Tatbeständen in den Statistiken und für eine dem Erhebungs- und Darstellungszweck entsprechende Gliederung der Ergebnisse. Für den Handel sind vor allem die Klassifikation der Wirtschaftszweige, das Warenverzeichnis für die Binnen- bzw. die Außenhandelsstatistik sowie die Klassifizierung der Berufe von Bedeutung.

Weitreichende Konsequenzen für die Darstellung des Handels in der amtlichen Statistik hat die Systematik der Wirtschaftszweige. Nach der Wirtschaftszweigsystematik WZ 93, die auf der europäischen NACE[4] Rev. 1 aufbaut[5] (vgl. auch in Abbildung 2), werden Handelsbetriebe in Abschnitt G dargestellt, der sich in drei Abteilungen gliedert:

Abteilung 50:   Kraftfahrzeughandel; Instandhaltung und Reparatur von Kraftfahrzeugen; Tankstellen.
Abteilung 51:   Handelsvermittlung und Großhandel (ohne Handel mit Kraftfahrzeugen).
Abteilung 52:   Einzelhandel (ohne Handel mit Kraftfahrzeugen und ohne Tankstellen); Reparatur von Gebrauchsgütern.

Weiterhin wird der Handel nach Angebots- und Erscheinungsformen sowie Branchen untergliedert.

Die weitere Unterteilung der WZ 93 ist für die Abteilung „Einzelhandel" der Übersicht in Abbildung 3 zu entnehmen. „Innerhalb des Einzelhandels dient primär die Absatzform als Gliederungskriterium (Einzelhandel in Verkaufsräumen, Versandhandel usw.). Erst an zweiter Stelle ist auch das Sortiment von systematischer Bedeutung."[6]

---

[4] Nomenclature Générale des activités économiques dans les Communautés Européennes

[5] WZ 93 und NACE sind bis zur Gliederungsebene der Klasse (4. Stelle) deckungsgleich. Die WZ 93 weist zusätzliche nationale Unterteilungen der Klassen in Unterklassen auf.

[6] Lambertz, J.: Auswirkungen der NACE Rev.1 auf die Ergebnisdarstellung der Binnenhandelsstatistiken. In: Wirtschaft und Statistik 1/1995, S. 53.

Im System der **Fachserien**, das nach Sachgebieten untergliedert ist, werden die Ergebnisse einzelner Statistiken veröffentlicht. Jede Fachserie umfaßt

a) Veröffentlichungsreihen mit Ergebnissen *laufender Statistiken*, die im Bedarfsfall durch
b) *Sonderbeiträge* ergänzt werden sowie
c) in größeren Zeitabständen stattfindende *Zählungen*, welche als Einzelveröffentlichungen im Rahmen der Fachserien herausgegeben werden.

In den Stichprobenerhebungen der *laufenden Statistiken* werden 13.500 Großhandelsunternehmungen bei monatlichen und jährlichen Erhebungen, 27.000 Unternehmungen des Großhandels bei Ergänzungserhebungen sowie jeweils 35.000 Einzelhandelsunternehmen und 13.500 Handelsvermittlungen befragt.[7]

Abbildung 2: Struktur der NACE-Systematik nach Artikel 2 Absatz 1 der Verordnung (EWG) Nr. 3037/90 des Rates vom 9. Oktober 1990 betreffend die statistische Systematik der Wirtschaftszweige in der Europäischen Gemeinschaft

Bezeichnung	Codierung	Beispiel	
Abschnitte	einfacher alphabetischer Code	G	Handel; Instandhaltung und Reparatur von Kraftfahrzeugen und Gebrauchsgütern
Unterabschnitte	doppelter alphabetischer Code		(im Handel nicht besetzt)
Abteilungen	zweistelliger numerischer Code	52	Einzelhandel (ohne Handel mit Kraftfahrzeugen und ohne Tankstellen); Reparatur von Gebrauchsgütern
Gruppen	dreistelliger numerischer Code	52.4	Sonstiger Fach-EH (in Verkaufsräumen)
Klassen	vierstelliger numerischer Code	52.41	EH mit Bekleidung

---

[7] HdlStatG § 1; Statistikanpassungsverordnung vom 26. März 1991, Artikel 4, § 1.

Eine Übersicht über Erscheinungsweise und Inhalt der für den Handel relevanten laufenden Statistiken im Rahmen der Fachserien gibt Abb. 4.

Abbildung 3: Systematik der Wirtschaftzweige WZ 93 für die Abteilung 52 „Einzelhandel"

Nr. der WZ 93	Text
52.1	EH mit Waren verschiedener Art (in Verkaufsräumen)
52.11	EH mit Waren verschiedener Art, Hauptrichtung Nahrungsmittel, Getränke und Tabakwaren
52.11.1	EH mit Nahrungsmitteln, Getränken und Tabakwaren ohne ausgeprägten Schwerpunkt
52.11.2	Sonstiger EH mit Waren verschiedener Art, Hauptrichtung Nahrungsmittel, Getränke und Tabakwaren
52.12	Sonstiger EH mit Waren verschiedener Art
52.12.1	EH mit Waren verschiedener Art (ohne Nahrungsmittel)
52.12.2	EH mit Waren verschiedener Art, Hauptrichtung Nicht-Nahrungsmittel
52.2	Fach-EH mit Nahrungsmitteln, Getränken und Tabakwaren (in Verkaufsräumen)
52.3	Apotheken; Fach-EH mit medizinischen, orthopädischen und kosmetischen Artikeln (in Verkaufräumen)
52.31	Apotheken
52.32	EH mit medizinischen und orthopädischen Artikeln
52.33	EH mit kosmetischen Artikeln und Körperpflegemitteln
52.4	Sonstiger Fach-EH (in Verkaufsräumen)
52.41	EH mit Textilien
52.42	EH mit Bekleidung
52.43	EH mit Schuhen und Lederwaren
52.44	EH mit Möbeln, Einrichtungsgegenständen und Hausrat a.n.g.
52.45	EH mit elektrischen Haushalts-, Rundfunk- und Fernsehgeräten sowie Musikinstrumenten
52.46	EH mit Metallwaren, Anstrichmitteln, Bau- und Heimwerkerbedarf
52.47	EH mit Büchern, Zeitschriften, Schreibwaren und Bürobedarf
52.48	Fach-EH a.n.g. (in Verkaufsräumen)
darunter: 52.48.4	EH mit feinmechanischen Foto- und optischen Erzeugnissen, Computern und Software
52.48.5	EH mit Uhren, Edelmetallwaren und Schmuck
52.48.7	EH mit Fahrrädern, Fahrradteilen und Zubehör, Sport- und Camping-artikeln (ohne Campingmöbel)
52.5	EH mit Antiquitäten und Gebrauchtwaren (in Verkaufsräumen)
52.6	EH (nicht in Verkaufsräumen)
52.61	Versandhandel
52.62	EH an Verkaufsständen und auf den Märkten
52.63	Sonstiger Einzelhandel (nicht in Verkaufsräumen)

a.n.g. = anderweitig nicht genannt

Sonderbeiträge sind einmalige Veröffentlichungen, die entweder aus besonderem Anlaß erstellt werden oder zu besonderen Problemen Stellung nehmen.

Abbildung 4: Übersicht über die in der laufenden Statistik bereitgestellten Informationen zum Handel (Stand Oktober 1996)

Titel	Reihe	Erscheinungsweise	Letztes Berichtsjahr
Fachserie 2: Unternehmen und Arbeitsstätten			
Kostenstruktur im Großhandel und im Verlagsgewerbe	1.2.1	4	1992
Kostenstruktur bei Handelsvertretern und Handelsmaklern	1.2.2	4	1992
Kostenstruktur im Einzelhandel	1.3	4	1989
Fachserie 6: Handel, Gastgewerbe, Reiseverkehr			
Beschäftigung, Umsatz, Wareneingang, Lagerbestand und Investitionen in der Handelsvermittlung	2	2	1983
Beschäftigte und Umsatz im Großhandel (Meßzahlen)	1.1	1/12	1995
Beschäftigung, Umsatz, Wareneingang, Lagerbestand und Investitionen im Großhandel	1.2	1	1994
Warensortiment sowie Bezugs- und Absatzwege im Großhandel	1.3	u	1986
Beschäftigte und Umsatz im Einzelhandel und Gastgewerbe (Meßzahlen)	3.1	1/12	1994
Beschäftigung, Umsatz, Wareneingang, Lagerbestand und Investitionen im Einzelhandel	3.2	1	1992
Warensortiment sowie Bezugswege im Einzelhandel	3.3	u	1991
Fachserie 7: Außenhandel			
Zusammenfassende Übersichten für den Außenhandel weitere differenziertere Darstellungen in den Reihen 2 - 8	1	1/12	1995
Fachserie 14: Finanzen und Steuern			
Umsatzsteuer	8	2	1992
Fachserie 16: Löhne und Gehälter			
Angestelltenverdienste in Industrie und Handel	2.2	1/4	1995
Arbeitnehmerverdienste in Industrie und Handel	2.3	1/4	1995
Fachserie 17: Preise			
Index der Großhandelsverkaufspreise	6	1/12	1995
Preise und Preisindizes für die Lebenshaltung	7	1/12	1995
Fachserie 18 Volkswirtschaftliche Gesamtrechnungen			
Hauptbericht weitere Darstellung in den laufenden Reihen und Sonderbeiträgen	1.3	1	1994
1/12 = monatlich ¼ = vierteljährlich 1 = jährlich 2 = zweijährlich 4 = vierjährlich u = unregelmäßig			

Beispiele für Sonderbeiträge mit Informationen zum Handel sind aus der Fachserie 6, Handel, Gastgewerbe, Reiseverkehr, die Reihe 3.S.1 „Umstellung auf ein neues Berichtssystem mit Zusammenfassung der Monatsergebnisse für den Einzelhandel 1980 bis 1983"[8] oder aus Fachserie 18, Volkswirtschaftliche Gesamtrechnungen, Reihe S.18 „Ergebnisse für Wirtschaftsbereiche (Branchenblätter) 1960 bis 1991".

Unter den *Zählungen* liefern die Arbeitsstättenzählung, zuletzt durchgeführt am 25. Mai 1987, und vor allem die Handels- und Gaststättenzählung (HGZ), auf die im folgenden näher eingegangen wird, Informationen über den Handel.

Abbildung 5: Erhebungsinhalte der HGZ für den Groß- und Einzelhandel

Erhebungsinhalt	Unternehmen des		Arbeitsstätten des	
	Einzelhandels (EU)	Großhandels (GU)	Einzelhandels (EA)	Großhandels (GA)
Wirtschaftszweig	X	X	X	X
Zahl der tätigen Personen	X	X	X	X
Umsatz	X	X	X	X
- Aufgliederung nach Arten der ausgeübten wirtschaftlichen Tätigkeit	X	X	X	X
- Aufteilung des Einzelhandelsumsatzes nach Branchen	X	X	X	X
Anteil des Umsatzes aus Streckengeschäften, Lagergroßhandel, mit dem Ausland, mit dem inländischen Einzelhandel, mit sonstigen Kunden, aus selbstimportierter Handelsware	-	X	-	-
Auszeichnung der Waren mit Brutto- oder Nettopreisen	X	X	-	-
Gesamtwert der gegen Provision vermittelten Ware	-	X	-	-
Kapitalbeteiligungen	X	X	-	-
Arbeitsstätten	X	X	-	-
Betriebsform	X*	-	X	-
Bedienungsform	X*	X*	X	X
Geschäfts-/Verkaufsfläche	X*	-	X	-
Geschäftslage	X*	X*	X	X

*Gilt nur für Unternehmen ohne Zweigniederlassungen (Arbeitsstätten)

---

[8] Entsprechend für den Großhandel: Reihe 1.S.1 „Umstellung auf ein neues Berichtssystem mit Zusammenfassung der Monatsergebnisse für den Großhandel 1980 bis 1983"; Reihe 1.S.2 „Monatliche Repräsentativerhebung im Großhandel - Methode und Ergebnisse auf der Basis 1986".

Die HGZ erfaßt als Totalerhebung **alle** Unternehmen und Arbeitsstätten des Handels in Deutschland, ausgenommen Kleinunternehmen mit weniger als 25.000 DM Jahresumsatz und wird in der Regel in einem Abstand von 10 Jahren durchgeführt. Erhebungsstichtag der letzten HGZ war der 30. April 1993. Die Erhebungsinhalte der HGZ für den Einzel- und Großhandel gehen aus Abbildung 5 hervor.

Weitere wichtige Informationen zum Handel können außerdem den Arbeitskostenerhebungen und den Gehalts- und Lohnstrukturerhebungen entnommen werden.

Abbildung 6: In der amtlichen Statistik erfaßte Daten zu Handelsunternehmen

Daten zur Unternehmensstruktur und -politik	Kosteninformationen	Erlös- und Erfolgsinformationen

• Zahl der Beschäftigten
• Geschäfts- und Verkaufflächen
• Kapitalbeteiligungen
• Betriebsform
• Bedienungsform
• Geschäftslage
• Sortimentszusammensetzung
• Bezugswege
• Absatzwege (Großhandel)
	• Investitionen
	• Waren- und Materialeingang
	• Aufwendungen für Lohnarbeiten
	• Aufwendungen für gemietete oder gepachtete Anlagegüter
	• Personalkosten
	  – Lohn- und Gehaltssummen
	  – Angestelltenverdienste
	  – Arbeitnehmerverdienste
	  – Arbeitskosten
	• Lagerbestand
		• Umsatz, differenziert nach
		  – wirtschaftlichen Tätigkeiten
		  – nach Branchen
		  – nach Absatzwegen (Großhandel)
		• Preise

⇩	⇩	⇩

Aggregierte Marktdaten
• Zahl der Unternehmen • Zahl der Arbeitsstätten • Zahl der Ladengeschäfte

Die innerhalb der amtlichen Statistik erfaßten Informationen über den Handel, über Markt-, Unternehmens- und Betriebsstrukturen, über den Faktoreinsatz im Handel sowie über Kosten, Erlös- und Erfolgsgrößen sind zusammenfassend in Abbildung 6 dargestellt.

Als größte organisatorische Einheiten werden rechtlich selbständige Unternehmen erfaßt, daneben Arbeitsstätten und Ladengeschäfte.

Wichtige Bereiche der Unternehmenspolitik, wie die Standort-, die Sortiments- oder die Beschaffungspolitik sind ebenso Gegenstand der amtlichen Statistik wie die Zahl der Beschäftigten, Kapitalbeteiligungen oder die Größe der Geschäfts- und Verkaufsfläche. Kosteninformationen beziehen sich auf Warenkosten, Personalkosten, die Lagerhaltung und Kosten bzw. Investitionen für Anlagen.

Die amtliche Statistik hält damit, gestützt auf die HGZ als Totalerhebung und auf monatliche und jährliche Stichproben, ein breites Informationsangebot bereit, das den Handel in Deutschland anhand vielfältiger Merkmale beschreibt.

3 Probleme der Datennutzung und ihre Ursachen

Das Informationsangebot der amtlichen Statistik zum Handel läßt sich in drei Dimensionen kennzeichnen (vgl. Abbildung 7):
1. durch den Informationsinhalt,
2. durch den zeitlichen Bezug der Information und
3. durch den räumlichen Geltungsbereich.

Der Informationsinhalt bezieht sich auf die in der amtlichen Statistik betrachteten Merkmalsträger und die sie charakterisierenden Merkmale bzw. Merkmalsbündel. Diesbezüglich ergeben sich vor allem die folgenden Fragen:
1. Inwieweit sind die erfaßten Handelsunternehmen Teil übergreifender Handelssysteme?
2. Wie sind sie in die Systematik der Wirtschaftszweige einzuordnen?
3. Wie umfassend sind Informationen der amtlichen Statistik zu den Organisationsstrukturen und zur Geschäftspolitik der Handelsunternehmen?

Diesen Fragen wird in den nachfolgenden Abschnitten nachgegangen. Zuvor werden jedoch kurz die mit dem zeitlichen und räumlichen Bezug verbundenen Probleme der Daten in der amtlichen Statistik angesprochen.

Abbildung 7: Strukturierung der Informationen zum Handel

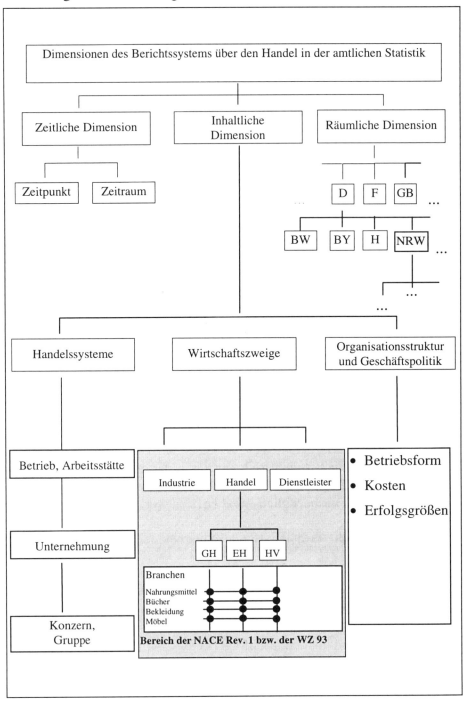

In *zeitlicher Hinsicht* liegt der Wunsch vor, möglichst schnell Veränderungen erkennen und rechtzeitig Maßnahmen ergreifen zu können. Von daher ist die Aktualität der Daten von großer Bedeutung. In der Fähigkeit, schnell auf Veränderungen im Markt reagieren zu können, wird zunehmend ein Erfolgsfaktor der Unternehmenspolitik gesehen. So bemühen sich Industrie- und Handelsbetriebe immer stärker darum, weitestgehend ohne zeitliche Verzögerungen Marktdaten verfügbar zu machen (vgl. z.B. ECR - Efficient Consumer Response)[9].

Die *Aktualität der Daten* wird durch den Erhebungsrhythmus und den mit der Aufbereitung der Daten verbundenen Aufwand bestimmt. In der amtlichen Statistik werden nur wenige Informationen monatlich bereitgestellt (Beschäftigte und Umsatz), einige in Abständen von ein oder zwei Jahren. Kostenstrukturen werden nur alle 4 Jahre erhoben. Die HGZ wird in der Regel in 10-jährigem Rhythmus durchgeführt. Aufgrund des Erhebungsumfanges und des Koordinationsaufwandes zwischen den statistischen Landesämtern kann sich die Veröffentlichung der Ergebnisse außerdem erheblich verzögern, wie auch aus den Angaben in Abbildung 4 hervorgeht. Für viele Problemstellungen insbesondere in der Unternehmenspraxis erscheinen die Informationen der amtlichen Statistik daher zu spät.

Zeitliche Unstetigkeiten zeigen sich besonders deutlich in der Entwicklung der Wirtschaftszweigsystematik. Die jetzt gültige Systematik WZ 93 auf Basis der NACE Rev. 1 trat erst 1990 an die Stelle der WZ 79.[10]

Die bisher gültige Abgrenzung der Handelsbereiche wurde dabei nicht beibehalten. Die Handelsvermittlung hat aufgrund der Ausgliederung der Agenturtankstellen und der Versandhandelsvertretungen etwa ein Viertel ihrer Bedeutung, gemessen am Umsatz, eingebüßt. Der Einzelhandel wird dagegen um die genannten Agenturtankstellen und Versandhandelsvertretungen sowie um die Augenoptiker erweitert.[11]

Die Vergleichbarkeit von Ergebnissen nach der bisherigen und der neuen Systematik wird besonders auf Branchenebene erschwert. Einige der WZ 79-Branchen wurden aufgelöst (z.B. WZ 79: 432 48 Ein-

---

[9] Vgl. z.B. Mevissen, Karlheinz: Efficient Consumer Response: 10,8:3,4 - Sind wir weiter? In: Coorganisation 1/95, S. 24-25; o.V.: ECR - Continuous Replenishment. In: Coorganisation 2/95, S. 30-34.
[10] Verordnung (EWG) Nr. 3037/90 des Rates vom 9. Oktober 1990 betreffend die statistische Systematik der Wirtschaftszweige in der Europäischen Gemeinschaft.
[11] Um Gesamtwerte für die drei Handelsbereiche zu erhalten, müssen Klassen der WZ 93 zusammengefaßt werden. Vgl. die Darstellung in Lambertz, 1995, S. 54.

zelhandel mit Kopfbedeckungen und Schirmen), andererseits wurden neue Branchen geschaffen, für die es keine Entsprechung in der WZ 79 gibt (z.B. WZ 93: 52.46.3 Einzelhandel mit Bau- und Heimwerkerbedarf). Teilweise besteht auch Textgleichheit bei Inhaltsungleichheit. Die WZ 79: 431 6 „Einzelhandel mit Getränken" entspricht beispielsweise nicht der WZ 93 52.25 „Einzelhandel mit Getränken", da der Frei-Haus-Verkauf von Getränken nicht als Handel in Verkaufsräumen gezählt wird.

Die amtliche Statistik sieht sich damit dem grundlegenden Problem gegenüber, einerseits die Methodik im Zeitablauf möglichst konstant zu halten, um einen unverfälschten Zeitvergleich zu ermöglichen, andererseits Anpassungen an die Veränderungen im Handel vornehmen zu müssen.

In *räumlicher Hinsicht* besteht der Wunsch, auch internationale Vergleiche vornehmen zu können; aus unternehmenspolitischer und regionalpolitischer Perspektive besteht großes Interesse, den räumlichen Bezug der Daten stärker zu differenzieren. So ist beispielsweise für handelspolitische und für städtebauliche Fragestellungen der Wettbewerb der Standorte in den Innenstädten und auf der Grünen Wiese von Bedeutung. Die HGZ erfaßt zwar Informationen über die Geschäftslage, die Rückschlüsse auf die Entwicklung unterschiedlicher Standorte zulassen, problematisch ist aber auch hier, daß die Systematik der Standorte geändert wurde, so daß die Ergebnisse der HGZ 85 nicht mit denen der HGZ 93 vergleichbar sind. Schließlich ist zu erwähnen, daß die befragten Geschäftsführer oder -inhaber die Geschäfte einer der vorgegebenen Geschäftslagen nach subjektiven Vorstellungen zugeordnet haben, so daß Fehlurteile nicht ausgeschlossen werden können. Es wäre wünschenswert, wenn auch die Umsatzsteuerstatistik für die Analyse der Entwicklung einzelner Standorttypen genutzt werden könnte.

3.1 Zur Abbildung der Dynamik der Handelssysteme in der amtlichen Statistik

Der Handel ist durch eine außerordentliche Dynamik gekennzeichnet. Sie äußert sich insbesondere[12]

- in der Konzentration, also in der Veränderung der Zahl der Anbieter und ihrer Bedeutung,
- in der Form der Koordination der Aktivitäten auf den einzelnen Wirtschaftsstufen, wo enge oder lockere Bindungen auftreten können (sog. Systemwettbewerb),
- in der Betriebsformendynamik, wo insbesondere im Einzelhandel fortwährend neue Betriebsformen aufkommen,
- in der Standortdynamik, wo sich einerseits zwischen den Ebenen der Zentrenhierarchie (z.B. Oberzentrum versus Mittelzentrum) und andererseits zwischen den innerörtlichen Standortlagen Verschiebungen ergeben.

Im folgenden wird zunächst näher auf den Systemwettbewerb eingegangen. Traditionell liegen Distributionskanäle vor, die durch die Selbständigkeit der Unternehmungen auf der Hersteller-, Großhandels- und Einzelhandelsebene gekennzeichnet sind und für die gilt, daß diese Unternehmungen auf Märkten zusammentreffen und von Fall zu Fall Austauschbeziehungen vereinbaren. Diese Form wird deswegen auch als marktliche Koordination bezeichnet. Mehr und mehr haben sich im Zeitablauf aber auch festere Bindungsformen entwickelt. Im extremen Fall gründet ein Hersteller eigene Verkaufsniederlassungen, was auch als hierarchische Form der Koordination bezeichnet wird (vgl. Abbildung 8).

Der selbständige, nicht organisierte Handel verliert in Deutschland zunehmend an Bedeutung, Handelsbetriebe sind mehr und mehr eingebettet in umfangreiche Handelssysteme, beispielsweise Verbundgruppen, Filialstrukturen oder Franchise-Organisationen. Wird diese Entwicklung der Handelssysteme in der amtlichen Statistik sichtbar?

---

[12] Vgl. auch die ausführliche Behandlung der Dynamik bei Tietz, B.: Einzelhandelsperspektiven für die Bundesrepublik Deutschland bis zum Jahre 2010, Frankfurt a.M. 1992; Tietz, B.: Großhandelsperspektiven für die Bundesrepublik Deutschland bis zum Jahre 2010, Frankfurt a.M. 1993; Tietz, B.: Zukunftsstrategien für Handelsunternehmen, Frankfurt a.M. 1993.

Abbildung 8: Systeme des Handels

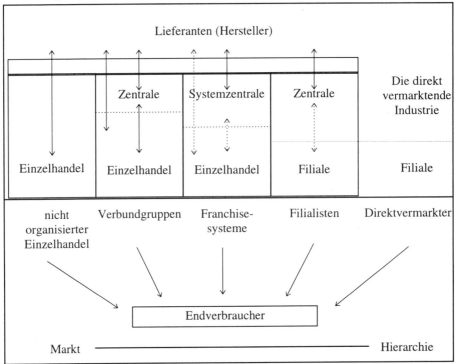

Bisher werden in der amtlichen Statistik Arbeitsstätten und Unternehmen unterschieden. Als Arbeitsstätten gelten örtliche Einheiten, d.h. Grundstücke oder abgegrenzte Räumlichkeiten, in denen eine oder mehrere Person(en) haupt- oder nebenberuflich erwerbstätig sind. Unternehmen sind dagegen definiert als die kleinsten, gesondert bilanzierenden und rechtlich selbständigen Wirtschaftseinheiten.

Die amtliche Statistik erfaßt mit Arbeitsstätten und Unternehmungen im Handel nur die jeweils kleinsten rechtlichen Einheiten ohne Berücksichtigung der für sie verantwortlichen wirtschaftlichen Einheiten, im wesentlichen kapitalmäßige Unternehmensverbindungen im Sinne von Konzernen sowie als wettbewerbliche Einheiten auftretende Unternehmensgruppen.[13]

---

[13] Feuerstack, Rainer: Erfassung der Kapitalverflechtung und der wettbewerblich relevanten Kooperationen von Unternehmen im Rahmen der amtlichen Statistik, Vermerk, Köln, 12. April 1996.

Bestehende Kapitalverflechtungen bleiben ebenso unberücksichtigt wie die übrigen in Abbildung 8 angeführten Bindungsformen.

Marktstrukturen und -entwicklungen werden auf diese Weise nur unvollständig wiedergegeben. Wenn Unternehmensverflechtungen und Kooperationen nicht ausgewiesen werden, lassen sich die Wettbewerbsverhältnisse, die Marktmacht oder die Position des Handels gegenüber der Industrie nicht realitätsnah darstellen. Die fehlende Berücksichtigung von Konzernverbindungen im Rahmen der Konzentrationsmessung führt zu einer Unterzeichnung der realen Entwicklung.

Abbildung 9 verdeutlicht den Unterschied zwischen einer auf Unternehmensdaten basierenden Betrachtung und einer Konzerne und Unternehmensgruppen einschließenden Analyse. Die Rangfolge der 10 größten Merkmalsträger bleibt zwar in allen Fällen gleich, die Relationen ändern sich aber zum Teil erheblich.

Abbildung 9: Umsatz der zehn größten Unternehmen, Konzerne und Unternehmensgruppen im Handel 1992

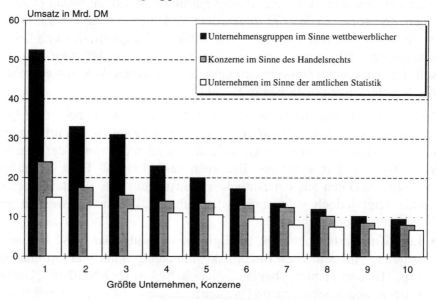

Quelle: Feuerstack, 1996, S. 5; Berechnungen und Schätzungen der Monopolkommission nach eigenen Befragungen, Geschäftsberichten von Unternehmen, Ergebnissen der amtlichen Statistik sowie Recherchen in den Unternehmensdatenbanken des Verlag Hoppenstedt GmbH, Verband der Vereine Creditreform e.V., M+M Gesellschaft für Unternehmensberatung und Informationssysteme mbH

Auch der Vorsitzende der Monopolkommission, Carl Christian von Weizsäcker, hat vor diesem Hintergrund die amtliche Statistik kritisiert. Aufgrund fehlender statistischer Daten könne der **Konzentrationsprozeß** in Deutschland nicht genau dargestellt werden. „Die Statistik habe große Defizite. [...] Wenn sich die Datenlage durch die Einbeziehung von Konzernen und Unternehmensgruppen nicht verbessere, werde die Kommission ihren Auftrag nicht mehr erfüllen können."[14]

Vor dem Hintergrund, daß es auch weiterhin deutliche Verschiebungen vom nicht-organisierten Handel zum gebundenen Handel geben wird, wäre es wünschenswert, diese für den Handel wichtige Entwicklung anhand der Daten der amtlichen Statistik auch in differenzierter Form beobachten zu können und diesem Aspekt zukünftig auch in der amtlichen Statistik Rechnung zu tragen.

3.2 Zur Systematisierung der Handelsunternehmen

Die in der Realität existierenden Unternehmen werden in der amtlichen Statistik nach der Systematik der Wirtschaftszweige WZ 93 geordnet. Ein Unternehmen wird dabei mit seinem gesamten Merkmalsbetrag einer einzigen Kategorie der WZ 93 zugeordnet. „Maßgebend für die Zuordnung ist dabei der Schwerpunkt der wirtschaftlichen Tätigkeit, der sich bei verschiedenen Tätigkeiten nach dem Anteil der Wertschöpfung bemessen soll. Für Unternehmen ohne ausgeprägten Schwerpunkt kommen zahlreiche Kombinationspositionen in Betracht."[15]

Insofern erscheinen die Daten der amtlichen Statistik als geeignete Quelle, um Aussagen treffen zu können, wie sich die Zahl der Unternehmen in den Wirtschaftszweigen, im Groß- und Einzelhandel sowie der Handelsvermittlung und in einzelnen Branchen verändert hat. Eine Gegenüberstellung der Daten aus der amtlichen Statistik mit den Vorstellungen der Praxis zeigt jedoch gelegentlich deutliche Diskrepanzen, was an zwei Beispielen verdeutlicht sei:
- Laut Umsatzsteuerstatistik 1992 gibt es in Deutschland 482 Buchgroßhändler.[16] Im deutschen Buchmarkt sind dagegen nur vier Großhändler, sog. Barsortimenter, bekannt, nämlich Libri, KNO/KV, Umbreit (Süden) und Koennenmann (Westen).

---
[14] o.V.: Die Monopolkommission: Kartellnovelle zurückstellen, in: FAZ, 5. Juli 1996, Nr. 154, S. 13.
[15] Umsatzsteuer 1992, Fachserie 14, Reihe 8, Wiesbaden 1995, S. 17.
[16] Umsatzsteuer, 1992, S. 68.

- Die Zahl der Unternehmen im Großhandel mit Kraftfahrzeugteilen und Reifen wird in der Umsatzsteuerstatistik 1992 mit 2.726 angegeben.[17] Orientiert man sich dagegen an den Mitgliedern entsprechender Verbände oder an Branchenverzeichnissen, kommt man auf etwa 400 funktionsechte Großhändler.

Ein Nutzer der amtlichen Statistik könnte der Gefahr erliegen, die Anbieterstrukturen in beiden Branchen als sehr zersplittert einzustufen. Insofern ist es angezeigt, auf die Probleme näher einzugehen, die sich aufgrund der Zuordnung der Merkmalsträger nach dem Schwerpunktprinzip zu den Klassen der WZ 93 ergeben. Sie sollen auf drei Ebenen betrachtet werden:
a) bei der Abgrenzung zwischen Industrie, Dienstleistungsbetrieben und Handel,
b) bei der Abgrenzung zwischen Groß- und Einzelhandel sowie
c) bei der Abgrenzung der verschiedenen Branchen.

3.2.1 Die Zuordnung zu Wirtschaftszweigen

In der Wirtschaft herrscht in hohem Ausmaß Arbeitsteilung vor. Rohstoffe werden gewonnen, von anderen Unternehmen aufgearbeitet und von dritten in einem oft vielstufigen Prozeß weiterverarbeitet, wobei in vielen Fällen Handelsbetriebe in den Austausch der Zwischen- oder Fertigprodukte eingeschaltet sind. Traditionell ist die Arbeitsteilung in dieser Wertschöpfungskette dadurch geprägt, daß die wirtschaftliche Tätigkeit eindeutig der Rohstoffgewinnung, der Produktion von Halb- oder Fertigprodukten, dem Handel oder dem Dienstleistungsbereich zuzuordnen war. In den letzten Jahren war zu beobachten, daß die Aufgabenteilung innerhalb der Wertschöpfungskette in bedeutendem Maße neu definiert wurde, was zur Folge hatte, daß die Grenzen zwischen Industrie, Handel und Dienstleistern immer unklarer wurden.

Dies sei an einigen Beispielen verdeutlicht:
- Der Automobilhersteller Porsche bezog früher die benötigten Teile von einer Vielzahl von Zulieferern. Die Zahl dieser Lieferanten wurde nicht nur wie in der gesamten Automobilindustrie zu einer kleineren Zahl von Systemlieferanten verringert, sondern im vorliegenden Zusammenhang ist bemerkenswert, daß einem der Lieferanten übertragen wurde, alle C-Teile anzuliefern. In der Folge setzte sich der Umsatz dieses Zu-

---

[17] Umsatzsteuer, 1992, S. 67.

lieferers mit Porsche zu 20% (ehemals 100%) mit selbstgefertigten Teilen und zu 80% mit zugekauften Teilen zusammen. Der Hersteller hatte in bedeutendem Maße Funktionen eines Händlers übernommen.
- Bekleidungshersteller fertigen heute häufig nur noch geringe Teile ihrer Produktion selbst. Von 25 Milliarden DM Umsatz im Jahr 1993 stammen nur 20% aus der Produktion in Deutschland, der Rest setzt sich zusammen aus rund 30% Zukäufen von Fertigwaren durch die Industrie im Ausland und rund 50% eigener deutscher Auslandsfertigung im passiven Veredelungsverkehr.
Aus den Bekleidungsherstellern sind Beschaffer bzw. Händler geworden. Tietz sieht hierin den Übergang zur Händlergesellschaft dokumentiert.[18]
- Klassische Handelsbetriebe übernehmen umgekehrt immer häufiger Funktionen, die bisher Industrie- und Dienstleistungsbetrieben vorbehalten waren. Im Großhandel ist es vor allem der Produktionsverbindungshandel, der häufig seinem Handelsbetrieb eine eigene Fabrikation angeschlossen hat. Die Be- und Verarbeitung hat hier eine herausragende Bedeutung.[19]
- Das Einzelhandelsangebot wird häufig um Dienstleistungen ergänzt, z.B. die Reisevermittlung.
- Handwerksbetriebe, wie z.B. Bäckereien und Fleischereien, verkaufen in immer geringerem Maße selbst erstellte Produkte.
- Ein belletristischer Verlag wollte vor Gericht die Feststellung erwirken, als Großhandelsbetrieb angesehen zu werden.[20] Ähnlich einer Handelsware würden Manuskripte von den Autoren beschafft, die zwar in gedruckter Form, aber in der Substanz unverändert, an den Buchhandel weiterveräußert würden. Die Umsetzung der Manuskripte in Buchform sei als handelsübliche Be- oder Verarbeitung zu sehen. Gegen diese Sicht wurde vorgebracht, daß in der Herstellung und im Vertrieb eines Buches ein Produktionsprozeß zu sehen sei, Verlage folglich den Industriebetrieben zugerechnet werden müßten.
- Einige Hersteller suchen den direkten Weg zum Kunden, indem sie eigene Verkaufsstellen gründen (z.B. Villeroy und Boch für Glas, Por-

---

[18] Vgl. Tietz, Bruno: Organisationsformen des Handels im Westen, in: ZUG-Beiheft 93, Pohl, Hans (Hrsg.): Organisationsformen im Absatzbereich von Unternehmen, Stuttgart 1996, S. 103-112.
[19] Vgl. Kleinaltenkamp, Michael/ Schmäh, Marco: Be- und Verarbeitungsleistungen des Technischen Handels - Ergebnisse einer empirischen Untersuchung, Arbeitspapier Nr. 5, Berlin 1995.
[20] Urteil vom 1. Juli 1985, Amtsgericht Frankfurt, Aktenzeichen 1/9 Ca 217/82

zellan und Keramik), indem sie einen Fabrikverkauf organisieren oder bedeutende Teile ihrer Produktion an die Beschäftigten absetzen, wie das beispielsweise in der Automobilindustrie beobachtet werden kann.

Die Beispiele machen deutlich, daß eindeutige Schwerpunkte der wirtschaftlichen Tätigkeiten einzelner Unternehmungen immer schwerer auszumachen sind. Die Grenzen zwischen den Wirtschaftszweigen verschwimmen mehr und mehr.

Die Zuordnung wird durch mehrere Sachverhalte erschwert:
1. Wie das Verlagsbeispiel zeigt, können sich bei den für den Handelsbetrieb als wesensbestimmend angesehenen Merkmalen (Beschaffung und Verkauf von Waren, die nicht selbst wesentlich be- oder verarbeitet werden)[21] Auslegungsprobleme ergeben.
2. Handelsbetriebe können weit oder eng abgegrenzt werden. So kann lediglich darauf abgestellt werden, daß die abgesetzten Güter (damit sind meist nur bewegliche Sachgüter gemeint) nicht selbst wesentlich be- oder verarbeitet werden. Es könnte aber auch zusätzlich gefordert werden, daß der Absatz im eigenen Namen und auf eigene Rechnung erfolgen muß (womit der sogenannte Agenturhandel entfiele), daß die Betriebe auf eigenes Risiko handeln müssen und somit ihre Gewinne und Verluste nicht auf ein Stammhaus in der Industrie übertragen dürfen (womit die Verkaufsniederlassungen der Industrie nicht mehr als Handelsbetriebe angesehen würden) oder sogar, daß der Betrieb in seiner Beschaffungspolitik autonom sein müsse und nicht an einen einzelnen Hersteller gebunden sein dürfe (womit die sogenannten gebundenen Händler entfielen). Bestimmte Fragestellungen, wie z.B., ob der Direktvertrieb der Industrie die 'selbständigen' Handelsbetriebe verdrängt, legen den Rückgriff auf enge Definitionen nahe. Während einerseits Definitionen bekanntlich nur in Hinblick auf bestimmte Fragestellungen sinnvoll sind, legt sich die amtliche Statistik andererseits auf eine einzige Definition bzw. Abgrenzung fest.

Vor allem ergeben sich Probleme aus der Mischung von Tätigkeiten der Produktion, des Handels und der Dienstleistung. Immer weniger kann davon ausgegangen werden, daß nur Handelsunternehmungen Handel (im

---

[21] In Katalog E werden Handelsbetriebe wie folgt definiert: „Handel im institutionellen Sinne - auch als Handelsunternehmung, Handelsbetrieb oder Handlung bezeichnet - umfaßt jene Institutionen, deren wirtschaftliche Tätigkeit ausschließlich oder überwiegend dem Handel im funktionellen Sinne zuzurechnen ist. Handel im funktionellen Sinne liegt vor, wenn Marktteilnehmer Güter, die sie in der Regel nicht selbst be- oder verarbeiten (Handelswaren), von anderen Marktteilnehmern beschaffen und an Dritte absetzen. Katalog E, 1995, S. 28.

funktionellen Sinn) treiben. Die Orientierung am Schwerpunktprinzip bewirkt, daß erst beim Überschreiten des Schwellenwertes der Wechsel von einem Wirtschaftszweig zu einem anderen erfolgt. Wird dabei die Wertschöpfung zugrunde gelegt, ergibt sich aufgrund der wachsenden Gemeinkosten das zusätzliche Problem festzustellen, in welchem Zweig ein Unternehmen die größte Wertschöpfung erwirtschaftet. Hinzu kommt, daß einzelne Unternehmungen ein Zugehörigkeitsbewußtsein zu einem Wirtschaftszweig entwickelt haben können („Wir sind Hersteller"), daß sie in Verbände und Tarifgemeinschaften eingebunden sind, was sie hindert, die Zugehörigkeit zu einem anderen Wirtschaftszweig anzustreben, obwohl sich ihr Tätigkeitsfeld geändert hat.

3.2.2 Die Zuordnung zu Groß- und Einzelhandel

Einzelhandel und Großhandel werden in der Regel[22] über ihre Kundenstruktur voneinander abgegrenzt. Danach betreibt Einzelhandel, wer Handelswaren an Letztverbraucher veräußert. Kunden des Großhandels sind dagegen vor allem Einzelhandelsbetriebe und gewerbliche Verwender (z.B. Industrie- und Handwerksbetriebe).

Als problematisch kann sich die Zuordnung zum Einzel- oder Großhandel erweisen, wenn ein Handelsbetrieb sowohl private als auch gewerbliche Kunden hat. Einzelhändler werden teilweise auch gewerbliche Großkunden beliefern, beispielsweise bei Papier-, Büro- und Schreibwaren. Umgekehrt verkaufen Großhändler auch an Endverbraucher, wie die Diskussion um die Einzelhandelstätigkeit der Cash&Carry-Großhändler zeigt. In vielen Fällen wird dem Verkäufer verdeckt bleiben, ob für Zwecke des privaten Konsums oder für betriebliche Zwecke eingekauft wird.

Verschiebungen im Verhältnis von Groß- und Einzelhandelsfunktionen können anhand der Daten der amtlichen Statistik nicht abgelesen werden. Sie werden durch das Schwerpunktprinzip auch hier erst sichtbar, wenn sich der Schwerpunkt der wirtschaftlichen Tätigkeit ändert, weil der Großhandelsumsatz einer Unternehmung den Einzelhandelsumsatz übersteigt oder umgekehrt.

Somit kann auch die sogenannte vertikale Konzentration in der amtlichen Statistik nicht erfaßt werden. „Betreibt ein Einzelhandelsunternehmen beispielsweise eine Politik der Rückwärtsintegration oder kauft es ein

---

[22] Zu anderen Merkmalen (z.B. „Abgabe in großen Mengen") vgl. den Überblick bei Müller-Hagedorn, L.: Handelsbetriebe, in HDW, 5., völlig neu gestaltete Aufl., Stuttgart 1993, Sp. 1563-1576.

Großhandelsunternehmen auf, so wirkt sich dies ceteris paribus kaum auf den Konzentrationsgrad der Einzelhandelsebene aus, sofern das Unternehmen überwiegend ein Einzelhandelsunternehmen bleibt, und wirkt sich überhaupt nicht auf den Konzentrationsgrad der Großhandelsebene aus, sofern der durch diese Politik jeweils entfallende „reine Großhandelsumsatz" der Struktur nach ähnlich verteilt ist wie der gesamte Großhandelsumsatz."[23]

3.2.3 Die Zuordnung zu Branchen

Handelsbetriebe bzw. Unternehmungen sind nicht immer eindeutig einer Branche zuzuordnen. Zahlreiche Handelsbetriebe bieten Mischsortimente, d.h. Waren unterschiedlicher Branchen an. Dabei können nahezu alle bedeutenden Warengruppen unter einem Dach angeboten werden, wie das in der Regel bei SB-Warenhäusern der Fall ist. Häufig sind aber auch neue Sortimente zu beobachten, die nicht in das bestehende Branchenschema eingegliedert werden können. Beispiele hierfür sind Sortimente, die unterschiedliche Warengruppen aufgrund eines gemeinsamen Verwendungszusammenhangs anbieten, wie z.B. die Bau- und Heimwerkermärkte. Diese konnten nach der bisherigen Systematik der Wirtschaftszweige keiner Branche zugeordnet werden. Mit der WZ 93 wurde jetzt angesichts ihrer großen Bedeutung eine neue Kategorie für die Bau- und Heimwerkermärkte eingeführt.

Die Zusammenstellung von neuen Sortimenten ist ein im Handel oft zu beobachtendes Phänomen, wie es Bezeichnungen wie „Alles für das Bad", „Alles für Mutter und Kind" oder designorientierte Geschäfte, die Möbel, Geschirr und Elektroartikel, Uhren und Schmuck anbieten, zeigen.

Nicht in allen Fällen können neue Sortimentszusammensetzungen in der Wirtschaftszweigsystematik ihren Niederschlag finden. Manche Handelsbetriebe bieten auch wechselnde Sortimente an. Aldi ergänzt beispielsweise sein Lebensmittelangebot regelmäßig durch Non-Food Produkte. Bei diesen handelt es sich in der Regel aber nur um einmalige, zeitlich begrenzte Angebote. Dennoch ist Aldi gemessen am Umsatz nach Branchenschätzungen als einer der zehn bedeutendsten Textilhändler einzustufen.

Die amtliche Statistik kann aufgrund des Schwerpunktprinzips solchen Entwicklungen im Handel nicht Rechnung tragen. Informationen über

---

[23] Böcker, F.: Handelskonzentration: Ein partielles Phänomen? - oder Irreführende Handelsstatistiken, in ZfB, 56.Jg., 1986, H. 7, S. 657.

Branchenentwicklungen sind vor diesem Hintergrund häufig als unvollständig zu bewerten. Es kann geradezu von einem Trend zu einer immer stärkeren Branchenvermischung gesprochen werden. Extreme Beispiele sind die ursprünglichen Kaffeeanbieter Tchibo und Eduscho sowie die Tankstellen.

So ergibt sich insgesamt der Eindruck, daß sich eine ursprünglich klar nach Wirtschaftszweigen, Handelsstufen und Branchen geordnete Welt immer mehr vermischt, so daß es für die amtliche Statistik immer schwerer wird, die Realität aktuell und korrekt abzubilden.

3.3 Zur Vollständigkeit der in der amtlichen Statistik enthaltenen Informationen zum Handel

Keine statistische Datensammlung kann alle denkbaren Informationen zu einem Wirtschaftsbereich abbilden. Sie muß sich jedoch am Informationsbedarf ihrer wichtigsten Nutzergruppen messen lassen. Zählt man zu den primären Nutzern der amtlichen Statistik zunächst nur die politischen Entscheidungsträger, so ist zu fragen, ob mit den gegebenen Informationen wirtschaftspolitische Entscheidungen und Maßnahmen hinreichend unterstützt werden können.

Weiter oben war bereits darauf hingewiesen worden, daß Konzentrationsprozesse aufgrund der Position der betrachteten Merkmalsträger im Gefüge der Handelssysteme oder wegen ihrer Kategorisierung nach dem Schwerpunktprinzip im Rahmen der Systematik der Wirtschaftszweige nur mangelhaft ausgewiesen werden können.

Im folgenden wird darüber hinaus geprüft, ob die Erhebungsinhalte bzw. die betrachteten Merkmale ausreichen oder ob es wünschenswert oder gar erforderlich wäre, Informationen über weitere Merkmale verfügbar zu haben.

Aus der Darstellung des Berichtssystems der amtlichen Statistik geht hervor, daß mit dem Umsatz und dem Rohertrag (Handelsspanne) nur wenige Erfolgsgrößen des Handels erfaßt werden. Informationen zum Betriebsergebnis oder zu wichtigen Kennzahlen, wie der Flächen- oder Personalleistung, sind nicht Bestandteil des Standardberichtsprogrammes in der amtlichen Statistik, können teilweise aber in Sonderauswertungen ausgewiesen werden.

Abbildung 10: Umsatzentwicklung und Ertragssituation der Apotheken

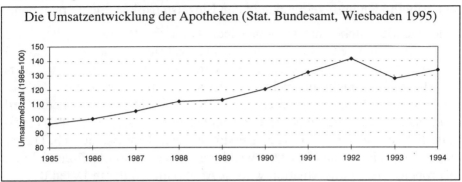

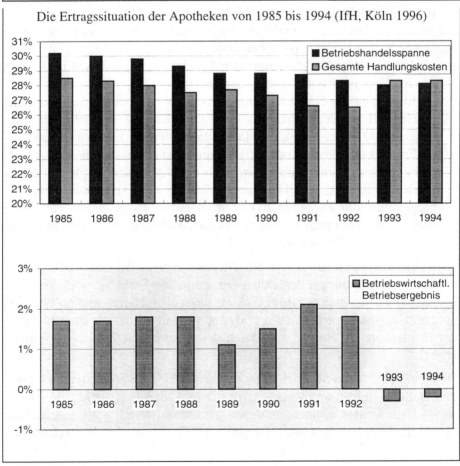

Aus dem veröffentlichten Datenmaterial lassen sie sich aufgrund des hohen Aggregationsgrades und der teilweise unvollständigen Information, beispielsweise zu den Kosten, sowie aufgrund unterschiedlicher Erhebungsmethoden und -zeitpunkte in den Einzelstatistiken, nicht errechnen.

Wie wichtig solche Informationen jedoch für die Beurteilung der Lage und Entwicklung einzelner Branchen sind, soll im folgenden am Beispiel der Apotheken, gezeigt werden. Es wird deutlich, daß die Umsatzentwicklung allein nicht ausreicht, um die wirtschaftliche Situation der Betriebe in einer Branche zu beschreiben. Wie Abbildung 10 im oberen Teil ausweist, stiegen die Umsätze der Apotheken von 1985 bis 1992 kontinuierlich an. Im Jahr 1993 gab es erstmals einen Umsatzeinbruch. Davon abgesehen scheint die Umsatzentwicklung jedoch die Rentabilität nicht zu bedrohen. Die Ertragssituation wird in Abbildung 10 durch Daten des Instituts für Handelsforschung abgebildet. Diese geben Aufschluß über die folgenden wichtigen Sachverhalte, die in dieser Form aus den Daten der amtlichen Statistik nicht erkennbar sind:

1. Seit 1985 ist die Handelsspanne der Apotheken, ausgedrückt in % vom Umsatz, kontinuierlich zurückgegangen.
2. Der Rückgang der Handelsspanne konnte bis 1992 durch die Abnahme der Handlungskosten, ebenfalls in % vom Umsatz, kompensiert werden. Seit 1993 übersteigen die Handlungskosten die Handelsspanne.
3. Die Entwicklung von Handelsspanne und Handlungskosten schlägt sich im durchschnittlichen Betriebsergebnis der Apotheken nieder, welches in den Jahren 1993 und 1994 negativ ist. Es zeigt sich außerdem, daß entgegen der durchweg positiven Umsatzentwicklung in den Vorjahren bereits 1989 ein erster Einbruch des durchschnittlichen Betriebsergebnisses zu verzeichnen war.

Die ergänzenden Daten liefern ein differenzierteres Bild der Branchensituation, als es allein mit den Daten der amtlichen Statistik möglich wäre. Insofern erweisen sich ergänzende Statistiken als hilfreich und notwendig. So greift beispielsweise auch die Monopolkommission zur Einschätzung der Ertragslage im Handel auf Daten des Instituts für Handelsforschung zurück.[24]

Daten der amtlichen Statistik liefern wesentliche Basisinformationen über den Handel. Selbst wenn man davon absieht, daß dort nicht alle Merkmale erfaßt werden können, an denen die Öffentlichkeit ein Interesse hat, bleibt im Hinblick auf die Nutzung der Daten in der Wirtschaft der

---

[24] Vgl. Monopolkommission: Marktstruktur und Wettbewerb im Handel: Sondergutachten der Monopolkommission gemäß § 24 b Abs. 5 Satz 4 GWB, 1. Aufl., Baden-Baden 1994.

Nachteil, daß die Daten nur aggregiert und weitgehend ohne Bezug zueinander dargestellt werden können.

Die amtliche Statistik ermöglicht es nur begrenzt, Zusammenhänge zwischen Erfolgsgrößen und möglichen Einflußfaktoren abzubilden. So kann beispielsweise der Einfluß des Einkommens oder des privaten Verbrauchs auf den Einzelhandelsumsatz ermittelt werden. Es ist somit möglich, die Zeitreihen verschiedener, aus Sicht der Handelsbetriebe externer Variablen miteinander zu verknüpfen. Erfolgsgrößen lassen sich dagegen nicht auf betriebsindividuelle Variablenkombinationen beziehen. Insbesondere für die Unternehmensführung, aber auch im Rahmen von Existenzgründungen oder der Mittelstandspolitik ist es von Bedeutung zu erfahren, welcher Zusammenhang zwischen der Mitarbeiterzahl, der Verkaufsfläche, dem Werbeeinsatz etc. und dem Unternehmenserfolg, z.B. gemessen am Umsatz, besteht.

Abbildung 11: Personaleinsatz und Höhe des Umsatzes im Schuheinzelhandel im Jahre 1991 (Basis: 368 Betriebe mit einem Umsatz unter 5 Mio. DM)

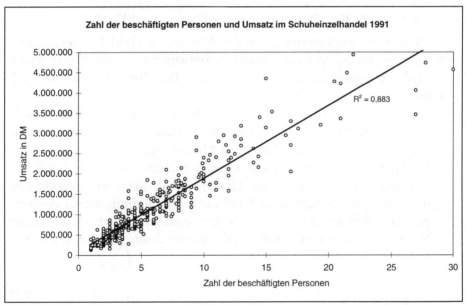

Auch hier können Daten anderer Institutionen, wie z.B. des IfH, wichtige, ergänzende Informationen liefern. Abbildung 11 zeigt am Beispiel des

Schuheinzelhandels den Zusammenhang zwischen der Beschäftigtenzahl und dem Umsatz.[25]

Informationen der dargestellten Art sind aus unternehmerischer wie aus verbandlicher oder wirtschaftspolitischer Sicht von Interesse. Der Unternehmenspolitik erlauben solche Darstellungen zu beurteilen, ob mit einem bestimmten Einsatz (z.B. an Personal) ein unter- oder überdurchschnittlicher Erfolg erzielt wird. Aus unternehmesübergreifender Sicht kann etwa beurteilt werden, ob größere Unternehmen effektiver als kleinere Unternehmen arbeiten.

4 Zusammenfassung und Ausblick

Der vorliegende Beitrag verfolgte insbesondere zwei Ziele. Zum einen wurde in einem Überblick das Informationsangebot der amtlichen Statistik zum Handel dargestellt. Der Schwerpunkt der Ausführungen lag jedoch auf den Problemen, die bei der Nutzung der Daten aus der amtlichen Statistik entstehen können, sowie deren Ursachen. Dabei wurden insbesondere die folgenden Problembereiche diskutiert:

1. Anpassung des Berichtssystems an die Dynamik im Handel

    Tiefgreifende Veränderungen in den Wirtschafts- und Handelsstrukturen werden derzeit von der amtlichen Statistik nur unzureichend erfaßt, so daß Anpassungen im Erhebungs- und Berichtssystem erforderlich werden.
    - Die wachsende Bedeutung der Handelssysteme (Konzerne, Unternehmensgruppen, Franchise-Organisationen, Filialsysteme) ist aus den Daten der amtlichen Statistik nicht ersichtlich.
    - Funktionsverschiebungen und neue Aufgabenverteilungen zwischen Industrie, Dienstleistern und Handel sowie neue Mischsortimente bzw. Branchengliederungen führen aufgrund definitorischer Abgrenzungsprobleme und wegen des Schwerpunktprinzips im Rahmen der Wirtschaftszweigsystematik zu erheblichen Zuordnungsproblemen.

---

[25] Vgl. Müller-Hagedorn, L.: Der Schuheinzelhandel - eine Mehrjahresanalyse anhand von Daten aus dem Betriebsvergleich, in: Mitteilungen des Instituts für Handelsforschung, 45. Jg., Nr. 7, Juli 1993, S. 89-100; vgl. in diesem Zusammenhang auch Müller-Hagedorn, L./Greune, M: Erfolgsfaktorenforschung und Betriebsvergleich im Handel. In: Mitteilungen des Instituts für Handelsforschung, 44. Jg., Nr. 9, September 1992, S. 121-131.

2. Erhebungsumfang bzw. -inhalte

Viele für den Handel wichtige Informationen, wie beispielsweise über Erfolgsgrößen, sind in der amtlichen Statistik nicht enthalten.

3. Aggregationsgrad und Verknüpfung der Daten in der amtlichen Statistik

Der hohe Aggregationsgrad der Daten sowie deren mangelnde Verknüpfung führen dazu, daß Zusammenhänge nur eingeschränkt anhand der Daten der amtlichen Statistik ermittelt werden können. Erklärung und Prognose von Entwicklungen und Wirkungen sind somit nur bedingt möglich.

Nicht erörtert wurden in diesem Beitrag Operationalisierungs-, Meß- oder Stichprobenprobleme, welche grundsätzlich im Rahmen statistischer Erhebungen und Auswertungen zu berücksichtigen sind.

Die vielfältigen Schwierigkeiten, die sich vor dem Hintergrund der genannten Probleme bei der Interpretation und Nutzung der Daten aus der amtlichen Statistik ergeben können, werden auch durch die Diskussion der jüngsten Umsatzentwicklung im Handel verdeutlicht.

Die in der amtlichen Statistik dargestellte Entwicklung der Einzelhandelsumsätze 1995 weicht von der Einschätzung der Verbände und den Ergebnissen anderer Marktforschungsinstitute ab. Der Hauptverband des Deutschen Einzelhandels (HDE) spricht von einem verzerrten und falschen Bild der Entwicklung der größten Handelsbranchen. Während beispielsweise das Statistische Bundesamt für den Handel mit Nahrungsmitteln für 1995 eine nominale Umsatzsteigerung gegenüber dem Vorjahr von 3,5% (real 2,6%) ausweist, errechnete Nielsen ein Plus von 0,6%. Die vom Handel und vom Statistischen Bundesamt angegebenen Gründe für diese Diskrepanzen sind vielfältig und spiegeln die in diesem Beitrag diskutierten Probleme wider: [26]

- Durch die Wiedervereinigung wurde eine neue, repräsentative Stichprobe erforderlich.
- Mit der neuen, europaweit harmonisierten Wirtschaftszweigsystematik haben sich die statistischen Rahmenbedingungen geändert.
- Die Unternehmensverflechtungen in Ostdeutschland wurden nicht erfaßt. Wegen der ungeklärten Eigentumsverhältnisse bildeten westdeutsche Handelskonzerne dort rechtlich eigenständige Tochtergesellschaften, die dann aber nach und nach eingegliedert wurden. Der Um-

---

[26] Vgl. Schmelzer, Geert: Einzelhandelsstatistik: Vorzeichenwechsel, in: Der Handel 10/96, S. 28.

satz dieser in der repräsentativen Stichprobe enthaltenen Unternehmen stieg hierdurch an, obwohl es nur rechtliche Veränderungen gab.

Ohne die vorgebrachten Argumente im einzelnen zu werten, zeigen sie doch, wie die Veränderungen im Handel die Datenerfassung und -aufbereitung erschweren.

Die amtliche Statistik ist bemüht, den veränderten Anforderungen gerecht zu werden. Vor allem die Notwendigkeit einer Erfassung von Kapitalverflechtungen und Unternehmensverbindungen wurde erkannt. Langfristig wird daher das Ziel verfolgt, eine eigene Konzernstatistik aufzubauen. Die Erfassung von Unternehmensverflechtungen wird auch mit der Mitte 1993 in Kraft getretenen EG-UnternehmensregisterVO angestrebt, deren Merkmalskatalog u.a. das folgende, fakultative Merkmal enthält: „Registerkennummer der rechtlichen Einheit, die die rechtliche Einheit kontrolliert".[27]

Die amtliche Statistik wird jedoch nicht alle angesprochenen Problembereiche lösen können. So ist eine Ausdehnung des Erhebungsprogramms kaum denkbar. Auch eine disaggregiertere Betrachtung bzw. eine stärkere Verknüpfung der Daten ist nicht vorstellbar. Zu umfangreich und aufwendig ist bereits jetzt die Datensammlung der amtlichen Statistik. Sie steht mit ihrer Datenfülle, dem Erhebungs- bzw. Stichprobenumfang, der Methodik und der Länge ihrer Zeitreihen in Deutschland konkurrenzlos da. Die sich zwangsläufig ergebenden Lücken können und müssen durch ergänzende Datenangebote geschlossen werden.

---

[27] EG-UnternehmensregisterVO, Anhang II Nr. 1, Buchst.h.

5 Literatur

Ausschuß für Begriffsdefinitionen aus der Handels- und Absatzwirtschaft: Katalog E - Begriffsdefinitionen aus der Handels- und Absatzwirtschaft, 4. Ausg., Köln 1995.

Böcker, Franz: Handelskonzentration: Ein partielles Phänomen? - oder Irreführende Handelsstatistiken, in: ZfB 56. Jg., 1986, H.7, S. 654-660.

Dahremöller, Axel: Konzentration im Einzelhandel: Eine Fehlinterpretation? in: ZfB 56. Jg., 1986, H.7, S. 661-674.

Feuerstack, Rainer: Erfassung der Kapitalverflechtung und der wettbewerblich relevanten Kooperationen von Unternehmen im Rahmen der amtlichen Statistik, Köln 1996.

Kleinaltenkamp, Michael/ Schmäh, Marco: Be- und Verarbeitungsleistungen des Technischen Handels - Ergebnisse einer empirischen Untersuchung, Arbeitspapier Nr. 5, Berlin 1995.

Krockow, Albrecht: Branchen, Standorte und Verkaufsfläche im Einzelhandel, in: Wirtschaft und Statistik, 3/1996, S. 160.

Lambertz, J.: Auswirkungen der NACE Rev.1 auf die Ergebnisdarstellung der Binnenhandelsstatistiken. In: Wirtschaft und Statistik 1/1995.

Mai, Horst: NACE Rev. 1 - Die neue europäische Wirtschaftszweigsystematik, in: Wirtschaft und Statistik 1/1991, S. 7-15.

Mevissen, Karlheinz: Efficient Consumer Response: 10,8:3,4 - Sind wir weiter? In: Coorganisation 1/95, S. 24-25.

Monopolkommission: Marktstruktur und Wettbewerb im Handel: Sondergutachten der Monopolkommission gemäß § 24 b Abs. 5 Satz 4 GWB, 1. Aufl., Baden-Baden 1994.

Müller-Hagedorn, L./Greune, M: Erfolgsfaktorenforschung und Betriebsvergleich im Handel, in: Mitteilungen des Instituts für Handelsforschung, 44. Jg., Nr. 9, September 1992, S. 121-131.

Müller-Hagedorn, L.: Der Schuheinzelhandel - eine Mehrjahresanalyse anhand von Daten aus dem Betriebsvergleich, in: Mitteilungen des Instituts für Handelsforschung, 45. Jg., Nr. 7, Juli 1993, S. 89-100.

Müller-Hagedorn, L.: Handelsmarketing, 2. Aufl., Stuttgart, Berlin, Köln 1993.

o.V.: Die Monopolkommission: Kartellnovelle zurückstellen, in: FAZ, 5. Juli 1996, Nr. 154, S. 13.

o.V.: ECR - Continuous Replenishment. In: Coorganisation 2/95, S. 30-34.

Schmelzer, Geert: Einzelhandelsstatistik: Vorzeichenwechsel, in: Der Handel 10/96, S. 28.
Statistisches Bundesamt (Hrsg.): Statistisches Jahrbuch 1995, Wiesbaden 1996.
Statistisches Bundesamt (Hrsg.): Verzeichnis der Veröffentlichungen 1994/95, Wiesbaden.
Statistisches Bundesamt (Hrsg.): Umsatzsteuer 1992, Fachserie 14, Reihe 8, Wiesbaden 1995.
Tietz, Bruno: Einzelhandelsperspektiven für die Bundesrepublik Deutschland bis zum Jahre 2010, Frankfurt a.M. 1992.
Tietz, Bruno: Großhandelsperspektiven für die Bundesrepublik Deutschland bis zum Jahre 2010, Frankfurt a.M. 1993;
Tietz, Bruno: Zukunftsstrategien für Handelsunternehmen, Frankfurt a.M. 1993
Tietz, Bruno: Organisationsformen des Handels im Westen, in: ZUG-Beiheft 93, Pohl, Hans (Hrsg.): Organisationsformen im Absatzbereich von Unternehmen, Stuttgart 1996, S. 103-112.

Was mißt der EU-Verbraucherpreisindex?

Von Werner Neubauer, Frankfurt

Zusammenfassung: Die Aggregation der Verbraucherpreisindizes einer Staatengruppe läßt sich sachlogisch nicht so einfach rechtfertigen wie die Aggregation von z. B. Produktionsindizes. Versucht man sie trotzdem, so fragt es sich, wie der Idealtypus des aggregierten Index aussehen und welche Aggregationsmethode man wählen soll. Am Beispiel des Verbraucherpreisindex für die Europäische Union insgesamt wird dieses Methodenproblem diskutiert. Fünf verschiedene Aggregationsmethoden (Meßkonzepte eines EurX-Verbraucherpreisindex) werden auf ihre Eigenschaften hin untersucht. Dabei zeigt sich, daß die Leitidee der Messung der „preisbedingten Ausgabenänderung" mit der der Messung „inflationärer Impulse" in Konflikt gerät. Eine ubiquitäre Eigenschaft von Laspeyres-Indizes - die der „Gewichtszunahme" überdurchschnittlich ansteigender Subindizes - wird zum Auslöser einer Indexsuche. Die eine und beste Lösung ist nicht zu finden, weil schon der Idealtypus des gesuchten aggregierten Index im Nebel bleibt. Der von Eurostat praktizierte Kettenindex nimmt sich nicht vorteilhaft aus.

1 Einleitung

Seit die Maastricht-Verträge die Verbraucherpreisentwicklung in den Mitgliedsstaaten der EU zu einem Kriterium ihrer Anwartschaft als Mitglied der Währungsunion gemacht haben, spielt die methodische Ausgestaltung dieser Indizes und deren Vergleichbarkeit eine besonders wichtige Rolle. Die Harmonisierung der Indexmethodik ist ein dringliches Vorhaben, dessen erster Schritt auch schon erfolgt ist. Es fällt jedoch auf, daß trotz der fortschreitenden Harmonisierung der nationalen Verbraucherpreisindizes offenbar nicht vorgesehen ist, die „relative Preisstabilität" eines Landes, die zur Mitgliedschaft in der Währungsunion qualifiziert, im Verhältnis zu einem Verbraucherpreisindex für die EU insgesamt zu messen. Vielmehr schreiben die Maastricht-Verträge vor, daß die Preissteigerungsrate eines Staates mit den Inflationsraten „jener - höchstens drei Mitgliedsstaaten" zu vergleichen sei, „die auf dem Gebiet der Preisstabilität das beste Ergebnis erzielt haben". Da EUROSTAT aber sehr wohl einen aggregierenden Verbraucherpreisindex für die EU als Ganzes publiziert, muß man sich fragen, ob dieser Index ein valides Maß der „gesamteuropäischen" Inflation ist, ob er als Indikator der gesamteuropäischen Stabilitätsbemühungen tauglich ist, und ob man im Verhältnis zu ihm die relativen Stabilitätserfolge der einzelnen Staaten beurteilen kann. Die Antwort auf diese Fragen fällt überaus skeptisch aus und der Begründung dieser Skepsis dienen die folgenden Überlegungen.

2 Was soll ein Verbraucherpreisindex messen?

Nach durchgängig herrschender Auffassung soll ein Verbraucherpreisindex anzeigen, wie sich der Wert (die Kaufkraft) des Geldes gegenüber den in einem wohldefinierten „Warenkorb" enthaltenen Gütern infolge von Preisänderungen entwickelt hat. Geht man von konstanten Güterqualitäten aus, so ist dieses Erkenntnisziel äquivalent mit dem folgenden: Der Index soll anzeigen, wie sich die für den Kauf des Warenkorbes erforderlichen Ausgaben allein unter dem Einfluß von Preisvariationen im Zeitablauf ändern. In der realen Welt sind allerdings die Güterqualitäten nicht konstant. Steigt z. B. der Preis des jeweils neuesten Modells eines Pkw-Typs infolge „technischen Fortschritts", höherer Leistung und vermehrten Komforts an, so mag es sein, daß der Wert des Geldes diesen laufend „verbesserten" Modellen gegenüber steigt, obwohl die „erforderlichen Ausgaben" zum Kauf des jeweiligen Modells zunehmen. Folglich dürfen die beiden möglichen Erkenntnisziele eines Verbraucherpreisindex - „Messung der Veränderung des Geldwertes einer definierten Gütergesamtheit gegenüber" und „Messung der Veränderung der dafür erforderlichen Ausgaben" - nicht verwechselt werden. Für die folgenden Überlegungen ist es zweckmäßig und erleichternd, konstante Güterqualitäten zu unterstellen. Dann laufen beide Erkenntnisziele eines Verbraucherpreisindex auf dasselbe hinaus. Es wird sich zeigen, daß die nachträgliche Aufhebung dieser Prämisse das Ergebnis der kritischen Reflexion nicht erschüttert.

Charakteristisch für einen Verbraucherpreisindex der üblichen Art ist, daß er auf eine quantitativ und qualitativ bestimmte Güterkombination, einen „Warenkorb" bezogen ist, daß er also nicht eine ungewichtete Zusammenfassung von Preismeßzahlen oder Preisveränderungsraten bewirkt. Der Warenkorb eines Verbraucherpreisindex ist seinerseits bezogen auf eine Gruppe von Verbrauchern (privaten Haushalten), deren Verbrauchsgewohnheiten er im Sinne eines Mittelwertes beschreibt. Mag es sich um eine eng definierte (homogene) oder eine sehr weit definierte (dann vermutlich sehr heterogene) Verbrauchergruppe handeln - die sachlogische Bezogenheit des Preisindex auf eine gedachte „mittlere Verbrauchsstruktur" einer intendierten Verbrauchergruppe (Gruppe von privaten Haushalten) ist für die Interpretation eines Verbraucherpreisindex immer vonnöten. Je nach dem verwendeten Indextyp entstammt die zugrundegelegte Gütergesamtheit entweder einer Basisperiode - und wird im Laufe der Beobachtungsperioden konstant gehalten (Preisindex nach Laspeyres) - oder aber der jeweiligen Beobachtungsperiode (Preisindex nach Paasche), oder aber es wird für jede Beobachtungsperiode die vorherige Periode als Basisperiode gewählt, was zu Indizes auf gleitender Basis führt, die zu einem „Kettenindex" sukzessive aufmultipliziert werden können. Allen diesen Indextypen ist gemeinsam, daß man sich eine Verbrauchergruppe vorstellt, deren „Betroffenheit" von Preisänderungen gemessen wird. Beim deutschen Preisindex für die Lebenshaltung aller privaten Haushalte ist die gemeinte Personengruppe im Namen des Index genannt. Die Verbraucherpreisindizes anderer europäischer Länder sind der Leitidee des Index nach ebenfalls jeweils auf den Sektor privater Haushalte dieser Staaten bezogen.

3 Sind nationale Preisindizes sinnvoll aggregierbar?

Vom Standpunkt der politischen Instanzen der Europäischen Union aus ist es gewiß naheliegend, neben den nationalen Preisindizes der Mitgliedstaaten auch einen „Verbraucherpreisindex der Europäischen Union insgesamt", einen EurX-Verbraucherpreisindex haben zu wollen. Das Symbol X bedeutet die variable, im Laufe der Jahre wachsende Zahl der Mitgliedsstaaten. Aber ein solches Projekt stößt sofort auf Zweifelsfragen. Wenn die Mitgliedsstaaten unterschiedliche Währungen, erkennbar unterschiedliche währungspolitische Zielsetzungen und Praktiken, merklich unterschiedliche Warenkörbe und unterschiedliche Preisentwicklungen haben - welche Konsequenzen könnten dann aus einem gemeinsamen Preisindex gezogen werden, welche Interpretation könnte dieser Preisindex erfahren? Es ist wichtig, sich zu vergegenwärtigen, daß ein solcher Preisindex nicht denselben Informationsgehalt besitzt wie ein aggregierter Produktionsindex oder wie aggregierte Inlandsproduktzahlen. Ein Aggregat aus Produktionsmaßzahlen bildet eine Gütergesamtheit bzw. eine Einkommenssumme ab - einen Strom also, der durchaus als Wohlstandsquelle für die Gesamtheit der in der EU lebenden Menschen interpretiert werden kann. Produzierte Güter können zwischen den Staaten verkauft, Einkommen zwischen den Staaten verteilt werden. Die nationalen Inflationsraten hingegen beschreiben interne wirtschaftliche Zustände in diesen Ländern, die zwar gewisse Auswirkungen auch auf die übrigen Länder haben mögen - aber in einem ganz undefinierten und im einzelnen unabsehbaren Sinne. Eine unmittelbare Saldierung der Vorteile und Nachteile, die die Bundesrepublik Deutschland aus einer höheren oder niedrigeren Inflationsrate in Frankreich hat, ist ausgeschlossen. Die Interpretation einer nationalen Veränderungsrate der Verbraucherpreise ist ganz unvergleichlich mit der Interpretation der Veränderungsrate eines solchen EurX-Preisindex. Nun kann man freilich einen pragmatischen Standpunkt einnehmen: Es sei doch eine interessante Information zu erfahren, ob die durchschnittliche Rate der Verbraucherpreissteigerungen in der EU 3 Prozent oder 6 Prozent sei. Und auch der Vergleich dieser durchschnittlichen Rate mit der durchschnittlichen Rate der lateinamerikanischen Staaten oder den afrikanischen Staaten gebe doch verwertbare Informationen. Eine über Jahre hin sinkende Rate des EurX-Verbraucherpreisindex zeige doch einen „Erfolg der Stabilitätsbemühungen in der EU" an.

Entschließt man sich trotz grundlegender Bedenken, einen EurX-Verbraucherpreisindex zu berechnen, so fragt man sich, wie er konstruiert werden könnte.

Es gibt zwei mögliche Konstruktionsansätze:

- Man verfährt ganz in Analogie zu den nationalen Preisindizes: Es wird ein gesamteuropäischer Warenkorb definiert. Für diesen Warenkorb wird ganz auf die gewöhnliche Weise z. B. ein Laspeyres-Preisindex berechnet. Die eingehenden Preismeßzahlreihen der einzelnen Güterarten müssen Mittelwerte über alle EU-Staaten hin sein (sie müssen „EurX- Mittel" sein). Die Wertgewichte eines Laspeyres-Index werden gewonnen, indem die nationalen Wertgewichte für die gebildeten Güterpositionen über die multilateralen Kaufkraftparitäten in Kaufkraftstandards (oder über die Wechselkurse in ECU) ausgedrückt und aggregiert werden.

- Man verzichtet auf die Definition eines europäischen Warenkorbes und die Berechnung von EurX-Preismeßzahlen. Vielmehr werden die nationalen Verbraucherpreisindizes durch eine geeignete Mittelwertbildung zum EurX-Index aggregiert.

Ein nach dem ersten Ansatz - EurX-Warenkorb und EurX-Preismeßzahlen - konstruierter EurX-Verbraucherpreisindex ist nicht zu empfehlen. Seine Berechnung würde auf Fiktionen aufbauen: auf die Fiktion eines „für das Volk von Europa" gemeinsam relevanten Warenkorbes, auf die Fiktion einer einheitlichen EurX-Preisentwicklung für Güterarten, die in der EU insgesamt als wohlstandsrelevant empfunden werden. Die EurX-Preismeßzahlen für die Güterarten wären Mittelwerte aus so stark streuenden nationalen Preismeßzahlen, daß diese Mittelwerte für kein Wirtschaftssubjekt entscheidungsrelevante Bedeutung hätten.

Der zweite Ansatz - die Aggregation der nationalen Indizes auf der Ebene der Gesamtindizes und auf der Ebene der Subindizes für große Gütergruppen - hat den praktischen Vorzug, von den schon vorhandenen Informationen über die nationalen Preisentwicklungen auszugehen und ihre Streuung erkennen zu lassen. Die Grundidee des Preisindex bleibt auch bei diesem Ansatz erhalten: daß die „mittlere Preisentwicklung" für einen Warenkorb - nun aber: für einen Warenkorb, der aus X Warenkörben besteht - beschrieben werden muß. Das methodische Problem besteht allerdings darin, ob die Aggregation durch eine bloße Übertragung der Berechnungsmethode der nationalen Ebene auf die multinationale sinnvoll geschehen kann.

4 Erkenntnisziel des EurX-Verbraucherpreisindex: Preisbedingte Ausgabenveränderung?

Wird die Leitidee eines gewöhnlichen Verbraucherpreisindex, die in Abschnitt 2. skizziert worden ist, auch für den aggregierten EurX-Verbraucherpreisindex beibehalten, so könnte die Fragestellung so konkretisiert werden: Wie verändern sich - konstante Güterqualitäten vorausgesetzt - die Ausgaben für einen EurX-Warenkorb, den man sich einfach als Gesamtheit der nationalen Warenkörbe vorzustellen hat? Geht man von einem Laspeyres-Preisindex aus, so sind ja die Werte der nationalen Warenkörbe nichts anderes als die nationalen Gewichtssummen der Laspeyres-Indizes. Die Mittelung der nationalen Indizes wird man sich sehr wahrscheinlich als eine gewichtete Mittelung wünschen. Bei der Bemessung der Gewichte kann man zwar Phantasie walten lassen, aber vermutlich wird man am Ende doch auf die Werte des privaten Konsums in den Mitgliedsstaaten als Gewichte verfallen. Der private Konsum ist aber nichts anderes als der gesamtwirtschaftliche „Warenkorb", auf den sich ein nationaler Verbraucherpreisindex letztlich bezieht - ob das in der praktischen statistischen Berechnung unmittelbar so gehandhabt wird oder nicht. Die Summe des privaten Konsums in allen Staaten ist also nichts anderes als die Vereinigung der nationalen Warenkörbe - wenn man deren Relation untereinander der unterschiedlichen Größe der Mitgliedsstaaten anpaßt.

Die Gewichtung der nationalen Verbraucherpreisindizes mit den Werten des privaten Konsums in den jeweiligen Ländern setzt voraus, daß die nationalen Aggregäte in solche mit einheitlicher Recheneinheit transformiert werden. Stellt man konsequent auf die preisbedingte Veränderung von Ausgaben der privaten Haushalte ab, dann sind auch die Konsumausgaben, die die Gewichte bilden, über die Wechselkurse gleichnamig zu machen. Als Recheneinheit bietet sich der ECU an. Besteht man hingegen nicht streng auf der Vorstellung der „Ausgaben", so kann auch eine Umrechnung über die multilateralen Kaufkraftparitäten (KKP), wie sie EUROSTAT ermittelt und praktiziert, vorgenommen werden. Die Konsumwerte (Wertgewichte) werden dann in Kaufkraftstandards (KKS) ausgedrückt. Diese Umrechnung über die Kaufkraftparitäten ist als eine „internationale Deflationierung" zu verstehen, denn Kaufkraftparitäten sind internationale Preisindizes, in deren Zähler und Nenner die Preise in jeweiliger Landeswährung ausgedrückt sind.

Das Konzept der „preisbedingten Ausgabenveränderung" führt im internationalen Vergleich zur Frage, ob die Preismeßzahlen aus den in jeweiliger Landeswährung ausgedrückten Preisen zu berechnen sind (z. B. in DM in Deutschland, in FF in Frankreich) oder aber aus den in ECU bzw. Kaufkraftstandards gemessenen Preisen. Im letzteren Falle wären die nationalen Preise in jeder Beobachtungsperiode zum jeweils herrschenden Wechselkurs bzw. zur jeweils herrschenden Kaufkraftparität in eine einheitliche Währung (etwa ECU bzw. in Kaufkraftstandards) umzurechnen.

Bei konsequenter Anwendung des Ausgaben-Konzepts müßte diese zweite Art der Messung - und zwar in der Variante „Wechselkurse" - angewandt werden: die in den Preisindex eingehenden Preismeßzahlen müßten sich auf über die Wechselkurse in ECU umgerechnete Preise beziehen. Denn ein „übernational agierender Konsument", der in mehreren bzw. allen Mitgliedsstaaten Güter kauft, wird sich von jener Ausgabenentwicklung betroffen fühlen, die (1) von der Entwicklung der nationalen Preise und (2) von der Entwicklung der Wechselkurse der nationalen Währungen herrührt. Dabei wird davon ausgegangen, daß dieser übernational agierende Konsument das zu verausgabende Geld in ECU hält. Vom Standpunkt dieses Konsumenten aus hätte es keinen ökonomischen Sinn, einen von Wechselkursveränderungen isolierten Vergleich zwischen den Preissteigerungsraten der nationalen Länder anzustellen.

5 „Ausgabenentwicklung" versus „Inflationsraten" im internationalen Vergleich

Ein Preisindex der im letzten Abschnitt anvisierten Art - einer also, in dem die Preisveränderungen und die Wechselkursänderungen zusammengefaßt und gegeneinander aufgerechnet werden - entspricht zwar dem Interesse des europaweit agierenden Konsumenten, mißt aber nicht das, was sich Wirtschaftspolitiker und Währungspolitiker üblicherweise wünschen.

Er stellt keine zusammenfassende Maßzahl „der Inflationsraten" in der Europäischen Union dar. Die Preismeßzahlen bzw. die Preisindizes für nationale Währungen sollen von den Veränderungen der Wechselkurse gerade isoliert werden, weil ja die nationalen Preisniveaus stabilisiert werden sollen.

Die Messung einer solchen „mittleren Inflationsrate" in der EU ist aber aus der ökonomischen Leitidee preisbedingter Ausgabeveränderungen für vorgegebene Warenkörbe nicht ableitbar. Folglich muß man von diesem Idealtypus eines Preisindex zu einem anderen übergehen, um eine Leitlinie für die Konstruktion des Index zu bekommen. Aber zu welchem? Bei den praktizierten Versuchen, international aggregierte Preisindizes zu konstruieren, wird nach dem zugehörigen Idealtypus meist nicht gefragt - es ist auch schwer, einen passenden zu entdecken.

Hervorzuheben ist, daß diese Problematik des fehlenden konstruktionsleitenden Idealtypus auch dann besteht, wenn man variable Güterqualitäten zuläßt und dem Preisindex die Aufgabe zuweist, die Geldwertentwicklung gegenüber den Gütern des Warenkorbes zu messen. (Vgl. Abschnitt 2) Dieses Erkenntnisziel ist nun - bei veränderlichen Güterqualitäten - nicht mehr identisch mit dem Erkenntnisziel der Messung der preisbedingten Ausgabenentwicklung. Es ist aber klar, daß für den übernational agierenden Konsumenten auch die Kaufkraft des Geldes, das er zunächst in ECU hält und dann in die Währung des jeweils besuchten Landes umtauscht, sowohl von der nationalen Preisentwicklung als auch von der Wechselkursentwicklung abhängt.

Notgedrungen und mangels eines anderen Ausweges kann man auf einen eigenständigen Idealtypus des international aggregierten Preisindex verzichten und sich zu einem pragmatischen Vorgehen entschließen. So kann man etwa aus den nationalen Indizes durch gewichtete arithmetische Mittelung einen EurX-Laspeyres-Preisindex mit konstanten Wechselkursen der Basisperiode berechnen. Die Begründung für die konstanten Wechselkurse lautet: Deutlich divergierende Preissteigerungsraten und daraus folgende Variationen der Wechselkurse sollen ja gerade politisch verhindert werden. Zu diesem politischen Zwecke solle den EU-Mitgliedsstaaten gerade die „reine Inflationsrate" vor Augen gestellt werden. Man erhält dann den folgenden Verbraucherpreisindex für die Mitgliedsstaaten der EU insgesamt:

$$P_{LEurXi(0)} = \sum_{k=1}^{n} P_{Lki(0)} \cdot c_{k0}$$

Es bedeuten: $P_{Lki(0)}$ nationaler Verbraucherindex nach Laspeyres des Staates k für die Beobachtungsperiode i und die Basisperiode 0; c_{k0} Anteil des privaten Verbrauches des Staates k am privaten Verbrauch aller Mitgliedsstaaten in der Periode 0, ausgedrückt in ECU (über den Wechselkurs) oder in Kaufkraftstandards (über die Kaufkraftparitäten). Da wir nun die Leitidee der Ausgabenmessung offenkundig verlassen haben, gibt es keinen Grund mehr, die Umrechnung über die Wechselkurse der Umrechnung über die Kaufkraftparitäten vorzuziehen. Da sich in der Kaufkraftparität - das folgt aus ihrer Konstruktion - die Kaufkraftverhältnisse zwischen zwei Währungen genauer ausdrücken als im Wechselkurs, wird man bei der Berechnung dieses Index von (multilateral definierten) Kaufkraftparitäten (berechnet von EUROSTAT) ausgehen. Die Wechselkurse haben den bei einigen Währungen gravierenden, bei anderen Währungen geringfügigen Nachteil, von Kapitalmarkttransaktionen und Spekulationswellen mitbestimmt zu sein, so daß sie in Wahrheit die Kaufkraftverhältnisse zweier Währungen nicht akzeptabel messen.

Man muß sich klar vor Augen halten, daß diese Indexkonstruktion - bei konstanten Wechselkursen der Basisperiode - einer sehr vordergründigen Plausibilität folgt. Es gibt keine echte ökonomische Erklärung dafür, daß die Preissteigerungsrate in einem Land für die Gesamtheit der Länder eine Bedeutung hat, die gerade mit dem Konsumanteil c_{k0} gemessen werden kann. Die meisten ökonomischen Effekte, die von den steigenden Konsumgüterpreisen im Lande k auf andere Länder ausgeht, sind über Wechselkursveränderungen - wenn sie denn stattfinden - „vermittelt". Nur wenn die Wechselkurse im Beobachtungszeitraum konstant sind, entfällt dieser Einwand.

Eine oft kritisierte Implikation dieser Indexkonstruktion ist, daß darin ein Staat mit besonders starkem Preisauftrieb ein wachsendes Gewicht erhielte und auf lange Frist den Index immer mehr dominiere. Dies sei aber ökonomisch nicht zu rechtfertigen. Beispiel: Es werden zwei Länder betrachtet, die in der Basisperiode beide das relative Gewicht 0,5 haben. Im Lande A herrsche eine konstante Preissteigerungsrate von 2%, im Land B von 10%. In der Periode 10 hat der gemeinsame, aggregierte Index beider Länder den Wert

$$P_{10(0)} = 1,02^{10} \cdot 0,5 + 1,1^{10} \cdot 0,5 = 1,219 \cdot 0,5 + 2,594 \cdot 0,5 = 1,906$$

Von diesem Stand ausgehend erreicht der Index in der 11. Periode den folgenden Wert:

$$P_{11(0)} = (1{,}219 \cdot 0{,}5) \cdot 1{,}02 + (2{,}594 \cdot 0{,}5) \cdot 1{,}1$$
$$= 0{,}6095 \cdot 1{,}02 + 1{,}2968 \cdot 1{,}1 = 2{,}044$$

In der Periode 11 wird also der Veränderungskoeffizient 1,02 des Landes A mit 0,6095 gewichtet, der Veränderungskoeffizient 1,1 des Landes B mit 1,2968, was mehr als das Doppelte des Gewichtes des Landes A ist. In der Basisperiode hatten beide Länder dasselbe Gewicht (0,5). Die Preissteigerungsraten in beiden Ländern sind konstant, und doch gewinnt die Preissteigerungsrate des Landes B im Laufe der Zeit einen immer stärkeren Einfluß auf die aggregierte Preissteigerungsrate beider Länder zusammen. Das zunehmende Übergewicht des Landes B wird als ökonomisch unplausibel empfunden. Nun ist über Plausibilität oder Unplausibilität hier nur schwer zu rechten, weil es eben an einem wohldefinierten Erkenntnisziel dieses Index mangelt, weil ganz unklar ist, was er eigentlich messen soll. Der arithmetische Mechanismus, der dieses Übergewicht des Landes B entstehen läßt, ist eine ganz allgemeine Implikation der basisgewichteten arithmetischen Mittelung. In jedem Laspeyres-Index gewinnt ein überdurchschnittlich ansteigender Subindex im Laufe der Zeit ein in eben diesem Sinne anwachsendes Gewicht. Das gilt z.B. auch für den Subindex der Dienstleistungspreise innerhalb des gesamten Warenkorbes. Der Grund der Unplausibilität ist nicht die arithmetische Konstruktion des Index, sondern die Anwendung der Indexaggregation auf nationale Verbraucherpreisindizes, aus der ein ökonomisch sinnvolles Aggregat nicht entstehen kann. Gleichwohl läßt sich aus dem gedanklichen Ansatz der Messung der Ausgabenentwicklung eine durchaus plausible Interpretation des zunehmenden Übergewichtes herleiten. Handelt es sich bei diesen beiden Ländern um solche mit gemeinsamer Währung oder mit verschiedenen Währungen, aber festen Wechselkursen, und kauft ein Wirtschaftssubjekt je ein halbes Jahr lang den jeweiligen Warenkorb in beiden Ländern, so macht der Index eine ökonomisch plausible Aussage über die „Betroffenheit" des Wirtschaftssubjektes von den Konsumgüterpreissteigerungen. Die gesamten Ausgabensteigerungen, die das Wirtschaftssubjekt treffen, konzentrieren sich immer mehr auf das Land B. Die dort herrschende 10% Preissteigerung dominiert mehr und mehr die Preisniveauveränderung des unterstellten „kombinierten Warenkorbs".

Wer diesen Laspeyres-Index als unplausibel verwirft, kann offenbar diese Interpretation nicht vor Augen haben. Der Vorwurf der Unplausibilität wird verständlicher, wenn man davon ausgeht, die beiden Preissteigerungsraten seien Meßwerte von „inflationären Impulsen", die beide Länder auf den Wirtschaftsraum der EU-Länder ausüben. Man kann nun kritisch fragen, warum der inflationäre Impuls des Landes B (10%) im Verhältnis zu dem des Landes A (2%) im Jahre 11 so viel stärker gewichtet werden soll als im Jahre 1, obwohl doch sowohl die Preissteigerungsraten als auch der „reale Konsum" beider Länder im Zeitablauf als konstant unterstellt werden. Die währungspolitischen Instanzen der EU möchten sicher vermeiden, daß einige wenige „schwarze Schafe" mit hohen Inflationsraten den EurX-Verbraucherpreisindex mit zunehmender Stärke nach oben drücken. Man kann sich nun vielerlei Argumente einfallen lassen, die zur Verteidigung oder zur Kritik dieses Laspeyres-Index taugen. So läßt sich dieser Preisindex zum Beispiel mit dem Argument stützen, daß einem wachsenden Gewicht des Landes B im Preisindex ja auch ein wachsendes Gewicht dieses Landes bei den nominalen Aggregaten - zum Beispiel dem Volkseinkommen - entspricht. Wenn das nominal entsprechend expandierte Volkseinkommen deflationiert werden soll, bedarf es eines entsprechenden Preisindex. Es ist aber nicht lohnend, die Anhäufung von Argumenten Für und Wider fortzusetzen, weil eben schon der Idealtypus dieses aggregierten Index unklar ist, weil also dahinsteht, im Verhältnis zu welchen theoretischen Anforderungen die Validität dieses Index beurteilt werden soll.

6 Konkurrierende Indexformen

Welche Auswege bieten sich an? Zunächst soll ein Blick auf jene Indexform geworfen werden, die sich ergäbe, wenn man konsequent der Frage folgen würde: Von welchen preisbedingten Ausgabesteigerungen wird ein übernational agierender Konsument betroffen, wenn man konstante Gütermengen und konstante Güterqualitäten (einen quantitativ und qualitativ konstanten Warenkorb) unterstellt. Dann hätte ein nationaler Verbraucherpreisindex nach Laspeyres folgende Form (Meßkonzept 1):

$$P^*_{Lki(0)} = \sum_{j=1}^{m} \frac{p^*_{jki}}{p^*_{jk0}} \cdot a^*_{jk0} = \sum_{j=1}^{m} \frac{p^*_{jki}}{p^*_{jk0}} \cdot \frac{w_{EUki}}{w_{EUk0}} \cdot \frac{p_{jk0} \cdot q_{jk0}}{\sum_{j=1}^{m} p_{jk0} \cdot q_{jk0}}$$

mit $\quad p^*_{jki} = p_{jki} \cdot w_{EUki}$

und $\quad p^*_{jk0} = p_{jk0} \cdot w_{EUk0}$

$$a^*_{jk0} = \frac{p^*_{jk0} \cdot q_{jk0}}{\sum_{j=1}^{m} p^*_{jk0} \cdot q_{jk0}} = \frac{p_{jk0} \cdot q_{jk0}}{\sum_{j=1}^{m} p_{jk0} \cdot q_{jk0}}$$

p_{jki}, p_{jk0}: Preise für Gut j im Lande k, Periode i bzw. 0

w_{EUki}, w_{EUk0}: Wechselkurs zwischen der Währung des Landes k und dem ECU

p^*_{jki}, p^*_{jk0} sind daher in ECU ausgedrückt;

q_{jk0} Gütermengen.

Der aggregierte Index für EurX ist dann:

$$P^*_{LEurXi(0)} = \sum_{k=1}^{n} P^*_{Lki(0)} \cdot c_{k0}$$

mit $c_{k0} = \dfrac{C_{k0} \cdot w_{EUk0}}{\sum_{k=1}^{n} C_{k0} \cdot w_{EUk0}}$

C_{k0} Privater Konsum im Lande k, Periode 0.

Definiert man hingegen den aggregierten Verbraucherpreisindex für EurX als gewichtetes arithmetisches Mittel der nationalen Preisindizes, so resultiert (Meßkonzept 2):

$$P_{LEurXi(0)} = \sum_{k=1}^{n} P_{Lki(0)} \cdot c_{k0}$$

$$= \sum_{k=1}^{n} \left[\sum_{j=1}^{m} \frac{p_{jki}}{p_{jko}} \cdot a_{jk0} \right] \cdot \frac{C_{k0} \cdot KKP_{EUk0}}{\sum_{k=1}^{n} C_{k0} \cdot KKP_{EUk0}}$$

Hier erfolgt die Umrechnung nicht über die Wechselkurse, sondern über Kaufkraftparitäten (KKP). Die Kaufkraftparität KKP_{EUki} gibt an, wievielen „Kaufkraftstandards" (fiktive Währungseinheit in der EU) eine Währungseinheit des Landes k kaufkraftgleich ist (Multilaterale Kaufkraftparitäten von EUROSTAT).

Abgesehen von der Ersetzung des Wechselkurses durch die Kaufkraftparitäten bedeuten hier die Symbole dasselbe wie in dem Index

$P^*_{LEurXi(0)}$. Man erkennt, daß sich das gewichtete Mittel der nationalen Preisindizes $P_{LEurXi(0)}$ von dem Index $P^*_{LEurXi(0)}$ nur dadurch unterscheidet, daß im letzteren jeder nationale Index die Meßzahl des Wechselkurses als Faktor hat. Herrscht in einem Lande eine hohe Inflationsrate, so ist zu erwarten, daß der Außenwert seiner Währung gegenüber im ECU, d.h. aber der Wechselkurs des ECU gegenüber dieser Währung, sinkt. (Der Wechselkurs w_{EUk} hat die Dimension ECU/Währungseinheit von k). Da die Inflationsraten und die Veränderungsraten von w_{EUk} der Länder negativ korreliert sind, wird es im Index $P^*_{LEurXi(0)}$ nicht wie im Index $P_{LEurXi(0)}$ zu dem Effekt kommen, daß Länder mit hohen Preissteigerungsraten im Laufe der Zeit einen dominierenden Einfluß auf den aggregierten Index bekommen. Da aber die Vermischung von Preisänderungen und Wechselkursänderungen, wie sie den Indexkurs $P^*_{LEurXi(0)}$ charakterisieren, nicht gewünscht wird, werden andere Behelfslösungen gesucht.

Eine solche Behelfslösung bestünde darin, aus den nationalen Verbraucherpreisindizes nicht ein gewichtetes arithmetisches Mittel, sondern ein gewichtetes geometrisches Mittel zu berechnen. Ein solcher Index hätte die Form (Meßkonzept 3):

$$P_{GEurXi(0)} = \prod_{k=1}^{n} P_{Lki(0)}^{c_{k0}}$$

Die Werte c_{k0} sind die konstanten Elastizitäten des EurX-Index in Bezug auf die nationalen Indizes. Eine einprozentige Steigerung eines nationalen Index führt also stets zur selben Steigerung von $P_{GEurXi(0)}$ um c_{k0} Prozent. Ein Land mit besonders hohen Inflationsraten hat also nicht - wie bei arithmetischer Aggregation - ein zunehmendes „Gewicht" bei der Determination des aggregierten Index für EurX. Diese Eigenschaft des geometrischen Index kann man aber eher als analytischen Nachteil denn als analytischen Vorteil empfinden. Es ist problematisch, das Gewicht c_{k0} über längere Zeit festzuhalten, weil in diesem Gewicht ja nicht nur die Verbrauchsgütermengen, sondern auch die Verbrauchsgüterpreise des Basisjahres festgehalten werden, obwohl diese sich im Laufe der Zeit ja ändern und in ihrer Änderung gerade gemessen werden sollen. In einem arithmetischen Index mit Basisgewichtung (Laspeyres-Index) werden tatsächlich nur die Gütermengen, nicht aber die Güterpreise des Basisjahres rechnerisch festgehalten. Ein geometrischer Preisindex hat daher den erheblichen analytischen Nachteil, daß seine Veränderungsraten nicht „basisinvariant" sind. Stellt man das geometrische Mittel der nationalen Laspeyres-Indizes vom Basisjahr 1985 auf das Basisjahr 1990 um, so ändern sich durch diese Umbasierung die Veränderungsraten des aggregierten Index selbst dann, wenn alle Gütermengen des Jahres 1990 mit denen des Jahres 1985 identisch sind - vorausgesetzt, die Inflationsraten der Mitgliedsstaaten sind unterschiedlich, haben also eine von Null verschiedene Streuung. Im übrigen hat ein geometrisches Mittel auch den Nachteil, die Effekte von Preisveränderungen auf Ausgabensummen nicht auf so sinnfällige Weise zu messen wie ein arithmetischer Index. Deshalb wird von einer geometrischen Mittelung der nationalen Indizes zu einem aggregierten EuroX-Index kein Gebrauch gemacht.

Einen anderen Ausweg aus dem vermeintlichen Dilemma der Übergewichtung von Ländern mit hoher Inflationsrate wählt EUROSTAT bei der effektiven Berechnung des Verbraucherpreisindex für die Mitgliedsländer insgesamt (Meßkonzept 4). Dieser Index hat zwei methodische Merkmale:

- er ist ein Kettenindex nach Laspeyres;
- die Preismeßzahlen beziehen sich auf Preise in nationaler Währung; die Kaufkraftparitäten, die zur gleitenden Berechnung der Gewichte erforderlich sind, werden für jede der gleitenden Basisperiode neu bestimmt.

Wie bei jedem Kettenindex wird ausgegangen von einem Index auf gleitender Basis:

$$P_{LEurXi(i-1)} = \sum_{k=1}^{n} P_{Lki(i-1)} \cdot c_{ki-1}$$

$$\text{mit } c_{ki-1} = \frac{C_{ki-1} \cdot KKP_{EUki-1}}{\sum_{k=1}^{n} C_{ki-1} \cdot KKP_{EUki-1}}$$

C_{ki-1}: privater Verbrauch im Lande k, Periode $i - 1$

KKP_{EUki-1} ist wieder die Kaufkraftparität der Währung des Landes k gegenüber dem „Kaufkraftstandard" (KKS je Währungseinheit k) im Jahre i-1. Der Kettenindex für die Beobachtungsperiode i auf der Basisperiode 0 wird durch sukzessives Aufmultiplizieren der Werte $P_{LEurXi(i-1)}$ erhalten.

$$P_{KEurXi(0)} = P_{LEurX1(0)} \cdot P_{LEurX2(1)} \cdots P_{LEurXi(i-1)}$$

Steigt der Preisindex eines Mitgliedstaates im Verhältnis zu den Preisindizes anderer Mitgliedsstaaten an, so findet ein Rückgang der Kaufkraftparität dieses Staates statt. Gemessen in Kaufkraftstandards sinkt dadurch dessen Anteil (Gewicht) c_{ki-1}. Der Rückgang des Gewichtes wirkt also dem überdurchschnittlichen Anstiegs des Preisindex P_k entgegen. Es wird eine Kompromißlösung zwischen einem „echten Preisindex in nationalen Währungen" (Meßkonzept 2) und einem „Preisindex nach Umrechnung der nationalen Preise über Wechselkurse oder Kaufkraftparitäten" (Meßkonzept 1) praktiziert. Diese Kompromißlösung bewirkt aber eine Vermischung zweier grundsätzlich verschiedener möglicher Meßansätze, die je für sich eine plausible Zielsetzung besitzen. Der Versuch einer sachlogischen Interpretation dieser Kompromißlösung scheitert schon daran, daß der Index als Kettenindex konstruiert ist. Prinzipiell kann ein solcher Kompromiß auch auf einen Laspeyres-Index angewandt werden, wenn man den „Laspeyres-Charakter" auf die Konstanthaltung der Gütermengen beschränkt. Schreibt man den Laspeyres-Preisindex für das Land k in der Form „Wertsummenvergleich" und definiert man den Konsumanteil des Landes k aus den Mengen und Preisen der Periode Null und den Kaufkraftparitäten der Periode i ($c_{k(i,0)}$), so erhält man folgenden aggregierten Preisindex für EurX (Meßkonzept 5):

$$P'_{LEurXi(0)} = \sum_{k=1}^{n} P_{Lki(0)} \cdot c_{k(i,0)}$$

$$= \sum_{k=1}^{n} \frac{\sum_{j=1}^{m} p_{jki} \cdot q_{jk0}}{\sum_{j=1}^{m} p_{jk0} \cdot q_{jk0}} \cdot \frac{C_{k0} \cdot KKP_{EUki}}{\sum_{j=1}^{m} C_{k0} \cdot KKP_{EUki}}$$

$$= \frac{\sum_{k=1}^{n} \sum_{j=1}^{m} p_{jki} \cdot q_{jk0} \cdot KKP_{EUki}}{\sum_{k=1}^{n} C_{k0} \cdot KKP_{EUki}}$$

weil: $C_{k0} = \sum_{j=1}^{m} p_{jk0} \cdot q_{jk0}$

Meßkonzept 5 für den aggregierten Index stellt einen Wertsummenvergleich für den Warenkorb (Mengen) der Periode Null dar. Im Zähler (Periode i) gelten die Preise und die Kaufkraftparitäten der Periode i. Im Nenner stehen die Preise von Null, jedoch die Kaufkraftparitäten von i. Der Preisindex ist also bezüglich der Kaufkraftparitäten ein „Paasche-Index", bezüglich der Gütermengen ein Laspeyres-Index. Die Güterpreise in nationaler Währung variieren von Periode zu Periode. Steht dieser Index z. B. auf 200, so bedeutet das: Für den Warenkorb der Periode Null muß man bei Geltung der jeweiligen Preise in i und 0 und der Kaufkraftparität i in der Periode i doppelt so viele Kaufkraftstandards ausgeben wie in der Periode 0. Der Index hat „Laspeyres-Charakter" nur bezüglich der Gütermengen.

Nun ist aber der Preisindex $P'_{LEurXi(0)}$ nicht derjenige den EUROSTAT benutzt. Er ist nur herangezogen worden, um im Kontext des Laspeyres-Paasche-Systems die Wirkung des „Kompromisses" - Preise in nationaler Währung, Gewichte in jeweiligen Kaufkraftparitäten - zu demonstrieren. Aber auch für diesen Index gilt: Hat ein Land einen überdurchschnittlichen Preisanstieg, so geht seine Kaufkraftparität entsprechend zurück. Beide Entwicklungen kompensieren sich gegenseitig. Das Land erlangt kein „Übergewicht" im Gesamtindex. Allerdings hat dieser Index den Nachteil eines jeden Paasche-Index. Da in jeder Periode eine neue Kaufkraftparität benutzt wird, mischen sich in den Veränderungsraten von Periode zu Periode die Effekte der Preisveränderungen und die Effekte der Kaufkraftparitätenveränderung.

Der aggregierte Verbraucherindex von EUROSTAT ist nun aber ein Kettenindex. Es ist schwer zu sehen, warum EUROSTAT die Aggregation der nationalen Verbraucherpreisindizes, die doch in ihrer Mehrzahl Laspeyres-Indizes auf fester Basis, keine Kettenindizes sind, mittels eines Kettenindex aggregiert. Kettenindizes haben zwar den vordergründigen Vorteil, kein „veraltendes" Gewichtungssystem zu enthalten und daher nicht in mehrjährigen Abständen eine Neuberechnung erforderlich zu machen. Dafür haben aber Kettenindizes auch erhebliche konzeptionelle und praktische Nachteile:

- Sie erlauben keine sachlogische Interpretation im Sinne der Messung der Ausgabenveränderung oder Geldwertveränderung gegenüber einer wohldefinierten Gütergesamtheit, weil sie sich nicht auf eine von Periode zu Periode konstante Gütergesamtheit beziehen.

- Sie sind nicht „pfadinvariant", d.h. der Wert eines Kettenindex ist im allgemeinen nicht gleich 100, wenn alle Mengen und Preise in der Beobachtungsperiode i wieder auf den Stand der Basisperiode 0 zurückgekehrt sind.
- Kettenindizes sind nicht direkt aggregierbar: aus gegebenen Gruppenindizes sind die Gesamtindizes nicht errechenbar.
- Kettenindizes erfordern jährliche Neuberechnungen des Gewichtungssystems, was nur mit erheblichem Aufwand oder durch freihändige Schätzungen möglich ist.

Kettenindizes nach Laspeyres (d.h. aus Laspeyres-Indizes auf gleitender Basis berechnet) liegen zwar häufig, aber keineswegs immer unterhalb der korrespondierenden Laspeyres-Indizes auf fester Basis. Den Kettenindizes kann nicht zugute gehalten werden, daß sie eine „übertreibende Messung" der Preissteigerung vermeiden.

In Analogie zu den bisher vorgeführten Ableitungen ist leicht zu beurteilen, worauf die Berechnung der Laspeyres-Indizes auf gleitender Basis, die in den Kettenindizes eingehen, hinausläuft.

Der mit dem Gewicht c_{ki-1} multiplizierte Index des Landes k hat die Form:

$$P_{Lki(i-1)} \cdot c_{ki-1} = \frac{\sum\limits_{j=1}^{m} p_{jki} \cdot q_{jki-1}}{\sum\limits_{j=1}^{m} p_{jki-1} \cdot q_{jki-1}} \cdot \frac{c_{ki-1} \cdot KKP_{EUki-1}}{\sum\limits_{k=1}^{n} c_{ki-1} \cdot KKP_{EUki-1}}$$

Der Einfachheit halber wird angenommen, daß der Warenkorb des Index den gesamten Konsum erfaßt, so daß:

$$\sum\limits_{j=1}^{m} p_{jki-1} \cdot q_{jki-1} = c_{ki-1}$$

Folglich kann der Nenner des ersten Bruches gegen c_{ki-1} gekürzt werden, so daß entsteht:

$$P_{LKi(i-1)} \cdot c_{ki-1} = \frac{\sum\limits_{j=1}^{m} p_{jki} \cdot q_{jki-1} \cdot KKP_{EUki-1}}{\sum\limits_{k=1}^{n} c_{ki-1} \cdot KKP_{EUki-1}}$$

Man erkennt, daß sowohl das Gewicht (privater Verbrauch in der Periode i-1) als auch die Preise des Jahres i (p_{jki}) mit den Kaufkraftparitäten des

Jahres i-1 umgerechnet werden. Nur durch die Verzögerung des Umrechnungsfaktors bei p_{jki} um eine Periode unterscheidet sich dieser „Kompromiß-Index" von einer klaren Laspeyres-Messung, in der alle Preise nicht in nationaler Währung, sondern in Kaufkraftstandards gemessen werden. Der Preis für diesen Kompromiß ist schon auf der Stufe der gleitenden Indizes ein gravierender Verlust an sachlicher Interpretierbarkeit.

7 Resümee

Der aggregierte Verbraucherpreisindex für die EU insgesamt, wie ihn EUROSTAT berechnet, ist schwer interpretierbar und folgt wohl nur dem pragmatischen Ziel, Ländern mit besonders hoher Inflationsrate kein zu starkes Gewicht auf die gemessene EU-Gesamtpreisentwicklung zukommen zu lassen. Außerdem ist Kettenindexapologetik am Werke. Dabei ist völlig offen, aufgrund welchen Idealtypus ein zunehmendes Gewicht solcher Länder im Gesamtindex als konzeptwidrig erwiesen werden kann. Es bleibt bei dem Befund, daß keine klar definierte Fragestellung existiert, auf die ein aggregierter Verbraucherpreisindex für eine Ländergruppe, z.B. die EU, antworten könnte oder müßte. Unter diesen Umständen wäre zu erwägen, zwei verschiedene Indizes nebeneinander zu berechnen: einen, in dem auf nationale Preise ein reines Laspeyres-Konzept angewendet wird (Meßkonzept 2: $P_{LEurXi(0)}$) und einen, in dem die laufenden Preise in Kaufkraftstandards oder in ECU umgerechnet werden (Meßkonzept 1). Letzterer Index wäre dann nach dem Ausgaben-Konzept zu interpretieren. Wenn die nationalen Preisindizes bzw. die Wechselkursentwicklungen der Länder nur schwach streuen, werden beide aggregierte Indizes nahe beieinander liegen. Man könnte sich dann auch für einen von beiden entscheiden: vermutlich für den reinen Laspeyres-Index der nationalen Preisentwicklungen, weil er dem Erkenntnisziel „Inflationsmessung" eher gerecht wird als jener Index, der die Ausgabenentwicklung für einen konstanten Warenkorb in ECU bzw. Kaufkraftstandards mißt.

Literatur

Allen, R.G.D.: Index Numbers in Theory and Practice, 1975

Färber, H.-D.: Methoden der Kaufkraftparitätenberechnung im Zusammenhang mit dem Problem des Realwertvergleiches von Bruttosozialprodukten, in: Allgemeines Statistisches Archiv, Bd. 65 1981, S. 62-86

Haberler, G.: Der Sinn der Indexzahlen, 1927

Krug, W.: Der EKS-Index zur Berechnung der Kaufkraftparitäten der EU-Länder, in: Rinne, H. U.A.: Grundlagen der Statistik und ihre Anwendungen, Festschrift für Kurt Weichselberger, 1995

Meinlschmidt, G.: Statistische Methoden zur Berechnung von Preisniveauindizes integrierter Wirtschaftsräume, 1965

Neubauer, W.: Preisstatistik, 1996

Statistisches Amt der Europäischen Gemeinschaften (EUROSTAT): Comparison in Real Terms of the Aggregates of ESA, Results for 1992 and 1993, 1995

Teekens, R.: Verbraucherpreisindizes in der Europäischen Gemeinschaft. Ähnlichkeiten, Unterschiede und Notwendigkeit einer Harmonisierung, EUROSTAT, 1989

Amtsstatistik in Wirtschaft und Politik
Einige Bemerkungen zu den theoretischen Problemen der Amtsstatistik und deren Auswirkung auf die politische und wirtschaftliche Praxis

Von Klaus Reeh[1], Luxemburg

Zusammenfassung: Die Amtsstatistik kann aufklärend, Unsicherheit vermindernd und Transparenz erhöhend wirken und damit viel zu gesellschaftlicher Robustheit, aber auch zu sozialer Gerechtigkeit und nicht zuletzt zu wirtschaftlicher Effizienz auch und gerade in marktwirtschaftlich verfaßten Demokratien beitragen. Um ihre wichtige Funktion mit Autorität ausfüllen zu können, ist es hilfreich, vielleicht sogar notwendig, daß sie von politischen und wirtschaftlichen Kräften möglichst unabhängig ist und in ihrer Arbeit von einem unbestechlichen Arbeitsethos geleitet wird. Denn mit ihrer Funktion geht auch eine große Verantwortung einher, ist doch ihr Einfluß auf wirtschaftliche und politische Entscheidungen nicht zu unterschätzen.

Wenn die Amtsstatistik heute vermehrt in die Schußlinie der Kritik gerät, so trifft meiner Ansicht nach diese Kritik, wie begründet sie im Einzelfall auch sein mag, jedoch nicht ins Ziel. Denn es ist das Verständnis von Amtsstatistik, sowohl seitens der Amtsstatistiker selbst, aber auch seitens der Benutzer von Amtsstatistiken, das immer problematischer wird und deshalb kritisiert werden müßte. Gehen doch alle davon aus, daß die Amtsstatistik objektiv und politisch neutral sein kann, sofern sie nur professionell betrieben wird.

Am Beispiel der amtsstatistischen Inflationsmessung wird gezeigt, wie eine letztlich ohne Theorie betriebene Statistik zu falschen Weichenstellungen in Wirtschaft und Politik führen kann. Denn in der Amtsstatistik ist es nicht gelungen, zwischen monetären und nicht monetären Preisniveauveränderungen zu unterscheiden. Angesichts weit verbreiteter Inflationsängste nicht nur von Bürgern, sondern von Politikern und Währungshütern und nicht zuletzt auch von Märkten hat eine systematische Überschätzung der Inflation unnötige, aber nichts desto trotz erhebliche depressive Auswirkungen auf Wirtschaft und Gesellschaft.

Die von der Amtsstatistik heute ausgehenden Gefahren sind deshalb so groß, weil letztlich die gesamte makroökonomische Statistik auf wackeligen Beinen steht, diese Statistik aber zu einer für Wirtschaft und Gesellschaft zentralen Statistik aufgerückt ist. Amtsstatistiker, die sich ihrer gesellschaftlichen Verantwortung bewußt sind, sollten die ihnen zugestandene Unabhängigkeit nutzen, um auf die Fragwürdigkeit der theoretischen Grundlagen ihrer makroökonomischen Statistik hinzuweisen, die Konsequenzen möglicher Fehlsteuerungen abzuschätzen und sich nicht zuletzt auch um solidere theoretische Grundlagen bemühen. Amtsstatistiker haben eine politische Funktion und deshalb auch eine politische Verantwortung, dies nicht sehen zu wollen und nicht zu akzeptieren, ist gefährlich.

---

[1] Der Autor arbeitet als Beamter im Statistischen Amt der Europäischen Gemeinschaften (EUROSTAT). Er drückt in diesem Artikel seine rein persönliche Meinung aus.

Zur Rolle der Amtsstatistik in Wirtschaft und Politik

In Wirtschaft und Politik ist die Meinung weit verbreitet, daß Amtsstatistiken nützlich sind, um die Markt- und Politikeffizienz zu erhöhen. Denn die Amtsstatistik vermindert die Unsicherheit über wirtschaftliche Rahmenbedingungen (Konjunktur, Inflation, internationale Wettbewerbsfähigkeit, Arbeits- und Kapitalmarktlage, ...), aber auch über spezifische Marktbedingungen (Produktion, Investition, Importe, Exporte, Absorption, Auftragseingänge, Lagerbestände, Lohnkosten, ...). Den solchermaßen informierten Wirtschaftern sollte dies erleichtern, Verträge am Markt abzuschließen. Davon wird die Wirtschaft als Ganzes sicherlich nur profitieren können. Die Amtsstatistik beleuchtet zudem die allgemeinen gesellschaftlichen Rahmenbedingungen (demographische, soziale, ökologische Lage, ...), aber auch spezifische Bereiche (Erziehung, Ausbildung, Renten, Gesundheit, Verkehr, ...). Den Verantwortlichen in Politik und Verwaltung wird dies ermöglichen, gezieltere und wirksamere Maßnahmen zu ergreifen und die Bürger wird dies sicherlich erfreuen.

Einige heben noch zusätzlich hervor, daß sich Dank der Amtsstatistik vor allem die Markt- und Politiktransparenz erhöhen. Durch eine verminderte Unsicherheit kommen also nicht nur mehr Verträge im Markt zustande, sondern es geht auch "gerechter" am Markt zu. Für die Politik gilt ähnliches. Sie ergänzen das Effizienz- also noch um das Gerechtigkeitsargument, unterstreichen dadurch natürlich auch die Notwendigkeit einer hoheitlichen Amtsstatistik, da der "Markt" nach landläufiger Meinung nicht in der Lage ist, für Gerechtigkeit Sorge zu tragen.

Fest steht schließlich aber auch, daß Amtsstatistiken zu einer Angleichung von Wahrnehmungen und Erwartungen aller am wirtschaftlichen und politischen Leben Beteiligten beitragen. Diese ist sicherlich hilfreich, da sie die Gefahr von unnötigen Konflikten vermindert, die andernfalls das gesellschaftliche Zusammenleben belasten und das Wirtschaften behindern könnten. So gesehen spricht also vieles dafür, daß die Amtsstatistik auch und gerade in marktwirtschaftlich verfaßten Demokratien eine gewichtige Rolle spielt, denn sie kann nicht nur zur wirtschaftlichen Effizienz, sondern auch zur gesellschaftlichen Robustheit beitragen. Natürlich ist die Amtsstatistik kein Allheilmittel gegen jede Form wirtschaftlicher und politischer Verwerfungen, aber sie kann mithelfen, Wirtschaft und Gesellschaft auf jenem schmalen Grat zu halten, auf dem die Zusammenarbeit nicht zur Kollusion, der Wettbewerb nicht zum Kampf entartet.

Doch wo so viel Licht ist, da muß auch etwas Schatten sein. Der größte Schatten wird meiner Ansicht nach von der durch die Amtsstatistik geförderten allgemeinen Angleichung von Wahrnehmungen und Erwartungen geworfen. Wirtschaft und Gesellschaft sind hochgradig komplexe und facettenreiche Gebilde, die nur in Grenzen den Gesetzen der Mechanik gehorchen, in denen nicht nur die Vernunft herrscht. Gefühle spielen dort auch eine große Rolle, von Träumen und Hoffnungen über Enttäuschungen bis hin zu Angst und Verzweiflung, von Liebe über Solidarität bis hin zum Haß.

Eine zu starke Wahrnehmungskonvergenz kann zu einem der Komplexität unangemessenen und deshalb gefährlichen Einheitsdenken in Wirtschaft und Gesellschaft führen. Wenn die Entscheidungsträger aus Wirtschaft und Politik wie gebannt auf die vielen amtsstatistischen Tabellen und Kennzahlen schauen, etwa wie Flugzeugpiloten auf die Instrumententafel ihres Flugzeugs, dann verkommen Wirtschaft und Politik nicht nur zu großen Verwaltungen, sondern es besteht auch die Gefahr einer wirtschaftlichen oder gesellschaftlichen Schieflage, weil wichtige, nicht in amtsstatistische Tabellen und Kriterien zu gießende Aspekte menschlichen Lebens und Wirtschaftens unberücksichtigt bleiben und möglicherweise selbststabilisierende Kräfte ausgeschaltet werden.

Eine zu starke Erwartungskonvergenz nimmt Wirtschaft und Gesellschaft viel von ihrer Robustheit, kann insbesondere zu einem Wirtschaft und Gesellschaft destabilisierenden Herdeneffekt führen. In dem Maße also, in dem das von der Amtsstatistik gezeichnete Bild der wirtschaftlichen und gesellschaftlichen Wirklichkeit Gefahr läuft, die Wahrnehmung wirtschaftlicher und gesellschaftlicher Vielfalt zu behindern und die Erwartungen aller zu dominieren, ist ebenfalls Gefahr im Anzug.

Zur Unabhängigkeit der Amtsstatistik

Angesichts dieser Gefahren lastet auf den Schultern der Amtsstatistiker offensichtlich eine sehr große Verantwortung. Denn es kann durch sie auch zu erheblichen Störungen im wirtschaftlichen und gesellschaftlichen Leben kommen, und dies nicht nur, wenn sie ein verzerrtes oder sogar falsches Bild von Wirtschaft und Gesellschaft zeichnen, sondern auch, wenn ihr Bild auch nicht das einzige, doch zumindest das alles dominierende Bild ist, obwohl es stets nur ein Ausschnitt unter einem bestimmten Blickwinkel sein kann. Um nun ihrer für Wirtschaft und Politik offensichtlich recht wichtigen und verantwortungsvollen Aufgabe adäquat, also mit Autorität, nachgehen zu können, reklamieren die Amtsstatistiker für sich eine gewisse Unabhängigkeit. Denn, so ihr Argument, wenn ihre Arbeit von Bürgern und Wirtschaftern mit gegensätzlichen Interessen anerkannt werden soll, so müssen sie von politischen und wirtschaftlichen Interessenvertretern möglichst unabhängig arbeiten können.

Im Gegenzug versprechen sie, nach bestem Wissen und Gewissen, die Grundsätze der Unparteilichkeit und Gleichheit respektierend, insbesondere nur zu zählen und zu messen, aber nicht zu werten. Sie versprechen also nicht mehr und nicht weniger als sich bei ihrer Arbeit von einem Berufsethos leiten zu lassen, das ihnen die durch Partikularinteressen geleitete Manipulation ihrer Statistiken verbietet. Ihr Berufsethos ist also dem eines Pressefotografen ähnlich, der seiner Redaktion, aber auch seinen Lesern verspricht, seine Bilder nicht zu manipulieren. Dieser Vergleich bietet sich geradezu an, haben doch beide, Bilder und Zahlen, in der heutigen Gesellschaft a priori eine sehr große Glaubwürdigkeit.

Selbstverständlich akzeptieren sie, daß ihrer Unabhängigkeit Grenzen gesetzt werden müssen. Keine Frage, die Macht, Bürger und Wirtschafter verpflichten zu können, Auskunft zu geben, reklamieren die Amtsstatistiker nicht für sich. Sie hat beim Parlament, bei den gewählten Vertretern von Bürgern und Wirtschaftern zu bleiben. In jedem Fall garantieren sie natürlich den Auskunftspflichtigen, daß alle als schutzwürdig anerkannten Angaben vertraulich bleiben, vor dem Zugriff Dritter geschützt sind und nur für statistische Zwecke verwandt werden, also unauffindbar in einem Aggregat untergehen. Auch reklamieren sie für sich natürlich nicht, über ihre Haushaltsmittel selbst zu entscheiden. Diese Funktion hat ebenfalls beim Parlament zu liegen. Genauso wenig glauben sie, sich zur Wahrung ihrer Unabhängigkeit einer Kontrolle ihres Haushaltsgebahren durch Parlament und Rechnungshof entziehen zu müssen. Auch die Prioritäten lassen sich die Amtsstatistiker weitgehend setzen, nicht zuletzt dadurch, daß sie zur Erstellung eines Großteils ihrer Statistiken per Gesetz verpflichtet sind. Selbst ihre Normen und Definitionen, auch ihre Klassifikationen lassen sie sich oft durch den Gesetzgeber absegnen. Dies geschieht vornehmlich, um den Kreis der Auskunftspflichtigen unzweifelhaft festzulegen, aber auch um ihrer Arbeit mehr Transparenz und Stabilität zu geben. So gesehen reduziert sich die Unabhängigkeit der Amtsstatistiker eigentlich zu einer Unabhängigkeit bezüglich der Wahl ihrer statistischen Methoden. Doch selbst diesbezüglich müssen sie bereit sein, sich der öffentlichen, insbesondere der wissenschaftlichen Diskussion zu stellen, ihre Methoden hinterfragen und ihre Ergebnisse kontrollieren zu lassen.

Solchermaßen eingebunden haben die Amtsstatistiker über viele Jahre recht erfolgreich arbeiten können. Ihr Angebot an amtsstatistischer Information haben sie erheblich ausweiten und den Kreis der Benutzer erheblich erhöhen können. In dem Maße, in dem ihre Arbeit Anerkennung gefunden hat, ist auch ihr Ansehen gestiegen. Heute sind sie weitgehend frei von dem Verdacht, amtsstatistische Informationen nach dem Willen der Mächtigen zu manipulieren und können sich mit Autorität zur Entwicklung von Wirtschaft und Gesellschaft äußern.

Zur zunehmenden Kritik an der Amtsstatistik

In letzter Zeit ist die Kritik an der Amtsstatistik jedoch immer lauter geworden. Kritisiert wird insbesondere, daß die Amtsstatistik zu hohe Kosten für Auskunftspflichtige (Papierkrieg, Fragebögen) wie für Steuerzahler (Haushaltsmittel) verursacht, daß sich der rapide Wandel in Wirtschaft und Gesellschaft nicht schnell genug in einer Umstellung der amtsstatistischen Produktpalette niederschlägt und daß die Vergleichbarkeit ihrer Statistiken in Zeit und Raum zu wünschen übrig läßt. Kritisiert wird von einigen schließlich auch, daß die Amtsstatistiker inzwischen zu viel Information zusammentragen und so die bürgerlichen Freiheiten gefährden, sie weisen auf gestiegene Möglichkeit des Mißbrauchs der Auskunftspflicht hin und sehen die Vertraulichkeit der Angaben von Auskunftspflichtigen gefährdet.

Vorgeworfen wird den Amtsstatistikern auch immer häufiger, daß sie doch nicht so unabhängig sind, wie sie vorgeben zu sein, möglicherweise auch nicht so unabhängig sein können, wie sie glauben sein zu müssen. Wenn Amtsstatistiker Definitionen oder Methoden zur Erfassung von politisch sensiblen Phänomenen ändern, etwa wenn es um Arbeitslosigkeit oder Staatsverschuldung geht, so kommt heute wieder schneller der Verdacht auf, daß politisch motivierte Manipulation im Spiel ist. Dies gilt insbesondere dann, wenn diese Änderung die jeweilige Regierung in einem günstigeren Licht erscheinen läßt.

Ob diese Kritik im einzelnen berechtigt ist, möchte ich dahingestellt sein lassen. Mir scheint sie aber am eigentlichen Kern der kritikwürdigen Entwicklung der Amtsstatistik vorbeizugehen. Denn sowohl diese üblicherweise geäußerte Kritik, als auch die Reaktion der Amtsstatistiker auf diese Kritik machen deutlich, daß nicht nur die Benutzer von Amtsstatistiken, sondern auch die Amtsstatistiker selbst inzwischen davon überzeugt zu sein scheinen, daß es stets absolut objektive und wertneutrale Amtsstatistiken geben kann, die den Fragestellungen von Wirtschaft und Politik angemessen sind, die Wirtschaftern und Politikern helfen, bei den von ihnen geforderten Entscheidungen Gemeinwohl und Eigennutz in Einklang bringen zu können.

Bei kaum einem Benutzer von Amtsstatistiken in Wirtschaft oder Politik scheint der Verdacht aufzukommen, daß eigentlich von den Amtsstatistikern etwas erwartet wird, was es gar nicht gibt, überhaupt nicht geben kann. Auch die Amtsstatistiker selbst scheinen keinen solchen Verdacht zu hegen. Sie scheinen nicht auf den Gedanken zu kommen, daß sie den von Wirtschaft und Gesellschaft an sie gerichteten Erwartungen nicht gerecht werden können. Sie scheinen vergessen zu haben, daß ihre Statistiken nur so gut sein können, wie die ihnen zugrundeliegenden, in den Wirtschafts- und Gesellschaftswissenschaften aber immer noch weithin spekulativen Theorien, scheinen schließlich zu verdrängen, daß es keine wertfreien Statistiken über und für Wirtschaft und Gesellschaft geben kann, da es gerade in den Wirtschafts- und Gesellschaftswissenschaften keine wertfreien Theorien geben kann, es sei denn sie seien mehr oder weniger inhaltslos. Kaum einer scheint deshalb auch die sich daraus ergebenden Gefahren für Wirtschaft und Gesellschaft zu sehen. Dies soll hier nun zum Anlaß genommen werden, anhand eines Beispiels auf das Gefahrenpotential hinzuweisen, das in der Amtsstatistik schlummert.

Die Inflationsmessung als Aufgabe der Amtsstatistik

Verbraucherpreisindizes bestimmen die Einschätzung der Inflation

Da Inflation ein wirtschaftliches Phänomen von zentraler gesellschaftlicher Bedeutung ist, muß sich die Amtsstatistik natürlich mit ihr auseinandersetzen. Die Amtsstatistik bietet zur Beschreibung des Inflationsphänomens eine ganze Reihe von Indizes zur Messung von Preisniveauänderungen an, denn gesucht wird ein Maß, das die monetär verursachten Preisniveauänderungen reflektiert. Doch im Mittelpunkt des allgemeinen Interesses steht heute eigentlich nur der Index der Verbraucherpreise. Der VPI ist neben der Statistik der Arbeitslosen die am stärksten mediatisierte Amtsstatistik[2]. Er erscheint am Tage seiner Veröffentlichung stets in den

---

[2] Es ist deshalb sicherlich auch nicht überraschend, wenn diese beiden Statistiken, ob zu Recht oder zu Unrecht, mag dahingestellt bleiben, oft kontrastiert werden und in der öffentlichen Diskussion Inflation und Arbeitslosigkeit als gegeneinander substituierbar angesehen werden.

Abendnachrichten an prominenter Stelle und wird oft auch noch kommentiert. Keine Tageszeitung verzichtet darauf, in ihrer Ausgabe am nächsten Tag darauf einzugehen. Wenn heute also von Inflation die Rede ist, dann wird fast ausschließlich über die Entwicklung des VPI gesprochen.

Verbraucherpreisindizes werden überall verwand

Die gesamtwirtschaftliche und -gesellschaftliche Bedeutung der solchermaßen vorgenommenen amtsstatistischen Inflationsmessung kann folglich nicht unterschätzt werden. So spielt der VPI bei den kollektiven Lohn- und Gehaltsverhandlungen der Sozialpartner zumindest als Argument, oft aber auch als Maßstab eine wichtige Rolle. Denn Lohnforderungen werden nicht nur an der Steigerung der Arbeitsproduktivität, sondern auch der allgemeinen Inflation orientiert; an ersterer müssen die Arbeitnehmer angemessen partizipieren und für letztere müssen sie "entschädigt" werden. Desweiteren findet der VPI auch Eingang in eine Vielzahl langfristiger privatwirtschaftlicher Verträge, etwa bei der Festsetzung von Miet- oder Pachtzahlungen.

Selbstverständlich spielt der VPI auch und gerade für die Finanzmärkte eine große Rolle. Diese reagieren permanent selbst auf kleinste Veränderungen des VPI. Sie revidieren anhand des VPI kontinuierlich ihre Vorstellungen über die Inflationsdynamik, um Inflationstendenzen möglichst frühzeitig zu antizipieren. In den Tagen vor der Veröffentlichung des VPI findet man in den einschlägigen Mitteilungen von Finanzintermediären Angaben über die "von den Märkten antizipierte Inflationsrate". Am Tag der Veröffentlichung selbst drücken die Märkte dann sofort ihre "Überraschung" über eine niedriger oder ihre "Enttäuschung" über eine höher als erwartet ausgefallene Inflationsrate aus. Staatsschuldtitel werden deshalb einige Basispunkte höher oder niedriger gehandelt, die Aktienkurse reagieren ebenfalls. Die Finanzmärkte werden sicherlich tagtäglich von Information überflutet, doch der Puls der Finanzmärkte schlägt zwar nicht immer, aber immer öfter im Rhythmus der Veröffentlichung der VPIs. Der VPI verkörpert letztlich die Differenz zwischen den nominalen, also den auch zu zahlenden Zinsen, und den üblicherweise als "real" bezeichneten Zinsen, die im wirtschaftlichen Kalkül von vielen Finanzmarktakteuren, Schuldnern wie Gläubigern, eine wichtige Rolle spielen.

Es gibt deshalb auch keinen Währungshüter, der nicht bei der Festlegung seiner Geldpolitik einen genauen Blick auf den VPI wirft. Manch einer erhebt ihn sogar zur unmittelbaren Richtschnur seiner Geldpolitik. Aber selbst die Währungshüter, die zumindest vorgeben, vornehmlich auf andere Indikatoren zu schauen, tun dies nur deshalb, weil sie glauben, mit diesen über bessere Zwischenziele zu verfügen. Ihr Endziel ist und bleibt jedoch auch die Preisniveaustabilität. Der VPI ist für sie nicht zuletzt deshalb wichtig, weil sie sich gefallen lassen müssen, daran von der Öffentlichkeit und in gewissem Umfang auch von den Finanzmärkten in ihrer Arbeit gemessen zu werden.

Der VPI findet schließlich gelegentlich auch Eingang in Formeln zur Anpassung einer Vielzahl von staatlichen Leistungen, angefangen bei der Sozialhilfe, über das Kindergeld bis hin zum Altersruhegeld. Auch spielt er eine wichtige Rolle bei der Anpassung von Steuerbemessungsgrundlagen oder diversen Zugangsberechtigungsgrenzen für staatliche Transferleistungen. Denn die Politik kann sich nicht jedes Jahr aufs Neue in die schmerzhafte Auseinandersetzung um die Festsetzung von Transferleistungen stürzen. Ein gewisser, allgemein als gerecht empfundener Automatismus ist allein um des sozialen Friedens willen, aber auch der politischen Praktikabilität notwendig. Und selbst wenn der VPI nicht direkt Eingang findet, so findet die von ihm übermittelte Vorstellung über die Inflation Eingang.

Mehr noch, auch wenn die Einkommen von vielen Menschen durch die Entwicklung des VPI nicht direkt betroffen sind, so glauben sich doch alle davon letztlich betroffen. Denn sie empfinden die Inflation, für die letztlich der VPI steht, als etwas, was ihnen, ohne daß sie sich dagegen wehren könnten, ungerechtfertigterweise einen Teil ihres Einkommens nimmt. Da aber jeder einzelne gegen Inflation machtlos ist, erwarten alle, daß der Staat dafür sorgt, daß sie durch sein Emissionsinstitut, also die Zentralbank, davor geschützt werden, oder, falls ihm dies nicht gelingt, daß der Staat sie zumindest dafür entschädigt.

Angesichts der Bedeutung des Inflationsphänomens müssen Wirtschaft und Politik den Amtsstatistikern natürlich vertrauen, daß sie ihrer Arbeit nach bestem Wissen und Gewissen nachgehen, angefangen bei der Erhebung bis hin zu den Korrekturen für diese oder jene Effekte. Für die Amtsstatistiker ergibt sich aus diesem Vertrauen notwendigerweise aber auch eine große Verantwortung, beeinflußt ihre Statistik doch ausgesprochen viele wirtschaftliche und politische Entscheidungen, die sich auf die Dynamik der Wirtschaft, aber auch auf die Einkommensverteilung auswirken.

Indexierungen sind höchst gefährlich

Inzwischen scheint sich die Ansicht durchzusetzen, daß eine generelle VPI-Indexierung von Forderungen nicht nur gegen den Staat, sondern auch gegen private Unternehmen und Haushalte hochgradig gefährlich ist. Eine Indexierungsmentalität ist bei der Lösung von vielen Verteilungskonflikten eher hinderlich, versperrt die Indexierung doch den Blick auf das, was letztlich zu verteilen ist. Zunehmend wird deshalb die Indexierung, wenn es um die Bekämpfung von Inflation geht, auch mehr als das Problem denn als die Lösung angesehen.

Trotzdem spielt der VPI bei der Lösung von Verteilungskonflikten und der Festsetzung von staatlichen "Entschädigungsleistungen" zwangsläufig immer noch die zentrale Rolle. Die vielen anderen amtsstatistischen Indizes, etwa die der Großhandelspreise, der Investitionsgüterpreise, der Immobilienpreise, der Außenhandelspreise, aber auch der Lohnstückkosten oder der Aktienkurse, um nur einige zu nennen, treten in den Hintergrund zurück. Dies ist verständlich, denn das Interesse der Allgemeinheit muß sich auf die Inflation in ihrer Auswirkung auf den privaten Verbrauch konzentrieren. Verbraucher ist schließlich jeder und jede wirtschaftliche Tätigkeit soll am Ende in den privaten Verbrauch münden.

Inflation als monetäres Phänomen manifestiert sich jedoch auf allen Märkten, in denen Waren und Dienstleistungen gegen Geld erworben werden. Diese anderen Indizes erfassen deshalb nicht nur Teile der Inflation, die dem Verbraucherpreisindex entgehen, sondern sagen vor allem auch etwas über die Transmission der Inflation bis hin zu den Märkten des privaten Verbrauchs aus. Die allgemeine Fokussierung auf den VPI führt deshalb zu einer Simplifizierung des Inflationsbegriffs, die letztlich sogar gefährlich ist, da sie einem tieferen Verständnis des Inflationsphänomens durch die Bürger, aber auch durch die Politiker und selbst durch die Wirtschafter im Wege steht.

Verbraucherpreisindizes überschätzen Lebenshaltungskosten- und Preisniveausteigerungen

In letzter Zeit ist der VPI nun besonders massiv kritisiert worden, gibt es doch eindeutige Hinweise, daß er die Steigerung der Lebenshaltungskosten sowie des Verbraucherpreisniveaus nicht nur systematisch, sondern auch deutlich überschätzt[3]. Erste Berechnungen deuten für einige Länder auf eine bis 30%ige Überschätzung hin. Für die Amtsstatistiker stellt dies keine Überraschung dar, denn sie sind sich eigentlich der Schwächen ihres VPI bewußt und arbeiten deshalb auch daran, sie abzustellen. Ihre Revisionsbemühungen konzentrieren sich vor allem auf eine adäquate Berücksichtigung von Qualitätsänderungen, von neuen Waren und Dienstleistungen, von Änderungen der Vertriebspraktiken (Rabatte, Sonderverkäufe, neue Vertriebswege, ...) und selbst von auf dem immer wichtiger werdenden Schwarzmarkt erworbenen Gütern und Dienstleistungen. Sie bemühen sich weiter, durch Änderungen ihrer Gewichtungsschemata auch Substitutionstendenzen und geänderte Verbrauchsgewohnheiten adäquat zu berücksichtigen. Schließlich versuchen sie sich durch geschickte Verkettungen mit ihrem VPI irgendwo zwischen den Extremen aus Laspeyres- und Paasche-Indizes anzusiedeln, denn ersterer überschätzt die Preisniveausteigerung tendenziell, während letzterer sie tendenziell unterschätzt.

Reine Lebenshaltungskostenindizes helfen aber nicht bei der Einschätzung der Inflation

Einige Statistiker, aber insbesondere auch einige Ökonomen empfehlen deshalb die Berechnung von sogenannten "wahren Lebenshaltungskostenindizes", die aus der Vorstellung des berühmten, seine Nutzenfunktion unter einer Budgetrestriktion maximierenden und auf die relative Preise starrenden "homo economicus" der neo-klassischen Wirtschaftstheorie entwickelt werden können. Doch ob solche Indizes mehr Aufschluß über die Inflationstendenzen in einer Wirtschaft geben können, muß bezweifelt werden, denn sie hängen stark von der zugrundegelegten Nutzenfunktion ab. Selbst wenn durch die gewählte Nutzenfunktion das Verhalten der Verbraucher recht gut approximiert werden könnte, so ist damit vielleicht etwas über deren Wohlbefinden, aber nicht über die Inflation ausgesagt. Damit soll jedoch nicht bestritten werden, daß ein solcher Index durchaus für andere Zwecke (Festsetzung von Sozialhilfe oder Altersruhegeld) durchaus sinnvoll und nützlich sein kann.

Fest steht also zunächst einmal, daß sich trotz der Bedeutung des VPI Generationen von Ökonomen und Statistikern über den optimalen Inflati-

---

[3] In der öffentlichen Diskussion wird recht selten zwischen Steigerung der Lebenshaltungskosten und Inflation unterschieden.

onsindex gestritten haben, ohne einer Einigung auch nur nahe zu kommen. Eigentlich sind sogar gute und diskussionswürdige Ideen rar. Die Amtsstatistiker müssen deshalb den VPI mangels besserer Alternativen als ein zugegebenermaßen recht unbefriedigendes Maß der Inflation anbieten und die Benutzer in Wirtschaft und Politik, die ein zuverlässiges Maß der Inflation für ihre Entscheidungen zu brauchen glauben, müssen sich mit eben diesem unbefriedigenden Maß zufriedengeben. Selbstverständlich müßten sie sich auch darüber im Klaren sein, wie unbefriedigend dieses Maß letztlich ist. Doch dies scheint leider nicht der Fall zu sein, sonst würde es in der wirtschaftspolitischen Diskussion nicht diese alles dominierende Rolle spielen.

Preisniveausteigerungen sind nicht notwendigerweise Inflation

Höchst bedauerlich und auch gefährlich ist die Tatsache, daß durch die Verwendung der VPI als zentrales Inflationsmaß die Inflation implizit mit einer Preisniveausteigerung gleichgesetzt wird. Wenn für einzelne identische Güter und Dienstleistungen in Raum und Zeit unterschiedliche Preise verlangt und bezahlt werden, so behauptet natürlich niemand, daß es sich dabei in erster Linie um ein monetäres Phänomen handeln muß, und dies, obwohl die Ökonomen große Schwierigkeiten haben, mit in Raum und Zeit unterschiedlichen Preisen zu leben, da dies ihren Vorstellungen von dem, was der Markt durch Arbitrage leistet, etwas zuwiderläuft. Doch wenn es sich nicht um Preise für einzelne Güter, sondern um das Preisniveau handelt, so wird sofort unterstellt, daß es sich dabei in erster Linie um ein solches Phänomen handeln muß. Die Möglichkeit von nicht monetären Steigerungen des Preisniveaus wird üblicherweise nicht in Betracht gezogen, kann möglicherweise nicht gesehen werden. Doch es gibt eine Vielzahl von Gründen, die vermuten lassen, daß es nicht nur nicht monetäre Preisniveausteigerungen gibt, sondern auch, daß deren Umfang möglicherweise sogar beträchtlich ist.

Ein kleines Gedankenspiel macht dies deutlich. Wenn alle Produzenten ihre Ausgaben für Werbung in gleichem Maß erhöhen und dies voll auf die Preise überwälzen, diese Ausgaben aber gleichzeitig auch Einnahmen sind, so kann sich in der Wirtschaft am Ende nichts weiter geändert haben als daß die Preise um die anteilig umgelegten Werbeausgaben gestiegen sind. Doch auch wenn ein solcher Gleichschritt natürlich unwahrscheinlich ist, so bleibt die saldenmechanische Beziehung trotzdem im Großen und Ganzen gültig. Was passiert hier also? Die gesamtwirtschaftliche

Wertschöpfung steigt natürlich, denn die Werbewirtschaft schöpft zwar nur "immaterielle Werte", doch es sind Werte. Leider ist ihre "immaterielle Wertschöpfung" zumindest für die Preisstatistiker im Moment ihrer Schöpfung in Schall und Rauch aufgegangen, hat keine für sie sichtbaren Spuren hinterlassen, die es ihnen ermöglichen könnten, an ihren Preisstatistiken Korrekturen für die Dank der Werbung gestiegene "Qualität" der Güter vorzunehmen. Deshalb bleibt den tapferen Preisstatistikern mit ihrer Verhaftung in der "materiellen Güterwelt" nichts weiter übrig als eine bedauerliche Preisniveausteigerung festzustellen.

Selbst wenn einer Erhöhung der Einnahmen durch höhere Preise keine Erhöhung der Ausgaben vorausgegangen ist, die diese ermöglicht hat (Schaffung von Kartellrenten, Ausnutzung von Positionsrenten, ...), so ziehen auch erhöhte Einnahmen stets erhöhte Ausgaben nach sich. Auch staatliche Auflagen, etwa im Zuge einer Veränderung des Arbeits- oder Umweltrechts, können unter diesem Blickwinkel betrachtet werden. Es sind allen aufgelegte Erhöhungen von Ausgaben, die auch Erhöhungen von Einnahmen sind und deshalb das Preisniveau erhöhen können. Das Auftreten all dieser Phänomene ist natürlich preis- und preisniveautreibend ohne jedoch ein monetäres Phänomen zu sein. Mit Inflation hat dies alles nichts zu tun. Am Ende ist nur relevant, daß all diese Phänomene nicht nur zu Zusatzeinnahmen, sondern stets auch zu Zusatzausgaben führen und umgekehrt. Ganz allgemein gilt, daß sich eine Erhöhung von Einnahmen und Ausgaben am Markt, in welcher Form und zu welchem Zweck auch immer, zwar nicht zu einer Preisniveausteigerung führen muß, aber doch führen kann.

Wettbewerb verhindert Preisniveausteigerungen nicht immer

Verschärfter Wettbewerb steht dabei einer solchen Erhöhung der Ausgabe nicht notwendigerweise im Wege, da alle Marktteilnehmer in den meisten Fällen entweder freiwillig durch eine Ausgabenerhöhung ihre Marktposition zu verbessern suchen oder gezwungenermaßen solche Ausgabenerhöhungen vornehmen müssen. Einzig Vorsprung- und Nachhinkeffekte bringen diese Mechanik zumindest zeitweise etwas durcheinander, und dies sowohl in Zeit als auch Raum, was es letztlich selbst den gesamtwirtschaftlich denkenden Amtsstatistikern erschwert, solche Phänomene zu isolieren und güterwirtschaftlich denkenden Preisstatistikern unmöglich macht, diese Phänomene überhaupt wahrzunehmen.

Der Inflationsbegriff bleibt letztlich unklar, da die Isolation von strukturellen Preisniveauänderungen unterbleibt

Da Inflation aber nur als ein rein monetäres Phänomen definiert wird, müßten preisniveautreibende Veränderungen in Marktstrukturen und -formen, Produktionsstrukturen und -formen, Verbrauchsstrukturen und -formen, aber auch in den wirtschaftlichen Rahmenbedingungen möglichst genauso ausgeschlossen werden, wie jene vergleichsweise einfachen Veränderungen der Qualität von Waren und Dienstleistungen oder der Verbrauchsgewohnheiten. Von solchen Bereinigungen ist die Amtsstatistik aber noch weit entfernt, sie sind noch nicht einmal andiskutiert worden.

Unklar bleibt beim Bemühen der Amtsstatistiker um eine angemessene Inflationsmessung genaugenommen, was denn überhaupt Inflation ist, wie sie sich in den verschiedenen Märkten, in der Wirtschaft insgesamt ausbreitet. Unklar bleibt eigentlich letztlich sogar, und das ist sicherlich das größte Problem nicht nur für die Statistiker, sondern auch für die Ökonomen, welche Rolle das Geld in der Wirtschaft spielt. Denn wenn es keine befriedigende Inflationstheorie gibt, so ist dies ein klarer Beleg dafür, daß es letztlich auch noch keine befriedigende Geldtheorie gibt.

Die Amtsstatistik betreibt Inflationsmessung "Statistik ohne Theorie"

Auf jeden Fall sollte inzwischen klar sein, daß die Amtsstatistiker, wenn sie sich durch Standardpreisindizes an der Messung der Inflation versuchen, zumindest bis heute immer "Statistik ohne Theorie" betrieben haben. Doch dies ist sicherlich eine der Erbsünden der Statistik, denn um ein Phänomen messen zu können, bedarf es erst einer auf diesem Gebiet zugegebenermaßen immer noch weitgehend spekulativen Theorie, die dieses Phänomen identifiziert und den Amtsstatistikern erlaubt, daraus eine Meßvorschrift abzuleiten. Alle Welt, Bürger und Wirtschafter, Konsumenten und Produzenten, Investoren und Sparer, auch Bankiers, Politiker und Währungshüter, schickt die Amtsstatistiker also aus, die Inflation zu messen, doch keiner kann ihnen sagen, wie sie es denn machen sollen. Vielen Amtsstatistikern ist natürlich die "Sündhaftigkeit" ihres Tuns bewußt. Doch können sie sich nicht einfach weigern, eine Messung der Inflation vorzunehmen. Zu stark bewegt die Inflation die Gemüter von Wirtschaftern, aber auch von Bürgern und Politikern. Die Amtsstatistiker sind gezwungen, irgend etwas anzubieten. Denn selbst wenn sie nichts anböten, so würde aus dem, was sie an Preisindizes anbieten, sofort ein Inflationsmaß gemacht werden.

Die vorgetäuschte Genauigkeit von Verbraucherpreisindizes ist gefährlich

Problematisch ist dabei zuerst einmal die konzeptionelle Verschwommenheit des Inflationsbegriffs, die durch die scheinbar exakten VPI-Zahlen verdeckt wird. Sie führt dazu, daß jedermann in Wirtschaft und Politik zu wissen glaubt,

- daß es zuerst einmal Inflation gibt, da die Amtsstatistiker sie gefunden haben,
- was Inflation ist, nämlich das, was die Amtsstatistiker ihnen anbieten,
- und schließlich auch noch, wie hoch die Inflation selbst von Monat zu Monat ist, nämlich eine Prozentzahl mit mindestens einer Stelle hinter dem Komma.

Damit werden Gewißheiten in die Welt gesetzt, die jedoch auf höchst tönernen Füßen stehen. Wirtschafter und Politiker könnten dadurch geneigt sein, Handlungen zu ergreifen, die sie vielleicht nie ergreifen würden, wenn sie sich der Verschwommenheit des Begriffs bewußter wären.

Die systematische Überschätzung der Inflation durch Verbraucherpreisindizes ist noch gefährlicher

Problematisch ist aber vor allem auch die Gefahr einer systematischen Überschätzung dieses diffusen Phänomens, zumindest wenn es sich bei dem Inflationsphänomen um ein rein monetäres Phänomen handeln soll, das also durch, aus welchen Gründen in welcher Form auch immer, irgendwie exzessive Geldschöpfung verursacht sein soll. Es mag widersprüchlich erscheinen, wenn hier auf der einen Seite behauptet wird, daß die Amtsstatistiker eigentlich nicht wissen, was sie messen, und auf der anderen Seite behauptet wird, daß das, was sie messen, die von ihnen nicht adäquate erfaßte Inflation, systematisch überschätzt wird. Doch dieser Widerspruch läßt sich auflösen.

Strukturell verursachte Allgemeinkosten wirken preisniveautreibend

Ein Blick auf die Kostenstrukturen der Unternehmen belegt dies deutlich. Denn daß sich die enormen Produktivitätsgewinne bei der Produktion von Waren und Dienstleistungen trotz verschärfter Konkurrenz auf fast allen Märkten nicht in einer Preisniveausenkung niederschlägt, ist darauf zurückzuführen, daß die "Allgemeinkosten" der Unternehmen in den letzten Jahrzehnten erheblich zugenommen haben. Unter "Allgemeinkosten" sind dabei nicht nur die betrieblichen Allgemeinkosten etwa zur Verbesserung der Marktposition zu verstehen. Hinzu kommen auch die gesellschaftlichen Allgemeinkosten, die insbesondere in einer Erhöhung der Steuer- und Abgabenlast, aber auch in staatlich verordneten Ausgaben ihren Ausdruck finden. Natürlich werden permanent auch neue Waren und Dienstleistungen auf den Markt gebracht und das Volumen der am Markt untergebrachten Waren und Dienstleistungen gesteigert, doch kommt es dabei durch das Wachstum der "Allgemeinkosten" auch zu einer strukturellen, aber nicht monetären Preisniveausteigerung. Schlimmer noch, der Wettbewerb verstärkt den Druck auf die direkten Kosten, so da_ in diesem Bereich sogar mit einer Preisniveausenkung zu rechnen ist. Hinter diesem Prozeß steht letztlich eine Verlagerung von Marktmacht von den Anbietern "materieller" Leistungen hin zu den Anbietern "immaterieller" Leistungen. Erstere werden heute übrigens oft als nicht hinreichend qualifizierte Anbieter bezeichnet.

Wettbewerb erhöht möglicherweise sogar noch diese Allgemeinkosten

Der inzwischen auf vielen Märkten weltweite Wettbewerb hat zwar dazu geführt, daß zumindest die gesellschaftlichen Allgemeinkosten nicht mehr beliebig erhöht werden können. Sie werden möglicherweise in Zukunft unter diesem Wettbewerbsdruck sogar sinken. Erste Anzeichen dafür gibt es schon. Die betrieblichen Allgemeinkosten werden jedoch mit Sicherheit noch weiter steigen können. Die vielen Unternehmensdienstleistungen, die sich hinter so modischen Begriffen wie "Informations-" oder "Mediengesellschaft" verbergen, werden weiter zunehmen, und in dem Maße, wie dies weltweit geschieht, wird dies trotz Wettbewerbs zu weiteren Preisniveausteigerungen führen. Folglich wird zwar mit einer Abnahme der nicht monetären Preisniveausteigerung zu rechnen sein, aber steigen wird das Preisniveau trotzdem, nicht zuletzt sogar wegen der scharfen Konkurrenz, die die Unternehmen zwingt, durch Zusatzausgaben ihre

Marktposition zu verbessern oder zumindest zu halten. Doch solange es nicht nur monetäre Preisniveausteigerungen gibt, muß ein wie auch immer bereinigter VPI die monetär verursachte Preisniveausteigerung überschätzen[4].

Die Auswirkungen der systematischen Überschätzung der Inflation sind gewaltig

Die Auswirkungen der verdeckten Verschwommenheit des Inflationsbegriffs und der zahlenmäßigen Überschätzung des Phänomens auf Wirtschaft und Gesellschaft sind nicht zu unterschätzen.

Die allgemeine Stimmung in Wirtschaft und Gesellschaft wird schlechter

An erster Stelle müssen die psychologischen Auswirkungen genannt werden. Eine systematische Überschätzung des Inflationsphänomens führt zu einer systematischen Unterschätzung des sogenannten "realen" Wachstums. Jeder fühlt sich nicht nur ärmer als er in Wirklichkeit ist, er fühlt sich auch irgendwie betrogen. Dies macht es natürlich nicht leichter, gesellschaftliche Verteilungskonflikte friedlich zu lösen. Zudem wirkt sich dieses Gefühl negativ auf die Dynamik der Wirtschaft aus, denn Marktchancen werden in der Folge systematisch unterschätzt. Je mehr sich eine Wirtschaft, eine ganze Gesellschaft gedanklich auf ein scheinbares Nullwachstum einstellt, um so eher wird es zu einem Nullwachstum kommen, aber desto mehr wird auch das Wirtschaften als Null-Summenspiel empfunden. Gewinnen glaubt man nur auf Kosten anderer zu können. Es entsteht die Wirtschaft der Gewinner und Verlierer, die Gesellschaft der Zufriedenen und der Ausgeschlossenen. In der Folge wird das Wirtschaftsleben, das gesellschaftliche Leben, kurz das Leben überhaupt härter.

---

[4] Natürlich entstehen durch weltwirtschaftliche Verflechtungen sowohl monetär als auch nicht monetär verursachte Preisniveausteigerungen. Diese Problematik kann an dieser Stelle jedoch nicht diskutiert werden.

Die Inflationsentschädigungen fallen zu hoch aus

An zweiter Stelle müssen die direkten Auswirkungen auf die Verteilung genannt werden. All diejenigen, die für die "erlittene Inflation" eigentlich zu großzügige "Entschädigungen" haben durchsetzen können, stehen sich durch die Überschätzung ihres "Verlustes" natürlich besser, diejenigen, die dafür haben aufkommen müssen natürlich schlechter. Auch wenn dies teilweise für die "Entschädigungen" durch die Unternehmen gilt, so betrifft dies in erster Linie die "Entschädigungen" durch den Staat. Denn während erstere unter der Drohung des Konkurses stehen und deshalb weniger denn je zu hohen "Entschädigungen" zustimmen können, so ist letzterer nicht solchermaßen bedroht. Bedroht ist jedoch jede Regierung, nämlich durch den Verlust von Wählern, die sich nicht angemessen "entschädigt" fühlen. Folglich führt eine systematische Überschätzung der Inflation langfristig zu einer Umverteilung zugunsten derjenigen, die durch den Staat für Inflationsverluste "entschädigt" werden, die natürlich zulasten derjenigen geht, die für Steuern und Abgaben aufzukommen haben, ohne selbst voll "entschädigt" zu werden. Ob am Ende überhaupt wirklich entschädigt wird, muß jedoch dahingestellt bleiben, wenn diese "Entschädigungen" durch Staatsschulden finanziert werden, die jedoch nichts weiter sind als "Steuerstundungen". Es werden damit nur die Lasten der "Entschädigung" zukünftigen Generationen aufgebürdet.

Die Nominalzinsen sind tendentiell zu hoch

An dritter Stelle müssen die indirekten Auswirkungen auf die Verteilung angesprochen werden. Durch die systematische Überschätzung der Inflation werden natürlich die sogenannten "Realzinsen" systematisch unterschätzt. Die "Realzinsen" spielen jedoch eine große Rolle auf dem Kapitalmarkt. Wenn die Gläubiger davon überzeugt sind, daß die "Realzinsen" niedrig sind, werden sie höhere Nominalzinsen fordern und auch durchsetzen können, denn die Schuldner unterschätzen ihrerseits natürlich ebenfalls die "Realzinsen". Die Unterschätzung begünstigt also die Gläubiger und benachteiligt die Schuldner. Schlimmer noch, die solchermaßen verzerrte Wahrnehmung von Gläubigern und Schuldnern wirkt sich notwendigerweise depressiv auf die Investitionstätigkeit und am Ende auch auf das allgemeine Aktivitätsniveau aus.

Schließlich darf natürlich auch die mögliche Fehlorientierung der Geldpolitik der Zentralbanken nicht unerwähnt bleiben. Auf Preisniveaustabilität eingeschworene Zentralbanken, und das sind wohl inzwischen alle wichtigen Zentralbanken, müssen zwangsläufig eine zu restriktive Politik verfolgen, die die Nominalzinsen über das sowieso schon zu hohe Niveau weiter nach oben treibt.

Eine neoklassisch und monetaristisch gedachte Wirtschaft ist gegen eine Überschätzung der Inflation hochgradig anfällig.

Zusammenfassend läßt sich sagen, daß eine Wirtschaft, die von einer großen Mehrheit der Wirtschafter, aber auch der Politiker und der Währungshüter heute mehr oder weniger einhellig auf der Grundlage einer neoklassischen Theorie mit monetaristischen Korrekturen gedacht und verstanden wird, hochgradig anfällig in Bezug auf eine Überschätzung der Inflation ist. Dazu trägt insbesondere die starke gedankliche Verhaftung in einer als "real" bezeichneten Güterwirtschaft bei, in der dem Geld bestenfalls nur eine Tauschfunktion zugeschrieben wird und es dafür knapp gehalten werden muß, damit es sich nicht als ein lästiger oder gefährlicher Schleier über die Güterwirtschaft legt. Diese Sicht der Dinge führt dazu, daß sich in den Köpfen von Wirtschaftlern, aber auch von Politikern und Bürgern, ein Bild der Wirtschaft festsetzt, das sie als die "reale" Wirtschaft bezeichnen, das in Wirklichkeit aber nur ein theoretisches Konstrukt von zweifelhaftem Wert ist, während doch im Gegensatz dazu die als "nominal" abqualifizierte Wirtschaft die wahrhaft reale Wirtschaft ist.

Da die Neoklassik zudem den Zins aus der Zeitpräferenz ableitet (Güter heute gegen mehr Güter morgen), kann sie zwar hohe Zinsen mit einem Bedauern zur Kenntnis nehmen, glaubt aber auch, nichts gegen hohe Zinsen unternehmen zu können, da sie der allmächtigen Zeitpräferenz von Gläubigern und Schuldnern entspricht. Deshalb ist es gut möglich, daß durch diese neoklassisch-monetaristische Sicht der Wirtschaft die wirtschaftenden Menschen einem künstlichen Zinsdruck ausgesetzt werden, der solange bestehen bleibt, bis eine neue Theorie erlaubt, die wahren Inflationsgründe ans Tageslicht zu bringen. Es stellt sich deshalb ernsthaft die Frage, ob mit der solchermaßen diffus gehaltenen Inflation nicht sogar gegen ein Phantom gekämpft wird, das durch eine falsche Wirtschafts- und insbesondere Geldtheorie künstlich geschaffen wurde und dem die Amtsstatistiker nur eine scheinbar konkrete Gestalt gegeben haben.

Auswege

Was sollen die Amtsstatistiker in dieser mißlichen Lage machen? Können sie überhaupt etwas machen? Zu einer Abschätzung des Einflusses nicht monetär verursachter Preisniveauänderungen fehlt ihnen das Instrumentarium. Rächt es sich nun, "Statistik ohne Theorie" betrieben zu haben? Haben sie den Geist aus der Flasche gelassen und sind nun nicht in der Lage, ihn wieder in die Flasche zurückzubringen? Hoffentlich nicht.

Den Preisstatistikern bleibt wahrscheinlich zuerst einmal nichts weiter übrig als zu versuchen, die Ergebnisse ihrer Arbeit selbst laut und deutlich in Frage zu stellen. Eine systematische Überschätzung der Inflation ist sicherlich das Schlimmste, was sie Wirtschaft und Gesellschaft antun können. Das heißt nicht, daß sie sofort ihre Zahlen irgendwie schönen sollten. Darunter würde ihre Glaubwürdigkeit gerade in dieser angespannten Zeit erheblich leiden. Doch sollten sie sich mit den Unternehmensstatistikern zumindest einmal zusammensetzen. Denn diese zerbrechen sich seit geraumer Zeit schon ihren Kopf über die Erfassung der "immateriellen Produktion". Gemeinsam sollte es ihnen gelingen zu belegen, daß diese Produktion sich zu allererst in einer Preisniveausteigerung zeigt. Vielleicht gelingt es ihnen damit auch, selbst den unerbittlichsten Währungshütern klar zu machen, daß es die Inflation als monetäres Phänomen in vielen Ländern eigentlich schon seit einigen Jahren nicht mehr gibt. Es könnte dann zumindest möglich sein, daß sie davon Abstand nehmen, die durch das Wachstum der immateriellen Produktion verursachte Preisniveausteigerung als Inflation zu bekämpfen. Sie könnten einen monetären Waffenstillstand ausrufen. Sollte dies gelingen, so wäre zumindest weiterer wirtschaftlicher und gesellschaftlicher Schaden abgewendet.

Eine Reihe von ganz praktischen Schritten sollten auch sofort eingeleitet werden. Keine Frage, wenn sich jährliche Preisniveausteigerungen in Größenordnungen von 10% und mehr bewegen, kann ihr monetärer Charakter nicht bezweifelt werden. Sollten sie sich aber in Größenordnungen von weniger als 5% oder sogar unter 2% bewegen, dann wird es schwierig. Folglich sollten die Amtsstatistiker der Öffentlichkeit mit auf den Weg geben, daß es sich bei ihrem Index nur um ein sehr ungenaues Maß handelt, wenn es darum geht, nur den monetär verursachten Anteil der Preisniveausteigerung auszuweisen. Auf die Veröffentlichung von Indizes mit Kommastellen sollte deshalb genauso verzichtet werden wie auf die Veröffentlichung von monatlichen Indizes. Vielleicht genügt es insbesondere in Zeiten niedriger Inflation einen ganzzahligen zweiprozentigen Inflationskorridor (etwa 0-2, 1-3, 2-4, ...) anzugeben, der nur dann verändert wird, wenn der Index aus dem Korridor auszubrechen droht.

So könnte der VPI sukzessive aus dem Rampenlicht genommen werden. Denn wenn sich am Korridor nichts ändert, so ist dies auch keine Nachricht wert. In der Folge könnte der VPI damit auch sukzessive depolitisiert werden, verlöre seine die Erwartungen von Wirtschaftlern und Politikern prägenden Charakter und letztlich auch seine gefährliche verteilungspolitische Operationalität.

Ausblick

Exemplarisch wurde die Frage gestellt, was Inflation, also was wirklich "real" und was nur "nominal" ist[5]. Ich habe versucht zu zeigen, daß der VPI sich nicht zur Inflationsmessung eignet, daß ihm keine vernünftige Theorie zugrundegelegt werden kann, die ihn als Inflationsmaß rechtfertigt, aber auch, daß zu vermuten ist, daß es zur Zeit eigentlich gar keine Theorie gibt, die es den Amtsstatistikern ermöglicht, eine befriedigende Meßvorschrift zu entwickeln. Deshalb sind sie gezwungen, mit dem VPI einen unbefriedigenden Meßwert in den Raum zu stellen. Daß sich daraus durchaus dramatische Konsequenzen für Wirtschaft und Gesellschaft ergeben können, wurde aufgezeigt. Daß sich solche Konsequenzen vielleicht teilweise auch schon eingestellt haben, kann angesichts der sich in den letzten Jahren verschärfenden wirtschaftlichen und sozialen Probleme insbesondere in Europa zumindest vermutet werden.

Unter diesen Umständen drängt sich natürlich die Frage auf, ob die Dinge in anderen Bereichen der Amtsstatistik nicht ähnlich liegen. Ohne auf diese Frage auch nur zu versuchen, eine tiefschürfende Antwort zu geben, so möchte ich doch auf einige Bereiche der Amtsstatistik hinweisen, in denen meiner Ansicht nach zu vermuten ist, daß sie auf ähnlich wackeligem Fundament stehen wie die aktuelle amtsstatistische Inflationsmessung.

---

[5] Wenn statt dessen gefragt worden wäre, was eine "schwache" und was eine "starke" Währung ist, so wäre damit ebenfalls die Frage nach der Inflation gestellt worden, jedoch aus einem anderen Blickwinkel. Denn zwischen die "Stärke" und "Schwäche" einer Währung schiebt sich Inflation ähnlich wie sie sich zwischen die nominale und "reale" Wirtschaft schiebt. Ob sich aus diesem Blickwinkel vielleicht ein besserer, wenn auch nur relativer Zugang zum Inflationsphänomen und seiner Messung ergeben könnte, ist sicherlich einer genaueren Untersuchung würdig. Doch zur Zeit beschäftigt sich die Amtsstatistik noch nicht mit dieser Möglichkeit.

So sind Amtsstatistiker etwa aufgerufen, zwischen "Nationalem" und "Ausländischem" zu unterscheiden. Politisch ist diese Unterscheidung immer noch sehr wichtig, denn Wähler und Gewählte gibt es, von relativ unbedeutenden Ausnahmen abgesehen, immer noch fast ausschließlich im nationalen Raum. Politik wird deshalb ebenfalls immer noch sehr stark durch diesen Raum geprägt. Die Wirtschafter hingegen können heute nach dem weitgehenden Abbau von Handelsschranken und Kapitalverkehrskontrollen weltweit tätig werden. Folglich ist die nationale Wirtschaft politisch immer noch relevant, obwohl die nationale Dimension zumindest für einige Wirtschaftler, und nicht die unwichtigsten unter ihnen, von nachrangiger Bedeutung ist.

Zur Zeit gehen die Amtsstatistiker auf diesem Gebiet recht pragmatisch vor. Die Amtsstatistik konzentriert sich zum einen auf die traditionelle, an die zolltechnische Abwicklung geknüpfte Erfassung von grenzüberschreitenden Warenströmen (Außenhandelsstatistik) und zum anderen auf die Erfassung von Transaktionen zwischen Gebietsansässigen und Gebietsfremden mit Hilfe der Erfassung der ihnen entsprechenden Zahlungsströme (Zahlungsbilanzstatistik). Letztere finden sich auch in der Volkswirtschaftlichen Gesamtrechnung in den Konten für den "Rest der Welt" wieder. Doch trotz oder gerade wegen ihres Pragmatismus werden die Amtsstatistiker jedoch schweren Zeiten entgegen gehen. Denn wo immer sie auch hinschauen werden, um zu erfassen und zu messen, nichts wird mehr so klar wie früher sein: Zollschranken verschwinden; Dienstleistungen und Güter werden sich immer mehr vermischen; auch werden sich Investitions- und Handelsströme immer schwerer voneinander trennen lassen; dies wird insbesondere auch für die zentrale Unterscheidung in Gebietsansässige und Gebietsfremde gelten.

Durch ihren Pragmatismus laufen die Amtsstatistiker Gefahr, immer mehr einfach drauflos zu messen und am Ende auch hier eine "Statistik ohne Theorie" zu betreiben. Früher, als es nur um die Erfassung des Güterhandels ging, stand ihnen mit der klassischen Theorie des internationalen Handels eine relativ tragfähige Theorie zur Verfügung, die es ihnen erlaubte, ein adäquates Berichtssystem aufzubauen. Doch mit dem Übergang von einer internationalen Verflechtung von Handelsstaaten zu einer umfassenden Integration aller Märkte (nicht nur von Güter-, sondern auch von Faktormärkten) ist eine Art internationaler Wertschöpfungs- und Steuerkonkurrenz entstanden. Heute konkurrieren Länder nicht nur als Wirtschaftssstandorte um Wertschöpfung, um Faktoreinkommen und immer offener um Arbeitsplätze, sondern auch als Steuerautoritäten immer mehr um Steuereinnahmen. Dies erklärt auch, warum inzwischen im

Rahmen von internationalen Handelsabkommen das Territorialkonzept teilweise aufgegeben und zwischen den Staaten eine neue Grenze gezogen wird. Denn heute wird vermehrt gefragt, wer welche Wertschöpfung wo mit welchen Mitteln kontrolliert und wer sie als Einkommen wo versteuert. Auf diese Fragen kann die Amtsstatistik zur Zeit jedoch keine Antwort geben.

Auf Hilfe der Wirtschaftstheorie können die Amtsstatistiker aber in absehbarer Zeit nicht rechnen. Zur Zeit kursieren nur einige Schlagworte: Globalisierung, Faktormobilität, Standortwettbewerb, Währungskonkurrenz, ... Von einer neuen Theorie des internationalen Wettbewerbs, an der die Amtsstatistiker ihr Berichtssystem ausrichten könnten, kann noch keine Rede sein. Es ist deshalb zu befürchten, daß insbesondere durch die den Amtsstatistiken zugrundeliegende, immer problematischere Abgrenzung zwischen Gebietsansässigen und Gebietsfremden deren ökonomische Signifikanz und politische Relevanz abnimmt. Etwas überspitzt stellt sich die entscheidende Frage wie folgt: Kann die nationale Ökonomie auch heute noch durch das Territorium eines Staates oder sollte sie besser durch das sich in der Hand von Bürgern eines Staates befindliche Kapital definiert werden. Die Antwort steht noch aus.

Weiter sind die Amtsstatistiker aufgerufen, auch zwischen der Staatswirtschaft und der Privatwirtschaft zu unterscheiden. Ohne dies weiter vertiefen zu können, muß darauf hingewiesen werden, daß auch hier die politische Signifikanz und die ökonomische Relevanz der gegenwärtig benutzten Grenze (Anteil des am Markt Erwirtschafteten) zumindest umstritten sind. Das, was in der Volkswirtschaftlichen Gesamtrechnung auf der einen Seite unter den Sektor "Staat" und auf der anderen Seite unter die Sektoren "Nichtfinanzielle" oder "Finanzielle Kapitalgesellschaften" fällt, grenzt heute Staatswirtschaft und Privatwirtschaft sicherlich nicht mehr so gut ab. Auch und gerade weil inzwischen vieles bereits privatisiert ist und noch weiter privatisiert wird, werden die Amtsstatistiker sicherlich noch viel Ärger mit dieser Abgrenzung haben, denn auch privatisiertes kann weiterhin staatlich kontrolliert, zumindest beeinflußt werden, werden doch staatlich kontrollierte Aktivitäten dem privatwirtschaftlichen Bereich zugeschrieben, wenn diese Aktivitäten zu mehr als 50% durch Einnahmen "im Markt" finanziert werden.

Fazit

In den letzten Jahrzehnten hat die Bedeutung der Amtsstatistik ohne Zweifel deutlich zugenommen. Amtsstatistiker üben heute einen nicht unerheblichen Einfluß auf wirtschaftliche und politische Entscheidungen aus. Damit ist die Amtsstatistik zu einer wichtigen Institution für marktwirtschaftlich verfaßte Demokratien geworden. Doch um ihre für Wirtschaft und Gesellschaft nützliche Rolle voll spielen zu können, muß sie vor einer exzessiven Politisierung geschützt werden. Dem wird durch die Gewährung einer gewissen Unabhängigkeit von politischen und wirtschaftlichen Kräften Rechnung getragen. Doch unpolitisch kann die Amtsstatistik damit nicht werden, sie sollte es auch nicht werden, denn ihr Gegenstand ist und bleibt politisch.

Mit der Bedeutung der Amtsstatistik ist auch ein Anstieg ihrer Verantwortung für Wirtschaft und Gesellschaft einhergegangen. Viele Amtsstatistiker sind sich dieser Tatsache durchaus bewußt, doch das hilft ihnen nicht viel. Denn was politisch aus ihren amtsstatistischen Informationen gemacht wird, entzieht sich weitgehend ihrer Kontrolle. Wenn eine Statistik erst einmal im politischen Raum steht, so ist sie von dort nur sehr schwer wieder zu entfernen. Die Amtsstatistiker können sich darum bemühen, dafür zu sorgen, daß ihre Statistiken richtig gelesen und vor allem nicht überbewertet werden, doch ob sie immer erhört werden, ist mehr als zweifelhaft. Zu stark ist die magische Kraft von Statistiken und statistischen Kennzahlen. Es hat eher den Anschein, daß ihre Warnungen in den Wind geschlagen werden. Außer daß ihre Warnungen vielleicht zu leise sind, kann daraus den Amtsstatistikern natürlich kein Vorwurf gemacht werden, doch dürfen sie, um ihrer Verantwortung gerecht zu werden, ihre diesbezüglichen Bemühungen aber nicht einstellen oder in den Fußnoten ihrer Veröffentlichungen verstecken.

Wird die Statistik von der Politik genutzt, und das wird sie, weil sie nicht zuletzt dafür gemacht wird, so wird sie damit automatisch politisch. Verantwortungsbewußte Amtsstatistiker müssen sich deshalb der Auswirkungen ihrer Statistiken auf den politischen und ökonomischen Prozeß zumindest bewußt sein. Sie müssen wissen, was sie tun, und eine Vorstellung darüber haben, wie sensibel dieser Prozeß auf ihre Statistiken reagiert. Ist mit relativ weitreichenden Konsequenzen zu rechnen, so müssen sie über Adäquanz und Verläßlichkeit ihrer Statistiken ausführlich Rechenschaft ablegen.

Schließlich sollten die Amtsstatistiker auch darüber im Klaren sein, daß sie letztlich zu einer politischen und wirtschaftlichen Umgestaltung beitragen, diese teilweise sogar erst möglich machen. Es wird viel von der Technokratisierung von Wirtschaft und Politik geredet, daß es immer weniger Wirtschaftler und Politiker, aber immer mehr Verwalter gibt. Politiker werden zu Verwaltern, wenn sie sich nicht mehr um gerechte Spielregeln, sondern an einer vermeintlich effizienten Gesamtsteuerung von Wirtschaft und Gesellschaft anhand von statistischen Kennzahlen versuchen. Wirtschaftler werden zu Verwaltern, wenn sie nicht mehr mit anderen das kalkulierte Risiko suchen, sondern sich darauf beschränken, mit der Peitsche statistischer Kennzahlen über ein wirtschaftliches Imperium zu herrschen. Statistiken sind in beiden Fällen notwendig, um diesen Prozeß in Gang zu setzen. Die Auswirkungen einer solchen Umwandlung sind ebenfalls nicht zu unterschätzen, denn der politische Transformationsprozeß läuft Gefahr, die Wirtschaftsordnung zu untergraben, während der wirtschaftliche Transformationsprozeß droht, dem Wirtschaften das Menschliche zu entziehen. Beide Transformationen haben die Tendenz, sich gegenseitig zu verstärken und das Potential sozialen Friedens und Wohlstands zu gefährden. Unabhängige und verantwortungsbewußte Amtsstatistiker sollten zumindest ihre Rolle in diesem Umwandlungsprozeß reflektieren.

Zu einem gefährlichen Politikum werden die Amtsstatistiken jedoch erst dann, wenn sie entweder einer soliden theoretischen Grundlage entbehren oder auf einer zumindest umstrittenen theoretischen Grundlage aufbauen. Die Übergänge zwischen diesen beiden Fällen ist recht fließend. Denn was für die einen eine gute Theorie ist, kann für die anderen bestenfalls eine intelligente Spekulation, möglicherweise auch schlichte Ignoranz oder schlimmstenfalls pure Ideologie sein. Um ihrer gesellschaftlichen Verantwortung gerecht zu werden, müssen sich die Amtsstatistiker deshalb bewußt werden, wie groß der Einfluß wirtschafts- und gesellschaftswissenschaftlicher Theorien auf ihre Arbeit ist, und müssen insbesondere auch für neue Theorien offen sein.

Natürlich dürfen die Gefahren, die durch die Arbeit der Amtsstatistiker heraufbeschworen werden können, nicht zu stark dramatisiert werden. Eingangs wurden die Standardargumente vorgetragen, nach denen die Amtsstatistik durchaus eine wichtige und nützliche Rolle in marktwirtschaftlich verfaßten Demokratien spielen kann. Diese Argumente sind durchaus stichhaltig. Viele Bereiche der Amtsstatistik sind von der hier angesprochenen Problematik nicht oder nicht stark betroffen, angefangen bei der Bevölkerungs- über die Umwelt- sogar bis hin zu weiten Teilen der Unternehmensstatistik. Betroffen sind von dieser Problematik in erster Linie die makroökonomischen Statistiken, angefangen bei der Inflationsstatistik über die Zahlungsbilanzstatistik bis hin zur Volkswirtschaftlichen Gesamtrechnung, denn dort gibt es eine Vielzahl von widerstreitenden Theorien. Bedauerlich ist nur, daß die makroökonomische Statistik zur Zeit mehr denn je "à la mode" ist, ist es doch die Statistik der zur Zeit übermächtigen Verwalter von Wirtschaft und Gesellschaft. Bleibt nur zu hoffen, daß ihre Ära und damit auch die Ära der Makroökonomie zu Ende geht, ohne zu viel Schaden anzurichten. Die Amtsstatistiker könnten dazu beitragen, wenn sie die Problematik dieser Statistiken mehr in die Öffentlichkeit trügen.

Was schließlich die Haltung der Amtsstatistiker zu ihrer Arbeit selbst angeht, so wäre es wünschenswert, wenn sie sich etwas bewußt wären, daß es keine richtigen oder falschen Statistiken gibt, sondern nur Statistiken, die zu richtigen oder falschen Entscheidungen führen, erst dann könnten sie voll ihre wichtige gesellschaftliche Funktion erfüllen. Natürlich dürfen sie sich nicht an die Stelle derjenigen setzen, die die Entscheidungen zu fällen haben. Dafür sind sie nicht legitimiert. Doch sollten sie zumindest wissen, was sie tun und dieses Wissen mit den Entscheidungsträgern in Wirtschaft und Politik teilen. Und wenn diese davon nichts hören wollen, dann sollten sie ihre Unabhängigkeit dazu benutzen, ihr Wissen in die Öffentlichkeit zu tragen.

Persönliche Schlußbemerkung

Bei diesem Beitrag handelt es sich nicht so sehr um einen wissenschaftlichen Beitrag zur Rolle der Amtsstatistik in Wirtschaft und Politik, sondern um das zum Ausdruck gebrachte Unbehagen eines Amtsstatistikers mit der Rolle, in die seine Profession in letzter Zeit hineingewachsen ist, in die sie sich teilweise hineingedrängt hat oder in die sie hineingezogen worden ist. Exemplarisch habe ich versucht, mein Unbehagen an der amtsstatistischen Inflationsmessung zu begründen.

Da solchermaßen persönlich, mögen mir alle Autoren, die schon früher ähnliche Gedanken in der einschlägigen Literatur zum Ausdruck gebracht haben, verzeihen, daß sich dies nicht wie üblich in Fußnoten niedergeschlagen hat. Dies sollte ihnen aber um so leichter fallen, da ich nicht nur generell auf Literaturhinweise verzichtet habe, sondern auch nicht den Anspruch erhebe, daß meine Gedanken besonders ausgewogen und originell sind und wissenschaftlichen Standards entsprechen, durch die sie dann auch Anspruch auf den in der Wissenschaft üblichen urheberrechtlichen Schutz hätten.

Mir wäre vielmehr daran gelegen, wenn er den Amtsstatistikern und denen, die ihre Arbeit wissenschaftlich begleiten, Anlaß wäre, sich insbesondere ihrer Rolle im politischen Raum bewußter zu werden. Denn viele, zu viele unter ihnen betrachten ihre Arbeit immer noch als unpolitisch, objektiv und neutral.

Desweiteren sei der Leser noch darauf hingewiesen, daß sich dieser Beitrag nicht mit der Rolle der bundesdeutschen Amtsstatistik in bundesdeutscher Wirtschaft und Politik auseinandersetzt. Für nichts von dem, was hier von mir beispielhaft angesprochen wird, erhebe ich den Anspruch, daß es auf die Bundesrepublik Deutschland zutrifft. Ich erhebe auch nicht den Anspruch, daß irgend etwas von dem auf irgendein anderes Mitgliedsland der Europäischen Union zutrifft. Doch dieser Beitrag ist nicht aus Gründen des Dienstrechtes der Europäischen Union so allgemein gehalten, sondern weil ich vermute, daß die in meinem Beitrag angesprochenen Probleme mehr oder weniger stark ausgeprägt überall anzutreffen sind, dies in keiner Weise zufällig, sondern systematisch ist und sich insbesondere aus der Rolle der Amtsstatistik auch und gerade in marktwirtschaftlich verfaßten Demokratien westlicher Prägung fast zwangsläufig ergibt. Mir ist deshalb daran gelegen, von meinen Lesern, zumal sie sicherlich über mehr amtsstatistische Sachkenntnis verfügen, zu hören, ob sie meine Einschätzung, und um nichts mehr handelt es sich hier, teilen. Auch wenn ich mich hier im wesentlichen auf das Beispiel der statistischen Erfassung von Inflation beschränkt habe, so bin ich doch davon überzeugt, daß eine ähnliche Problematik auch bei anderen Statistiken, insbesondere der markoökonomischen Statistik aufgezeigt werden kann.

Wie Konjunkturdiagnosen treffsicherer werden

Von Jürgen Schmidt, Wiesbaden

Zusammenfassung: Die Treffsicherheit aktueller Konjunkturdiagnosen hängt in hohem Maße davon ab, ob es gelingt, die aktuelle Entwicklungstendenz konjunkturrelevanter Zeitreihen in guter Näherung zu diagnostizieren. Als Diagnosehilfe wurden dazu bisher in erster Linie saisonbereinigte Daten verwendet. Diese Vorgehensweise bringt für den "normalen" Nutzer, der nicht über die Expertenkapazität von Analyseinstitutionen verfügt, erhebliche Interpretationsprobleme mit sich, weil der Verlauf der saisonbereinigten Reihe im allgemeinen nicht die Entwicklungstendenz der Reihe widerspiegelt und am Reihenende nicht überschaubare Schätzunsicherheiten bestehen.

Als Alternative zur saisonbereinigten Reihe bietet sich für allgemein verständliche Diagnosen der aktuellen Reihenentwicklung die Trendkomponente (glatte Komponente) an. Sie hat gemäß Definition den Vorteil, direkt als Approximation für die Entwicklungstendenz der Reihe verwendbar zu sein. Zwar treten auch bei der Trendschätzung am Reihenende Schätzunsicherheiten auf, die Gefahr von Fehldiagnosen ist aber - wie die bisherigen Erfahrungen mit dem beim Statistischen Bundesamt angewendeten Verfahren BV4 gezeigt haben - bei Beachtung einfacher Regeln gering. Außerdem können die in der Vergangenheit beobachteten Schätzunsicherheiten des Trends am Reihenende auf einfache Weise visualisiert werden.

Die aktuellen empirischen Untersuchungen hatten das Ziel, die Schätzqualität der Trendwerte von BV4 am Reihenende durch Prognosewerte zu verbessern. Die empirische Erkenntnis, daß Niveauveränderungen der sukzessive geschätzten Trendverläufe am Reihenende im allgemeinen frühzeitiger einen Hinweis auf anstehende Konjunkturumschwünge geben als die isolierte Betrachtung der jeweils letzten Trendschätzung, war dabei Basis für die Konstruktion eines einfachen Prognoseverfahrens. Anhand einer künstlichen Reihe mit einem idealisierten Konjunkturverlauf und anhand der Arbeitslosenreihe ist das Verfahren getestet worden. Die Ergebnisse zeigen, daß bereits mit wenigen Prognosewerten die Treffsicherheit des Trends am Reihenende insbesondere bei anstehenden Konjunkturumschwüngen deutlich verbessert wird.

Einführung

Die Nutzer makroökonomischer Zeitreihen haben oftmals Probleme, die für Konjunkturdiagnosen maßgebende Entwicklung am Reihenende zutreffend zu diagnostizieren. Die Gründe für diese Probleme sind hinlänglich bekannt:

- Die in den monatlich bzw. vierteljährlich vorliegenden Reihendaten enthaltenen saisonalen, kalenderbedingten und irregulären Einflüsse verschleiern die konjunkturelle Grundtendenz der Reihe.

- Die als Diagnosehilfe gebräuchlichen Zeitreihenzerlegungsverfahren können für das Reihenende nur unsichere Schätzungen der saisonal und kalenderbedingten Einflüsse (Saisonkomponente) sowie der mittel- bis langfristigen Entwicklung (Trend-Konjunktur-Komponente) liefern.

Die meisten mit Konjunkturanalysen befaßten Institutionen, wie z.B. die Deutsche Bundesbank und die Wirtschaftsforschungsinstitute, leisten Diagnosehilfe durch die Veröffentlichung saisonbereinigter Daten. Diese Praxis kann viele Nutzer, die nicht über die Expertenkapazität der Analyseinstitutionen verfügen, in die Irre führen, da saisonbereinigte Daten schwerer zu interpretieren sind als gemeinhin angenommen wird.

Im folgenden werden zunächst die Interpretationsprobleme, die beim Arbeiten mit saisonbereinigten Daten auftreten, kurz erläutert und beispielhaft dargestellt. Anschließend wird anhand von Ergebnissen des BV4-Verfahrens[1] die Eignung der Trend-Konjunktur-Komponente (im folgenden kurz Trendkomponente genannt) für Diagnosezwecke diskutiert und gezeigt, daß

– Trendschätzungen für den "normalen" Nutzer eher als Diagnoseinstrument geeignet sind als die saisonbereinigte Reihe,

– die Treffsicherheit der Trendkomponente durch Einbeziehung weniger Prognosewerte erheblich verbessert werden kann.

Probleme bei Konjunkturdiagnosen anhand saisonbereinigter Daten

Wie die Erfahrung zeigt, sind viele Nutzer über die Interpretationsprobleme, die bei Verwendung saisonbereinigter Daten für die laufende Wirtschaftsbeobachtung auftreten können, nicht ausreichend informiert. Die wichtigsten Probleme werden deshalb kurz erläutert und teilweise durch Beispiele illustriert.

1.) Die saisonbereinigte Reihe ist als Approximation für die konjunkturelle Entwicklung prinzipiell nicht geeignet, denn sie enthält gemäß Zerlegungsmodell neben der konjunkturellen Grundtendenz noch alle Sondereinflüsse nicht-saisonaler Art, von denen die einzelnen Reihen in unregelmäßiger Weise betroffen sind (wie z.B. Großaufträge, Streiks). Je

---

[1] Das Berliner Verfahren, Version 4 (BV4) wird insbesondere vom Statistischen Bundesamt und vom Deutschen Institut für Wirtschaftsforschung zur Komponentenzerlegung von Zeitreihen angewandt; zur Methode siehe Nourney (1983).

nach Zerlegungsverfahren kann sie auch Einflüsse saisonaler Art enthalten, wenn diese wesentlich vom saisonalen Durchschnittswert abweichen.

Die Nichtbeachtung oder fehlende Kenntnis dieser methodischen Zusammenhänge führt zwangsläufig zu Fehldiagnosen, wie folgendes Beispiel zeigt:

Schaubild 1
Konjunkturbeurteilung mit saisonbereinigten Werten[1]
Produktion im Bauhauptgewerbe (1985 = 100)

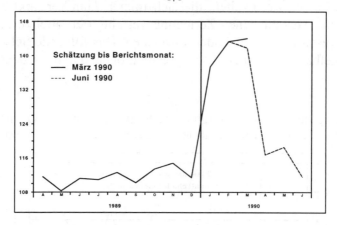

[1] Ergebnisse des Census X11-Verfahrens
Quelle: Deutsche Bundesbank, Saisonbereinigte Wirtschaftszahlen, Statistisches Beiheft zum Monatsbericht.

Die saisonbereinigte Reihe des Produktionsindex zeigte bis Dezember 1989 eine wechselnde, insgesamt gesehen geringfügig ansteigende Entwicklungstendenz an. Es folgte eine starke Aufwärtsbewegung, die bis Berichtsmonat März 1990 den Eindruck eines beginnenden kräftigen konjunkturellen Hochs im Baugewerbe vermittelte. Eine Fehldiagnose, wie die Entwicklung der nächsten Monate erkennen ließ. Hauptursache für den starken Anstieg war die im Vergleich mit dem langjährigen Durchschnitt milde Witterung in den Wintermonaten. Diese Ausprägung der saisonalen Einflußgröße Witterung dominierte nicht die Schätzung der Saisonkomponente des Census-Verfahrens und wurde folglich auch nicht entsprechend bereinigt.

2.) Um anhand saisonbereinigter Daten Aufschluß über die konjunkturelle Entwicklung zu gewinnen, müssen alle nicht mit saisonüblichen Einflüssen zusammenhängenden Bewegungen ökonomisch erklärt, quantifiziert und bereinigt werden.

Diese Aufgabe können Nutzer, die nur die Ausgangs- und die saisonbereinigten Daten zur Verfügung haben, nicht erfüllen. Dazu wird nämlich neben detailliertem ökonomischem Hintergrundwissen über die Reihe auch die Kenntnis der Restkomponente des Zerlegungsverfahrens sowie der jeweiligen verfahrens- und (ggf.) reihenabhängigen Definition von Saison benötigt.

Daß es sich hierbei nicht um ein marginales Problem handelt, zeigen die Interpretationsschwierigkeiten, die sich immer dann verstärkt einstellen, wenn die mit verschiedenen Zerlegungsverfahren ermittelten Analyseergebnisse wesentlich voneinander abweichen. Das folgende Schaubild belegt beispielhaft, daß solche Analysesituationen durchaus häufiger auftreten.

Schaubild 2
Veränderung der saisonbereinigten Werte gegenüber dem Vormonat in %
Auftragseingänge im Verarbeitenden Gewerbe, Inland (1985 = 100)

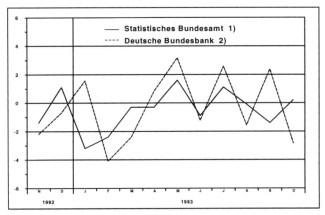

[1])Ergebnisse des BV4-Verfahrens
    Quelle: Statistisches Bundesamt, Konjunktur aktuell
[2])Ergebnisse des Census X11-Verfahrens
    Quelle: Deutsche Bundesbank, Statistisches Beiheft zum Monatsbericht.

Das Beispiel zeigt teilweise deutliche Unterschiede in der Beurteilung der Entwicklung durch die beiden Zerlegungsverfahren; in 6 von 12 Monaten haben die Veränderungsraten ein unterschiedliches Vorzeichen. Die Differenzen sind hier im wesentlichen darauf zurückzuführen, daß die Saisonschätzung bei BV4 auch Verlagerungen und unterschiedliche Intensitäten von jährlich wiederkehrenden Einflüssen erfaßt, während die Parameter beim Census X11-Verfahren so eingestellt wurden, daß sich die Saisonschätzung für gleichnamige Monate von Jahr zu Jahr nur wenig ändern kann.

3.) Saisonbereinigte Daten sind am Reihenende weniger zuverlässig schätzbar als viele Nutzer glauben.

Bekanntlich kommt es bei allen gängigen Zerlegungsverfahren zu Revisionen der Analyseergebnisse für vergangene Beobachtungszeitpunkte, wenn neue Beobachtungswerte der Zeitreihe in die Analyse einbezogen werden. Viele Nutzer glauben, daß sich die nachträglichen Korrekturen bei saisonbereinigten Werten in engen Grenzen halten. Wie Speth (1994, 1997) anhand einer empirischen Vergleichsuntersuchung mit verschiedenen Zerlegungsverfahren nachgewiesen hat, ist diese Annahme aber falsch. Auch bei saisonbereinigten Daten muß mit erheblichen Revisionen gerechnet werden. Im Gegensatz zu den Revisionen der Trendkomponente, die sich z.B. bei BV4 im wesentlichen auf wenige Monate am Reihenende beschränken, treten für die Konjunkturdiagnose gewichtige Revisionen bei der saisonbereinigten Reihe oftmals erst nach einem Jahr auf und können sich mit einer Periodizität von 12 Monaten auch über mehrere Jahre verteilen.

Eignung der Trendkomponente für Diagnosezwecke

Die Eignung der Trendkomponente als Orientierungsbasis für Konjunkturdiagnosen war bereits mehrfach Gegenstand empirischer Untersuchungen (Pauly (1987), Schäffer (1988), Schmidt (1991)). Die Untersuchungen kamen übereinstimmend zu dem Ergebnis, daß die Verwendung der Trendkomponente für die laufende Wirtschaftsbeobachtung weniger Anlaß zu irrtümlichen Schlußfolgerungen gibt als die saisonbereinigte Reihe. Es bleibt zu prüfen, wie die Vorzüge der Trendkomponente effizient genutzt werden können. In diesem Zusammenhang sind bei Trendschätzungen für Diagnosezwecke folgende Eigenschaften besonders zu beachten:

1.)Die Trendkomponente kann gemäß Definition direkt als Approximation für die Entwicklungstendenz der Reihe verwendet werden; sie ist damit von jedem Nutzer ohne zusätzliches Expertenwissen interpretierbar.

Zwar fehlt auch für den Trend, wie für die Saison, eine allgemeingültige und vor allem auch mathematisch umsetzbare ökonomische Definition, ein Interpretationsproblem ergibt sich hieraus aber nicht, da die verfahrensbedingten Eigenschaften - wie z.B. lokale Unplausibilitäten - unmittelbar am Trendverlauf ablesbar sind.

Schaubild 3
Vergleich der Trendschätzungen von BV4 und Census X11
Auftragseingänge im Bauhauptgewerbe (1985 = 100)

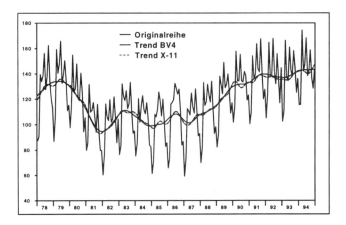

Der vom Census-Verfahren geschätzte Trendverlauf enthält bei dieser Reihe kürzerfristige Ausschläge. Anders als es bei einer ähnlichen Situation bei saisonbereinigten Werten der Fall wäre, ist hier offensichtlich, daß sie nicht als konjunkturelle Bewegungen zu deuten sind.

2.) Bei der Trendschätzung treten am Reihenende Schätzunsicher-heiten auf, die insbesondere an konjunkturellen Wendepunkten zu Fehldiagnosen führen können.

Solche Fehldiagnosen lassen sich aber - zumindest bei Anwendung von BV4 - weitgehend vermeiden, wenn der aktuelle Trendverlauf und die Trendverläufe der Vergangenheit, die von Monat zu Monat sukzessive geschätzt wurden, miteinander verglichen und graphisch dargestellt werden. Aus Übersichtlichkeitsgründen kann man die Darstellung der sukzessive ermittelten Trendverläufe der Vergangenheit auf die Trendenden beschränken. Die sich von Monat zu Monat ergebende Veränderung der Lage der Trendenden ist nämlich ein guter Indikator für anstehende konjunkturelle Wendepunkte. Zeigt der Veränderungswert zwischen aktuellem Trendende und Trendende des Vormonats eine andere Richtung an als der aktuelle Trend, so ist dies ein Hinweis darauf, daß der aktuelle Reihenwert nicht zur bisherigen Entwicklungsrichtung "paßt".

Anhand einer Graphik, die dem Heft "Konjunktur aktuell" entnommen ist, das monatlich vom Statistischen Bundesamt veröffentlicht wird und die Ergebnisse von Zeitreihenzerlegungen mit BV4 für mehr als 60 konjunkturrelevante Reihen enthält, soll die Vorgehensweise erläutert werden.

Schaubild 4
Konjunkturbeurteilung mit sukzessiven Trendschätzungen
Auftragseingänge im Grundstoff- und Produktionsgütergewerbe
Früheres Bundesgebiet, Volumenindex (1985 = 100)

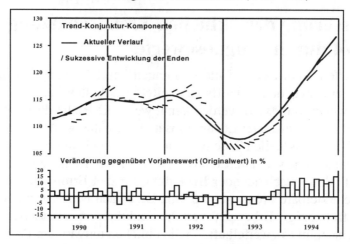

Der finale Trend von BV4 weist für April 1993 einen konjunkturellen Wendepunkt aus. Anhand der sukzessive geschätzten Trendenden ist zu erkennen, daß die neue Trendrichtung erst mit Berichtsmonat August angezeigt wird. Die Veränderungswerte zwischen den Trendenden benachbarter Monate deuten dagegen schon im März 1993 auf ein Ende des konjunkturellen Abschwungs hin, zeigen die neue Entwicklungsrichtung im April an und bestätigen diese Entwicklung in den folgenden Monaten.

Aufgrund der bisher vorliegenden empirischen Erfahrungen mit makroökonomischen monatlichen Reihen kann man davon ausgehen, daß bei isolierter Betrachtung des Trends etwa 3 bis 5 neue Beobachtungswerte abgewartet werden müssen, bis ein konjunktureller Umschwung sicher angezeigt wird. Dieser Zeitraum verkürzt sich durch Einbeziehung der sukzessiven Trendschätzungen in die Diagnose meist auf 0 bis 3 Monate.

3.)Die sukzessiv geschätzten Trendenden sind nicht nur als Indikator für anstehende Konjunkturumschwünge verwendbar, ihre "Streuung" um den aktuellen Trendverlauf spiegelt auch die reihenspezifische Schätzunsicherheit der Trendkomponente am Reihenende wider.

Mit Hilfe graphischer Darstellungen gemäß Schaubild 4 kann dem Datennutzer so auf einfache Weise ein Bild von der Schätzunsicherheit aktueller Trendschätzungen vermittelt und unkritische Beurteilungen der aktuellen Trendentwicklung vermieden werden. Es sollte allerdings dabei beachtet werden, daß Analysewerte nicht nur aufgrund zusätzlicher Beobachtungswerte revidiert werden. Häufig unterliegen die aktuellen Reihenwerte selbst Revisionen.

Verbesserung der aktuellen Trendschätzung bei BV4 durch Prognosewerte

Die aktuellen empirischen Untersuchungen beschäftigen sich insbesondere mit der Frage, ob die Treffsicherheit von aktuellen Trendschätzungen bei BV4 weiter verbessert werden kann, wenn die Reihe durch Prognosewerte verlängert wird. Der Lösungsansatz liegt nahe, weil die Schätzunsicherheit bei den aktuellen Trendwerten auf die ungünstigen Eigenschaften der asymmetrischen Schätzfilter von BV4 für das Reihenende zurückzuführen ist. Von entscheidender Bedeutung für den Erfolg der Maßnahme dürfte die erzielbare Prognosegüte sein. Da es den Nutzern in erster Linie auf das frühzeitige Erkennen von konjunkturellen Wendepunkten ankommt, erscheint es zweifelhaft, ob die üblichen univariaten Prognoseverfahren das Problem lösen können. Es wäre in diesem Zusammenhang sicher lohnenswert, zu untersuchen, wie hilfreich externe Prognosewerte, die z.B. aus Umfragen zum Konjunkturklima - wie dem ifo-Konjunktur-Test - stammen, sein können.

Hier ist ein anderer Prognoseansatz gewählt worden. Die empirische Erkenntnis, daß die Entwicklung der sukzessive geschätzten Trendenden bei BV4 frühzeitiger einen Hinweis auf konjunkturelle Wendepunkte gibt als die isolierte Betrachtung der aktuellen Trendschätzung, war Basis für die Konstruktion eines einfachen Prognoseverfahrens. Das Verfahren besteht im wesentlichen darin, die Veränderungswerte, die zwischen den letzten vier sukzessive ermittelten Trendenden festgestellt wurden, über das Reihenende hinaus linear fortzuschreiben, und diese Ergebnisse auf die aktuelle Trendschätzung anzuwenden. Die Schätzprozedur wurde auf jeweils drei Prognosewerte für den Trend beschränkt, da damit bereits die ungünstigsten Endfilter vermieden werden können. Zur Gewinnung der Prognosewerte für die Ausgangsreihe wurde der Einfachheit halber zu den Trendprognosen lediglich die Differenz Originalwert/Trend des jeweiligen Vorjahresmonats addiert.

Das skizzierte Prognoseverfahren wurde zunächst am Beispiel einer künstlichen Reihe, für die der "wahre" Konjunkturverlauf bekannt ist, getestet. Als Testreihe wurde eine bereits bei Schmidt (1991) eingeführte Cosinus-Reihe mit einer Wellenlänge von 4 Jahren verwendet, die aus ökonomischer Sicht einen ungestörten Konjunkturverlauf widerspiegelt, ohne von langfristigen, saisonalen oder irregulären Einflüssen überlagert zu sein.

Die sukzessive Trendschätzung dieser Reihe ohne Einbeziehung von Prognosewerten zeigt das folgende, für Konjunkturumschwünge typische "Besenbild" (Schaubild 5).

Schaubild 5
Sukzessive Trendschätzung ohne Prognose
Cosinus-Reihe: $Y_k = \frac{1}{2}\cos\left(\frac{\pi}{24}k - \frac{\pi}{2}\right) + \frac{3}{2}$
k = 0 (Januar 1980), ... , 120 (Januar 1990)

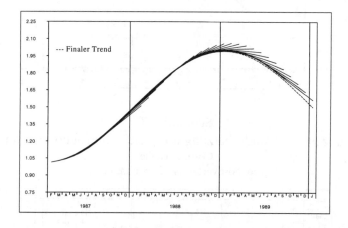

Bei genauerem Hinsehen erkennt man, daß der konjunkturelle Richtungswechsel im Februar 1989 eintritt, die Trendschätzung ihn aber erst im Juni 1989, also mit vier Monaten Zeitverzögerung, sicher anzeigt. Die Veränderungswerte zwischen benachbarten sukzessiv geschätzten Trendenden sind übrigens bereits ab März 1989 negativ, deuten also frühzeitig, mit nur einem Monat Zeitverzögerung, den Abschwung an.

Zum Vergleich dazu zeigen die beiden folgenden Schaubilder Ergebnisse der sukzessiven Trendschätzung mit Prognose, und zwar wurden bei

- Schaubild 6 als Prognosewerte die Originalwerte eingesetzt, um die bestmögliche Trendschätzung bei Reihenverlängerung um 3 Prognosewerte zu demonstrieren,
- Schaubild 7 als Prognosewerte die mit oben beschriebenem Verfahren (Fortschreibung) geschätzten Werte verwendet.

Schaubild 6
Sukzessive Trendschätzung mit jeweils 3 Prognosewerten
Cosinus-Reihe
Prognoseverfahren: Prognosewerte = Originalwerte

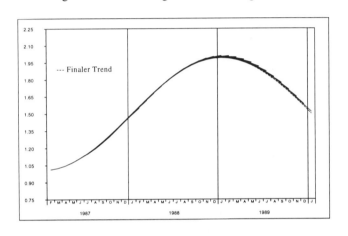

Schaubild 7
Sukzessive Trendschätzung mit jeweils 3 Prognosewerten
Cosinus-Reihe
Prognoseverfahren: Fortschreibung

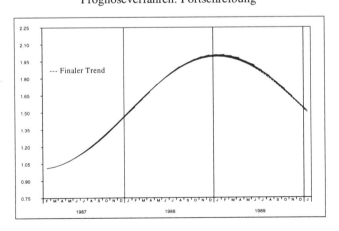

Zwischen den beiden Schaubildern ist kaum ein Unterschied zu erkennen. Das oben beschriebene Prognoseverfahren liefert bei dieser künstlichen Reihe vergleichbar gute Schätzergebnisse für den Trend wie die optimale Prognose. Der konjunkturelle Richtungswechsel wird mit nur einem Monat Zeitverzögerung im März 1989 angezeigt, und die sukzessiven Trendschätzungen liegen auch in der Umschwungphase dicht am finalen Trendverlauf, der hier mit den Originalwerten identisch ist.

Anhand der Arbeitslosenreihe ist geprüft worden, ob dieses sehr positive Ergebnis auch auf reale ökonomische Reihen übertragbar ist.

Das folgende Schaubild gibt zunächst einen Überblick über die Arbeitslosenreihe von Januar 1993 bis zum derzeit aktuellen Berichtsmonat Dezember 1996.

Schaubild 8
Arbeitslose, früheres Bundesgebiet
Originalwerte und Trend

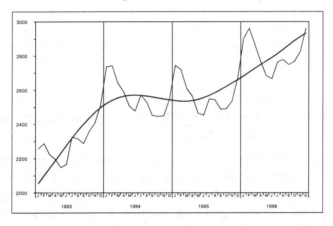

Wie man sieht, weist der Trendverlauf im Juni/Juli 1994 ein kleines lokales Maximum auf. Die folgenden Schaubilder mit sukzessiven Trendschätzungen beschränken sich auf den Zeitraum Juli 1993 bis Februar 1995 um dieses Maximum herum.

Gemäß Schaubild 9 weisen die sukzessiv geschätzten Trendverläufe noch bis September 1994 auf tendenziell wachsende Arbeitslosenzahlen hin. Erst mit Vorliegen des Oktoberwerts wird Stagnation und im November ein leichter Rückgang angezeigt, d.h. die Trendschätzung hat erst mit einer Zeitverzögerung von 4 Monaten reagiert. Bezieht man aber die Veränderungswerte benachbarter Trendenden in die Analyse mit ein, so wird schon erstmals im Juli 1994 ein Tendenzwechsel sichtbar, der auch in den folgenden Monaten bestätigt wird, d.h. das Ende des tendenziellen Anstiegs der Arbeitslosenzahlen wird nahezu ohne Zeitverzögerung erkannt.

Schaubild 9
Konjunkturbeurteilung mit Trendwerten
Sukzessive Trendschätzungen ohne Prognose
Arbeitslose, früheres Bundesgebiet

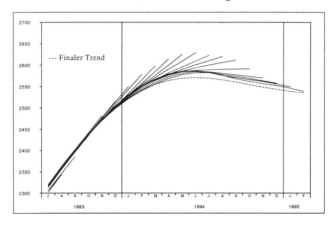

Die Entwicklungstendenz der Arbeitslosenreihe wird ähnlich zutreffend angezeigt, wenn der Trend unter Einbeziehung von Prognosewerten geschätzt wird, wie das nächste Schaubild belegt.

Offensichtlich kann bei der Trendschätzung mit Prognosewerten auf die Analyse der Veränderungswerte der sukzessiv ermittelten Trendenden verzichtet werden: In den Monaten Juli und August 1994 wird von der jeweils aktuellen Trendkomponente Stagnation, im September ein leichter tendenzieller Rückgang der Arbeitslosenzahlen angezeigt.

Die hier beispielhaft vorgestellte Verbesserung der Treffsicherheit durch Trendschätzung mit Prognose hat sich auch an anderen konjunkturellen Wendepunkten der Arbeitslosenreihe bestätigt.

Schaubild 10
Konjunkturbeurteilung mit Trend- und Prognosewerten
Sukzessive Trendschätzung mit 3 Prognosewerten
Prognoseverfahren: Fortschreibung
Arbeitslose, früheres Bundesgebiet

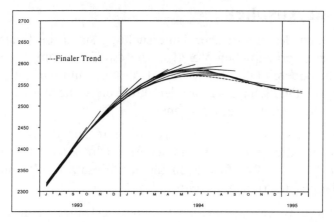

Das letzte Schaubild 11 gibt die von Juli 1993 bis zum derzeit aktuellen Stand Dezember 1996 sukzessive ermittelten Trendverläufe unter Einbeziehung von Prognosewerten wider.

Schaubild 11
Konjunkturbeurteilung mit Trend- und Prognosewerten
Sukzessive Trendschätzung mit 3 Prognosewerten
Prognoseverfahren: Fortschreibung
Arbeitslose, früheres Bundesgebiet

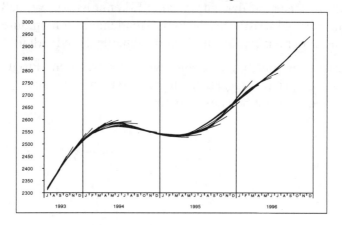

Wie man dem Schaubild entnehmen kann, ist bis zum Berichtsmonat Oktober 1996 noch kein Ende der tendenziellen Zunahme der Arbeitslosenzahlen erkennbar.

Fazit und Ausblick

Im Mittelpunkt der empirischen Untersuchung stand die Frage, wie die unbestreitbaren prinzipiellen Vorzüge, die die Trendkomponente gegenüber der saisonbereinigten Reihe besitzt, wenn es um die sichere und für jedermann verständliche Diagnose der aktuellen Reihenentwicklung geht, noch effizienter genutzt werden können.

Aufgrund der vorliegenden Ergebnisse, die mit dem BV4-Verfahren anhand einer künstlichen Reihe sowie der Arbeitslosenreihe erzielt wurden, lassen sich folgende Empfehlungen für den Einsatz von Trendschätzungen als Diagnoseinstrument geben:

- Konjunkturumschwünge werden frühzeitig erkannt, wenn der aktuelle Trendverlauf mit den in den Vormonaten sukzessive geschätzten Trendverläufen verglichen wird. Die erforderlichen Informationen lassen sich einfach graphisch darstellen und sind auf einen Blick überschaubar.

- Die Schätzstabilität und damit Treffsicherheit der Trendkomponente am Reihenende kann durch Verlängerung der Ausgangsreihe um wenige näherungsweise zutreffende Prognosewerte insbesondere bei anstehenden Konjunkturumschwüngen erheblich verbessert werden. Gute Erfahrungen wurden dabei mit einem einfachen Prognoseverfahren gemacht, welches auf der empirischen Erkenntnis basiert, daß die Entwicklung der sukzessiv geschätzten Trendenden konjunkturelle Wendepunkte früher anzeigt als der jeweils aktuelle Trendverlauf.

In Anbetracht der positiven Erfahrungen, die mit dem Prognoseansatz gemacht wurden, ist vorgesehen, die Untersuchungen auch auf andere konjunkturrelevante Reihen auszudehnen.

Literatur

Nourney, M. (1983): Umstellung der Zeitreihenanalyse; in: Wirtschaft und Statistik, Heft 11, 1983, S. 841-852, Verlag W. Kohlhammer.

Pauly, R. (1987): Saisonbereinigung und aktuelle Konjunkturdiagnose; in: Allgemeines Statistisches Archiv 71, 1987, S. 334-352.

Schäffer, K.-A. (1988): Probleme bei der Analyse der Arbeitslosenreihe; in: Resonanzen, Festschrift für D. Mertens, 1988, Institut für Arbeitsmarkt- und Berufsforschung.

Schmidt, J. (1991): Anwendung der Zeitreihenanalyse zur Konjunkturdiagnose; in: Allgemeines Statistisches Archiv 75, 1991, S. 9-23.

Speth, H.-T. (1994): Vergleich von Verfahren zur Komponentenzerlegung von Zeitreihen; in: Wirtschaft und Statistik, Heft 2, 1994, S. 98-108.

Speth, H.-T. (1997): Verfahren zur Komponentenzerlegung von Zeitreihen im Vergleich: Ergebnisse im Zeitbereich, in: Edel/Schäffer/Stier (Hrsg.): Analyse saisonaler Zeitreihen, Wirtschaftswissenschaftliche Beiträge 134, 1997, Physica-Verlag.

Zur Zukunft der Amtlichen Statistik

- Quo vadis Amtliche Statistik ? -

von Heinrich Strecker, Starnberg und Rolf Wiegert, Tübingen

Zusammenfassung: Überlegungen zu einem Szenario, das die Entwicklung und mögliche Probleme der Amtlichen Statistik in den Jahren bis zur Jahrtausendwende und weiterhinaus vorausschauend darstellt. Dies gesehen vor der heutigen Umbruchsituation hinsichtlich knapper öffentlicher Finanzen und Anforderungen der sich institutionalisierenden europäischen amtlichen Statistik sowie der Möglichkeiten elektronischer Medien.

I

Wer in den letzten Jahren, insbesondere seit der Census-Debatte in den 80er Jahren, die Entwicklung der amtlichen Statistik in der Bundesrepublik Deutschland sowohl hinsichtlich des Statistischen Bundesamtes als auch der Landesämter verfolgt hat, wer darüber hinaus in jüngster Zeit befremdlich-ignorante politische Meinungsbekundungen zur Statistik gehört und analysiert hat, wird bemerkt haben, daß grundsätzliche Veränderungen der Organisation und Ausstattung der amtlichen Statistik beschlossene Sache sind oder in naher Zukunft veranlaßt werden. Es gibt für diese intendierten Veränderungen im wesentlichen drei Gründe:

1. Die finanzielle Überforderung der öffentlichen Hände, und eine dadurch ausgelöste brachial-restriktive Sparpolitik, die insbesondere Bereiche trifft, von denen die politisch Handelnden glauben, man könne dort, ohne gravierende Folgeschäden restriktive Einsparungen vornehmen. Stichworte dazu: Schlanker Staat, Verwaltungsvereinfachung, Koalitionsvereinbarung der amtierenden Regierung, Huber-Papier, diesbezügliche Artikel in der Presse wie z.B. in der Wirtschaftswoche (Wirtschaftswoche, Nr. 32, 8.1996). Diese Aktivitäten sind bereits als Spar-Auflagen für die statistischen Ämter präsent und haben Auswirkungen bei den Personalstellen und den Sachmittelausstattungen, damit direkt auf das statistische Programm, das gleichwohl gesetzlich festgeschrieben den alten Umfang behalten und in Richtung EU erweitert werden muß.

2. Die durch die rasante Entwicklung der EDV entstandenen Potentiale zur Vereinfachung, Vernetzung und Speicherung von nahezu beliebig

großen Informationsmengen und deren Verfügbarkeit zu nahezu beliebiger Zeit. Dieser technische Fortschritt, der nach oberflächlicher Meinung geradezu allmächtig im Kampf gegen Bürokratie ist, verlangt trotz gewisser Bedenken zwingend nach weiterer, über das bereits Erreichte hinausgehende Rationalisierung, der nicht nur in der öffentlichen Verwaltung, sondern auch in der amtlichen Statistik einen kostenmindernden Produktivitätsfortschritt einleiten sollte. Dieser Fortschritt ist jedoch nicht zu haben ohne ganz erhebliche Investitionen und grundlegende gesetzliche Änderungen.

3. Der supranationale Einfluß der Europäischen Union und ihrer durch Kommissionsverordnungen geschaffenen Organisationen, die neben den bereits bestehenden nationalen Diensten neue schaffen, an die sich diese nationalen Ämter anpassen müssen und folglich zusätzliche oder konzeptionell veränderte Programme auflegen müssen.

Offensichtlich sind die drei aufgezählten Gründe außerstatistischer Natur und, zusätzlich erschwerend, höchst divergent. Sie sind somit für unser bis heute wohlabgestimmtes, dezentrales Gesamtsystem öffentlicher Statistiken system-exogene Einflüsse, deren positive oder negative Folgewirkungen vorab nur schwer abschätzbar sind. Die von Sparzwängen und Rationalisierungsbestrebungen ausgelösten Veränderungen der Datenerhebungen, die Auswirkungen auf Datenqualität sowie auf die Organisation und Mittel der Ämter und auf die Vollständigkeit des gesamten Statistik-Systems werden vermutlich grundsätzlich und tiefgreifend sein.

Im Folgenden soll versucht werden, der Überschrift des Artikels folgend, eine Art von Szenario zu entwerfen, in dem heute sich bereits abzeichnende Tendenzen fortgeschrieben und so in die Zukunft verlängert werden sollen. Ein solches Szenario gibt lediglich eine subjektive Einschätzung wieder und kann keinen Anspruch darauf erheben, unausweichliche Konsequenzen der heute stattfindenden Veränderungen darzustellen. Überdies sind andere Sehweisen und Ansichten zu den Problemen vorstellbar und möglicherweise auch begründbar, dennoch vermag eine solche Skizze vorausschauender Augurentätigkeit sehr wohl, Chancen heute eingeleiteter Reformen sowie Gefahren unbedacht und ignorant vorgenommener Demontagen transparent zu machen. Selbstverständlich wird der Leser dabei mit Vereinfachungen und Reduzierungen der Details vorlieb nehmen müssen. Wer sich durch die in Szenario-Form vorgetragenen Thesen herausgefordert fühlt, möge seine Sicht der Dinge kontrastierend darstellen.

II

Statistische Daten werden von der amtlichen Statistik (den Landesämtern) der BRD grundsätzlich mit primärstatistischen Erhebungen und Berichtssystemen gewonnen. Durch das Regelwerk der Statistikgesetzgebung ist der gesetzliche Auftrag und der Rahmen des Erlaubten und Untersagten festgelegt.

Erhebungen in der amtlichen Statistik sind häufig periodisierte Primärerhebungen bzw. periodisierte Berichtssysteme, sogenannte laufende Erhebungen; zu spezifischen Fragestellungen werden gesonderte Einzelerhebungen (meist als Stichproben), sogenannte Einzelerhebungen durchgeführt. Nur in Ausnahmefällen greift man bislang auf sekundärstatistische Informationen zurück, beispielsweise auf Daten aus dem Melderegister als Stichprobenrahmen, auf Geburten-, Heirats- und Todesfallstatistiken in der Bevölkerungsstatistik und auf viele Einzelquellen bei den Schätzungen der Volkswirtschaftlichen Gesamtrechnungen (VGR). Nun hat sich diese Situation in neuerer Zeit geändert. Die Statistik wird gedrängt, stärker als bisher auf Daten zurückzugreifen, die primär für nichtstatistische Zwecke gesammelt wurden und die damit nicht frei von Beeinflussungen und statistikfremden Prägungen sind, um Doppelerhebungen zu vermeiden, Kosten zu senken und die Befragten spürbar zu entlasten. Derartiges hört sich gut an, bereitet jedoch schwierige Probleme bei der Umsetzung und rüttelt letzten Endes an den Grundfesten des bestehenden Gesamtsystems amtlicher Statistik.

Ein Beispiel aus der Agrarstatistik Bayerns möge verdeutlichen, welche Auswirkungen ein durch EU-Verordnung installiertes neues Agrarkontrollsystem (Subventionskontrollsystem) für die Funktion der amtlichen Agrarstatistik haben wird. Wenn diese Verhältnisse auch in anderen Bereichen unkoordiniert hergestellt werden, so droht der Statistik eine nachgeordnete Bedeutungslosigkeit. Ein für Subventionskontrollen eingerichtetes, integriertes Verwaltungs- und Kontrollsystem (InVeKoS) wurde ohne wesentliche Koordination mit der bestehenden Statistik vom Landwirtschaftsministerium in Bayern eingerichtet und über die Landwirtschaftsämter betrieben. Es sollen damit die Vorschriften der EU-Subventionskontrolle erfüllt werden. Dieses InVeKoS kann als ein Register der Agrarverwaltung aufgefaßt werden, das neben die bereits bestehende und langbewährte Agrarberichterstattung tritt und diese zwingt, ihr eigenes Konzept aufzugeben und sich anzupassen. Aus der Zeitschrift des Bayerischen Landesamtes für Statistik und Datenverarbeitung (Bauer, Winkler 1995) wird zur Erläuterung zitiert:

Das Agrarstatistikgesetz (AgrStatG) i.F.d.B. vom 23. September 1992 legt in §8 die Erhebungsmerkmale der Bodennutzungshaupterhebung und die Berichtszeitpunkte fest. In den Referentenbesprechungen der Statistischen Ämter und im Statistikausschuß beim BML (Bundesministerium für Landwirtschaft) wurden bisher die zu erhebenden Merkmalsausprägungen dieser Erhebungsmerkmale festgelegt. Beim Vergleich dieser Merkmalsausprägungen mit den von der bayerischen Landwirtschaftsverwaltung im Rahmen von InVeKoS beim Flächen und Nutzungsnachweis erfaßten, stellte sich weitgehende Kongruenz der Erhebungskataloge heraus. Da die Anzahl der Merkmalsausprägungen, die die bayerische Landwirtschaftsverwaltung im Flächen- und Nutzungsnachweis erfaßt, annähernd den Umfang der in der amtlichen Statistik erhobenen umfaßt, lag es nahe, von der in Art. 1 3 VO (EWG) Nr. 3508/92 erlaubten Verwendung der im Rahmen des integrierten Systems erhobenen Daten für statistische Zwecke Gebrauch zu machen. Dies bot sich in Bayern nicht nur wegen der weitgehenden Kongruenz der Kataloge der Merkmalsausprägungen bei Statistik und Landwirtschaftsverwaltung an, sondern schien geradezu zwingend erforderlich, um eine unnötige Doppelbelastung der Landwirte durch zwei Erhebungen zum praktisch gleichen Tatbestand und Zeitpunkt zu vermeiden. Bereits 1993 wurde das Bayerische Landesamt für Statistik und Datenverarbeitung (LfStaD) von Betrieben auf die Doppelerhebung angesprochen und dazu aufgefordert, nach Wegen zu suchen, um diese zu umgehen.

Ein weiteres Argument, das für eine Datenübernahme als Konsequenz aus der Einführung von InVeKoS sprach, war die Tatsache, daß in anderen Ländern zum gleichen Tatbestand plötzlich zwei, nicht unerheblich differierende Zahlen vorlagen, nämlich die der amtlichen Statistik und jene aus InVeKoS. Die EG-Kommission hat 1993 solche Differenzen zum Anlaß genommen, die InVeKoS-Ergebnisse einiger deutscher Bundesländer stark in Zweifel zu ziehen und hatte damals bereits mit Konsequenzen gedroht.

Weiter darf nicht verschwiegen werden, daß die Gemeinden, die in Bayern die Hauptlast der Bodennutzungserhebungen und der Viehzählungen tragen müssen, sich wegen ihrer schlechter werdenden finanziellen Lage zunehmend unwilliger zeigen, diese Erhebungen durchzuführen.

Obwohl dieses Zitat deutliche Zurückhaltung übt, zeigt es instruktiv, wie die amtliche Statistik unter Zwänge gerät, welche die rein statistischen Anforderungen und Konzepte zurückdrängen, und sie dazu veranlassen können, bei der Datengenerierung ihre wohlerwogene Unabhängigkeit von irgendwelchen Verwaltungsanforderungen aufzugeben und gleichsam in Zukunft aus zweiter Hand zu leben. Konkret hieß das in diesem Falle, daß nach einigen Testläufen, deren Resultate nicht dagegen sprachen, das bewährte System der Agrarberichterstattung (Primärerhebung) aufgegeben wurde, um gegen Daten aus InVeKoS, dem Verwaltungsregister (Sekundärstatistik) ausgetauscht zu werden. Es ist hier nicht der Ort das Für-und-Wider dieser Umschichtung detailliert zu erörtern, entscheidend ist die daran sichtbar werdende Tendenz, wie supranational angeordnete staatliche Verwaltungstätigkeiten statistische Primärerhebungen im statistischen System der BRD obsolet machen, ohne daß vorab koordiniert wurde und die Folgen für die Datenqualität hinreichend kontrolliert sind. Die amtliche Statistik wird zur Anpassung gezwungen, sieht die Standards ihrer Arbeit bedroht und wird je länger desto mehr ohne entschiedenen Rückhalt von seiten der Politik, die offenbar kein Gespür mehr für die staatliche Gesamtaufgabe der Statistik und deren strikte Unabhängigkeit zu haben scheint, in die Rolle eines Petenten gerückt. Surrogate für Statistiken können dann toleriert werden, wenn nichts Besseres vorliegt, aber eine funktionierende statistische Berichterstattung aufzugeben und statt dessen Subventionskontrolldaten heranzuziehen, zeigt mangelnde Kooperation und eine befremdliche Unkenntnis, die der amtlichen Statistik und ihrer Unabhängigkeit mit Sicherheit Schaden zufügt.

III

Eine andere Betrachtungsweise ist angebracht, wenn Register eigens für statistische Zwecke eingerichtet werden und insbesondere in Konzeption, Planung, Weiterentwicklung und Betreuung (Wartung) der Statistik als primärstatistische Datenquelle zur Verfügung stehen. Zwar wird ein solches Register je nach Verwendung letztlich auch aus sekundärstatistischen Datensammlungen (Register der öffentlichen Verwaltungen, Verbandsstatistiken, Daten der Bundesanstalt für Arbeit u.a.) mitgespeist werden müssen, dennoch ist seine primär statistische Aufgabe dominant und somit seine Funktion als statistisch orientiertes Erhebungssystem gesichert.

Ein Beispiel für diese veränderte Form laufender Erhebungen in Gestalt eines Registers bietet die derzeit in der Planung befindliche Einrichtung eines einheitlich in den Bundesländern geführten Unternehmensregisters, das auch standardisiert in allen EU-Staaten errichtet werden soll. Dieses Register soll die wichtigsten Merkmale eines aktiven Unternehmens aufnehmen und durch die mit ihm gegebenen Möglichkeiten eine Reihe der heute noch existierenden Berichtssysteme auf diesem Sektor ablösen und komplett ersetzen. Etwa drei Millionen Einheiten in der Bundesrepublik müssen registriert werden und danach im laufenden Betrieb auch aktualisiert gehalten werden. Für dieses Ziel müssen zahlreiche Gesetze geändert werden, der Datenschutz muß modernisiert werden, Anonymisierungsregeln aufgestellt und zugleich ein umfangreicher technischer Apparat aufgebaut werden. Die Einzelheiten der Planung und schrittweisen Verwirklichung verlangen in ihrer Komplexität hochqualifizierte Arbeit und innovatives Denken. Die Finanzierung eines solchen Projektes mag dabei noch als ein inferiores Problem gesehen werden, wenngleich es in den Zeiten sehr knapper Staatsmittel nicht ohne Brisanz ist.

Ein in dieser Art errichtetes und zu einem zukünftigen Zeitpunkt die nationale Unternehmensgesamtheit darstellendes Register kann dann als Grundlage für eine Ablösung der Totalerhebungssysteme bei der Statistik des produzierenden Gewerbes und der Bereichsstatistik im Handel und Gaststättengewerbe dienen. Laufende Totalerhebungen können dann durch dem jeweiligen Zweck angepaßte Rotationsstichproben mit dem Unternehmensregister als Rahmen ersetzt werden. Die dabei gewonnenen Daten sollen zugleich der Aktualisierung des Registers dienen und zusammen mit anderen außerstatistischen Informationen die Registerinhalte, insbesondere Zu- und Abgänge kontrollieren. Die adäquate Lösung einer solchen Aktualisierung aber entscheidet letzten Endes über die statistische Leistungsfähigkeit des neuen Systems. Die Praxis der gemeindeweise geführten Einwohnermelderegister, d.h. Register, die relativ nah am realen Geschehen situiert sind und ihre trotzdem immer wieder bemerkbaren und bemängelten Fehler, und das alles bei einer sehr akribischen Fortschreibung der Daten, muß da doch sehr nachdenklich hinsichtlich der intendierten Aktualität der Registerdaten stimmen. Letzten Endes stellen so die aktualisierten Daten im Register Schätzungen (möglicherweise ohne Fehlermarge, nur gleichsam *fuzzy* konzipiert und dementsprechend verwendbar) für die nicht mehr erhobenen Daten zu jeder Einheit dar. Man verringert zwar hiermit die Belastungen der einzelnen Unternehmen und verschafft sich weitere Quer- und Längsschnitt- Auswertungsmöglichkeiten anhand der Registerdaten, dennoch wird die Datenqualität möglicherweise zur Marginalie werden.

Dieses Endstadium eines längeren Aufbauprozesses wird man dann zur völligen Veränderung der primärstatistischen Praxis verwenden können, wobei neben der Entlastung der Befragten möglicherweise auch auf der Seite der Statistik eine Kostenersparnis insgesamt eintreten kann.

IV

Die bis hier vorgebrachten Gründe und Beispiele, die sich selbstverständlich durch weitere Exempel belegen ließen, zeigen zumindest der Tendenz nach, wohin langfristig die weiteren Entwicklungslinien in der amtlichen Statistik laufen werden. Finanznot und Befragungsmüdigkeit, technische Möglichkeiten in einer gesamtvernetzten Welt und die Ansprüche supranationaler Verwaltungen sowie die Erhöhung des Tempos wirtschaftlicher Aktivitäten und deren Veränderungen werden erzwingen, daß zeit- und kostenintensive Großzählungen wie z.B. Zensen nicht mehr stattfinden können und statt dessen einige (sachlich und räumlich tiefgegliederte) Globalregister geführt werden, die unter Verwendung aller erreichbaren sekundärstatistischen Informationen aufgebaut werden, dann existieren und - hoffentlich auch - aktualisierbar sein werden. Alle weiteren statistischen Erhebungen werden dann entweder im Register vorgenommen oder mit Stichproben realisiert, die sich auf das Register als Rahmen stützen. Der gesamte, heute noch erhebliche personelle und monetäre Mittel abfordernde Bereich der globalen Primärerhebungen wird weitgehend entfallen. An seine Stelle treten, wie schon gesagt, EDV-Register mit vom Stand der Technik bestimmten sehr schnellen Zugriffszeiten und ein darauf rekurrierendes System von nicht zu großen Stichproben, deren Design jeweils für spezielle Aufgaben angelegt werden kann. Dieses veränderte System der Datenhaltung und Gewinnung mit seinen sehr flexiblen Auswertungsmöglichkeiten wird die heute noch praktizierten relativ langsamen, umfassenden Befragungserhebungen ablösen. Die Dokumentation der amtlichen Daten wird sich bei dieser Entwicklung ebenso radikal ändern, vielleicht soweit, daß ein Statistisches Jahrbuch als Hardcover der Vergangenheit angehören wird.

Ohne Frage erzwingt eine solche grundlegende Änderung auch eine organisatorische Umgestaltung der statistischen Ämter. Sie werden personell erheblich verkleinert werden und mehr einem wissenschaftlichen Dienstleistungsbetrieb denn einer Behörde gleichen. Zugleich werden die Anforderungen an die berufliche Qualifikation der Mitarbeiter steigen, denn sie werden sich viel mehr um Auswertungen, Analysen und Methoden kümmern müssen als bisher möglich. Sie werden wissenschaftlich vertretbare Datenakquisition und Dienstleistungen für zügig fließende wirtschaftliche und administrative Änderungen bereitstellen müssen und dabei jeweils einen Kompromiß zwischen Aktualität und Zuverlässigkeit der Daten sowie den daraus folgenden Ergebnissen zustandebringen müssen. Statistische Ämter werden somit gleitend zu angewandt orientierten Forschungsinstituten umgestaltet werden, wie sie heute schon auf vielen Gebieten, z.B. der angewandten Wirtschaftsforschung und Prognostik arbeiten. Hochtechnisierte Datengenerierung und Pflege sowie Nutzung und Analyse der Daten - darin äußert sich dann eine grundsätzlich andere Funktion der Ämter gegenüber heute - werden in einer Hand liegen. Ein Vorteil, den die Statistik nutzen kann, um ihr Prestige als ein kompetentes unabhängiges Instrument der nationalen und internationalen statistischen Information und Interpretation zu verbessern.

V

Wie ist ein solches Szenario von heute aus zu beurteilen, welche Standards müssen aufgegeben werden, was wird dabei gewonnen und was geht verloren, was wird besser und was schlechter ? Man wird zukünftig einen anderen Begriff vom statistischen Gesamtsystem akzeptieren müssen und der Datenqualität nicht mehr als einen wehmütigen Blick schenken können. Der Begriff: statistische Daten, der wohldefiniert und durch bestimmte Gütestandards garantiert ist, wird zukünftig durch den wesentlich weicheren Terminus: statistische Information ersetzt werden. Allein in dieser Wortwahl, die heute schon üblich ist, liegt ein Programm, das auf Adäquatheit, Qualität und Validität der Daten weniger Wert legt als auf schnelle Verfügbarkeit, Flexibilität, großzügige Tiefengliederung und vielseitige Verwendbarkeit hinsichtlich unterschiedlichster Auswertungen. Komplexe statistische Information, die in Anwenderprogramme mühelos einfließen kann und aus deren vager Struktur raffinierte Schätzmethoden ein Höchstmaß an aktuellen Analyse-Ergebnissen herausholen können, wird in einer gesellschaftlichen Umgebung, deren Usancen und Diskurse den Charakter von Beliebigkeit angenommen haben, einer langstieligen Datenproduktion und der Solidität der Datenbasis (der Validität des Datenkranzes) entschieden vorgezogen. Genaue Daten, die heute bis zu ihrer Fertigstellung und Publikation ein bis anderthalb Jahre Zeit beanspruchen, nützen weniger als beispielsweise statistische Informationen, die innerhalb eines Vierteljahres vorliegen, auch wenn sie möglicherweise nur korrelativen und indikatorischen Charakter haben. Was man bevorzugt, ist einerseits von Traditionen bestimmt und andererseits vom Informationsbedarf einer immer schnellebigeren Zeit, deren Tempo nicht zuletzt von den Taktzeiten der EDV-Verarbeitung bestimmt wird. Man mag dies als Fehlentwicklung sehen, aufhalten läßt sich diese Veränderung nicht mehr. Statistische Informationen und auch die angewandte Statistik werden ihren Wert und ihren nutzenstiftenden Sinn zukünftig nur durch ihre schnelle und beliebige Verfügbarkeit erhalten. Man sollte dabei jedoch nicht übersehen, daß die amtliche Statistik und ihre Organisationen damit unabweisbar und unauflöslich an die technische Fortentwicklung der Informationstechnik gebunden wird. Diese Bindung wurde schon vor einigen Jahren gesehen und drückte sich in der Umbenennung zahlreicher statistischer Landesämter in Landesämter für Statistik und Datenverarbeitung aus.

Unseres Erachtens werden die Nachteile während einer Übergangs- und Umgestaltungszeit sowie beim zukünftigen Status der Statistik gegenüber dem heute noch gültigen Stand, in folgenden Punkten manifest werden:

- Hohe Kosten zur Errichtung eines registergestützten, neuen statistischen Gesamtsystems;
- Beträchtliche laufende Kosten für den Betrieb und die erforderliche Aktualisierung, Pflege der Register;
- Abnehmende Datenqualität, an die Stelle erhobener Einzeldaten werden in die Register Schätzungen eintreten, deren Genauigkeit (Präzision) nicht zugänglich ist;
- Durch die Freiwilligkeit bei Stichproben werden hohe Non-Response-Quoten auftreten und Stichprobenergebnisse entwerten; für Register-Updates werden derart nicht-valide Daten mitverwendet;
- Ökonomische Merkmale haben in Verwaltungsregistern keine Entsprechung; es treten bei der Speisung der Register aus sekundärstatistischen Quellen gravierende Adäquatheitsdiskrepanzen auf;
- Starke Abhängigkeit der Registerinhalte von sekundärstatistischen Informationen und dem Funktionieren der kostspieligen Aktualisierung in der Praxis;
- Das heute noch existierende, aufeinander bezogene statistische Gesamtsystem wird nicht mehr vorhanden sein und nur noch virtuell als möglicherweise zirkulärer Artefakt in der Registerwelt existieren.

Den aufgezählten Nachteilen und sicherlich bedenklichen Einbußen lassen sich einige bemerkenswerte Vorteile eines zukünftigen statistischen Informationssystems gegenüberstellen:

- Schnelle Verfügbarkeit der Daten als überzeugend neuwertige Qualität;
- Technisch einfache Änderbarkeit und Revision der Registerinhalte;
- Leichte Durchführbarkeit von Sondererhebungen zu bestimmten Fragestellungen aus den Registern;
- Ersetzung von laufenden Erhebungen durch billigere Stichproben;
- Register als stets verfügbare Rahmen für Stichproben;
- Entlastung der Befragten durch Verwendung von Rotationsstichproben;
- Einfache und schnelle Generierung aggregierter Daten (regional und sachlich);

- Personelle und inhaltliche Umgestaltung der statistischen Ämter hin zu wissenschaftlich-statistisch informierenden Institutionen; Entlastung von gesetzlich vorgeschriebenen Aufgaben, die historisch erklärbar, aber durch ihr Beharrungsvermögen, die Statistik heute noch ungebührlich belasten und ihre Wirksamkeit in der Informationsgesellschaft beeinträchtigen.

Es soll der persönlichen Bewertung überlassen bleiben, was schwerer wiegt, die Vor- oder die Nachteile einer solchen Konversion des heute gültigen Statistiksystems. Wenn man Fortschritt durch gravierende Mängel erkauft, welche zwar vorhanden, aber in der Veränderung der Umstände nicht mehr wahrgenommen werden, doch zugleich mit zeitgemäßen Reformen ein neues Niveau der Aktualität erreicht - und dieses möglicherweise mit geringeren Kosten - wie werden vor solchem Hintergrund die Entscheidungen für die zukünftige Fortentwicklung der amtlichen Statistik ausfallen?

Diese letztgenannte Frage birgt die Antwort in sich. Die amtliche Statistik wird vom reinen (durchaus im doppelten Sinn zu verstehen) Datenlieferanten, der sie heute noch ist, zu einer hochtechnisierten, wissenschaftlich und statistisch informierenden Dienstleistungseinrichtung werden müssen, die ihre Existenz und staatliche Alimentierung durch Qualität (auch wenn diese ein wenig anders als heute zu definieren sein wird), Preiswürdigkeit und leichte Handhabbarkeit ihres Outputs ständig erhalten werden muß. Die Nachfrage nach statistischer Information und darauf bezogener Analyse ist in allen Bereichen der Ökonomik, der Politik, der Soziologie und der gesellschaftsbezogenen Publizistik unübersehbar vorhanden. Die amtliche Statistik wird bei einer Reform in Richtung unabhängiger und innovativer Dienstleistungen - weg vom Statuarischen einer Behörde - auch die Unterstützung durch die Politik gewinnen und sich von manchem umständlichen Ballast aus der Vergangenheit befreien können, wenn sie, intensiver als bisher, Interessen ihrer Nutzer antizipiert und gleichsam in vorauseilender Anteilnahme auf deren Probleme achtet. Sie wird und muß dies alles im eigenen Interesse betreiben, um nicht als *Opas Statistik* klassifiziert und dann zum Schaden aller letztlich abgewickelt zu werden. Die eingangs dieses Artikels genannten drei Haupt-Schwierigkeiten lassen sich mit der im Szenario skizzierten Fortentwicklung möglicherweise überwinden und unser wertvolles statistisches Gesamt-Informationssystem, zwar in gewandelter Form, jedoch grundsätzlich in der Zukunft und für die Zukunft erhalten.

Literatur

Bauer, P., Amtliche Agrarstatistik und Nutzung von Verwaltungsdaten, Ifo-Studien 41. Jhrg., 4 / 1995

Bauer, P., Winkler, N., Teilnahme am integrierten Verwaltungs- und Kontrollsystem (InVeKoS), Bayern in Zahlen, Zeitschrift des Bayerischen Landesamtes für Statistik u. Datenverarbeitung, 126. (49.) Jhg., / 1995

Beckmann, M., Wiegert, R. (Hrsg.), Statistische Erhebungen, Methoden und Ergebnisse - Ausgewählte Schriften von H. Strecker - Göttingen 1987

Biehler, W., Meyer, K., Schmidt, J., Zur Zuverlässigkeit von Bevölkerungsstichproben ohne Auskunftspflicht, Ausgewählte Arbeitsunterlagen zur Bundesstatistik, Heft 5, Statistisches Bundesamt Wiesbaden 1988

Biemer, P.P., Groves, R.M., Lyberg, L.E., Mathiowetz, N.A., Sudmasn, S., Measurement Errors in Surveys, New York 1991

Chlumsky, J., Wiegert, R., u.a., Qualität statistischer Daten, Schriftenreihe Forum d. Bundesstatistik Bd. 25, Wiesbaden 1993

Esser, H., Grohmann, H., Müller, W., Schäffer, K.-A., Mikrozensus im Wandel, Bericht des Wissenschaftlichen Beirates für Mikrozensus und Volkszählung, Frankfurt a.M. - Köln - Mannheim 1989

Graf, H.-W., Körber-Weik, M., Wiegert, R., Ersetzbarkeit einer Volkszählung durch Registerauswertungen, Gutachten für das Statistische Bundesamt, Tübingen 1988

Güntzel, J., Wiegert, R., Entwicklung eines Konzepts der Nutzung von Daten der Melderegister für statistische Zwecke, Gutachten für das Statistische Bundesamt, Tübingen 1991

Hahlen, J., (Hrsg.), Vorschläge des Statistischen Beirats für ein Rahmenkonzept zur Neuordnung der amtlichen Statistik, Wirtschaft u. Statistik, 4 / 1996

Hölder, E., Statistik 2000 - Eine nüchterne Vision, in: Texte + Thesen + Visionen, Zürich-Osnabrück 1992

Klitsch, W., Überprüfung des Programms der Bundesstatistik, Wirtschaft u. Statistik, 3 / 1996

Krug, Nourney, Schmidt, Wirtschafts-und Sozialstatistik- Gewinnung von Daten, 3. Aufl., München-Wien 1994

Lessler, J.T., Kalsbeek, W.D., Nonsampling Errors in Surveys, New York 1992

Neubauer, W., Statistische Methoden - Ausgewählte Kapitel für Wirtschaftswissenschaftler, München 1994

Pokropp, F., Stichproben - Theorie und Verfahren, München 1996
Riede, Th., Emmerling, D., Freiwilligkeit in der Auskunftserteilung im Mikrozensus, Wirtschaft u. Statistik, 6 / 1994
Riede, Th., Emmerling, D., Analysen zur Freiwilligkeit der Auskunftserteilung im Mikrozensus, Wirtschaft u. Statistik, 9 / 1994
Rinne, H., Wirtschafts- und Bevölkerungsstatistik, München 1994
Särndal, Swensson, Wretman, Model Assisted Survey Sampling, New York 1992
Schnorr-Bäcker, S., Schmidt, P., Rahmenbedingungen für ein umfassendes, statistikinternes Unternehmensregister, Wirtschaft u. Statistik, 8 / 1992
Statistisches Bundesamt, Zur Antwortbereitschaft von Haushalten am Beispiel der Mikrozensus-Testerhebung 1986, Ausgewählte Arbeitsunterlagen zur Bundesstatistik, Wiesbaden 1991
Statistisches Bundesamt, Machbarkeitsstudie über Aufbau und Führung harmonisierter Unternehmensregister für statistische Zwecke in der BRD, Wiesbaden 1992
Statistisches Bundesamt, Volkszählung 2000 - oder was sonst ?, Reihe Forum d. Bundesstatistik, Bd. 21, Wiesbaden 1991
Stock, G., Beitrag der Kartei im Produzierenden Gewerbe zur Demographie von Unternehmen und Betrieben, Wirtschaft u. Statistik, 11 / 1987
Strecker, H., Nicht-Stichprobenfehler in statistischen Erhebungen - Ein Fehlermodell und ein Fehlerschema - , Ifo-Studien 4 / 1995
Strecker, H., Zur Fehlermessung bei nach Größenklassen aufgegliederten Erhebungsergebnissen - Der Inkonsistenz-Index -, Jhb. f. Nationalökonomie und Statistik, Bd. 215, Heft 2, 1996
Strecker,H., Wiegert, R., Stichproben, Erhebungsfehler, Datenqualität, Göttingen 1994
von der Lippe, P., Wirtschaftsstatistik, 5.Auflage, Stuttgart 1996
Wiegert, R., Stichprobenverfahren und Praxis - Gründe und Strukturen von Non-Response, Tübingen 1993

Teil C:

Ökonomik und Statistik

Auswirkungen des Planungshorizonts und der Ausfallwahrscheinlichkeit auf die Portfolio-Bildung

Von G. Bamberg und R. Lasch, Augsburg

Zusammenfassung: Teilt man ein Anfangsvermögen auf eine Aktienanlage und die risikofreie Anlage auf, so resultiert unter realistischen Prämissen und Parameterkonstellationen ein mit dem Planungshorizont wachsender Aktienanteil. Die entsprechende explizite Formel wird rekapituliert und unter konsequenter Orientierung an stetigen Renditen modifiziert. Die Vorgabe einer Ausfallwahrscheinlichkeit kann in gewissen Fällen zu fragwürdigen Anlageempfehlungen führen. Insbesondere scheint das Kriterium aus der Perspektive des Bernoulli-Prinzips suspekt. Dieser Punkt wird eingehend beleuchtet. Ferner wird die These relativiert, daß die Länge des Zeithorizonts solange keine Rolle spielt, wie Entscheidungen aufgrund eines Mean-Variance-Kriteriums gefällt werden, und für die Aktienkurse eine geometrische Brownsche Bewegung unterstellt wird.

1 Einführung

Zwischen der Statistik und den heutigen Finanz- und Kapitalmärkten besteht eine gewisse Symbiose. Zum einen produzieren diese Märkte einen permanenten und voluminösen Datenstrom. Ein Überblick und eine genaue Analyse des Geschehens sind nur durch den Einsatz geeigneter Methoden der deskriptiven und der induktiven Statistik zu gewährleisten. Zum anderen haben die allgegenwärtigen Risiken von Finanzierungs- und Anlageentscheidungen zur Entwicklung eines großen Arsenals von Methoden geführt, in denen Wahrscheinlichkeitsrechnung und die Stochastischen Prozesse eine bedeutende Rolle spielen. Die dabei auftretenden Fragestellungen liefern befruchtende Anstöße für die stochastische Theorie.

In diesem Beitrag soll exemplarisch auf den Effekt eingegangen werden, der von einer Variation des Anlagehorizonts auf Portfolioentscheidungen ausgeht. Bei den betrachteten Portfolios wird eine simple Struktur unterstellt: Ein gewisser Teil des Anfangsvermögens wird risikofrei angelegt, der restliche Teil in ein Aktienportfolio (z.B. DAX oder passende Surrogate) investiert. Ob und gegebenenfalls wie der Planungshorizont den Aktienanteil beeinflußt, wurde zwar schon sporadisch in der 50er und 60er Jahren untersucht. In jüngster Zeit wurde die Diskussion vornehmlich in der Zeitschrift "Finanzmarkt und Portfolio Management" weitergetrieben. Es sei auf die Beiträge von Zimmermann (1991, 1992a, 1993), Zenger (1991), Wolter (1993) verwiesen. Unstrittig ist wohl, daß die Forderung, eine vorab fixierte Ausfallwahrscheinlichkeit (d.h. die Wahrscheinlichkeit, daß eine vorgegebene Mindestrendite verfehlt wird) einzuhalten, bei "vernünftigen" Parameterkonstellationen zu einem mit dem Planungshorizont monoton wachsenden Aktienanteil führt. Die entsprechende explizite Formel wird rekapituliert und unter konsequenter Orientierung an stetigen Renditen modifiziert. Die Vorgabe einer Ausfallwahrscheinlichkeit erscheint aus der Perspektive des Bernoulli-Prinzips suspekt. Dieser Punkt wird eingehend beleuchtet. Ferner wird die in Zimmermann (1992b) aufgestellte These relativiert, daß die Länge des Zeithorizonts solange keine Rolle spielt, wie Entscheidungen aufgrund eines Mean-Variance-Kriteriums gefällt werden, und für die Aktienrenditen eine Normalverteilung unterstellt wird.

2 Verteilung von Aktienkursen und stetigen Renditen

Es bezeichne

$S(t)$ den Aktienkurs zum Zeitpunkt t
$t = 0$ die Gegenwart
$t = T$ den Planungshorizont (in Jahren gemessen)
$R(t)$ die stetige Aktienrendite für den Zeitraum $[0, t]$, d.h.

$$R(t) = \ln \frac{S(t)}{S(0)} \quad \text{bzw.} \quad S(t) = S(0)\, e^{R(t)} \tag{1}$$

Gemäß dem Standardmodell (vgl. z.B. Hull (1989)) folgt die Rendite $R(t)$ einem Brownschen Prozeß und der Aktienkurs $S(t)$ demgemäß einem geometrischen Brownschen Prozeß. Dies ist gleichwertig mit der Forderung, daß $S(t)$ der (Diffusions-)Gleichung

$$\frac{dS}{S} = \mu\, dt + \sigma\, dB \tag{2}$$

genügt, in der $B(t)$ einen standardisierten Brownschen Prozeß, μ eine Driftkonstante und der Parameter σ die Volatilität des Aktienkurses bedeutet. Da die Trajektorien dieser Prozesse stetig sind, wird üblicherweise vorausgesetzt, daß die betrachtete Aktie keine Dividende zahlt. Für uns ist diese Prämisse unproblematisch, da wir $S(t)$ als eine DAX-Notierung zum Zeitpunkt t auffassen wollen. Aufgrund der DAX-Konstruktion (vgl. z.B. Janßen/ Rudolph (1992)) werden Dividendenabschläge "weggeglättet".

Auf den ersten Blick mag die Investition in den DAX für Privatanleger umständlich, teuer (wegen der Transaktionskosten) oder sogar unmöglich (wegen Teilbarkeitsproblemen) sein. Zudem wären Reinvestitionen der Dividenden, Umschichtungen am Verkettungstermin (jeweils im September) oder auch Umschichtungen wegen des Austauschs von Indexgesellschaften erforderlich. Alle diese Probleme sind jedoch vermeidbar, wenn der Anleger stattdessen in ein von verschiedenen Banken angebotenes Surrogat investiert, z.B. in DAX-Participations der Dresdner Bank, DAX-Zertifikate von Trinkhaus & Burkhardt, Cititracks oder Oppenheim DAX-Werte-Fonds. Aufgrund ihrer Konstruktion "kleben" die Kurse der genannten Papiere sehr eng an der DAX-Notierung. Zudem sind sie relativ klein gestückelt: ein Zehntel des DAX-Wertes oder sogar ein Hundertstel (Cititracks).

Brownsche Prozesse und geometrische Brownsche Prozesse sind spezielle Markoffprozesse. Das heißt, alle für die Zukunft relevanten Informationen sind bereits im aktuellen Kurs enthalten. In der Kapitalmarkttheorie wird die Markoffeigenschaft zumeist als (schwache) Markteffizienz bezeichnet. Für die im folgenden zu analysierenden Fragestellungen braucht die Prozeßdynamik selbst nicht betrachtet zu werden. Vielmehr ist es für unsere Zwecke ausreichend, mit der Verteilung von $R(t)$ und $S(t)$ zu einem festen Zeitpunkt, nämlich zum Planungshorizont $t = T$, zu operieren. Bekanntlich (vgl. etwa wiederum Hull (1992)) folgt aus (2), daß $S(T)$ lognormalverteilt und $R(T)$ normalverteilt ist. Genauer gilt:

Die stetige Rendite $R(T)$ ist normalverteilt mit dem Erwartungswert $(\mu - \frac{\sigma^2}{2})T$ und der Standardabweichung $\sigma \sqrt{T}$,

$$R(T) \sim N((\mu - \frac{\sigma^2}{2})T, \sigma \sqrt{T}). \tag{3}$$

Aufgrund der Eigenschaften der Lognormalverteilung resultieren aus (3) für den Aktien (=DAX)-Kurs die Momente:

$$E(S(T)) = S(0)\, e^{\mu T} \tag{4}$$

$$Var(S(T)) = (S(0)\, e^{\mu T})^2 (e^{T \sigma^2} - 1) \tag{5}$$

3 Stetige versus diskrete Renditen

Anstelle der stetigen Rendite $R(T)$ wird sowohl in theoretisch als auch in empirisch orientierten Untersuchungen oft die diskrete (=einfache) Rendite

$$R^{(d)}(T) = \frac{S(T) - S(0)}{S(0)} = \frac{S(T)}{S(0)} - 1 \tag{6}$$

verwendet. Man sieht, daß $R^{(d)}(T)$ im Grundmodell identisch mit der Differenz einer lognormalverteilten Zufallsvariablen und der Konstanten 1 ist, insbesondere ist $R^{(d)}(T)$ nicht (exakt) normalverteilt. Selbstverständlich kann die diskrete Rendite wegen

$$R^{(d)}(T) \geq -1 \tag{7}$$

auch für alle anderen denkbaren stochastischen Aktienkursmodelle nicht exakt normalverteilt sein. Im Grundmodell hat $R^{(d)}(T)$ wegen (4) den Erwartungswert

$$E(R^{(d)}(T)) = e^{\mu T} - 1 = \mu T + \frac{(\mu T)^2}{2} + \frac{(\mu T)^3}{3!} + \ldots \geq \mu T, \quad (8)$$

woraus sich (für $T \to 0$) beispielsweise entnehmen läßt: Der Driftparameter μ ist identisch mit der erwarteten diskreten Momentanrendite.

Ein Vergleich von (8) mit der aus (3) abzulesenden erwarteten Rendite

$$E(R(T)) = (\mu - \frac{\sigma^2}{2})T \quad (9)$$

zeigt, daß die diskrete Rendite einen größeren Erwartungswert besitzt. Natürlich kann man sich die Frage stellen, ob (8) zu groß oder (9) zu klein ist. Die Antwort ist eindeutig: (8) ist zu groß, d.h. die erwartete diskrete Rendite täuscht eine zu optimistische Entwicklung vor. Zur Illustration genüge das folgende einfache Beispiel.

Beispiel 1:
Wir betrachten nur zwei Perioden und nehmen an, daß der jeweilige Erwartungswert der annualisierten Renditen durch das Stichprobenmittel hinreichend gut approximiert wird. Die einfache Rendite sei zuerst +90% und dann -90%. Damit bleibt von einem Anfangsvermögen nur noch 19% übrig:

$$100 \xrightarrow{+90\%} 190 \xrightarrow{-90\%} 19$$

Hier ist $\bar{R}^{(d)} = \frac{1}{2}(0,9-0,9) = 0$, also $(1+\bar{R}^{(d)})^2 = 1$, was den tatsächlichen Änderungsfaktor 0,19 deutlich übersteigt. Demgegenüber erhält man wegen

$$R = \ln(1 + R^{(d)})$$

bei stetiger Verzinsung

$$100 \xrightarrow{0,64=\ln(1,9)} 190 \xrightarrow{-2,30=\ln(0,1)} 19$$

das Stichprobenmittel

$$\bar{R} = \frac{1}{2}(0,64 - 2,30) = -0,83,$$

woraus wegen $e^{2\bar{R}} = e^{-1,66} = 0,19$ der korrekte Änderungsfaktor resultiert.

Während die Standardabweichung σ in der Literatur einheitlich als (annualisierte) Volatilität der Rendite bezeichnet wird, ist die Verwendung des Terminus "erwartete (annualisierte) Aktienrendite" leider nicht einheitlich: teils wird darunter μ verstanden, teils aber auch $\mu - \frac{\sigma^2}{2}$.

4 Zur Ermittlung der Verteilungsparameter

Wir wollen uns hier auf einige Überlegungen im Hinblick auf die Schätzung und die Größenordnung der beiden fundamentalen Parameter μ und σ beschränken. Aus theoretischer Sicht genügt es, einen Brownschen Prozeß über ein beliebig kleines Zeitintervall zu betrachten, um daraus eine perfekte Schätzfunktion für σ^2 zu konstruieren; eine derartige (stark konvergente) Schätzfunktion ist beispielsweise bei Brosq/Nguyen (1996, S. 291) zu finden. Da der DAX während der Handelszeit nur minütlich neu berechnet wird und außerhalb der Handelszeit unbeobachtbar ist, macht es Sinn, Schätzverfahren für den Fall zu entwickeln, daß nur gewisse Kursdaten zur Verfügung stehen (etwa Eröffnungskurse, Schlußkurse, Höchst- und Tiefstkurse etc.). Wegen derartiger Verfahren sei beispielsweise auf Garman/Klass (1980) verwiesen. Die meisten empirischen Untersuchungen verwenden die Stichprobenvarianz als erwartungstreue Schätzfunktion für σ^2 und schätzen daraus (leicht nach unten verzerrt) σ per Stichprobenstandardabweichung. Die für unterschiedliche Zeiträume und unterschiedliche Länder durchgeführten Untersuchungen liefern σ-Werte im Bereich von 0,15 bis 0,25 (vgl. z.B. Uhlir/Steiner (1994) oder Gehrig/Zimmermann (1996)). Seit dem 2. Juni 1989 veröffentlicht die Frankfurter Wertpapierbörse Kennzahlen über den DAX und die 30 einzelnen DAX-Titel. Insbesondere wird die auf der Basis der letzten 30 bzw. letzten 250 Handelstage geschätzte DAX-Volatilität σ fortlaufend publiziert. Einen groben Anhaltspunkt für die Größenordnung der Volatilität σ bekommt man, wenn man die Spannweite der in den letzten 40 Jahren realisierten Einjahresrenditen als Drei-Sigma-Bereich auffaßt. Laut Stehle/Huber/Maier (1996) wurde die minimale Jahresrendite (im Crash-Jahr 1987) mit -37% und die maximale Jahresrendite (im Jahr 1985) mit rund 88% registriert. Aus dem empirischen Schwankungsintervall

$$[-37\%; 88\%]$$

ergibt sich $6\sigma \approx 125\%$, also $\sigma \approx 21\%$. Wir werden in den nachfolgenden Abschnitten σ mit dem Wert 0,20 belegen.

Auch für die Schätzung der erwarteten jährlichen Rendite gibt es je nach Zeitraum und für die Rückrechnung bzw. Indexverknüpfung verwendeten Prämissen unterschiedliche empirische Resultate. Laut Stehle/Huber/Maier (1996) ergibt sich, bei dem bis 1993 der DAX-Berechnung implizit zugrundeliegenden Einkommensteuersatz von 36% (seither sind es 30%), für deutsche Blue Chip-Aktien im Zeitraum 1955 bis 1991 eine mittlere jährliche Rendite von 11,68%. Auf Basis der beiden DAX-Indexstände

$$1000 \mathrel{\hat{=}} \text{Ultimo 1987}, \qquad 2500 \mathrel{\hat{=}} \text{Jahresmitte 1996}$$

kann man ebenfalls eine (grobe) Schätzung für μ gewinnen. Denn es ist nach (4)

$$\mu = \frac{1}{t} \ln E(\frac{S(t)}{S(0)}),$$

so daß sich die Schätzfunktion

$$\hat{\mu} = \frac{1}{t} \ln \frac{S(t)}{S(0)} \qquad (10)$$

anbietet. Mit obigen Daten erhalten wir den Schätzwert

$$\hat{\mu} = \frac{1}{8,5} \ln \frac{2500}{1000} = 10,8\%.$$

Berücksichtigt man, daß die Schätzfunktion (10) wegen

$$E(\hat{\mu}) = \frac{1}{T} E(\ln \frac{S(T)}{S(0)}) \leq \frac{1}{T} \ln E(\frac{S(T)}{S(0)}) = \frac{\mu T}{T} = \mu$$

(Jensensche Ungleichung, Konkavität von ln) nach unten verzerrt ist, so steht dieser überschlägige Wert von 10,8% in relativ gutem Einklang mit dem etwas größeren Wert von Stehle/Huber/Maier. Wir werden μ in den nachfolgenden Abschnitten mit Zahlenwerten aus dem Bereich von 9% bis 11% belegen. Damit ist auch die Größenordnung der stetigen Momentanrendite $\mu - \frac{\sigma^2}{2}$ geklärt; sie beträgt etwa $0,10 - \frac{0,2^2}{2} = 8\%$.

5 Vorgabe einer Benchmark-Rendite und einer Ausfallwahrscheinlichkeit

Es sei neben dem Aktienportfolio eine risikolose Anlage verfügbar, die eine stetige Jahresrendite r abwerfe. Damit im folgenden nicht allzu viele Fälle unterschieden werden müssen, sei

$$\mu' = \mu - \frac{\sigma^2}{2} - r \qquad (11)$$

als positiv vorausgesetzt. Ferner bezeichne

v das (irrelevante) Anfangsvermögen des Anlegers,
w den Anteil des Anfangsvermögens, der in Aktien investiert wird,
r^* die als Benchmark geforderte Mindestrendite, ein stetiger Jahreszinssatz,
α die vorgegebene Ausfallwahrscheinlichkeit, d.h. die Wahrscheinlichkeit, die Rendite r^* zu unterschreiten,
$R_w(T)$ die stetige (nicht annualisierte) Rendite, die aus dem Aktienanteil w resultiert.

Damit erhält man als das Endvermögen zum Zeitpunkt T

$$v\,w\,e^{R(T)} + v(1-w)\,e^{rT}. \tag{12}$$

Für die Rendite $R_w(T)$ gilt wegen

$$v\,e^{R_w(T)} = v\,w\,e^{R(T)} + v\,(1-w)e^{rT} \tag{13}$$

die Darstellung

$$R_w(T) = \ln\left[w\,e^{R(T)} + (1-w)\,e^{rT}\right]. \tag{14}$$

Zunächst wollen wir $w < 0$ (d.h. Leerverkäufe von Aktien) und $w > 1$ (d.h. Aktienkäufe auf Kredit) ausschließen. Ferner sei r^* so groß, daß auch $w \neq 0$ gewährleistet ist, nämlich $r^* > r$ (vgl. nachfolgende Formel (17)). Man beachte, daß zwischen den stetigen Renditen selbst für $T = 1$ ein linear-exponentieller Zusammenhang besteht. Bei Verwendung diskreter Jahresrenditen ist demgegenüber der lineare Zusammenhang

$$R_w^{(d)}(1) = w\,R^{(d)}(1) + (1-w)\,r^{(d)}$$

gültig, der wegen seiner einfachen Struktur, die u.a. die Auswertung der Momente erleichtert, in der Literatur zumeist als Ausgangspunkt portfoliotheoretischer Überlegungen genommen wird.

Wie man aus (14) erkennt, ist $R_w(T)$ bis auf den Sonderfall $w = 1$ nicht normalverteilt. Dennoch kann die Ausfallwahrscheinlichkeit mittels der Verteilungsfunktion Φ der Standardnormalverteilung $N(0,1)$ ausgewertet werden. Denn es gilt (wegen obiger Restriktionen bzgl. w), daß der Shortfall genau dann eintritt, wenn die Rendite das im voraus festgelegte Mindestrenditeziel unterschreitet, d.h.

$$w\,e^{R(T)} + (1-w)\,e^{rT} < e^{r^*T}$$

bzw.

$$w\,e^{R(T)} < e^{r^*T} - (1-w)e^{rT} \tag{15}$$

Wegen obiger Einschränkungen ist der Shortfall äquivalent zum Ereignis:

$$R(T) < \ln\left(\frac{e^{r^*T} - (1-w)\,e^{rT}}{w}\right).$$

Aufgrund der Verteilung (3) von $R(T)$ gilt innerhalb dieses Rahmens weiter

Shortfall-Wahrscheinlichkeit = α $\iff$

$$\Phi\left[\frac{\ln(\frac{e^{r^*T}-(1-w)e^{rT}}{w}) - (\mu - \frac{\sigma^2}{2})T}{\sigma\sqrt{T}}\right] = \alpha. \quad (16)$$

Beispiel 2:
Ein zentraler Aspekt des Ausfallrisikos liegt im Zeithorizonteffekt. In der Abbildung 1 wird von zwei Portfolios mit jeweils einem Aktienanteil $w(T) = 40\%$, einer erwarteten Rendite $\mu = 9\%$, einer Volatilität $\sigma = 20\%$ und einer risikolosen Rendite $r = 2\%$ ausgegangen, wobei die entsprechenden Benchmark-Renditen bei $r^* = 3\%$ bzw. $r^* = 4\%$ liegen. Es wird deutlich, daß mit zunehmendem Anlagehorizont die Ausfallwahrscheinlichkeiten abnehmen.

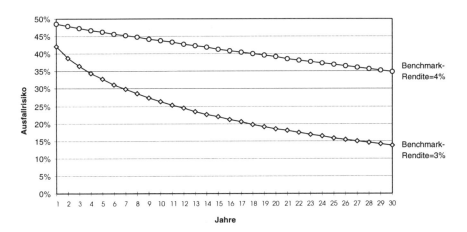

Abb. 1: Ausfallrisiko α für unterschiedliche Zeithorizonte
($w(T) = 40\%$, $\mu = 9\%$, $\sigma = 20\%$, $r = 2\%$)

Die Auflösung von (16) nach dem planungshorizont-abhängigen Anteil $w(T)$ liefert

$$w(T) = \frac{e^{r^*T} - e^{rT}}{e^{\left[z_\alpha \sigma\sqrt{T} + (\mu - \frac{\sigma^2}{2})T\right]} - e^{rT}} = \frac{e^{(r^*-r)T} - 1}{e^{\left[z_\alpha \sigma\sqrt{T} + (\mu - \frac{\sigma^2}{2} - r)T\right]} - 1}, \quad (17)$$

wobei z_α das α-Fraktil der N(0,1)-Verteilung ist, d.h. $\Phi(z_\alpha) = \alpha$.

Approximiert man in (17) alle Exponentialterme linear ($e^x \approx 1+x$), so ergibt sich die in der Literatur vorgeschlagene Anteilsermittlung (vgl. z.B. Zimmermann (1992b, Formel (39))):

$$w(T) = \frac{r^* - r}{z_\alpha \sigma \frac{1}{\sqrt{T}} + (\mu - \frac{\sigma^2}{2} - r)}. \qquad (18)$$

Die Anteilsformel (17) wurde der Einfachheit halber für Mindestrenditen $r^* > r$ und den Bereich $0 < w \leq 1$ hergeleitet. Wenn man

Sollzins = Habenzins = r

und eine unbegrenzte Kreditlinie voraussetzen kann, so machen auch "Anteile" $w > 1$ einen Sinn. Da das Endvermögen dann negativ werden kann, bleibt die Definition (14) von $R_w(T)$ nicht mehr länger gültig. Dasselbe gilt für negative Anteile w (Aktienleerverkauf bzw. Eingehen einer Short-Position im DAX-Future). Die Auflösungsformel gilt dann nur noch für bestimmte Parameterkonstellationen.

Wir betrachten exemplarisch die beiden wichtigsten Fälle, die selbst wieder in Unterfälle zerfallen.

Fall 1: "Meßlatte liegt hoch", d.h. $r^* > r$. Der Aktienanteil w ist positiv.
Fall 2: "Meßlatte liegt niedrig", d.h. $r^* < r$.

Im Fall 1 ist die Anteilswert-Formel (17) für alle Konstellationen korrekt, in denen rechnerisch ein positives $w(T)$ ermittelt wird. Da $\mu' = \mu - \frac{\sigma^2}{2} - r$ als positiv vorausgesetzt wurde, resultiert ein positives $w(T)$, wenn einer der beiden Unterfälle vorliegt:

Unterfall 1a: $\alpha \geq 0,5$; Planungshorizont T beliebig
Unterfall 1b: $\alpha < 0,5$; $T > (\frac{z_\alpha \sigma}{\mu'})^2$

Für Unterfall 1a kann das Fraktil z_α nur ≥ 0 sein. Wie aus dem Beispiel 3 ersichtlich wird, liefert (17) beträchtliche Anteilswerte. Liegt die Meßlatte in dem Sinne sehr hoch, daß $r^* > \mu - \frac{\sigma^2}{2}$ gilt, so wächst der Anteil $w(T)$ sogar exponentiell mit dem Planungshorizont T an[1].

Beispiel 3:

Um den Einfluß des Zeithorizonts auf den Aktienanteil zu verdeutlichen, werden für ein Portfolio die Parameterwerte $\mu = 9\%$, $\sigma = 20\%$, $r = 3\%$ (damit $\mu' = 4\%$) und $\alpha = 50\%$ unterstellt.

---

[1] In einem anderen (und bezüglich der berücksichtigten Vermögensbestandteile reichhaltigeren) Modell haben Spremann/Winhart (1996) ebenfalls Anteilswerte $w(T)$ von weit über 100% begründet.

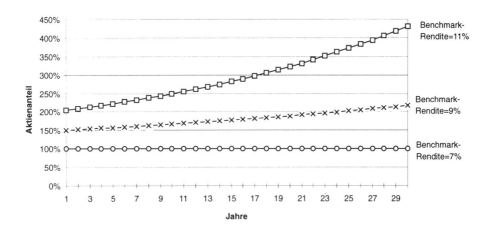

Abb. 2: Aktienanteil für unterschiedliche Zeithorizonte
($\mu = 9\%$, $\sigma = 20\%$, $r = 3\%$, $\alpha = 50\%$)

Die mit dem Unterfall 1a verbundene Wirkungskette ist klar ersichtlich: Wegen $\mu' > 0$ ist die Aktienanlage (dem Erwartungswert nach) günstiger als die risikofreie Anlage. Liegt die Meßlatte hoch, so muß der Aktienanteil auch hoch sein, was mit einer relativ großen Shortfall-Wahrscheinlichkeit $\alpha \geq 0,5$ gekoppelt ist.

Für Unterfall 1b ist der Zähler von (17) zwar stets positiv; der Nenner ist jedoch für Planungshorizonte

$$0 < T < T_{grenz} = (\frac{z_\alpha \sigma}{\mu'})^2$$

negativ und erst für

$$T > T_{grenz} \qquad (19)$$

positiv. D.h. bei hochgelegter Meßlatte und kleinem Planungshorizont T ist die Vorgabe einer kleinen Shortfall-Wahrscheinlichkeit α ($< 0,5$) unerfüllbar. Infolge der intertemporalen Risikodiversifikation sind nur die in (19) definierten großen Planungshorizonte in der Lage, die (klein) vorgegebene Ausfallwahrscheinlichkeit α ($< 0,5$) zu garantieren. Grafisch zeigt sich in diesem T–Bereich ein ähnliches Verhalten von $w(T)$ wie im Beispiel 3.

Wenden wir uns nun dem Fall 2 zu. Auch hier sind zwei Unterfälle zu unterscheiden, wobei das Vorzeichen von w die entscheidende Rolle spielt.

Unterfall 2a: w ist positiv und mindestens so groß, daß die rechte Seite von (15) positiv wird, d.h. $w > e^{(r-r^*)T} - 1$.

Unterfall 2b: $-\infty < w < 0$: Leerverkäufe von Aktien (wobei natürlich die Leerverkaufserlöse risikofrei angelegt werden).

Im Unterfall 2a ergibt sich wieder die Auflösungsformel (17) für $w(T)$. Da der Zähler von (17) negativ ist, kann das Fraktil z_α nur negativ sein. D.h. der Unterfall ist nur mit kleinen Ausfallwahrscheinlichkeiten α ($< 0,5$) verträglich. Zudem darf T nicht zu groß sein. Genauer ergibt sich wieder die Einschränkung

$$T < T_{grenz} = (\frac{z_\alpha \sigma}{\mu'})^2 \tag{20}$$

In diesem Bereich wächst der Anteil $w(T)$ noch schneller als eine Exponentialfunktion (vgl. Beispiel 4).

Beispiel 4:

Um den Einfluß des Zeithorizonts auf den Aktienanteil zu verdeutlichen, werden für ein Portfolio die Parameterwerte $\mu = 9\%$, $\sigma = 20\%$, $r = 3\%$ (damit $\mu' = 4\%$) und $\alpha = 16\%$ (damit $z_\alpha = -1$) unterstellt. Für T_{grenz} ergeben sich somit 25 Jahre.

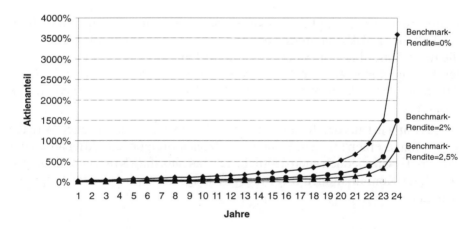

Abb. 3: Aktienanteil für unterschiedliche Zeithorizonte
($\mu = 9\%$, $\sigma = 20\%$, $r = 3\%$, $\alpha = 16\%$)

Im Unterfall 2b ist die rechte Seite von (15) stets negativ. Der Shortfall tritt genau dann ein, wenn

$$R(T) > \ln(\frac{e^{r^*T} - (1-w)e^{rT}}{w})$$

gilt. Damit ergibt sich die zu (17) analoge Formel, wobei allerdings $z_{1-\alpha}$ an die Stelle des α-Fraktils z_α tritt:

$$w(T) = \frac{e^{r^*T} - e^{rT}}{e^{\left[z_{1-\alpha}\sigma\sqrt{T} + (\mu - \frac{\sigma^2}{2})T\right]} - e^{rT}} \qquad (21)$$

Der Nenner von (21) muß positiv sein, was die beiden Möglichkeiten zuläßt:

- $\alpha \leq 0,5$ (d.h. $z_{1-\alpha} \geq 0$), T beliebig
- $\alpha > 0,5$ (d.h. $z_{1-\alpha} < 0$), $T > T_{grenz} = (\frac{z_{1-\alpha}\cdot\sigma}{\mu'})^2$

Man erkennt, daß es im Fall 2 (d.h. bei niedrig gelegter Meßlatte) bei gegebenem $\alpha < 0,5$ und gegebenem Planungshorizont T (der (20) erfüllt) durchaus zwei verschiedene Wege gibt, die Ausfallwahrscheinlichkeit auszuschöpfen:

- Man investiere kräftig in Aktien; d.h. $w(T)$ wird gemäß (17) implementiert.

- Man investiere überhaupt nicht in Aktien, sondern verkaufe einen gemäß (21) berechneten Aktienanteil leer.

Beim ersten Weg zwingt das vorgegebene α den Anleger dazu, am Aktienmarkt "ein großes Rad zu drehen" (obwohl die Benchmark-Rendite durch die reine Zinsanlage mit Sicherheit übertroffen werden könnte). Beim zweiten Weg liegt eine Art von "Selbstverstümmelung" vor, da ein Leerverkauf der (rentablen) Aktien auf eine bewußte Inkaufnahme von Nachteilen hinausläuft.

Insgesamt wird aus den Resultaten deutlich, daß eine "vernünftige" Vorgabe von r^* und α einen mit dem Planungshorizont ansteigenden Aktienanteil impliziert. Es wird jedoch auch deutlich, daß das Shortfall-Kriterium für gewisse (r^*, α)-Kombinationen fragwürdige Anlageempfehlungen zur Folge haben kann.

6 Safety-First Portfolios

Die Vorgabe von r^*, α, T und die Deduktion eines Portfolios mit exakt dieser Ausfallwahrscheinlichkeit α ist ein Ansatz, der primär dadurch motiviert wird, daß die Vorgabewerte für den Investor verständlicher sind als abstrakt wirkende Präferenzfunktionale oder persönlichkeitsbestimmende Merkmale wie etwa die Risikoaversion (im Sinne von Arrow/Pratt). Dennoch dürfte es manchem Investor nicht leichtfallen, das Tripel (r^*, α, T) zu präzisieren. Wie die Bemerkungen am Schluß des vorangehenden Abschnitts gezeigt haben, gibt es sogar "falsche" Vorgaben. Insbesondere das Einräumen einer akzeptablen Ausfallwahrscheinlichkeit könnte auf gewisse Skepsis stoßen. Denn der natürliche Anwenderwunsch ist es doch, die Ausfallwahrscheinlichkeit auf Null zu setzen. Da dieser Wunsch im geschilderten Modell (in der Regel) unerfüllbar ist, wird eine Relaxierung der Forderung auf eine Minimierung der Ausfallwahrscheinlichkeit hinauslaufen. Das Einräumen einer größeren (als der minimalen) Ausfallwahrscheinlichkeit würde wohl als falsche Bescheidenheit empfunden. Mit der Minimierung der Ausfallwahrscheinlichkeit haben sich seit Roy (1952) in der Tat zahlreiche portfoliotheoretische Publikationen befaßt; einige neuere sind Wolter (1993), Jaeger/Rudolf/Zimmermann (1995), Kaduff/Spremann (1996). In diesen Publikationen werden Portfolios, die (in einem genauer zu definierenden Sinne) die Ausfallwahrscheinlichkeit minimieren, als **Safety-First-Portfolios** bezeichnet. Bei der Konkretisierung der Minimierung muß man den Bereich fixieren, über dem die Minimierung erfolgen soll. So könnte man beispielsweise die seit Markowitz vertraute (μ, σ)-Welt mit ihrer Effizienzkurve zugrundelegen und für eine zusätzlich gegebene Benchmark-Rendite r^* dasjenige (μ, σ)-effiziente Portfolio suchen, das die Ausfallwahrscheinlichkeit minimiert. Grafisch führt das – wie in Jaeger/Rudolf/Zimmermann (1995) beschrieben – auf die Konstruktion eines Tangentialportfolios. Man könnte aber grundsätzlich hinterfragen, ob die Fokussierung auf (μ, σ)-effiziente Portfolios sachlich angemessen ist. Das heißt, man könnte sich die Frage stellen, ob jedes (μ, σ)-effiziente Portfolio auch bzgl. der Kriterien (μ, α_{min}) effizient ist und umgekehrt. Wie bei Kaduff/Spremann (1996) gezeigt wurde, sind die beiden Effizienzbegriffe i.a. nicht identisch. In dem Sonderfall, daß die Renditen aller in Betracht gezogenen Aktien gemeinsam normalverteilt sind, fallen die beiden Effizienzbegriffe allerdings zusammen.

Im Rahmen dieser Arbeit wurden nur einparametrisch (nämlich durch den Parameter w) beschreibbare Portfolios untersucht. Ob der DAX als repräsentative Aktienanlage eine Safety-First-Eigenschaft hat, wurde nicht weiter problematisiert. Es ist a priori nicht auszuschließen, daß ein breiter gestreutes Portfolio, das auch Nebenwerte und internationale Aktien umfaßt, geeigneter sein könnte. Fordert man für unsere einparametrische Portfolio-Schar die Safety-First-Eigenschaft, so ergibt sich folgendes Resultat:

Für Benchmarks $r^* \leq r$ muß $w(T) = 0$ gesetzt werden; α_{min} ist dann gleich 0. Für Benchmarks $r^* > r$ muß $w(T)$ beliebig groß gemacht werden; die aus der linken Seite von (16) ableitbare minimale Ausfallwahrscheinlichkeit konvergiert (für $w \to \infty$) gegen

$$\Phi(-\frac{\mu - \frac{\sigma^2}{2} - r}{\sigma}\sqrt{T}). \tag{22}$$

Die Forderung nach der Safety-First-Eigenschaft führt hier demnach zu einer "Bang-Bang-Strategie": Entweder muß alles risikofrei oder alles (incl. des

Kredits) risikobehaftet angelegt werden.

Beschränkt man die Kreditaufnahme realistischerweise nach oben, $w \leq \bar{w}(>1)$, so ist (22) durch

$$\alpha_{min} = \Phi \left[\frac{\ln(\frac{e^{r^*T} - (1-\bar{w})e^{rT}}{\bar{w}}) - (\mu - \frac{\sigma^2}{2})T}{\sigma\sqrt{T}} \right] \qquad (23)$$

zu ersetzen.

Beispiel 5:
Für die Parameterwerte

$$\mu = 10\%, \quad \sigma = 20\%, \quad r = 3\%, \quad r^* = 4\% \quad T = 25 \text{Jahre},$$

sowie eine Kreditaufnahme-Möglichkeit bis in Höhe des Anfangsvermögens (d.h. $\bar{w} = 2$) muß bei einem Safety-First-Portfolio dieser Kredit voll in Anspruch genommen werden. Der damit erreichbare Minimalwert der Ausfallwahrscheinlichkeit berechnet sich aus (23) als

$$\begin{aligned}\alpha_{min} &= \Phi \left[\frac{\ln(\frac{e^{0,04 \cdot 25} + e^{0,03 \cdot 25}}{2}) - (0,10 - 0,02) \cdot 25}{0,20 \cdot 5} \right] \\ &= \Phi(-1,12) = 1 - \Phi(1,12) = 1 - 0,87 = 0,13 \, .\end{aligned}$$

7 Kompatibilität mit dem Bernoulli-Prinzip

Wie bereits erwähnt, läßt sich die auf der Vorgabe von r^* und α (sowie T) beruhende Portfolioselektion durch die Verständlichkeit für den Investor motivieren. Stellt man sich jedoch auf den Standpunkt, daß nur diejenigen Prozeduren rational sind, die im Einklang mit dem Bernoulli-Prinzip stehen, so ist die Vorgehensweise in den Abschnitten 5 und 6 kritisch zu bewerten. Selbst wenn man (wie beim Safety-First-Ansatz) die Orientierung an der Ausfallwahrscheinlichkeit als Extremierungsvorschrift, d.h. als "minimiere α" auffaßt, so erfordert die Kompatibilität mit dem Bernoulli-Prinzip, daß die Risikonutzenfunktion $u(r)$ (bis auf positive lineare Transformationen) folgenden Verlauf hat:

$$u(r) = \begin{cases} 0 & : \quad r \geq r^* \\ -1 & : \quad r < r^* \end{cases} \qquad (24)$$

Dabei bedeutet r die realisierte Jahresrendite. Daß die Maximierung des bzgl. (24) gebildeten Nutzenerwartungswertes mit der Minimierung der Ausfallwahrscheinlichkeit äquivalent ist, folgt unmittelbar aus der Identität

$$Eu(\frac{R_w(T)}{T}) = -P(\frac{R_w(T)}{T} < r^*).$$

Als Risikonutzenfunktion ist $u(r)$ allerdings sehr unorthodox: Die Funktion ist nicht streng monoton wachsend; außerdem existiert an keiner Stelle das Arrow-Pratt-Maß für die Risikoaversion. Auch für die Fälle, in denen sich der Anleger nicht nur an der Ausfallwahrscheinlichkeit, sondern zusätzlich an der erwarteten Rendite oder an partiellen Momenten unterhalb der Benchmark-Rendite r^* orientiert, sind Kompatibilitätsaussagen bekannt; vgl. z.B. Schneeweiß (1967), Albrecht (1994), Bamberg/Coenenberg (1996). Die resultierenden Risikonutzenfunktionen sind plausibler, da bei den partiellen Momenten mit einfließt, ob die Benchmark-Rendite nur knapp oder aber sehr deutlich verfehlt wird. Wir wollen diesen Problemkreis nicht weiter vertiefen, sondern abschließend aufzeigen, daß der Planungshorizont-Effekt in einer einfachen und mit dem Bernoulli-Prinzip voll verträglichen (μ, σ)-Welt nachgewiesen werden kann. Dazu beschränken wir uns auf den Vergleich der risikofreien Anlage mit der reinen Aktienanlage und bestimmen den Planungshorizont, ab dem die Aktienanlage zur besseren Alternative wird. Wir gehen von der annualisierten Aktienrendite aus, für die nach (3) gilt:

$$\frac{R(T)}{T} \sim N(\mu - \frac{\sigma^2}{2}, \frac{\sigma}{\sqrt{T}}). \tag{25}$$

Zu einer normalverteilten Zufallsvariablen "paßt" bekanntlich am besten eine exponentielle Risikonutzenfunktion

$$u(r) = -e^{-\rho \cdot r} \tag{26}$$

mit der konstanten und als positiv vorausgesetzten Risikoaversion ρ. Die Maximierung des Nutzenerwartungswertes ist gleichwertig mit der Maximierung des Sicherheitsäquivalents, das hier die Struktur besitzt:

$$\text{SÄQ}(X) = E(X) - \frac{\rho}{2} Var(X). \tag{27}$$

Wir wenden (27) an auf die normalverteilte Zufallsvariable $X = \frac{R(T)}{T}$ und auf die degenerierte Zufallsvariable $X = r$ und erhalten:

Die Aktienanlage ist besser als die risikofreie Anlage genau dann, wenn

$$\text{SÄQ}(\frac{R(T)}{T}) > \text{SÄQ}(r)$$

gilt. Nach (25) und (27) ist diese Ungleichung gleichwertig mit

$$\mu - \frac{\sigma^2}{2} - \frac{\rho}{2} \cdot \frac{\sigma^2}{T} > r$$

bzw.

$$T > \frac{\rho \cdot \sigma^2}{2(\mu - \frac{\sigma^2}{2} - r)} = \frac{\rho \cdot \sigma^2}{2\mu'}. \tag{28}$$

Aus (28) ist ersichtlich, daß im Gegensatz zu Zimmermann (1992b) die Länge des Zeithorizonts unter den oben getroffenen Annahmen sehr wohl eine Rolle spielt. Beim Übergang zu (28) wurde natürlich wieder von der Positivität von μ' Gebrauch gemacht. Ist allerdings $\mu' \leq 0$ (d.h. hat die Aktienanlage eine geringere erwartete Rendite als die Zinsanlage), so gibt es keinen Umschlagpunkt: Wie erwartet ist dann die Zinsanlage für jeden Planungshorizont T vorzuziehen.

Beispiel 6:
Wir legen die schon mehrfach verwendete Parameterkonstellation $\mu = 9\%$, $\sigma = 20\%$, $r = 3\%$ zugrunde. Ferner sei der betrachtete Anleger indifferent zwischen einer risikobehafteten Jahresrendite X mit

$$P(X = 0\%) = P(X = 10\%) = 0,5$$

und einer sicheren Jahresrendite von 2%. Die Indifferenzaussage liefert die als konstant vorausgesetzte Risikoaversion durch Auflösung der Gleichung:

$$-\frac{1}{2}e^{-\rho \cdot 10} - \frac{1}{2}e^{-\rho \cdot 0} = -e^{-\rho \cdot 2}$$

Es ergibt sich $\rho = 0,328$. Die rechte Seite von (28) wird damit zu

$$\frac{\rho \cdot \sigma^2}{2 \cdot \mu'} = \frac{0,328 \cdot 0,04}{2 \cdot (0,09 - 0,02 - 0,03)} = 0,164 \text{ [Jahre]} \approx 2 \text{ [Monate]}$$

Dies bedeutet: Ist der Planungshorizont T größer als 2 Monate, so sollte die Aktienanlage der Zinsanlage vorgezogen werden.

8 Abschließende Bemerkungen

Ein Vergleich der Aktienanlage mit einer risikolosen Anlage unter Einbeziehung der Einkommensteuer würde den komparativen Vorteil der Aktienanlage noch deutlicher hervortreten lassen. Berücksichtigt man zusätzlich noch die Vermögensteuer nach aktuellem deutschen Recht, dann würde dies zu einer weiteren Verstärkung des komparativen Vorteils für die Aktienanlage führen (vgl. Röder (1996)).

Die oben betrachtete einfache Portfolio-Struktur läßt sich beispielsweise dadurch erweitern, daß neben den Aktien noch weitere risikobehaftete Anlagen (z.B. Staats-, Industrieanleihen) mit einbezogen werden. In solchen Modellen müssen dann die Korrelationen zwischen den unterschiedlich risikobehafteten Anlagen berücksichtigt werden, der Effekt bleibt aber im wesentlichen bestehen (vgl. Lasch/Hilbert (1996)).

9 Literatur

Albrecht, P. (1994) *Shortfall Returns and Shortfall Risk*, Actuarial Approach for Financial Risks, Proceedings of the 40th AFIR International Colloquium, Orlando, Vol. 1, 87-110.

Bamberg, G., Coenenberg, A. (1996) *Betriebswirtschaftliche Entscheidungslehre*, Vahlen, München.

Borsq, D., Nguyen, H.T. (1996) *A Course in Stochastic Processes, Stochastic Models and Statistical Inference*, Kluwer, Dordrecht et al.

Garman, M., Klass, M. (1980) *On the Estimation of Security Price Volatilities from Historical Data*, Journal of Business 53, 67-78.

Gehrig, B., Zimmermann H. (1996) *Fit for Finance*, Verlag Neue Züricher Zeitung, Zürich.

Hull, J. (1989) *Options, Futures and Other Derivative Securities*, Prentice-Hall, Englewood Cliffs.

Jaeger, S., Rudolf, M., Zimmermann, Hull (1995) *Efficient Shortfall Frontier*, Zeitschrift für betriebswirtschaftliche Forschung 47, 355-365.

Janßen, B., Rudolph, B. (1992) *Der Deutsche Aktienindex*, Fritz Knapp, Frankfurt/Main.

Kaduff, J., Spremann, K. (1995) *Sicherheit und Diversifikation bei Shortfall-Risk*, Schweizerisches Institut für Banken und Finanzen, Arbeitspapier, Juli 1995.

Lasch, R., Hilbert, A. (1996) *Portefeuilleselektion unter Berücksichtigung des Anlagehorizonts*, Arbeitspapier Nr. 133 des Instituts für Statistik und Mathematische Wirtschaftstheorie der Universität Augsburg.

Leibowitz, M., Krasker, W. (1988) *Persistence of Risk: Shortfall Probabilities over the Long Term"*, Financial Analysts Journal, November, December 1988, 40-47.

Röder, K. (1996) *Die Vorteilhaftigkeit der Aktienanlage vor und nach der Vermögensteuerreform*, Deutsches Steuerrecht, 192-194.

Roy, A. D. (1952) *Safety First and the Holding of Assets*, Econometrica 20, 431-449.

Schneeweiß, H. (1967) *Entscheidungskriterien bei Risiko*, Springer, Berlin et al.

Spremann, K., Winhart, S. (1996) *Humankapital im Portefeuille privater Investoren,* Arbeitspapier St. Gallen, erscheint in der Zeitschrift für Betriebswirtschaft.

Stehle, R., Huber, R., Maier, J. (1996) *Rückberechnung des DAX für die Jahre 1955 bis 1987*, Kredit und Kapital 29, 277-304.

Uhlir, H., Steiner, P. (1994) *Wertpapieranalyse*, 3te Auflage, Physica, Heidelberg.

Wolter, H.-J. (1993) *Shortfall-Risiko und Zeithorizonteffekte*, Finanzmarkt und Portfolio Management 7, 330-338.

Zenger, C. (1992) *Zeithorizont, Ausfallwahrscheinlichkeit und Risiko: Einige Bemerkungen aus der Sicht des Praktikers*, Finanzmarkt und Portfolio Management 6, 104-113.

Zimmermann, H. (1991) *Zeithorizont, Risiko und Performance: Eine Übersicht*, Finanzmarkt und Portfolio Management 5, 164-181.

Zimmermann, H. (1992a) *Replik zum Thema "Ausfallrisiko und Zeithorizont"*, Finanzmarkt und Portfolio Management 6, 114-117.

Zimmermann, H. (1992b) *Performance-Messung im Asset-Management*, in: Spremann, K., Zur, E. (Hrsg.): Controlling, 49-109, Gabler, Wiesbaden.

Zimmermann, H. (1993) *Editorial: Aktien für die lange Frist?*, Finanzmarkt und Portfolio Management 7, 129-133.

Demographische Entwicklung, Erwerbspersonenpotential und Altersvorsorge: Die Schweiz und Japan im Vergleich

Von Hans Wolfgang Brachinger und Sara Carnazzi, Fribourg[*]

Zusammenfassung: Die demographische Alterung ist ein Phänomen, das heute alle hochentwickelten Länder tangiert. Sinkende Fertilitätsziffern und steigende Lebenserwartung haben in den letzten Jahrzehnten zu einer Verschiebung der Altersstruktur zugunsten der älteren Altersgruppen geführt. Die dadurch bedingte Verknappung des Arbeitsangebotes wird negative Konsequenzen für die Altersversorgung und die allgemeine ökonomische Entwicklung haben. In diesem Aufsatz werden zunächst die demographischen Entwicklungen der Schweiz und Japans einander gegenüber gestellt. Dabei wird sich zeigen, daß der japanische Alterungsprozeß dem schweizerischen um etwa 10 bis 15 Jahre vorauseilt. Dann wird auf die wesentlichen politischen Maßnahmen Japans zur Sicherung der Altersvorsorge eingegangen. Abschließend werden aus der Erfahrung Japans Lehren für die Schweiz abgeleitet.

Einleitung

Die demographische Entwicklung der Schweiz ist durch einen grundlegenden Wandel in der Altersstruktur ihrer Bevölkerung gekennzeichnet. Sinkende Fertilitätsziffern und eine ständige Verlängerung der Lebenserwartung haben in den letzten Jahrzehnten zu einer Reduzierung der jüngeren Altersgruppen und zu einer immer stärkeren Besetzung der älteren geführt. Die Alterung der schweizerischen Bevölkerung wird zu einer Verknappung des Arbeitsangebotes führen. Dies wird erhebliche Konsequenzen für die Altersversorgung und die ökonomische Entwicklung der Schweiz haben.

Die demographische Alterung ist jedoch bekanntlich keine auf die Schweiz begrenzte Erscheinung, sondern tangiert alle hochentwickelten Länder. Ein Land, das von der Alterung seiner Bevölkerung besonders stark betroffen ist, ist Japan. Jüngste Prognosen zeigen, daß um 2045 fast 30% der japanischen Bevölkerung über 65jährig sein wird. Japan wird dann eine der ältesten Bevölkerungen der Welt aufweisen. Die japanische

---

[*] Dieser Aufsatz ist im Rahmen des Forschungsprojektes „Arbeitszeit in der Schweiz" entstanden, das im Auftrag von Günter Tesch und der Stiftung Alpha, Schmitten, Schweiz durchgeführt wird.

Erwerbsbevölkerung wird bereits um die Jahrtausendwende anfangen zu sinken.

In diesem Aufsatz werden zunächst die demographischen Entwicklungen der Schweiz und Japans skizziert. Dann werden diese Entwicklungen einander gegenüber gestellt. Dabei wird sich zeigen, daß die demographischen Alterungsprozesse in der Schweiz und in Japan zeitlich annähernd parallel verlaufen und der japanische Alterungsprozeß dem schweizerischen um etwa 10 bis 15 Jahre vorauseilt. Nach einer kurzen Beschreibung der Altersversorgungssysteme Japans und der Schweiz wird auf die wesentlichen politischen Maßnahmen eingegangen, die Japan in jüngster Zeit zur Sicherung seiner Altersversorgung eingeleitet hat. Abschließend wird die Frage gestellt, welche Lehren die Schweiz aus den Erfahrungen Japans ziehen kann.

1 Entwicklung von Bevölkerung und Erwerbspersonen in der Schweiz

1.1 Demographische Entwicklung

Noch Ende des letzten Jahrhunderts betrug die totale Fertilitätsrate in der Schweiz vier Kinder je Frau. Diese hohe Geburtenrate war einerseits durch die hohe Kindersterblichkeit, andererseits durch den sozialen Schutz bedingt, den man sich in der Altersphase von Kindern erwartete. In den dreißiger Jahren hatte sich die totale Fertilitätsrate bereits halbiert. Während des sogenannten Babybooms, welcher in der Schweiz bereits Anfang der vierziger Jahre einsetzte, stieg die totale Fertilitätsrate wieder an und erreichte 1965 einen Wert von 2,6 Kindern je Frau. In den nachfolgenden Jahren sank die totale Fertilitätsrate dramatisch und fiel bis 1978 auf 1,51 Kinder je Frau. Die Fertilitätsrate verharrte lange Zeit auf diesem Niveau, seit 1993 sinkt ihr Wert jedoch wieder deutlich. Im Jahr 1995 entfielen auf eine Frau statistisch nur noch 1,47 Kinder. Betrachtet man ausschließlich Frauen schweizerischer Nationalität, dann lag die totale Fertilitätsrate sogar nur bei 1,31 Kinder je Frau. Die Nettoreproduktionsrate der Schweiz betrug im Jahre 1994 lediglich 0,73 und lag damit deutlich unter dem Reproduktionsniveau von 1,0 (vgl. BUNDESAMT FÜR STATISTIK (o. J.)).

Die demographische Entwicklung der Schweiz in diesem Jahrhundert ist neben dem Geburtenrückgang durch einen starken und kontinuierlichen Anstieg der Lebenserwartung charakterisiert. Seit der Jahrhundertwende ist die durchschnittliche Lebenserwartung eines männlichen Neugeborenen um 28,5 Jahre, diejenige eines weiblichen Neugeborenen um 32,6 Jahre gestiegen und betrug 1995 75,3 bzw. 81,7 Jahre (vgl. BUNDESAMT FÜR STATISTIK (o. J.)). Die Schweiz gehört somit zu den Ländern mit der höchsten Lebenserwartung der Welt.

Der Anstieg der durchschnittlichen Lebenserwartung hat sich in den letzten Jahren unter anderem durch das Aufkommen neuer Risikofaktoren wie Umweltschäden, Drogenkonsum oder auch neue Infektionskrankheiten wie etwa AIDS zwar verlangsamt. Von der dadurch bedingten leicht erhöhten Mortalität sind jedoch vor allem die jungen und mittleren Jahrgänge im Alter zwischen 20 und 30 Jahren betroffen. Die Restlebenserwartung der über 65jährigen ist weiter unvermindert gestiegen und beträgt heute 16 Jahre für die Männer und 20,2 Jahre für die Frauen (vgl. BUNDESAMT FÜR STATISTIK (o. J.)).

Das Zusammenspiel der geschilderten Entwicklungen von Fertilität und Mortalität hat zu starken Verschiebungen in der Altersstruktur der Schweizer Bevölkerung geführt. Der Anteil der über 65jährigen an der Gesamtbevölkerung hat sich zwischen 1900 und 1994 von 5,8% auf 14,7% erhöht. Derjenige der über 80-jährigen ist von 0,5% auf 4% gestiegen und ist damit heute achtmal so hoch wie am Anfang dieses Jahrhunderts (vgl. BUNDESAMT FÜR STATISTIK (o. J.)). Diesem zunehmenden Anteil der Betagten und Hochbetagten an der Gesamtbevölkerung steht ein Rückgang der Kinder und Jugendlichen gegenüber. Zwischen 1900 und 1994 hat sich der Anteil der unter 15jährigen von 31% auf 17,6% reduziert (vgl. BUNDESAMT FÜR STATISTIK (o. J.)). Die Entwicklung des Altersaufbaus der Bevölkerung der Schweiz seit 1900 ist in Graphik 1 wiedergegeben. Aufgrund der Verschiebungen in der Altersstruktur hat sich die Alterspyramide der Schweiz im Laufe der Zeit immer mehr zu der für alternde Bevölkerungen typischen Form einer Urne entwickelt. Man vergleiche dazu die Darstellung der schweizerischen Alterspyramide für 1990 in Graphik 3 im Abschnitt 3.

Seit 1984 veröffentlicht das schweizerische Bundesamt für Statistik im Auftrag der Bundesregierung laufend Szenarien zur künftigen Bevölkerungsentwicklung in der Schweiz (vgl. BUNDESAMT FÜR STATISTIK (1992)). Für den Prognosehorizont 1991-2040 wurden 1990 sechs Szenarien erarbeitet, welche verschiedenen demographischen Ausgangslagen und politischen Rahmenbedingungen in Europa Rechnung tragen.

Eines dieser Szenarien ist das Szenario Kontinuität, das damals vom weiteren politischen Alleingang der Schweiz innerhalb Europas ausging, der 1992 vom Volk tatsächlich beschlossen wurde.

Graphik 1: Der Altersaufbau der Gesamtbevölkerung der Schweiz
1900-2040

Quelle: BUNDESAMT FÜR STATISTIK (o. J.), (1992)

In diesem Szenario wird unterstellt, daß die niedrige Fertilität in der Zukunft anhalten wird. Die totale Fertilitätsrate der Schweizer Frauen wird über den ganzen Prognosehorizont mit 1,56 angesetzt. Für ausländische Frauen aus dem EWR wird von einer Fertilitätsrate von 1,41 ausgegangen, für Ausländerinnen aus der restlichen Welt von 2,37. Auf der anderen Seite wird in diesem Szenario von einer weiter, wenn auch langsamer als bisher, steigenden Lebenserwartung ausgegangen. Die durchschnittliche Lebenserwartung eines männlichen Neugeborenen wird sich annahmegemäß über den Prognosehorizont schrittweise bis auf 78,4 Jahre, diejenige eines weiblichen Neugeborenen bis auf 85,5 Jahre erhöhen.

Bezüglich Migration wird über den Prognosezeitraum von einem Zuzug von 871'500 Personen und einem Fortzug von 726'300 Personen und damit von einem positiven Wanderungssaldo von 145'200 Personen ausgegangen.

Die Bevölkerungsvorausschätzungen auf der Grundlage des Kontinuitätsszenarios zeigen deutlich, daß sich die Alterung der schweizerischen Bevölkerung in der Zukunft fortsetzen und sogar verstärken wird. Die Gesamtbevölkerung der Schweiz wird etwa Mitte des nächsten Jahrzehnts stagnieren und anschließend sinken. Der positive Wanderungssaldo wird zwar aufgrund der günstigen Altersstruktur der Ausländer zu einer Verjüngung der Bevölkerung der Schweiz beitragen. Insgesamt werden aber nur die Altersklassen über 50, vor allem jedoch die der über 65jährigen noch weiter ein Wachstum verzeichnen. Der Anteil der über 65jährigen an der Gesamtbevölkerung wird im Jahr 2040 etwa 23% betragen, derjenige der über 80jährigen 7,2%. Dies bedeutet, daß der Anteil der über 65jährigen an der schweizerischen Gesamtbevölkerung gegenüber 1994 noch einmal um mehr als 56% gestiegen sein wird. Der Anteil der über 80jährigen wird auf der Grundlage des Kontinuitätsszenarios gegenüber 1994 noch einmal um 80% wachsen.

1.2 Entwicklung der Erwerbsbevölkerung

Alterung einer Bevölkerung bedeutet, daß der Anteil der im Rentenalter befindlichen Personen gegenüber dem Anteil derjenigen Personen, die sich im erwerbsfähigen Alter befinden, wächst. Bei unveränderter Altersgrenze müssen in der Folge die Personen im erwerbsfähigen Alter für immer mehr Beitragsempfänger aufkommen. Wieviele Personen faktisch allerdings Rentenbeiträge leisten, hängt neben der rein demographischen Entwicklung vor allem auch vom Erwerbsverhalten einer Bevölkerung ab. Für eine sorgfältigere Beschreibung der Entwicklung des Erwerbsverhaltens Japans und der Schweiz in Vergangenheit und Zukunft sind einige begriffliche Vorbemerkungen notwendig.

Im folgenden wird unter dem Arbeitskräftepotential einer Bevölkerung die gesamte Wohnbevölkerung älter als 15 Jahre verstanden. Das Arbeitskräftepotential wird unterteilt in die Gesamtheit aller Erwerbspersonen - die Erwerbsbevölkerung - und die Nichterwerbspersonen. Die Erwerbspersonen setzen sich zusammen aus den Erwerbstätigen und den Erwerbslosen. Erwerbstätig sind alle Personen, die während einer bestimmten Mindeststundenzahl pro Woche einer bezahlten Arbeit nachgehen oder die unentgeltlich in einem Familienbetrieb tätig sind. Im Rahmen der schweizerischen Erwerbstätigenstatistik bzw. der schweizerischen Volkszählung wird diese Mindeststundenzahl mit sechs Stunden, gemäß den Empfehlungen der International Labour Organisation (ILO) mit einer Stunde angesetzt. Als erwerbslos betrachtet werden im Sinne der Definition der ILO alle Personen, die in einer bestimmten Referenzperiode ohne Arbeitsverhältnis sind, sich jedoch um eine Arbeitsstelle bemühen und innerhalb einer bestimmten Periode mit einer Tätigkeit beginnen könnten. Der Begriff der Erwerbslosigkeit umfaßt somit nicht nur die beim Arbeitsamt gemeldeten Arbeitslosen (vgl. BUNDESAMT FÜR STATISTIK (O. J.)). Zu den Nichterwerbspersonen gehören etwa Schüler und Studenten, Hauspersonen, Pensionäre und Rentner sowie alle Arbeitslosen, die sich - aus welchen Gründen auch immer - nicht mehr um eine Arbeitsstelle bemühen.

Die Erwerbsbevölkerung wird andererseits zerlegt in die Gesamtheit aller Erwerbstätigen, deren Tätigkeit nicht nur vorübergehender Natur ist, die registrierten Arbeitslosen und die sog. aktive Stille Reserve. Diese umfaßt alle Erwerbslosen, die sich um Arbeit bemühen, aber nicht als arbeitslos registriert sind. Die Nichterwerbspersonen werden gegliedert in Nichterwerbsfähige, Nichterwerbswillige und die sog. passive Stille Reserve. Diese umfaßt alle Nichterwerbspersonen, die zwar arbeitswillig und -fähig sind, sich aber nicht um Arbeit bemühen.

Unter dem Erwerbspersonenpotential wird in dieser Arbeit die Erwerbsbevölkerung zusammen mit der passiven stillen Reserve verstanden. In anderer Aufgliederung setzt sich das Erwerbspersonenpotential also aus den Erwerbstätigen, deren Tätigkeit nicht nur vorübergehender Natur ist, den registrierten Arbeitslosen und der gesamten stillen Reserve zusammen. Unter der allgemeinen Erwerbsquote wird wie üblich der Quotient aus dem Umfang der Erwerbsbevölkerung und dem der Wohnbevölkerung verstanden. Spezielle Erwerbsquoten ergeben sich, wenn man bei der Betrachtung dieses Quotienten sowohl Erwerbs- als auch Wohnbevölkerung auf ein und dieselbe spezielle Teilmenge einschränkt.

Die inländische Erwerbsbevölkerung der Schweiz ist im Zeitraum 1980 bis 1990 um 286'100 Personen auf etwa 2,8 Millionen Personen gewachsen, was einer Zunahme von 11,3% entspricht. Verfolgt man die geschlechtsspezifische Entwicklung der schweizerischen Erwerbsbevölkerung, stellt man fest, daß ihre Zunahme hauptsächlich auf den Ausbau der weiblichen Erwerbstätigkeit zurückzuführen ist. Während die Zahl der männlichen Erwerbspersonen zwischen 1980 und 1990 um 4,7% zugelegt hat, war die Zunahme der weiblichen Erwerbspersonen mit 22,6% fast fünfmal so hoch wie die der Männer. Dementsprechend hat sich der Anteil der Frauen an der schweizerischen Erwerbsbevölkerung über diese Periode von 36,9% auf 40,6% erhöht.

Wie oben bereits erwähnt, hängt die künftige Entwicklung der Erwerbsbevölkerung eines Landes von seiner demographischen Entwicklung und von der Entwicklung des Erwerbsverhaltens seiner Bevölkerung ab. Bei den folgenden Prognosen der Schweizer Erwerbsbevölkerung wird zunächst von der demographischen Entwicklung ausgegangen, wie sie sich auf der Grundlage des Kontinuitätsszenarios ergibt. Diese Entwicklung wurde im letzten Abschnitt dargestellt.

Ausgehend von dieser Entwicklung erhält man eine erste Prognose der Schweizer Erwerbsbevölkerung, wenn man davon ausgeht, daß das gegenwärtige Erwerbsverhalten unverändert bleibt. Für eine solche Prognose wurde das gegenwärtige Erwerbsverhalten - gegliedert nach Geschlecht

- in Form von altersklassenspezifischen Erwerbsquoten aus dem Jahr 1990 erfaßt. Die verwendeten Altersklassen überdecken dabei selbstverständlich alle Altersjahrgänge, sind aber entsprechend den Vorgaben der amtlichen Statistik teils 5-Jahres-, teils 10-Jahresklassen. Prognostiziert man die künftige Erwerbsbevölkerung der Schweiz unter der Annahme der Konstanz der Erwerbsquoten des Jahres 1990, so stellt man fest, daß sie ab 2010 zu sinken beginnt und zwischen 2010 und 2020 um 0,3% zurückgeht.

Die Annahme, daß das Erwerbsverhalten der schweizerischen Wohnbevölkerung über die nächsten Jahrzehnte konstant bleibt, ist wenig realistisch. Angemessenere Vorausschätzungen der Erwerbsbevölkerung der Schweiz erhält man, wenn man von variablen Erwerbsquoten ausgeht. Dazu wurde zunächst die Entwicklung aller alters- und geschlechtsspezifischen Erwerbsquoten in der Stützperiode von 1941 bis 1990 untersucht. Dabei zeigten sich einige klare Tendenzen.

Die jüngeren Altersklassen in der Erwerbsbevölkerung weisen sowohl bei den Frauen als auch bei den Männern eine abnehmende Erwerbsbeteiligung auf. Diese ist offenbar auf die Verlängerung der Ausbildungsdauer zurückzuführen. Andererseits haben die Herabsetzung des Rentenalters und die Tendenz zu einem immer früheren Ausscheiden aus dem Erwerbsleben sowohl bei Frauen als auch bei Männern eine Abnahme der Erwerbsquoten in den älteren Altersgruppen bewirkt. Die Altersversorgung in der Schweiz ist im Laufe der Zeit immer umfassender geworden, und dies hat die Notwendigkeit und die Bereitschaft zur weiteren Erwerbsbeteiligung im höheren Alter verringert.

Die Erwerbsbeteiligung in den mittleren Altersklassen ist bei den Schweizer Männern sehr hoch. In dieser Phase der maximalen Erwerbstätigkeit liegen deren Erwerbsquoten nahe bei 100% und sind kaum Schwankungen unterworfen. Die Erwerbsbeteiligung der Frauen in den mittleren Altersklassen ist hingegen in der betrachteten Stützperiode deutlich gewachsen.

Diese Tendenzen wurden durch geeignete zeitreihenanalytische Ansätze modelliert. Auf der Grundlage dieser Modelle wurden dann für alle alters- und geschlechtsspezifischen Erwerbsquoten für die Periode 1990-2020 Zeitreihenprognosen erstellt. Für genauere Ausführungen vergleiche man BRACHINGER / CARNAZZI (1996).

Geht man bei der Prognose der Schweizer Erwerbsbevölkerung von der demographischen Entwicklung aus, wie sie sich auf der Grundlage des Kontinuitätsszenarios ergibt und zieht für die Erwerbsquoten diese Zeitreihenprognosen heran, dann wird die inländische Erwerbsbevölkerung der Schweiz zwischen 1990 und 2020 zunächst noch um 6,3% zunehmen. Diese Zunahme wird jedoch vor allem durch den Ausbau der weiblichen Erwerbstätigkeit getragen, welche um 19,3% zulegen wird. Die männliche Erwerbsbevölkerung wird hingegen in dieser Periode bereits um 2,5% abnehmen.

Analysiert man die altersspezifische Entwicklung der zukünftigen Erwerbsbevölkerung der Schweiz, so ergibt sich insbesondere bei den Schweizer Männern je nach Altersgruppe ein unterschiedliches Bild. Die Erwerbsbevölkerung in den jüngeren Altersklassen zwischen 15 und 24 Jahren wird ab 2010 zu sinken beginnen und zwischen 2010 und 2020 um 8,5% zurückgehen. Demgegenüber werden die älteren Erwerbstätigen ab einem Alter von 50 Jahren über die ganze Prognoseperiode eine Zunahme von 15,7% verzeichnen. Die Konsequenzen der demographischen Alterung der Schweiz bestehen somit nicht nur aus einer Verknappung der Erwerbsbevölkerung, sondern auch in deren Alterung.

2 Entwicklung von Bevölkerung und Erwerbspersonen in Japan

2.1 Demographische Entwicklung

Beim Wiederaufbau Japans in der Nachkriegszeit gingen mit Industrialisierung und Urbanisierung auch tiefe Veränderungen der sozialen Strukturen einher. Der Wandel der traditionellen Familienform war von sinkender Heiratshäufigkeit und von einem Rückgang der Geburtenziffern begleitet. 1950 betrug die totale Fertilitätsrate noch 3,7 Kinder je Frau, Mitte der Sechziger Jahre war sie bereits auf 2,14 gefallen. Als 1989 mit 1,57 die niedrigste Fertilitätsrate in der japanischen Geschichte erreicht wurde, bezeichnete man dieses Ereignis als den „1,57-Schock". Seitdem ist die Fertilität jedoch weiter gesunken. Im Jahr 1990 ging sie auf 1,53 und 1993 sogar auf 1,43 Kinder je Frau zurück (vgl. SHIMOWADA (1992), S. 41; UNITED NATIONS (o. J.)).

Auf der anderen Seite ist die Lebenserwartung in der japanischen Bevölkerung in der Nachkriegszeit dramatisch gestiegen. Verharrte die durchschnittliche Lebenserwartung eines japanischen Neugeborenen in den ersten Jahren nach dem zweiten Weltkrieg noch bei etwa 50 Jahren, so betrug sie 1993 schon 76,2 Jahre für Männer und 82,5 Jahre für Frauen (vgl. SHIMOWADA (1992), S. 40; UNITED NATIONS (o. J.)). Damit gehört Japan wie die Schweiz zu den Ländern mit der höchsten Lebenserwartung der Welt.

Was den Prozess der demographischen Alterung in Japan besonders charakterisiert, ist dessen Geschwindigkeit. Der Anteil der über 65-jährigen an der Gesamtbevölkerung hat sich innerhalb von 25 Jahren von 7% im Jahr 1970 auf 14% im Jahr 1994 verdoppelt. Diese Entwicklung findet keine Parallele in den westlichen Ländern. In der Schweiz hat diese Verdoppelung in etwa 50 Jahre beansprucht, in Deutschland und Grossbritannien waren es 45 und in Frankreich sogar 130 Jahre (vgl. BANK OF JAPAN (1995), (1996); SHIMOWADA (1992), S. 40). Die Entwicklung des Altersaufbaus der japanischen Gesamtbevölkerung seit 1950 ist in Graphik 2 veranschaulicht.

Graphik 2: Der Altersaufbau der Gesamtbevölkerung Japans 1950-2050

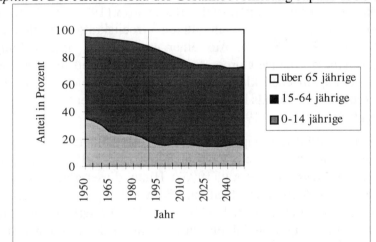

Quelle: BANK OF JAPAN (1995); MINISTRY OF HEALTH AND WELFARE (1992)

Das japanische Ministerium für Gesundheit und Wohlfahrt hat im Jahr 1992 Projektionen der Bevölkerungsentwicklung in Japan erstellt. Diese Projektionen zeigen, daß die Anteile der über 65jährigen und der über 80jährigen an der Gesamtbevölkerung weiter steigen werden. Der Anteil der über 65jährigen wird um 2045 einen Wert von 28,5% erreichen, der Anteil der über 80jährigen einen Wert von 9,2% (vgl. MINISTRY OF HEALTH AND WELFARE (1992)).

2.2 Entwicklung der Erwerbsbevölkerung

Die japanische Erwerbsbevölkerung zählte 1994 gemäß Labour Force Survey, einer Erhebung, welche zur Abgrenzung der Erwerbstätigen die Definition der ILO heranzieht, etwa 66,4 Millionen Erwerbspersonen. Dazu trugen die Männer mit einem Anteil von 59,4% und die Frauen mit einem Anteil von 40,6% bei. Seit Anfang der achtziger Jahre hat die japanische Erwerbsbevölkerung um 17,6% zugenommen.

Betrachtet man die Entwicklung der japanischen Erwerbsbevölkerung in der jüngeren Vergangenheit, so stellt man eine Verschiebung der Altersstruktur der Erwerbspersonen fest. In den Jahren von 1960 bis etwa Mitte der siebziger Jahre wurde das starke Wirtschaftswachstum Japans durch äußerst junge Arbeitskräfte gestützt. Aufgrund der schnell fortschreitenden Alterung der Bevölkerung war jedoch bereits in den achtziger Jahren auf dem japanischen Arbeitsmarkt eine Knappheit an jungen Arbeitskräften zu verzeichnen (vgl. SHIMOWADA (1992), S. 49 f.). Demgegenüber war das Angebot an älteren Arbeitskräften reichlich (vgl. SHIMOWADA (1992), S. 50). Aus einer empirischen Untersuchung der Smaller Business Finance Corporation geht hervor, daß im Jahr 1990 etwa 40% der japanischen kleinen und mittleren Unternehmungen Rekrutierungsschwierigkeiten als hauptsächliches Managementproblem genannt haben (vgl. SHIMOWADA (1992), S. 49 f.).

Prognosen der künftigen japanischen Erwerbsbevölkerung aus dem Jahr 1995 zeigen, daß diese bereits zwischen 2000 und 2010 um 1,5% sinken wird (vgl. MINISTRY OF LABOUR (1995)). Hinter dieser globalen Abnahme verbergen sich jedoch unterschiedliche Entwicklungen in den verschiedenen Altersklassen der Erwerbsbevölkerung. Die Erwerbsbevölkerung im Alter zwischen 15 und 54 Jahren wird bereits in der zweiten Hälfte der neunziger Jahre zu sinken beginnen. Dabei sind es insbesondere die jüngeren Arbeitskräfte in der Altersgruppe von 15 bis 29 Jahren, deren Bestand mit einer prozentualen Abnahme von 22,8% zwischen 2000 und 2010 am stärksten einbüßen wird. Der Bestand an älteren Arbeitskräften mit 55 Jahren und mehr wird in der gleichen Periode hingegen um fast 20% zunehmen.

Japan weist im internationalen Vergleich besonders hohe Erwerbsquoten in den höheren Altersklassen auf. Im Jahr 1994 lag die Erwerbsquote japanischer Männer in der Altersgruppe von 60 bis 64 Jahren bei 75%, in der Altersgruppe der über 65jährigen bei 37,6%. Die entsprechenden Werte für japanische Frauen waren 39,4% bzw. 15,9% (vgl. MINISTRY OF LABOUR (1995)). Zum Vergleich betrug die Erwerbsquote Schweizer

Männer im Alter zwischen 60 und 64 Jahren in 1994 nur 70,7%, diejenige der über 65jährigen sogar nur 18,6%. Die entsprechenden Erwerbsquoten der Schweizer Frauen lagen ebenfalls deutlich tiefer als in Japan und betrugen 31,3 bzw. 7,5% (vgl. BUNDESAMT FÜR STATISTIK (o. J.)).

3 Vergleich der demographischen Entwicklungen Japans und der Schweiz

Vergleicht man die Alterspyramiden Japans (vgl. Graphik 4) und der Schweiz (vgl. Graphik 3) für das Jahr 1990, so ist auf den ersten Blick in beiden Fällen die für alternde Bevölkerungen typische Urnenform erkennbar: Von der Spitze her werden die Alterskohorten bis zu einem bestimmten Alter im wesentlichen immer umfangreicher. Ab diesem Alter gehen die Umfänge der Alterskohorten tendenziell zurück.

Es fällt jedoch auf, daß in der Schweiz die am stärksten besetzte Alterskohorte diejenige der 25- bis 29jährigen (Geburtskohorte 1961-1965) ist, während in Japan diejenige der 40- bis 44jährigen (Geburtskohorte 1946-1950) am stärksten besetzt ist. In beiden Alterspyramiden erkennt man das sog. demographische Echo, das durch den Eintritt der am stärksten besetzten Alterskohorten in das gebärfähige Alter bedingt ist. In der japanischen Alterspyramide zeigt sich dieses Echo in der vergleichsweise umfangreichen Alterskohorte der 15- bis 19jährigen, in der schweizerischen in der Zunahme der jüngsten Alterskohorte gegenüber der zweitjüngsten.

Wie im letzten Abschnitt ausgeführt, wird die japanische Erwerbsbevölkerung bereits zwischen 2000 und 2010 zu sinken beginnen. Unter der restriktiven Annahme, daß das Erwerbsverhalten der schweizerischen Bevölkerung konstant bleibt, wird dies in der Schweiz erst ab 2010 der Fall sein. Läßt man Veränderungen der Erwerbsneigung zu und geht insbesondere von einer Erhöhung der weiblichen Erwerbstätigkeit aus, dann wird die inländische Erwerbsbevölkerung der Schweiz erst ab 2020 abnehmen.

Der wichtigste Indikator für die Alterslast einer Bevölkerung ist der sog. Alterslastquotient, der durch das Verhältnis der Rentenberechtigten zu den nicht rentenberechtigten Personen im erwerbsfähigen Alter definiert ist. Für den Vergleich der demographischen Entwicklungen Japans und der Schweiz wurden die nicht Rentenberechtigten auf die Wohnbevölkerung im erwerbsfähigen Alter zwischen 20 und 64 Jahren und die Rentenberechtigten auf die Wohnbevölkerung der über 65jährigen eingeschränkt. Auf der Basis der in den Abschnitten 1 und 2 erwähnten Vorausschätzungen der Wohnbevölkerung wurde anschließend die Entwicklung der Alterslastquotienten Japans und der Schweiz prognostiziert. Die prognostizierten Entwicklungen sind in Graphik 5 dargestellt.

Graphik 3: Bevölkerungsstruktur der Schweiz in Promille der Gesamtbevölkerung für die Jahre 1990 und 2030

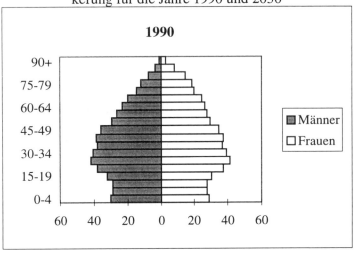

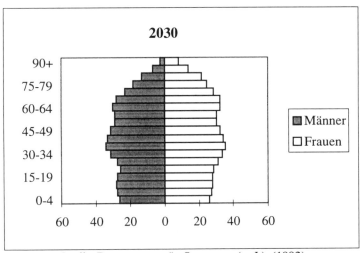

Quelle: BUNDESAMT FÜR STATISTIK (o. J.), (1992)

Unterstellt man sowohl für Männer als auch für Frauen ein Rentenalter von 65 Jahren, so wird in der Schweiz die am stärksten besetzte Alterskohorte der 1990 25- bis 29jährigen (Geburtskohorte 1961-1965) das Rentenalter zwischen 2025 und 2030 erreichen; die ebenfalls stark besetzten Geburtskohorten von 1951-55 und 1956-60 bereits ab 2015. Dementsprechend wird der schweizerische Alterslastquotient in der Periode 2010-2030 von 29,1% auf 39,6% stark zunehmen. Während im Jahr 2010 noch 3,5 Aktive einen Rentner unterhalten werden, werden es 2030 nur noch 2,5 Erwerbstätige sein.

Graphik 4: Bevölkerungsstruktur Japans in Promille der Gesamtbevölkerung für die Jahre 1990 und 2010

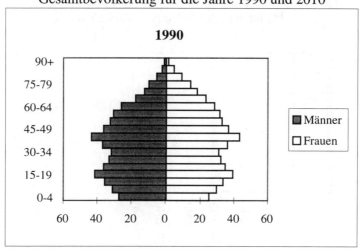

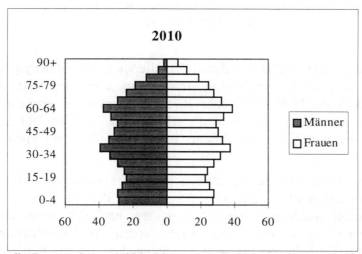

Quelle: BANK OF JAPAN (1995); MINISTRY OF HEALTH AND WELFARE (1992)

Derartige Werte des Alterslastquotienten werden in Japan bereits in den ersten 10 Jahren des nächsten Jahrhunderts erreicht. In den Jahren zwischen 2010 und 2015 wird dann die am stärksten besetzte Geburtskohorte 1946-50 das Rentenalter erreichen. Dies wird einen weiteren deutlichen Anstieg des Alterslastquotienten bis 2020 zur Folge haben. Zwischen 2010 und 2020 wird die Anzahl der Aktiven pro Rentner von 2,7 auf 2,1 zurückgehen.

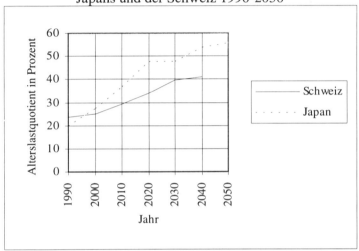

Graphik 5: Alterslastquotienten in der Gesamtbevölkerung Japans und der Schweiz 1990-2050

Quelle: BUNDESAMT FÜR STATISTIK (1992); MINISTRY OF HEALTH AND WELFARE (1992)

Zwischen 2020 und 2035 wird sich der Alterslastquotient der japanischen Bevölkerung auf hohem Niveau stabilisieren. Wenn die stark besetzte Geburtskohorte 1970-75 im Jahr 2035 das Rentenalter erreichen wird, wird der Alterslastquotient erneut stark ansteigen und im Jahr 2045 mit 55,9% bzw. 1,8 Aktive pro Rentner einen vorläufigen Höhepunkt erreichen.

Dieser Vergleich der demographischen Entwicklungen der Schweiz und Japans macht deutlich, daß der japanische und der schweizerische Alterungsprozeß annähernd parallel verlaufen und der japanische dem schweizerischen um etwa 10 bis 15 Jahre vorauseilt. Aus schweizerischer Sicht ist es deshalb von Interesse zu untersuchen, ob und falls ja welche Maßnahmen in Japan bereits getroffen wurden oder geplant sind, um der ungünstigen demographischen Entwicklung entgegenzuwirken. Insbesondere ist die Frage zu stellen, ob und inwieweit aus den Erfahrungen Japans Lehren für die Schweiz gezogen werden können. Dazu soll zunächst kurz auf die Altersversorgungssysteme Japans und der Schweiz eingegangen werden.

4 Die Altersversorgungssysteme der Schweiz und Japans

4.1 Das System der Altersversorgung in der Schweiz

Das schweizerische Altersversorgungssystem basiert auf drei Säulen (vgl. BUNDESAMT FÜR SOZIALVERSICHERUNG (1995), S. 4-20). Die erste Säule stellt die Alters- und Hinterbliebenenversicherung (AHV) dar. Diese ist für die gesamte Wohn- und Erwerbsbevölkerung obligatorisch und dient der Deckung eines gewissen Grundbedarfs im Alter. Dabei wird zwischen der eigentlichen Versicherung einerseits und Ergänzungsleistungen andererseits unterschieden. Die Leistungen der AHV bestehen schwergewichtig in Renten. Die Renten der eigentlichen Versicherung hängen von den geleisteten Beiträgen ab. Ergänzungsleistungen werden lediglich zum Ausgleich von besonders niedrigen Renten gezahlt. Die Finanzierung der ersten Säule erfolgt nach dem Umlageverfahren.

Die zweite Säule stellt die berufliche Vorsorge dar. Diese ergänzt den durch die AHV gewährleisteten Grundbedarf und soll die Fortführung der gewohnten Lebensführung im Alter ermöglichen. Die Leistungen im Rahmen der zweiten Säule werden in der Regel ebenfalls in Rentenform, zum Teil aber auch in Form einer einmaligen Abfindung erbracht. Im Unterschied zur ersten Säule werden die Leistungen der beruflichen Vorsorge nach dem Kapitaldeckungsverfahren finanziert. Die Finanzierung stützt sich dabei auf Beiträge der Arbeitnehmer und der Arbeitgeber sowie auf Erträge aus dem angehäuften Vermögen der Pensionskasse.

Die erste und die zweite Säule des schweizerischen Altersversorgungssystems decken den kollektiven Vorsorgebedarf. Die dritte Säule stellt die dem Einzelnen überlassene Selbstvorsorge dar und erfolgt in der Form von Spar- oder Versicherungsverträgen. Dabei unterscheidet man zwischen der gebundenen und der freien Selbstvorsorge. Während die gebundene Selbstvorsorge steuerlich begünstigt ist, kommt der freien Selbstvorsorge diese Begünstigung nicht oder zumindest nicht im gleichen Maß zu.

In den Jahren 1989 und 1990 wurden in der Schweiz mehrere parlamentarische Vorstöße gestartet, die eine kritische Überprüfung der Drei-Säulen-Konzeption der gesamten Altersversorgung verlangten. Ausgehend von der zu erwartenden demographischen Entwicklung stand vor allem die Frage der Finanzierung der ersten Säule nach dem Umlageverfahren im Vordergrund (vgl. BUNDESAMT FÜR SOZIALVERSICHERUNG (1995), S. 49 ff.). Da bei diesem Verfahren die Renten bekanntlich durch die Beitragszahlungen der Ewerbsbevölkerung finanziert werden, wird diese durch die zunehmende Alterung immer stärker belastet.

Im Juni 1995 wurde die 10. AHV-Revision verabschiedet. Neben verschiedenen Neuerungen wie der Einführung des Ehegatten-Splittings oder von Erziehungs- und Betreuungsgutschriften, wurde vor allem eine Erhöhung des Rentenalters der Frauen von 62 auf 64 Jahre beschlossen. Die Heraufsetzung wird in zwei Schritten in den Jahren 2001 und 2005 erfolgen. Das Rentenalter der Männer wird hingegen weiterhin bei 65 Jahren liegen. Daneben wurde die Möglichkeit des Rentenvorbezugs für Frauen ab 62 und für Männer ab 63 Jahren eingeführt. Dieser ist jedoch mit einer Kürzung der Rente verbunden (vgl. BUNDESAMT FÜR SOZIALVERSICHERUNG (1995), S. 7 f., S. 10 f. und S. 40).

4.2 Das System der Altersversorgung in Japan

Das japanische System der Altersversorgung basiert auf einer Vier-Säulen-Konzeption und ist erheblich komplexer als das der Schweiz (vgl. etwa DELSEN / REDAY-MULVEY (1995), S. 136 ff.). Die erste Säule umfaßt alle staatlichen Vorsorgeleistungen. Bei diesen Leistungen wird zwischen einer Basisvorsorge für die gesamte Bevölkerung und einer beitragsabhängigen Ergänzungsleistung für Erwerbstätige unterschieden. Alle staatlichen Vorsorgeleistungen werden grundsätzlich nach dem Umlageverfahren finanziert.

Die zweite Säule des japanischen Rentensystems stellt wie in der Schweiz die berufliche Vorsorge dar. Diese ist in drei verschiedenen Rentensystemen organisiert, welche sich in der rechtlichen Struktur, im Finanzierungsverfahren und in der steuerlichen Behandlung unterscheiden. Berufliche Vorsorgeleistungen können in Form einer Rente oder als einmalige Abfindung bezogen werden. Die Bezugsberechtigten wählen dabei derzeit überwiegend Vorsorgeleistungen in Form von Abfindungen.

Die dritte Säule stellt die individuelle, an keine öffentlich-rechtlichen Auflagen gebundene Selbstvorsorge dar. Neben der Kumulation von privaten Ersparnissen ist die Selbstvorsorge in Form von Lebensversicherungen weit verbreitet. Seit einigen Jahren bieten die japanischen Banken überdies spezifische auf die individuelle Altersversorgung ausgerichtete Sparkonten an, die steuerlich begünstigt sind.

Die Existenzgrundlage im Alter wird in Japan neben den staatlichen und den beruflichen Vorsorgeleistungen der ersten und zweiten Säule sowie der individuellen Selbstvorsorge zusätzlich noch durch eine vierte Säule gesichert. Diese umfaßt alle Einnahmen aus Weiterbeschäftigung im Alter, sei es als Selbständigerwerbende, als Vollzeit- oder Teilzeitbeschäftigte im Rahmen von Weiterbeschäftigungsprogrammen in den Unternehmungen oder als sog. Senior-Experte. Diese vierte Säule der Altersversorgung ist der Hauptgrund dafür, daß Japan im internationalen Vergleich relativ hohe Erwerbsquoten in den höheren Altersgruppen aufweist (vgl. Abschnitt 2).

Der Altersversorgung im Rahmen der dritten und vierten Säule kommt in Japan eine sehr große Bedeutung zu. Dies ist einerseits darauf zurückzuführen, daß die Leistungen der ersten und der zweiten Säule während der Wiederaufbauphase nach dem Zweiten Weltkrieg lange Zeit nur eine unzureichende Deckung des Vorsorgebedarfs gewährleisten konnten. Die erste Säule wurde erst nach 1970 wirklich funktionsfähig, die zweite sogar erst ab 1975. Die japanische Bevölkerung war somit lange Zeit gezwungen, individuell für ihre Altersversorgung zu sorgen (vgl. SHIMOWADA (1992), S. 41 und S. 51 f.).

Auf der anderen Seite ist in Japan das Rentenalter im Rahmen von betrieblicher und staatlicher Altersvorsorge im Regelfall unterschiedlich geregelt. Das Rentenalter im Rahmen des betrieblichen Rentensystems wird vom Arbeitgeber im allgemeinen bereits bei der Einstellung eines Arbeitnehmers festgelegt und zwar im Intervall von 55 bis 65 Jahren. Zum vereinbarten Rentenalter erfolgt eine Zwangspensionierung. Dies ist der Preis, den der Arbeitnehmer dafür bezahlt, daß er bis zum Rentenalter bis heute quasi eine Beschäftigungsgarantie des Arbeitgebers hat. In aller Regel liegt das Zwangspensionierungsalter im Rahmen der betrieblichen Rentensysteme bei 55 Jahren. Demgegenüber liegt das Mindestalter für den Bezug von Leistungen aus dem staatlichen Rentensystem bis heute grundsätzlich bei 60 Jahren (vgl. DELSEN / REDAY-MULVEY (1995), S. 136; SHIMOWADA (1992), S. 49 und S. 53). Der Ausbau der dritten und vierten Säule des japanischen Rentensystems ist im wesentlichen auf die Notwendigkeit der finanziellen Überbrückung dieser Zeitspanne zurückzuführen.

Im folgenden soll nunmehr über die wesentlichen Maßnahmen berichtet werden, die in Japan in Anbetracht der demographischen Alterung zur Sicherung des Altersversorgungssystems derzeit ergriffen werden bzw. bereits umgesetzt wurden.

5 Maßnahmen zur Sicherung der Altersversorgung in Japan

Das Problem der Finanzierung des Sozialsystems, insbesondere der Altersversorgung wird in Japan seit Ende der sechziger Jahre diskutiert (vgl. SHIMOWADA (1992), S. 43). Bereits damals war dort ein starker Rückgang der Fertilität und insgesamt eine deutliche Alterung der Bevölkerung zu verzeichnen (vgl. Graphik 4). Diese Entwicklung erhielt eine besondere Brisanz dadurch, dass sie in eine Phase wirtschaftlichen Abschwungs fiel (vgl. SHIMOWADA (1992), S. 43 f. und S. 51). Schon damals begann man mit einer schrittweisen Erhöhung der staatlichen Rentenbeiträge. Die Sozialleistungen wurden gekürzt. Ganze Bevölkerungsgruppen wie etwa Studenten oder Hausfrauen, welche bis dahin fakultativ der staatlichen Altersversorgung beitreten konnten, wurden beitragspflichtig (vgl. SHIMOWADA (1992), S. 45 und S. 51).

Die Reorganisation des staatlichen Sozialsystems mündete 1994 in eine breite Reform des Rentensystems und der Arbeitslosenversicherung. Erklärtes Ziel war dabei eine Verlängerung der Lebensarbeitszeit (vgl. DELSEN / REDAY-MULVEY (1995), S. 141-146). Diese Reform umfaßt einerseits eine graduelle Heraufsetzung des grundsätzlichen Rentenalters für den Bezug der staatlichen Basisvorsorge von 60 auf 65 Jahre bis zum Jahr 2013. Die beitragsabhängigen Ergänzungsleistungen werden hingegen weiterhin bereits ab 60 Jahren ausbezahlt. Neben der Erhöhung des Rentenalters wird ein späteres Ausscheiden aus dem Erwerbsleben auch durch finanzielle Anreize gefördert. So wird etwa ein Vorbezug von Leistungen der Basisvorsorge mit überproportional steigenden Abzügen bestraft. Im Fall eines fünfjährigen Vorbezugs kann dies beispielsweise zu Rentenkürzungen von bis zu 42% führen.

Als weiterer Anreiz zu einer Verlängerung der Erwerbstätigkeit wurde vom Staat im April 1995 eine finanzielle Unterstützung für Arbeitnehmer eingeführt, welche nach Erreichen des Zwangspensionierungsalters der beruflichen Altersvorsorge weiter arbeiten wollen. Diese Maßnahme hatte sich als notwendig erwiesen, weil ältere Arbeitnehmer, welche nach Erreichen dieses Alters eine Anschlußbeschäftigung suchten, meist eine Entlohnung in Kauf nehmen mußten, die unter den Leistungen der staatlichen Arbeitslosenversicherung lag. Die finanzielle Unterstützung ist gerade so hoch, daß dieser offensichtlich negative Anreiz zu weiterer Erwerbstätigkeit beseitigt wird.

Im Jahr 1986 beschloß die Regierung überdies das „Law Concerning the Stabilization of Employment for Older Workers". Dieses Gesetz soll eine rechtliche Grundlage darstellen für verschiedene Maßnahmen zur Förderung der Weiterbeschäftigung älterer Arbeitnehmer nach Erreichen des Rentenalters. Zu den vorgesehenen Maßnahmen gehören etwa spezifische Schulungsprogramme für ältere Arbeitnehmer und die Unterstützung von Organisationen wie den sogenannten „Silver Human Resource Centers". Aufgabe dieser Zentren ist es, älteren Arbeitnehmern Teilzeitstellen und Gelegenheitsjobs zu vermitteln. Dieses Gesetz ermächtigt die Regierung zudem, gegen Unternehmungen mit einem Pensionierungsalter von unter 60 Jahren vorzugehen. Ein Angebot von Beschäftigungsmöglichkeiten über das vereinbarte Pensionierungsalter hinaus wird hingegen mit Subventionen belohnt. Das Gesetz von 1986 ist 1994 novelliert worden und verbietet jetzt sogar ein Zwangspensionierungsalter von unter 60 Jahren (vgl. DELSEN / REDAY-MULVEY (1995), S.150 ff.; SHIMOWADA S. 49 ff.).

Aufgrund der damaligen demographischen Entwicklung waren ab Mitte der siebziger Jahre auch die betrieblichen Rentensysteme in Bewegung geraten. Damals lag das Zwangspensionierungsalter in der Mehrheit der Unternehmungen noch bei 55 Jahren. Nur in etwa 30% der Unternehmungen lag dieses Alter bei 60 Jahren. Seitdem ist der Anteil der Unternehmungen mit einem Zwangspensionierungsalter von 60 Jahren kontinuierlich gestiegen. In 1990 lag er bei 64% und 1995 schon bei 79,8% (vgl. DELSEN / REDAY-MULVEY (1995), S. 157; MINISTRY OF LABOUR (1995)).

Eine Verlängerung der Erwerbstätigkeit im Alter erfordert eine betriebliche Personalpolitik, die sich verstärkt den älteren Mitarbeitern zuwendet. Dementsprechend gibt es in Japan immer mehr Unternehmungen, die eine Weiterbeschäftigung im Alter durch spezifische Programme unterstützen. Solche Programme sehen etwa die Versetzung älterer Arbeitnehmer zu Tochtergesellschaften oder in geeignetere Tätigkeitsbereiche sowie die Unterstützung bei der Suche nach einer neuen innerbetrieblichen Arbeitsstelle vor. Aus einer Untersuchung über das Personalmanagement in japanischen Unternehmungen aus dem Jahr 1993 geht hervor, daß von den Unternehmungen, welche ein Zwangspensionierungsalter von 60 Jahren oder höher aufweisen, 71,1% Weiterbeschäftigungsprogramme anbieten. Von den großen Unternehmungen bieten bereits 47% derartige Programme an (vgl. DELSEN / REDAY-MULVEY (1995), S. 156 ff.).

Ein wichtiges Hindernis für eine Verlängerung der Erwerbstätigkeit im Alter stellt aus unternehmerischer Sicht das auch in Japan bisher übliche Senioritätsprinzip der Entlohnung dar. Die Mehrheit der japanischen Unternehmungen ist dementsprechend derzeit im Begriff, von diesem System abzukommen. Dies geschieht einerseits dadurch, daß ab einem bestimmten Alter, das in der Regel bei 50 Jahren liegt, Lohnkürzungen zugelassen werden. Andererseits ist zunehmend ein grundlegender Systemwechsel zu beobachten hin zu einer rein leistungsbezogenen Entlohnung (vgl. DELSEN / REDAY-MULVEY (1995), S. 157 f.).

Innerhalb dieses politischen Rahmens werden in Japan verschiedene Formen verlängerter Erwerbstätigkeit im Alter praktiziert. Dabei handelt es sich um verschiedene Ansätze flexibler Pensionierung, sei es in Form einer elastischen Pensionierung, eines gleitenden Übergangs in den Ruhestand oder einer Weiterbeschäftigung nach dem Rentenalter. Unter elastischer Pensionierung wird dabei ein innerhalb einer bestimmten Zeitspanne frei wählbarer Übergang in den Ruhestand verstanden, wobei der Austritt aus dem Berufsleben in einem Schritt erfolgt. Gleitender Übergang in den Ruhestand bedeutet hingegen, daß das Überwechseln aus der Lebensphase der beruflichen Tätigkeit in den nachberuflichen Ruhestand über einen längeren Zeitraum im Rahmen einer allmählichen Reduktion der beruflichen Tätigkeit erfolgt (vgl. STITZEL (1987), S. 11-14).

All diese staatlichen und unternehmerischen Maßnahmen zur Verlängerung der Erwerbstätigkeit im Alter treffen bei der japanischen Bevölkerung auf für europäische Verhältnisse ungewöhnlich wenig Widerstand. Die Einsicht in die Notwendigkeit und die Bereitschaft, zur Sicherung der Sozialsysteme im Alter länger zu arbeiten, ist in der japanischen Bevölkerung in vergleichsweise hohem Maße vorhanden. Dies belegt etwa eine Untersuchung des Büros des japanischen Ministerpräsidenten aus dem Jahr 1992. Auf die Frage, ob sie den Wunsch hätten, bis 70 oder so lang wie möglich zu arbeiten, antworteten 68,8% der 50- bis 59jährigen und 91,2% der 60- bis 64jährigen zustimmend (vgl. DELSEN / REDAY-MULVEY (1995), S. 152).

6 Lehren für die Schweiz

In einer Gesellschaft, in welcher die Alterslast kontinuierlich wächst und wo in einer mehr oder weniger nahen Zukunft die Erwerbsbevölkerung zu sinken beginnen wird, sind die Finanzierung der Altersvorsorge und der wirtschaftliche Wohlstand im allgemeinen gefährdet. Dieser Entwicklung kann nur mit einer verstärkten Mobilisierung des Erwerbspersonenpotentials begegnet werden. Ziel einer solchen Politik muß eine geeignete Aktivierung der passiven Stillen Reserve sein. Nichterwerbspersonen wie etwa Früh- oder Normalrentner, Hauspersonen oder andere Arbeitswillige und -fähige müssen mittelfristig für eine Erwerbstätigkeit gewonnen werden.

Für eine verstärkte Mobilisierung des Erwerbspersonenpotentials sind grundsätzlich verschiedene Strategien denkbar. Eine besonders wichtige und naheliegende Strategie stellt die Verlängerung der Lebensarbeitszeit durch Verschiebung der Altersgrenze dar. Auch eine Erhöhung der Frauenerwerbsbeteiligung kann zu einer besseren Ausschöpfung des vorhandenen Erwerbspersonenpotentials beitragen. Obwohl die Erwerbstätigkeit der Frauen in den vergangenen Jahrzehnten stark zugenommen hat, sind viele Frauen immer noch Teil der Stillen Reserve oder arbeiten nur bei einem vergleichsweise geringen Beschäftigungsgrad. Eine Erhöhung des Arbeitsangebotes eines Landes kann schließlich auch durch verstärkte Einwanderung erreicht werden.

In Japan wird eine verstärkte Mobilisierung des Erwerbspersonenpotentials vor allem durch eine Verlängerung der Lebensarbeitszeit angestrebt. Was kann die Schweiz aus den japanischen Erfahrungen lernen?

In Japan hat man längst erkannt, daß eine Erhöhung des Rentenalters in Verbindung mit flexiblen Pensionierungskonzepten eine Reihe von Vorteilen bringt, die über eine Linderung des Rentenfinanzierungsproblems hinausgehen. Auf diese Weise können nicht nur die Fähigkeiten und Potentiale der Arbeitnehmer bis ins höhere Alter optimal genutzt werden. Ein flexibler Übergang in den Ruhestand schafft die Möglichkeit, die letzte Phase des Erwerbslebens der individuellen Altersentwicklung entsprechend zu gestalten. Dies gilt insbesondere im Hinblick auf die optimale Arbeitsbelastung. Die Arbeitnehmer werden nicht vor eine „Alles-oder-Nichts-Entscheidung" gestellt. Erwerbspersonen, die eine Vollzeitarbeit nicht mehr leisten können oder wollen, auf der anderen Seite aber auch ihre Berufstätigkeit noch nicht völlig aufgeben möchten, können in angemessener Form weiter erwerbstätig bleiben. Ein flexibler Übergang in den Ruhestand erleichtert zudem die Anpassung an die nachberufliche Lebensphase. Aus unternehmerischer Sicht haben flexible Pensionierungskonzepte schließlich den Vorteil, daß sich der altersbedingte Personalwechsel störungsfreier gestalten läßt (vgl. STITZEL (1987), S. 45-73; S. 218 f.).

In Japan hat man vor allem erkannt, daß die Schaffung eines für ältere Arbeitnehmer günstigen Umfeldes eine wesentliche Bedingung für eine Verlängerung der Lebensarbeitszeit darstellt. Eine Heraufsetzung des

Rentenalters alleine kann eine höhere Erwerbsbeteiligung älterer Arbeitnehmer nicht garantieren. Sie muß von einer alterskongruenten Personalpolitik der Unternehmungen begleitet werden, welche sich bei der altersmäßigen Zusammensetzung des Personals am Altersaufbau der Bevölkerung orientiert und altersgerechte Arbeitsplätze vorsieht.

Ein wichtiger Erfolgsfaktor Japans bei der Bewältigung der mit der Alterung seiner Bevölkerung verbundenen Probleme besteht sicherlich in dem Konsens von Staat, Wirtschaft und Gesellschaft über die Notwendigkeit, sich diesen Problemen zu stellen und entsprechend zu handeln. Schon seit den siebziger Jahren hatte sich die japanische Regierung darum bemüht, alle wichtigen gesellschaftlichen Akteure von den privaten Betrieben bis zu den Haushalten für die gesellschaftspolitische Dimension der demographischen Alterung zu sensibilisieren und sie zur Beteiligung an der Bewältigung des Alterungsprozesses zu motivieren (vgl. KLOSE (1996), S. 15 f.). Es war die integrierte Haltung von Staat und wirtschaftlichen Akteuren, welche die Durchsetzung der Verlängerung der Lebensarbeitszeit ermöglichte. Einen weiteren Erfolgsfaktor stellt die grundsätzlich positive und optimistische Einstellung der Japaner zum Alterungsprozeß dar. Nicht von „Überalterung" oder „Alterslast" wird dort gesprochen, sondern von einer „Gesellschaft des langen Lebens" (vgl. KLOSE (1996), S. 15 f.).

Als Voraussetzung für eine erfolgreiche Bewältigung ihrer demographischen Probleme ist es für die Schweiz unerläßlich, eine positivere Einstellung zum Alterungsprozeß zu entwickeln. Nur auf diese Weise wird es möglich sein, konsensfähige Lösungsansätze zu entwickeln. Arbeitgeber und Arbeitnehmer haben ebenso wie der Staat einen angemessenen Beitrag zur Bewältigung des Alterungsprozesses zu leisten. Die Personalabteilungen der schweizerischen Unternehmungen haben sich frei zu machen von überholten Annahmen über die Leistungsfähigkeit im Alter und müssen von ihrer jugendzentrierten und alterseliminierenden Politik wegkommen. Die Arbeitnehmer werden einsehen müssen, daß man in Anbetracht einer sinkenden Erwerbsbevölkerung um eine geeignete Verlängerung der Lebensarbeitszeit nicht herumkommt. Zu beachten ist dabei, daß diese Forderung nicht notwendigerweise in Widerspruch zu Forderungen nach Verkürzung der Wochenarbeitszeit steht. Will man jedoch eine zu starke Heraufsetzung des Rentenalters vermeiden, ist bei solchen Maßnahmen Zurückhaltung angezeigt.

Die schweizerische Wirtschaft muß sich auf den Rückgang und die Alterung der Erwerbsbevölkerung einstellen. Dies fordert vor allem eine Verbesserung des Umfeldes für die Beschäftigung älterer Arbeitnehmer. Dies impliziert für die Unternehmungen aber auch eine Neuorientierung der Personalpolitik, welche flexible Pensionierungskonzepte entwickeln sollte. Da die Erwerbsbevölkerung künftig zunehmend aus älteren Arbeitskräften bestehen wird, wird es mehr denn je nötig sein, diesen Arbeitskräften eine Perspektive zu geben.

In Japan wird die Altersvorsorge zu einem großen Teil von der dritten und vierten Säule getragen. Die japanische Bevölkerung deckt somit einen beträchtlichen Teil des Lebensbedarfs im Alter durch private Ersparnisse und Einkommen aus Weiterbeschäftigung nach Erreichen des Rentenalters. Vor allem Eins kann die Schweiz also von den Japanern lernen, nämlich wieder mehr Eigenverantwortung für die Altersvorsorge zu übernehmen.

Literatur

BANK OF JAPAN (1995): Economic Statistics Annual 1994; Research and Statistics Department; Tokyo

BANK OF JAPAN (1996): Comparative Economic and Financial Statistics. Japan and Other Major Countries 1995; International Department; Tokyo

BRACHINGER, H. W. / CARNAZZI, S. (1996): Zwischenbericht zum Forschungsprojekt „Arbeitszeit in der Schweiz" vom Juni 1996; Seminar für Statistik; Universität Freiburg

BUNDESAMT FÜR SOZIALVERSICHERUNG (1995): Bericht des Eidgenössischen Departementes des Innern zur heutigen Ausgestaltung und Weiterentwicklung der schweizerischen 3-Säulen-Konzeption der Alters-, Hinterlassenen- und Invalidenvorsorge; Eidgenössische Drucksachen- und Materialzentrale; Bern

BUNDESAMT FÜR STATISTIK (o. J.): Statistisches Jahrbuch der Schweiz; verschiedene Jahrgänge; Verlag NZZ; Zürich

BUNDESAMT FÜR STATISTIK (1992): Szenarien zur Bevölkerungsentwicklung der Schweiz 1990-2040; BFS; Bern

DELSEN, L. / REDAY-MULVEY, L. (Eds.) (1995): Gradual Retirement in the OECD Countries. Macro and Micro Issues and Policies; Dartmouth Publishing Company Limited; Aldershot/Brookfield

EIDGENÖSSISCHE KOMMISSION „NEUER ALTERSBERICHT" (1995): Altern in der Schweiz. Bilanz und Perspektiven; Eidgenössische Drucksachen- und Materialzentrale; Bern

GROSS, P. (1994): Demographische Paradoxien. Überalterung der Gesellschaft und Verjüngung der Betriebe; Neue Züricher Zeitung; 22./23. 10.1994; Nr. 247; Zürich

KLOSE, H.-U. (1996): Revolution auf leisen Sohlen. Politische Schlußfolgerungen aus dem demographischen Wandel; Forum Demographie und Politik; November; Frankfurt

MINISTRY OF HEALTH AND WELFARE (1992): Population Projections for Japan 1991-2090; Research Series from the Institute of Population Problems; No. 274; Tokyo

MINISTRY OF LABOUR (1995): Year Book of Labour Statistics 1994; Policy Planning and Research Department; Minister's Secretariat; Tokyo

MINISTRY OF LABOUR (1995): Future Labour Supply in Japan; White Papers on Labour; Tokyo

RINNE, H. (1994), Wirtschafts- und Bevölkerungsstatistik; Oldenbourg Verlag; München/Wien

SHIMOWADA, I. (1992): Aging and the Four Pillars in Japan; The Geneva Papers on Risk and Insurance; Vol. 17; No. 62; S. 40-80

STITZEL, M. (1987): Der gleitende Übergang in den Ruhestand. Interdisziplinäre Analyse einer alternativen Pensionierungsform; Campus Verlag; Frankfurt/New York

UNITED NATIONS (o. J.): Demographic Yearbook; verschiedene Jahrgänge; Department of Economic and Social Affairs; Statistical Office of the United Nations; New York

Ökonomische Effekte sportlicher Großveranstaltungen
- Das Beispiel Olympische Spiele

Von Klaus Heinemann, Hamburg

Zusammenfassung: Nach einer allgemeinen Darstellung der Vor- und Nachteile sportlicher Großveranstaltungen werden Kosten und Nutzen Olympischer Spiele dargestellt. Dazu wird zunächst das Budget des Organisationskomitees der Olympischen Spiele in Barcelona diskutiert, weiter Daten für eine Kosten-Nutzen-Analyse der Spiele zusammengetragen, wobei zwischen monetären Effekten und nichtmonetären Effekten unterschieden wird. Anschließend werden die makroökonomischen Effekte Olympischer Spiele beleuchtet. Schließlich werden die Probleme solcher Berechnungen diskutiert und der Aussagenwert solcher Daten behandelt.

In diesem Beitrag sollen Kosten und Nutzen ebenso wie die gesamtwirtschaftlichen Wirkungen, die mit einer sportlichen Großveranstaltung verbunden sein können, behandelt werden, und zwar am Beispiel der Olympischen Spiele in Barcelona. In einem Überblick werden dazu zunächst die Vor- und Nachteile solcher Großveranstaltungen dargestellt.

Die Wirkungen solcher Großveranstaltungen gehen also weit über monetäre bzw. monetär bewertbare Effekte hinaus. Eine Kalkulation und quantitative Bewertung der verschiedenen Wirkungen muß in einer Kosten-Nutzen-Analyse[1] erfolgen. Diese ist vor allem dann erforderlich, wenn Dritte in besonderem Umfang durch solche Veranstaltungen betroffen werden und auch vom Staat (Kommune, Land, Bund) hohe finanzielle Unterstützung gefordert wird. Angesichts zunehmender Defizite der öffentlichen Haushalte und des immer intensiveren Wettbewerbs um öffentliche Mittel wollen die Verantwortlichen und will die Öffentlichkeit wissen, ob das Geld, das für solche Großveranstaltungen ausgegeben wird, gut angelegt ist oder nicht doch besser für andere Zwecke verwendet werden könnte. Dazu ist eine Berücksichtigung aller anfallenden monetären und nicht monetären externen Effekte nötig.

Auch vor Entscheidungen über Projekte wie die über Olympische Spiele müssen Opportunitätskosten miteinander verglichen werden. So muß in-

---

[1] Die verschiedenen Verfahren einer Kosten-Nutzen-Analyse können hier nicht dargestellt werden. Vgl. dazu aber die zusammenfassenden Darstellungen von Andel (1977), Kappler/Wadsack (1991) und Krug (1987).

teressieren, ob die Ziele, die man sich mit der Ausrichtung Olympischer Spiele gesetzt hat, nicht besser bzw. billiger durch andere Maßnahmen - etwa durch eine Weltausstellung, durch eine breite Förderung von Kultur und Wissenschaft, durch eine internationale Gartenbauausstellung, durch den Bau von Universitäten oder Krankenhäusern - erreicht werden könnten

Abb. 1: Vor- und Nachteile einer sportlichen Großveranstaltung[2]

Einflußdimensionen	positiv	negativ
Ökonomische Effekte	Investitions- und Konsumausgaben; steigende Beschäftigung	Preissteigerungen; Überkapazitäten nach der Veranstaltung
Tourismus	Höhere Attraktivität der Region für Touristen	Überfüllung; Ungeeignete Sportgelegenheiten für den Durchschnittstouristen
Infrastruktur	Neue oder renovierte Sportgelegenheiten; Verbesserte Infrastruktur	Umweltbelastungen; Für Bevölkerung nicht allgemein zugängliche Sportstätten
Sozio-Kulturelle Effekte	Steigender Erlebnis- und Freizeitwert für die Bevölkerung; Förderung kultureller Werte und Traditionen	Kommerzialisierung privater und öffentlicher Leistungen; Überfremdung; Steigende Kriminalität
Psychologische Effekte	Steigerung der lokalen Identität; Verringerung eines Ethnozentrismus	Konflikte zwischen Einheimischen und Besuchern; Traditionalismus
Politische Effekte	Steigerung des internationalen Ansehens; Werbung für politische Systeme	Übersteigerter Nationalismus; Stabilisierung politischer Systeme

Wichtig für solche Entscheidungen sind die komparativen (höheren oder niedrigeren) Vorteile, nicht die absoluten Beträge ökonomischer Wirkungen.

---

[2] Dies ist eine stark stilisierte und typisierende Gegenüberstellung. Sie kann z.B. nicht berücksichtigen, daß diese Effekte zeitabhängig sind, einige also während der Veranstaltung auftreten, einige kurzfristiger wirksam werden, andere erst längerfristig in Erscheinung treten. Insofern sagt diese Gegenüberstellung nichts über den zeitlichen Kosten-Nutzen-Verlauf. Positive und negative Effekte treten oft gleichzeitig, andere aber ungleichzeitig auf, so daß entsprechend saldiert werden muß; Umfang und Ausprägung der Effekte hängen schließlich vom Typus der Sportveranstaltung ab - sie werden z.B. bei Olympischen Winterspielen anders ausfallen als bei Fußball-Weltmeisterschaften.

Ob ein solcher Vergleich immer möglich ist, bleibt offen, aber zumindest sollte er angestrebt werden[3].

Olympische Spiele sind ein bedeutendes Wirtschaftsunternehmen und für das ausrichtende Land zu einem wichtigen Wirtschaftsfaktor geworden[4]. Die soll am Beispiel der Olympischen Spiele in Barcelona demonstriert werden[5].

So werde ich mich 1. mit dem Budget des Organisationskomitees der Olympischen Spiele befassen; 2. sollen Daten für eine Kosten-Nutzen-Analyse der Spiele zusammengetragen werden, wobei zwischen monetären Effekten und nicht monetären Effekten unterschieden wird; 3. sind die makro-ökonomischen Effekte Olympischer Spiele zu beleuchten; 4. müssen wir uns die Probleme solcher Berechnungen vergegenwärtigen und fragen, welchen Aussagewert solche Daten tatsächlich besitzen.

---

[3] Allerdings erweist sich ein solch weitgehender Vergleich mit den heute zur Verfügung stehenden Möglichkeiten als undurchführbar. Er setzt nämlich a. eine genaue Definition der Ziele und Absichten Olympischer Spiele aus dem Blick der Veranstalter voraus - warum sind Seoul, Barcelona, Atlanta, Berlin, Sydney daran interessiert, olympische Spiele auszurichten, was versprechen sie sich wirtschaftlich und politisch davon? b. Es ist eine genaue Kalkulation der Kosten und Nutzen, die aufgewendet werden müssen, um ein solches Ziel zu erreichen, erforderlich c. Ist ein Vergleich verschiedener Projekte unter dem Gesichtspunkt, mit welchem Projekt die Ziele am günstigsten erreicht werden können, nötig. Aber so genau weiß man nicht, warum eine Kommune die Olympischen Spiele veranstalten möchte - nationale politische Ziele, regionale Interessen einer Verbesserung der Standortqualitäten, wirtschaftliche Motive einzelner Gruppen, oft auch persönlicher Ehrgeiz - durchmengen sich allzusehr und untrennbar.

[4] Eine Überprüfung der Wirtschaftlichkeit Olympischer Spiele wurde vor allem nach dem finanziellen Debakel der Spiele in Montreal unerläßlich. Dort nämlich standen den Einnahmen von can $ 421 Mio. Ausgaben von can $ 1,6 Mrd. gegenüber, so daß ein Defizit von 1,2 Mrd. can $ entstand, die letztlich der Steuerzahler bezahlen mußte. Daraufhin hatte sich für die Ausrichtung der folgenden Olympischen Spiele lediglich Los Angeles beworben. Diese Olympischen Spiele schlossen dann mit einem Überschuß von 223 Mio. US $ ab. Die Olympischen Spielen in Seoul gar erzielten einen Überschuß von 500 Mio. US $.

[5] Die Zahlen, die in diesem Beitrag verwendet werden, stammen zum einen aus einer Studie "El impacto macroeconomico de los JJ.OO. de Barcelona" des Gabinete Técnico de Programación, Ajuntament de Barcelona 1991 und einem "Dossier de Prensa" 1992. Weiter werde ich mich auf Zusammenstellungen von Brunet (1992) beziehen. Darüber hinaus werde ich auf Kosten aufmerksam machen, die Olympische Spiele verursachen, ohne daß sie in den genannten Kalkulationen der Spiele in Barcelona Erwähnung finden. In begrenzterem Umfang wurden solche Analysen auch für Seoul durchgeführt (vgl. Ritchie/Brent 1988).

1. Das Budget des Organisationskomitees

Die Tabelle 1 zeigt die Einnahmen und Ausgaben des Olympischen Organisationskomitees Barcelona. Das Budget weist Einnahmen und Ausgaben in Höhe von 1,45 Mrd. US $ auf[6]. Diese Bilanz ist mit der eines einzelwirtschaftlichen Unternehmens vergleichbar. Erfaßt werden nur die direkten, monetären Kosten und Erträge, die dem Veranstalter, genauer dem Olympischen Organisationskomitee, für die Vorbereitung und Durchführung der Olympischen Spiele entstehen bzw. zugute kommen.

Tabelle 1: Budget des Olympiakomitees der Olympischen Spiele in Barcelona in Mill. Dollar

EINNAHMEN		AUSGABEN	
Verkauf von Fernsehrechten	511	Sportstätten	370
Sponsoren	516	Olympische Familie	252
Eintrittsgelder	113	Pressearbeit	165
Lizenzvergabe	145	Personal	194
Briefmarken/ Münzen	27	Wettkampforganisation	113
Dienstleistungen	95	Technische Ausstattung	102
Staat	43	Verwaltung	72
TOTAL	1450	Eröffnungsveranstaltung/ Kultur	80
		Sicherheit	49
		Werbung	53
		TOTAL	1450

Bilanzen privatwirtschaftlicher Unternehmen unterscheiden sich also nicht wesentlich von dieser Bilanz des Organisationskomitees. Erstellt werden - wie in jedem anderen Unternehmen - Güter und Dienste, für de-

---

[6] Bei der Bewerbung um die Olympischen Spiele 1985 allerdings wies die "Eröffnungsbilanz" des olympischen Organisations-Komitees Einnahmen und Ausgaben in Höhe von 667 Mio US $ aus, so daß in den folgenden sieben Jahren mehr als eine Verdopplung der Einnahmen und Ausgaben gegenüber den ursprünglichen Ansätzen erfolgte. Dies scheint nicht ungewöhnlich: Bei der Bewerbung um die Austragung der Olympischen Spiele 1970 ging Montreal davon aus, daß sie sich selber - mit bescheidenen 250 Mill US $ - finanzieren würden. 1974 wurden die Kosten auf 340 Mill US $ veranschlagt, 1975 waren es bereits 740 Mill US $. Bei der endgültigen Abrechnung betrugen die Kosten dann 1,4 Mill. US $., von denen nur 380 Mill US $ durch Einnahmen gedeckt waren (Wright 1978, 14).

ren Produktion Kosten entstehen, die auf der rechten Seite der Bilanz ausgewiesen sind[7]. Diese Kosten müssen finanziert werden. Dies geschieht durch den Verkauf der Leistungen auf dem Markt, ausgewiesen auf der linken Seite der Bilanz. So finanziert das Olympische Komitee Barcelona seine Kosten zu ca. 97% durch Verkäufe - 35% davon aus dem Verkauf der Fernseh-Übertragungsrechte, 36% aus Einnahmen von Sponsoren, 10% aus Lizenzvergaben (für die Olympische Symbolfigur u.ä.), 8% aus Zuschauereinnahmen etc. Das Olympische Organisationskomitee ist also ein marktorientiertes und -finanziertes Unternehmen.

Es gibt allerdings zwei Unterschiede zwischen privatwirtschaftlichen Unternehmen und dem Organisationskomitee der Spiele:

a. Es gibt bei Olympischen Spielen keinen privaten Eigentümer, an den Gewinne ausgeschüttet werden dürfen[8].
b. Die geringen Kosten für die Artisten. Es ist das Besondere dieses Unternehmens, daß die Hauptdarsteller, nämlich die (ca. 15.000) Athleten und ihre Betreuer, die mit der Präsentation ihrer Leistungen einzig für die Attraktivität und damit für die hohen Einnahmen sorgen, kein Entgelt erhalten. Die Gewinner sind vor allem IOC und NOC's[9].

Der entscheidende Wandel in der Finanzierung Olympischer Spiele in den letzten 20 Jahren liegt in der Steigerung der Einnahmen aus Fernsehübertragungsrechten und aus Einnahmen von Sponsoren. Die Abb. 1 zeigt die rasante Steigerung der Einnahmen aus dem Verkauf der Übertragungsrechte im Verlauf der letzten Jahre. Gegenüber München 1972 haben sich

---

[7] Auffällig ist dabei, daß offenkundig anfallende Kosten in dieser Bilanz nicht ausgewiesen sind. Dies gilt etwa für Zwischenfinanzierungskosten. Diese Kosten entstehen aus dem zeitlichen Auseinanderfallen von Ausgaben und Einnahmen. Weiter: Die Olympischen Anlagen werden nach Beendigung der Spiele für andere Zwecke benutzt. Daraus entstehen in der Regel weitere Kosten für das Organisationskomitee oder seinen Rechtsnachfolger für den Rückbau für andere Nutzungsmöglichkeiten und die Nutzung selbst.

[8] Bekanntlich besitzt das IOC die Verfügungsrechte über die Olympischen Symbole und ist letztlich auch Veranstalter der Spiele. Insofern fließen ihm Teile der Erlöse aus dem Verkauf von Übertragungsrechten und aus den Sponsoringverträgen zu. In welcher Form allerdings diese Erlöse den Zielen der Organisation entsprechend eingesetzt werden, inwieweit sie gewinnbringend in Aktienkapital und anderen gewinnträchtigen Investitionen gebunden sind, ist unklar, da das IOC seine Vermögensverhältnisse nicht entsprechend offenlegt.

[9] Dies findet man sonst allenfalls bei Wohltätigkeitsveranstaltungen, bei denen z.B. Gesangsstars auf eine Gage verzichten; dies aber, um anderen zu helfen, nicht um dem Produzenten besonders hohe Einnahmen zu verschaffen. Aber der Blick auf die Bilanzen des IOC etc. wird die Athleten sicherlich bald auf den Gedanken bringen, daß eine Änderung der Verteilung der Einnahmen einzumahnen ist.

die Einnahmen aus dem Verkauf von Übertragungsrechten um das fünfzehnfache erhöht - eine gewaltige olympische Inflation also, in der sich dreierlei widerspiegelt: Die steigende Attraktivität und Publikumswirksamkeit solcher sportlichen Großveranstaltungen; die enorme (technische und dramaturgische) Verbesserung in der mediengerechten Übermittlung des Sports; die steigende Nutzung der Übertragung von Sport-Großveranstaltungen als Medium für Werbebotschaften; schließlich die ständig gewachsene Bereitschaft der Verantwortlichen im IOC und in den Spitzenverbänden, die ökonomischen Potentiale solcher Veranstaltungen voll auszuschöpfen.

Abb. 2: Medieneinnahmen Olympischer Spiele in Mio. DM

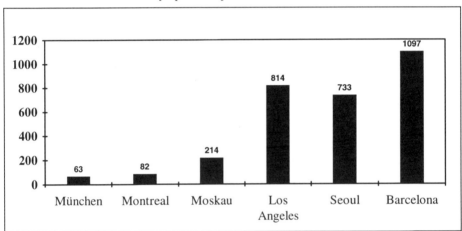

Vergleichbar hoch sind die Steigerungen der Einnahmen von Sponsoren. Es besteht kein Zweifel, daß ohne diese beiden kommerziellen Haupteinnahmequellen Olympische Spiele in der heutigen Form nicht durchführbar wären.

In einer Bestimmung und Bewertung der Kosten und Nutzen und damit der ökonomischen Bedeutung Olympischer Spiele dürfen jedoch nicht nur diese direkten, monetären Kosten und Erträge des Ausrichters berücksichtigt werden; vielmehr sind alle darüber hinausgehenden externen Effekte, die die unterschiedlichsten Gruppen treffen, zu kalkulieren. Auf der einen Seite entstehen durch die Olympischen Spiele Kosten, die die Organisatoren, also das Olympische Organisationskomitee nicht zu tragen haben, auf der anderen Seite werden vielfältige Nutzen bewirkt, von denen die Organisatoren nicht profitieren - sie kommen Dritten zugute (vgl. Abb. 3).

Abb. 3: Ökonomische Effekte sportlicher Großveranstaltungen

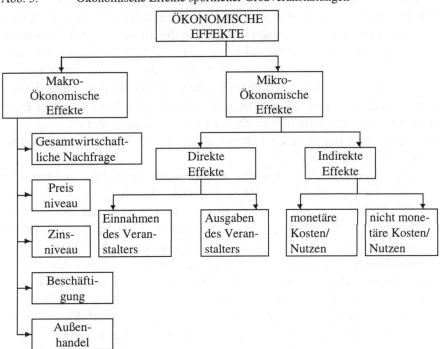

2. Externe Effekte Olympischer Spiele

2.1 Monetäre externe Kosten

a. Das Olympische Organisationskomitee berechnet nur die Kosten der Durchführung der Spiele, nicht die Investitions- und Konsumausgaben, die darüber hinaus nötig sind bzw. getätigt werden. Für Barcelona wird angegeben, daß
 - staatliche Investitionen in Höhe von 4,1 Mrd. $ getätigt wurden[10];
 - private Investitionen in Höhe von 3,2 Mrd. $ erforderlich waren[11];
 - öffentliche Konsumausgaben (etwa für die Sicherheit, allgemeine Verwaltung und Planung) in Höhe von 1,1 Mrd. $ erfolgten;
 - für den privaten Konsum, insbesondere also von den Besuchern der Olympischen Spiele Ausgaben in Höhe von 0,5 Mrd. $ getätigt wurden.

---

[10] Dazu zählen etwa der Bau von Sportstätten, der Ausbau des Flughafens, der Bau einer Umgehungsstraße und der Bau eines Fernsehturms.
[11] Dazu zählen etwa der Bau des Olympischen Dorfes, die Errichtung verschiedener Hotels, eines Kongreßzentrums und einer Autobahn.

So errechnet sich ein Gesamtausgabevolumen von ca. 8,9 Mrd. $.
b. Die Olympischen Anlagen werden nach Beendigung der Spiele für andere Zwecke benutzt. Daraus entstehen in der Regel weitere Kosten für das Organisationskomitee oder seinen Rechtsnachfolger für den Rückbau für andere Nutzungsmöglichkeiten und die Nutzung selbst.
c. Weiter müssen Verluste kalkuliert werden, die der Region dadurch entstehen, daß die für olympische Sportanlagen genutzten Flächen nicht mehr für andere, produktivere Zwecke zur Verfügung stehen[12].
d. Es entstehen Kosten durch Umverteilungen und Verdrängungswettbewerb. Dazu sind zu rechnen:
- Es muß mit einer Verringerung des normalen Tourismus während der Vorbereitungs- und Durchführungszeit der Spiele gerechnet werden. Viele Urlauber etwa verbinden ihren Spanienurlaub mit dem Besuch der Olympischen Spiele, andere werden Spanien meiden, weil sie den Rummel und auch den hohen Preisen ausweichen wollen. Man kalkuliert, daß für ca. 10% der Olympiabesucher dieser Besuch den normalen Urlaub ersetzt, weitere 10% Spanienurlauber im Jahr der Olympischen Spiele ihren Urlaub in einem anderen Land verbringen.
- Ähnlich werden für die Bauwirtschaft Verdrängungseffekte wirksam. Projekte, die ohne Olympische Spiele durchgeführt worden wären, kommen nicht zum Zuge, weil olympiabedingte Bauten Vorrang erhalten bzw. aufgrund der olympiabedingten Preissteigerungen nicht mehr finanzierbar sind.
- Es entstehen Kosten dadurch, daß die Preise durch den starken privaten und öffentlichen Ausgabeschub steigen. Für Barcelona hat man kalkuliert, daß sich die durchschnittlichen Lebenshaltungskosten olympiabedingt von 1986 bis 1991 um ca. 3% erhöht haben[13] (Brunet 1992). Besonders betroffen sind davon Mieten und Grundstückspreise[14]. Was für die Grundstücksbesitzer ein zusätzlicher, olympiabedingter Gewinn ist, führt bei Mietern und Käufern zu einer Verringerung der Realeinkommen.

---

[12] Ein in guter Stadtlage gebautes Hochhaus wäre sicherlich eine rentablere Flächennutzung als die für ein Tenniscourt oder eine Radrennbahn, die die meiste Zeit nicht genutzt werden.

[13] Auch dies ist ein Effekt, der bei der Kalkulation der Kosten gern übersehen wird: Die Kalkulation erfolgt auf der Grundlage der vorliegenden Marktpreise. Nun haben allerdings die Ausgaben Olympischer Spiele einen Umfang, daß sie die Preise beeinflussen. Das Projekt macht sich selbst teurer.

[14] So stiegen etwa die Preise für Mieten für Wohnungen in Barcelona von 1986 bis 1991 real, also unter Abzug der Inflationsraten, um 130% - sicherlich nicht allein verursacht, aber doch deutlich mit bedingt durch die Olympischen Spiele.

2.2 Externer monetärer Nutzen

a. Ein wichtiger externer monetärer Nutzen liegt in den ca. 0,5 Mrd. $, die die Besucher der Olympischen Spiele aus dem Ausland in Barcelona ausgaben. Sie flossen vor allem den Besitzern von Hotels, Restaurants und anderen Betrieben der Touristikindustrie zu.
b. Der Staat profitiert ebenfalls von diesen Ausgaben aufgrund steigender Steuereinnahmen, der davon wieder Projekte finanzieren kann, die allen zugute kommen können.
c. Schließlich ist der monetäre Gewinn der Bevölkerung der Stadt, in der die Spiele ausgetragen werden, zu kalkulieren. Man kann damit rechnen, daß 30% der Besucher der Spiele aus der Region selbst kommen. Viele würden die Spiele nicht besuchen, würden sie an einem anderen Ort ausgetragen oder sie müßten höhere Reisekosten tragen, so daß ihnen auch ein finanzieller Gewinn entsteht, wenn sie die Spiele in ihrem eigenen Wohnort besuchen können.

2.3 Externe, nicht-monetäre Kosten

Vorbereitung und Durchführung Olympischer Spiele kann eine Vielzahl von Nachteilen für die Bewohner einer Region mitsichbringen, die jedoch nicht in Geld bewertet werden können. Dazu gehören:

a. Umweltbelästigungen können häufige Beeinträchtigungen vor allem beim Bau von Sportanlagen, oft aber auch bei der Durchführung solcher Sportveranstaltungen oder beim normalen Sportbetrieb sein. Insbesondere Geräuschbelästigungen, aber auch Belästigungen durch Fans sind Beispiele dafür. Nicht zu übersehen ist schließlich die Gefahr von Anschlägen von Terroristen (z.B. ETA), was zu hohen Sicherheitsmaßnahmen der Polizei führt, wodurch die Bevölkerung einer Stadt insgesamt negativ betroffen wird.
b. Verlust von Zeit ist eine weitere Beeinträchtigung, die mit Planung, Vorbereitung und Durchführung sportlicher Großveranstaltungen verbunden sein kann. Baumaßnahmen ebenso wie steigender Tourismus können zu Engpässen etwa im Verkehr und damit zu häufigeren Staus, Verkehrsunfällen etc. führen.
c. Zu nennen ist weiter die Verdrängung von Bevölkerungsgruppen aus ihren angestammten Wohngebieten. So werden Mieter, die die durch solche Maßnahmen verursachten Preis- bzw. Mietsteigerungen nicht mehr tragen können, gezwungen sein, sich in anderen Wohnquartieren niederzulassen; weiter mußten Flächen für Verkehrswege und Sportanlagen oder um insgesamt die Stadt attraktiver zu gestalten und auf de-

nen sich bisher Wohnhäuser oder Gewerbebetriebe befanden, frei gemacht werden.
d. Nutzeneinbußen durch Umverteilungen stellen ebenfalls Kosten dar. Eine Form der Umverteilung ergibt sich aus der Art der Finanzierung der Spiele. 1,45 Mrd $ werden über den Markt, also von denen finanziert, die auch den Nutzen aus den Spielen haben; 3,9 Mrd $ werden vom Staat, letztlich von allen Steuerzahlern bezahlt - wobei die Zentralregierung in Madrid den größten Anteil übernahm. Bei dieser öffentlichen Finanzierung werden also alle Steuerzahler zur Kasse gebeten, also auch jene, die keinerlei Beziehung zum Sport bzw. zu den Spielen besitzen und die daher auch keinerlei Vorteile von dieser Veranstaltung haben.
e. Schließlich gehen die Kosten der ca. 35.000 ehrenamtlichen Helfer bei den Olympischen Spielen nicht in die Kalkulation des Olympischen Komitees ein. So kann ein Unternehmen 'Olympische Spiele' nur deshalb eine ausgeglichene Bilanz vorlegen, weil es auf Mitarbeiter zurückgreifen kann, die ihre (Zeit-)kosten selber tragen[15].

2.4 Nicht-monetärer Nutzen

Mit dem Bau von Sportanlagen und der Durchführung von Sportveranstaltungen bzw. mit einer Erweiterung von Sportangeboten kann ein Nutzen verbunden sein, der ebenfalls nicht monetär ist. Dazu gehören z.B.:

a. Olympische Spiele können die Identifikation der Bevölkerung mit ihrer Stadt vergrößern und bei ihr Stolz darauf auslösen, Ausrichter der bedeutensten sportlichen Großveranstaltung zu sein und - wenn auch nur für begrenzte Zeit - im Mittelpunkt des Interesses der Weltöffentlichkeit zu stehen[16].
b. Die Erhöhung des Erlebnis- und Freizeitwertes ist eine weitere Nutzenkategorie. So stehen die Sportanlagen, die für Olympische Spiele gebaut wurden, anschließend der Bevölkerung insgesamt zur Verfügung, so daß der Bevölkerung ein zusätzlicher Freizeitnutzen entsteht.
c. Ebenso erfolgte ein Gewinn an Zeit, da die verbesserten Verkehrssysteme der Bevölkerung nun insgesamt zur Verfügung stehen. Man kann sagen, daß Olympische Spiele einen entscheidenden Impuls darstellten, um vielfältige städtische Strukturdefizite im Rahmen eines Gesamtkonzepts zügig, d.h. unter dem Termindruck der Spiele, zu beheben - und es

---

[15] Das Organisationskomitee selber errechnet daraus eine Einsparung von ca. 170 Mio. $.
[16] Dies hatte für Barcelona einen besonderen Wert, denn sie konnte sich als Metropole Kataloniens (nicht Spaniens) präsentieren.

besteht kein Zweifel, daß der große Gewinner dieser Olympischen Spiele die Stadt Barcelona war.

d. In Rechnung zu stellen ist weiter ein Image- und Werbeeffekt, wenn einer Stadt, einer Region oder einem Land mit der Sportveranstaltung eine große Aufmerksamkeit geschenkt wird, und damit ein positives Image geschaffen wird, das sich in steigenden Touristenströmen, einer Stärkung der Attraktivität für Industrieansiedlungen etc. auszahlen wird.

3. Makro-Ökonomische Wirkungen der Spiele

Die Ausgaben des Olympischen Komitees, die privaten und staatlichen Investitionen und die Ausgaben der von auswärts angereisten Zuschauer bzw. Teilnehmer an den Olympischen Spielen ergeben insgesamt einen Betrag von 8,9 Mrd. $. Diese Ausgaben lösen nun weitere ökonomische Wirkungen aus und zwar durch den Multiplikatoreffekt. In Modellrechnungen für Barcelona geht man davon aus, daß die olympiabedingten Ausgaben das 2,7 fache an weiteren wirtschaftlichen Aktivitäten induzieren, so daß die gesamtwirtschaftlichen Einnahmesteigerungen aufgrund der Olympischen Spiele in Barcelona sich wie folgt berechnen:

Direkte ökonomische Wirkung	:	8,9 Mrd. $
Induzierte ökonomische Wirkung	:	23,3 Mrd. $
= Gesamte ökonomische Wirkung für die Periode von 1987 bis 1992	:	32,2 Mrd. $

Dieser Betrag, vor allem, weil er auf die Region Barcelona konzentriert ist, hat nun weiterreichende ökonomische Konsequenzen. Die Steigerung der gesamtwirtschaftlichen Nachfrage - bedingt durch eine Zunahme der öffentlichen/privaten Investitionen, des öffentlichen/privaten Konsums und der Konsumausgaben vor allem der ausländischen Besucher der Olympischen Spiele - führt zunächst zu einer Zunahme der gesamtwirtschaftlichen Nachfrage (vgl. Abb. 4). Dies vergrößert entsprechend die Produktion. Dies wiederum induziert - weiter verstärkt durch den Multiplikatoreffekt - weitere private Investitionen, was zu einer weiteren Steigerung der gesamtwirtschaftlichen Nachfrage führt.

Dies hat eine Steigerung der Beschäftigung[17] zur Folge und damit eine Zunahme der Einkommen und damit der Nachfrage der privaten Haushalte. Diese induzieren wiederum steigende Konsumausgaben und diese wiederum private Investitionen.

Abb. 4: Gesamtwirtschaftliche Effekte des Sports - Das Beispiel Olympische Spiele

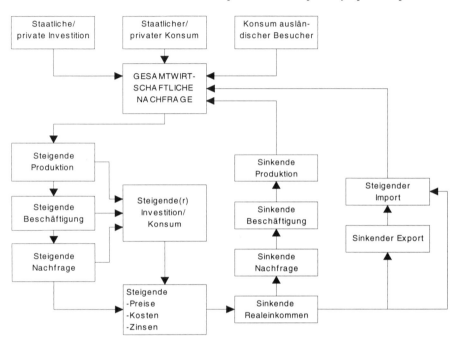

Für eine Region muß eine solche Steigerung der wirtschaftlichen Aktivitäten wie ein wirtschaftlicher Schock wirken. Die erste Wirkung wird sein: Die Preise und damit die (Lebenshaltungs-)Kosten steigen für alle Bewohner der Region. Zugleich steigen, da viele dieser Investitionen durch Kredite finanziert werden, die Zinsen, was zu einer weiteren Kostensteigerung führt. Die realen Einkommen sinken; zugleich sinkt die internationale Wettbewerbsfähigkeit aufgrund des gestiegenen inländischen Preisniveaus.

Steigende Preise und Kosten haben eine sinkende Nachfrage nach Gütern und Diensten, sinkende Beschäftigung und damit ein Sinken der Produkti-

---

[17] In der Planung ging man in Barcelona davon aus, daß mit den Olympischen Spielen ca. 32.000 neue Arbeitsplätze geschaffen werden.

on zur Folge - Effekte, die ebenfalls über den Multiplikator, der nun allerdings negativ wirkt, verstärkt werden. Zugleich zeigen sich außenwirtschaftliche Konsequenzen: Die Chancen, Güter im Ausland zu verkaufen, also die Exporte, sinken, weil sich die inländischen Güter verteuert haben, der Import wird demgegenüber steigen, weil es günstiger wird, im Ausland einzukaufen. All dies wirkt sich negativ auf die gesamtwirtschaftliche Nachfrage aus.

Die im ersten Teil dieses Abschnitts erläuterten positiven gesamtwirtschaftlichen Effekte Olympischer Spiele aufgrund der Einkommenssteigerung und des Wachsens der Beschäftigung stehen also negative Effekte gegenüber: Realeinkommen und Beschäftigung gehen zurück. Hinzukommt, daß die erhoffte Zunahme der Beschäftigung auch deshalb nicht eintrat, weil viele Firmen auf den Auftragsschub nicht wie erwartet mit Neueinstellungen, sondern mit Überstunden und Rationalisierungsmaßnahmen reagierten. Für die Olympischen Spiele in Barcelona wurde in empirischen Untersuchungen kalkuliert, daß ca. 50% des positiven Beschäftigungs- und Einkommenseffektes durch die gesamtwirtschaftlichen negativen Wirkungen wieder aufgezehrt wurden.

4. Probleme der Bestimmung ökonomischer Effekte Olympischer Spiele

Allen Berechnungen der ökonomischen Wirkungen Olympischer Spiele muß man jedoch skeptisch gegenüberstehen, und zwar aus folgenden Gründen:

a. Die Daten sind i.d.R. von Institutionen erhoben und zur Verfügung gestellt, die damit zugleich politische Interessen verfolgen. Dabei bestehen zwei gegenläufige Interessenlagen: Auf der einen Seite soll gezeigt werden, daß die Spiele so teuer nicht sind und sich selber - über den Verkauf von Leistungen und steigende Steuereinnahmen - finanzieren. Auf der anderen Seite soll gezeigt werden, daß Olympische Spiele eine enorme wirtschaftliche Bedeutung besitzen. Das erste Argument schadet dem zweiten und umgekehrt. Vor allem zu Beginn, also bei der Bewerbung, wird man die Entscheidungsträger durch besonders niedrige Kostenansätze zu überzeugen versuchen. Kurz vor den Olympischen Spielen wird man die hohen positiven ökonomischen Wirkungen betonen, um möglichen Unmut vor allem auch über die nicht-monetären Kosten zu dämpfen (Brunet, 1992).

b. Es ist schwirig, eindeutig abzugrenzen, welche Ausgaben in der Tat olympiabedingt sind, welche bereits lange geplante und notwendige, olympiabedingt also nur vorgezogene Maßnahmen darstellen.Viele Investitionen etwa in die Infrastruktur einer Stadt wären auf jeden Fall nötig und daher nicht allein durch die Olympischen Spiele zu rechtfertigen. Auch würde kein privater Investor Wohnungen, Hotels und Restaurants nur aufgrund der erhofften Einnahmen durch die Olympischen Spiele bauen. Aber vermutlich wäre der Staat nie bereit gewesen, Mittel etwa für die Infrastrukturverbesserung in diesem Umfang ohne die prestigeträchtigen Olympischen Spiele bereitzustellen.
c. Große Schwierigkeiten bereitet die Ermittlung der makro-ökonomischen Effekte. Dies liegt nicht nur daran, daß Modelle fehlen, mit denen solche Effekte verläßlich kalkuliert werden könnten. Die Höhe des Multiplikators ist mit Unsicherheiten belastet; Verdrängungseffekte ebenso wie Zinssätze zum Abdiskontieren künftiger Kosten und Erträge sind nur schwer kalkulierbar. Es besteht auch politisch wenig Interesse daran, Effekte allzugenau zu ermitteln, die den wünschenswerten positiven Wirkungen entgegenstehen. Ebenso ist keine Untersuchung bekannt, die die ökonomischen Wirkungen Olympischer Spiele mit anderen Projekten vergleicht, also die Opportunitätskosten berechnet. Man vergißt bei der Errechnung der positiven Wirkungen Olympischer Spiele allzuleicht, daß man das Geld, so man es denn hat bzw. sich beschaffen kann, nur einmal ausgeben kann, dies aber (zumindest muß man dies für den Staat sagen) auf jeden Fall auch macht.
d. Es bestehen Zurechnungsprobleme bei den Folgekosten, die nach den Spielen eintreten, etwa also den Kosten der Instandhaltung und der Wartung der Anlagen bei einer weiteren Nutzung. Auch hier ist die Frage offen, inwieweit diese Kosten den Olympischen Spielen oder den späteren Nutzern zugerechnet werden müssen.
e. Besondere Schwierigkeiten bereitet es, die nicht monetären Vor- und Nachteile Olympischer Spiele angemessen zu bewerten und miteinander vergleichbar zu machen. Hierin liegt sicherlich das gravierenste Problem der ökonomischen Bewertung olympischer Spiele: die nichtmonetären Kosten und Erträge unterliegen der subjektiven und das heißt oft, der politischen Bewertung.

Eine Kosten-Nutzen-Analyse der Olympischen Spiele steht vor besonderen Schwierigkeiten: Sie sind theoretischer Art, liegen also darin, die vielfältigen ökonomischen Verflechtungen angemessen abzuschätzen; sie sind empirischer Art, liegen also darin, die notwendigen Wirtschaftsdaten korrekt zu ermitteln; sie sind methodologischer Art, liegen also darin, vor allem die nicht marktmäßigen Effekte zu bewerten. Hier liegt die besondere Gefahr politischer Manipulation. Mögen die monetären Kosten noch so hoch sein, der Wert, ein Land oder eine Stadt im Mittelpunkt der Aufmerksamkeit der Weltöffentlichkeit zu sehen und der schöne Gedanke, den Idealen der Olympischen Bewegung gedient zu haben - und seien sie auch für viele nur noch ein willkommenes Instrument der Vermarktung eigener Produkte und der Einkommensteigerung - wird man politisch stets so hoch einschätzen können, daß es als kleinlich deklassiert werden kann, die monetären Kosten dagegen aufzurechnen, vor allem, wenn sie von anderen zu tragen sind. Schließlich aber bedenken all diese Berechnungen nicht, daß man das Geld nur einmal, aber für ganz unterschiedliche Zwecke ausgeben kann. Aber eine solche vergleichende Kosten-Nutzen-Analyse unterschiedlicher Projekte völlig fehlt.

Literatur

BRUNET, F.: Economia de los Juegos Olimpicos Barcelona` 92 Barcelona 1992

KAPPLER, E./ WADSACK, R.: Sportliche und außersportliche Jugendarbeit bei verschiedenen Angebotsträgern. Schorndorf 1991

KRUG, W.: Probleme der Kosten-Nutzen-Analyse im Sport. In: HEINEMANN, K. (Hrsg.): Betriebswirtschaftliche Grundlagen des Sportvereins, Schorndorf 1987

RITCHIE, J./BRENT, F.W.: The Souls Olympics as a Tourism Management: Understanding and Enhancing the long term Impacts. Paper to Korean National Tourist Organization 1988

WRIGHT, G.: The Political Economy of the Montreal Olympic Games. In: Journal of Sport and Social Issues 2/1 (1978)

Die Auswirkungen des demographischen Wandels auf die soziale Sicherung

Von Eckhard Knappe, Trier

Zusammenfassung: Insgesamt zeigt sich, daß der prognostizierte demographische Wandel in der Bundesrepublik Deutschland sowohl in der Rentenversicherung wie auch in der Krankenversicherung ein etwa gleich hohes Gefährdungspotential für die Beitragssätze darstellt. Entlastung könnte der demographische Wandel lediglich in der Arbeitslosenversicherung mit sich bringen. Diese Entlastung ist jedoch unsicher. Sie ist um so wahrscheinlicher, je besser es der Sozialpolitik gelingt, die Abgabenlast der Arbeitnehmer und Arbeitgeber trotz der demographischen Veränderung zu bremsen.

Zumindest seit Beginn der 70er Jahre - dem Ende des "Baby-Boom" - ist bekannt, daß in Deutschland ein demographischer Wandel zu erwarten ist, der die sozialen Sicherungssysteme vor eine schwere Belastungsprobe stellen wird. Aber erst seit einigen Jahren ist dies ein aktuelles Thema der politischen, öffentlichen Diskussion. Der vorliegende Aufsatz untersucht die zu erwartenden Auswirkungen des demographischen Wandels auf die drei "großen" Systeme der sozialen Sicherung.

1 Der demographische Wandel in Deutschland

Bevölkerungsgröße und Bevölkerungsstruktur können sehr anschaulich durch die sogenannte Bevölkerungs- bzw. Alterspyramide dargestellt werden. Eine sogenannte "natürliche Alterspyramide" weisen z.B. Länder wie Kenia oder Mexiko auf (siehe Abbildung 1). Sie ist dadurch gekennzeichnet, daß die jüngeren Jahrgänge in größerer Zahl vertreten sind als die jeweils älteren Jahrgänge, die durch die (natürliche) Sterblichkeit bereits dezimiert sind. Auch Deutschland wies eine solche natürliche Bevölkerungspyramide noch zur Zeit der Jahrhundertwende auf.

Die heutige Bevölkerungsstruktur Deutschlands hat sich weit von dieser "natürlichen Situation" entfernt. Besonders deutlich wird diese Abkehr von der Pyramidenform durch die zahlenmäßig nur noch gering besetzten jüngeren Jahrgänge (jünger als 10 Jahre), die im Jahr 1985 zahlenmäßig etwa nur halb so stark besetzt waren, wie beispielsweise die 20jährigen.[1]

---

[1] Vgl. I. Kornelius: Von der Pyramide zum Pilz: Die Bevölkerungsentwicklung in der Bundesrepublik Deutschland: Bestandsaufnahme und Perspektiven, in: H.-G. Wehling:

Abbildung 1: Alterspyramide von Kenia und Mexiko im Jahre 1985

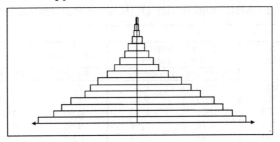

Quelle: eigene Erstellung

Abbildung 2: Altersaufbau der Wohnbevölkerung am 1.1.1985

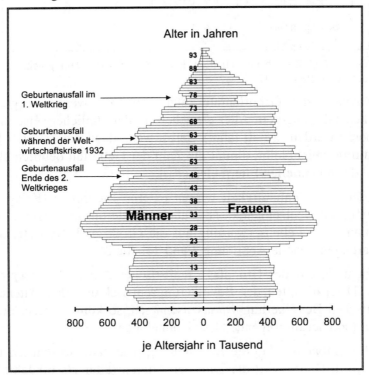

Quelle: Eigene Erstellung

Dieser Einbruch bei den jüngeren Jahrgängen ist Folge eines drastischen Rückgangs der Geburtenrate, der Mitte der 60er Jahre einsetzte (siehe Tabelle 1).

Bevölkerungsentwicklung und Bevölkerungspolitik in der Bundesrepublik Deutschland, Bürger im Staat, Stuttgart u.a. 1988, S. 11-37, S. 23.

Tabelle 1: Indikatoren der Geburtenhäufigkeit im Bundesgebiet/alte Bundesländer (ABL) und in der DDR/neue Bundesländer (NBL)

Jahr	Zusammengefaßte Geburtenrate		Nettoreproduktionsrate	
	BRD/ABL	DDR/NBL	BRD/ABL	DDR/NBL
1950	2,09	2,37	0,93	-
1960	2,36	2,33	1,10	1,07
1975	2,01	2,19	0,95	1,04
1970	1,44	1,54	0,68	0,73
1980	1,44	1,94	0,68	0,93
1985	1,28	1,73	0,60	0,83
1989	1,39	1,57	0,67	0,75
1990	1,45	1,46	0,69	-
1991	1,42	0,98	0,68	0,47
1992	1,39 *)	0,80	-	-

*) Schätzung BIB

Quelle: Vgl. Zwischenbericht der Enquete-Kommission Demographischer Wandel, Bonn 1994, S. 41.

Ein Rückgang der Geburtenrate setzt sich fort, wenn die geburtenschwachen Jahrgänge ein Alter erreichen, in dem üblicherweise die Kinder geboren werden (20-40 Jahre). Selbst wenn dann die Zahl der Kinder **pro Familie** gleichbleibt, nimmt die Zahl der Geburten deutlich ab, weil die Zahl der potentiellen Eltern kleiner ist.

Neben der Geburtenhäufigkeit wirken externe Ereignisse (Kriege, Wiedervereinigung Deutschlands), aber auch Wanderungsprozesse sowie die Entwicklung der Lebenserwartung auf die Größe und Altersstruktur der Bevölkerung ein (siehe Abbildung 3 und Tabelle 2).

Versucht man, auf der Grundlage realistischer Annahmen über die genannten Determinanten der Bevölkerungsentwicklung den Altersaufbau der deutschen Bevölkerung vorauszuschätzen, so könnte dieser etwa um das Jahr 2040 herum folgende Gestalt annehmen.

Deutlich sichtbar ist, daß die Bevölkerung insgesamt wesentlich kleiner werden wird. Dabei wird die Zahl der Älteren (älter als 60 Jahre) noch leicht wachsen, während die Zahl der Personen im erwerbsfähigen Alter (20-60 Jahre) und vor allem die Zahl der jüngeren (unter 20 Jahre) deutlich abnehmen wird.

Tabelle 2: Lebenserwartung im Bundesgebiet/ABL und in der DDR/NBL
(1950 bis 1990)

	Durchschnittliche Lebenserwartung bei der Geburt und fernere Lebenserwartung im Alter von 60 Jahren			
	Bundesgebiet		DDR	
	Männer	Frauen	Männer	Frauen
	0 Jahre			
1950	64,4	68,5	63,9	68,0
1960	66,9	72,4	66,5	71,4
1970	67,4	73,8	68,1	73,3
1980	69,9	76,6	68,7	74,6
1990 *)	72,5	79,0	70,0	76,2
	60 Jahre			
1950	16,2	17,5	15,9	17,6
1960	15,5	18,5	15,6	18,2
1970	15,3	19,1	15,2	18,3
1980	16,4	20,7	15,4	18,8
1990 *)	17,7	22,1	16,2	19,8

*) Letztverfügbare Daten

Quelle: Zwischenbericht der Enquete-Kommission, Bonn 1994, S. 47.

Abbildung 3: Wanderungen über die Grenzen Deutschlands

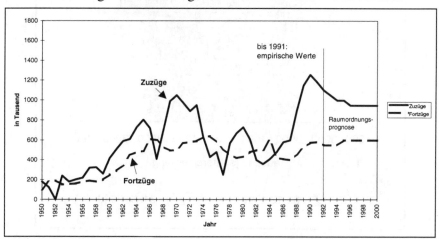

Quelle: H. Bucher; M. Siedhoff; G. Stiens: Regionale Bevölkerungsentwicklung in Deutschland bis zum Jahr 2000, in: Informationen zur Raumentwicklung H. 11/12.1992, S. 827-861, S. 842ff.

Für die soziale Sicherung ist nun von besonderer Bedeutung, daß die Renten-, Kranken- und Arbeitslosenversicherung nach dem sogenannten Umlageverfahren arbeiten. Das heißt, aus dem Einkommen der jeweils erwerbstätigen Bevölkerung fließen den sozialen Sicherungssystemen Beiträge zu, die unmittelbar zur Bezahlung der Leistungen (Rentenzahlungen, Ausgaben für Gesundheitsleistungen, Arbeitslosengeld und -hilfe) verwandt werden.

Abbildung 4: Altersaufbau der deutschen Bevölkerung am 31.12.1993 und 2040

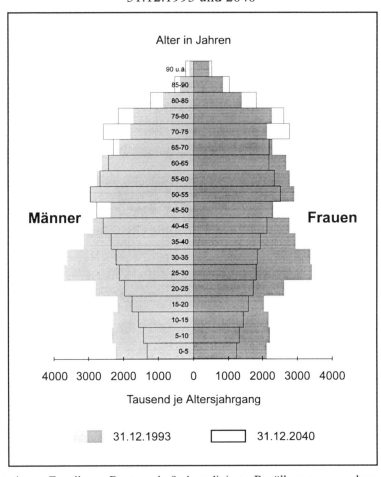

Quelle: eigene Erstellung; Daten vgl. 8. koordinierte Bevölkerungsvorausberechnung, Wiesbaden 1996.

Geht nun im demographischen Wandel zukünftig die Zahl der Erwerbstätigen deutlich zurück und nimmt dagegen insbesondere die Zahl der Älteren (über 60jährigen) zu, dann werden die Einkommen der Erwerbstätigen mit steigenden Beitragszahlungen belastet. Insbesondere der steigende Altenquotient, also das Verhältnis der Personen im Alter von 60 Jahren und darüber zu den Personen im Alter zwischen 20 und 60 Jahren, tangiert die sozialen Sicherungssysteme erheblich. Zwar nimmt in Zukunft auch die Zahl der Jugendlichen (der Personen jünger als 20 Jahre) deutlich ab, doch ist diese Abnahme etwa genauso groß wie die Verringerung der Personenzahlen im erwerbsfähigen Alter (20-60 Jahre). Der sogenannte Jugendquotient (unter 20jährige je 100 20-60jährige) wird daher in Zukunft nahezu unverändert bleiben.

Die Enquete-Kommission Demographischer Wandel ging in ihren Analysen auf der Grundlage der 7. koordinierten Bevölkerungsvorausberechnung davon aus, daß von 1990 bis zum Jahre 2030 der Jugendquotient von 37,4 auf 35,8% unbedeutend sinken wird, während der Altenquotient sich von 35,2 auf 72,7% mehr als verdoppeln würde.[2] Vorausberechnung über so lange Zeiträume sind selbstverständlich mit erheblichen Unsicherheiten behaftet. Die Bevölkerungsvorausberechnungen müssen daher im Laufe der Zeit immer wieder angepaßt werden. Nach der derzeit vorliegenden 8. koordinierten Bevölkerungsvorausberechnung wurden die Annahmen über die Entwicklung der Geburten und die Entwicklung der Lebenserwartung leicht modifiziert, insbesondere wurden jedoch drei Varianten unterschieden, die sich in den Annahmen über die jährlich zu erwartende Zuwanderung unterscheiden. In der 8. koordinierten Bevölkerungsvorausberechnung werden in allen drei Varianten höhere Zuwanderungsraten angenommen als bisher. Auf diese Weise ergibt sich im Endeffekt, daß der Jugendquotient in allen drei Varianten deutlich sinkt, während der Altenquotient vor allem in den Varianten 2 und 3 (die besonders hohe Zuwanderungsraten unterstellen) weniger steigt als noch in der 7. koordinierten Bevölkerungsvorausberechnung angenommen.

Untersucht man die Auswirkungen des demographischen Wandels auf die großen Systeme der sozialen Sicherung (Renten-, Kranken- und Arbeitslosenversicherung), dann ergibt sich in allen vorliegenden Bevölkerungsvorausberechnungen für die Bundesrepublik Deutschland im Prinzip das bereits genannte grundsätzliche Ergebnis. Man wird etwa mit einer Verdoppelung des Altenquotienten und einer leichten Abnahme des Jugendquotienten rechnen müssen. Dabei ist nochmals darauf hinzuweisen, daß im Gegensatz zu anderen Konsequenzen der Bevölkerungsentwicklung (beispielsweise für Fragen der Umweltbelastungen oder für die Abschätzung des Bedarfs an Wohnungen), für die vor allem die **Gesamtgröße** der Bevölkerung die entscheidende Variable darstellt, hier vor allem die Alters**struktur** der Bevölkerung von ausschlaggebender Bedeutung

---

[2] Vgl. Zwischenbericht der Enquete-Kommission, S. 68 ff.

ist. Während alle Bevölkerungsvorausberechnungen für die Bundesrepublik Deutschland davon ausgehen, daß etwa bis zum Jahre 2010 die Gesamtzahl der Bevölkerung von 1990 = 80 Millionen auf ca. 82-86 Millionen ansteigen, sich danach jedoch erheblich reduziert, wird insbesondere für den Altenquotienten bis zum Jahre 2030 ein kontinuierlicher Anstieg vorausberechnet.

Tabelle 3: Entwicklung der Bevölkerungsvorausberechnung

Am 31.12. des Jahres	Insgesamt	Davon im Alter von ... bis unter ... Jahren						Jugendquotient 1)	Altenquotient 2)	Gesamtquotient 3)
		Unter 20		20-60		60 und älter				
		in Tausend	%	in Tausend	%	in Tausend	%			
Deutschland, Basisbevölkerung der Modellrechnungen										
1992	809.974,6	17.402,8	21,5	47.072,8	58,1	16.499,0	20,4	37,0	35,0	72,0
Variante 1										
2000	83.347,4	17.661,4	21,2	46.387,0	55,7	19.299,1	23,2	38,1	41,6	79,7
2010	81.960,3	15.169,6	18,5	46.096,0	56,2	20.946,6	25,2	33,9	44,9	77,8
2020	78.581,0	13.355,8	17,0	42.554,5	54,2	22.670,7	28,9	31,4	53,3	84,7
2030	73.677,3	12.287,9	16,7	35.870,6	48,7	25.518,9	34,6	34,3	71,1	105,4
2040	67.580,2	10.758,6	15,9	33.198,0	49,1	23.623,5	35,0	32,4	71,2	103,6
Variante 2										
2000	83.740,5	17.756,9	21,2	46.662,1	55,7	19.321,5	23,1	38,1	41,4	79,5
2010	83.433,0	15.504,9	18,6	47.129,1	56,5	20.799,0	24,9	32,9	44,1	77,0
2020	81.433,0	13.911,6	17,1	44.356,4	54,6	22.915,3	28,2	31,4	51,7	83,0
2030	77.413,5	13.019,8	16,8	38.370,2	49,6	26.023,4	33,6	33,9	67,8	101,8
2040	72.413,0	11.649,5	16,1	36.217,1	50,0	24.546,4	33,9	32,2	67,8	99,9
Variante 3										
2000	84.133,4	17.850,1	21,2	46.937,8	55,8	19.345,5	23,0	38,0	41,2	79,2
2010	84.894,8	15.823,1	18,6	48.163,7	56,7	20.907,2	24,6	32,9	43,4	76,3
2020	83.748,0	14.424,9	17,2	46.157,5	55,1	23.165,6	27,7	31,3	50,3	81,7
2030	81.072,1	13.683,6	16,9	40.852,7	50,4	26.535,7	32,7	33,5	65,0	98,4
2040	77.115,4	12.450,6	16,1	39.187,9	50,8	25.467,3	33,0	31,8	65,0	96,8

1) unter 20jährige je 100 20- bis unter 60jährige
2) 60jährige und ältere je 100 20- bis unter 60jährige
3) Summe aus Jugend- und Altenquotient

Quelle: M. Wingen: Drei Generationensolidarität - Wunsch oder Wirklichkeit, in: G. Kleinhenz (Hrsg.): Soziale Ausgestaltung der Marktwirtschaft, Festschrift für Heinz Lampert, Berlin 1995, S. 278.[3]

Diese Entwicklung stellt die Sozialpolitik in Zukunft vor völlig veränderte Probleme. Während bisher für die meisten europäischen Länder im Trend davon auszugehen war, daß durch die demographische Entwicklung die Einkommen der erwerbstätigen Generation tendenziell entlastet wurden, also auch ohne zusätzliche Belastung der Pro-Kopf-Einkommen

---

[3] Vgl. zum Unterschied in den Annahmen zwischen der 7. und 8. koordinierten Bevölkerungsvorausberechnung, M. Erbsland/E. Wille: Bevölkerungsentwicklung und gesetzliche Krankenversicherung, in: Zeitschrift für die gesamte Versicherungswissenschaft, 4/1995, S. 661-686, bes. S. 665 ff.

der Erwerbstätigen die soziale Sicherung ausgebaut werden konnte, wird dies aufgrund des demographischen Wandels in Zukunft nicht mehr möglich sein. Auch ohne Ausweitung der Leistungen der sozialen Sicherungssysteme werden die Belastungen der Erwerbstätigeneinkommen, vor allem die Beitragssätze zu den sozialen Sicherungssystemen, angehoben werden müssen. Die derzeitigen Initiativen des Gesetzgebers und die Maßnahmen zur Einsparung von Sozialausgaben sind u.a. (neben der Arbeitslosigkeit) dadurch begründet, daß sich die Wirkungsrichtung der demographischen Entwicklung umgekehrt hat. Zwar wirkt sich der demographische Wandel auf **alle** Sozialleistungssysteme aus, doch binden Renten-, Kranken- und Arbeitslosenversicherung mit über 60% den weitaus größten Anteil aller Einnahmen, dort sind also die Auswirkungen auch am deutlichsten spürbar.

Tabelle 4: Veränderung der demographischen Lastquoten für ausgewählte Länder im Zeitraum 1960-1990

Land	1960	1970	1980	1990
Belgien	70,8	80,2	73,8	65,7
Dänemark	79,0	75,8	75,4	70,0
Finnland	85,0	75,5	67,4	63,5
Frankreich	78,9	84,8	79,3	70,0
Deutschland	65,6	75,3	72,0	56,5
Italien	70,2	74,3	76,0	64,0
Niederlande	89,5	85,1	74,5	63,0
Österreich	72,1	82,1	80,5	64,5
Portugal	80,9	85,0	84,7	74,0
Spanien	77,3	82,9	82,6	71,0
Schweiz	71,6	72,8	70,2	70,8
Schweden	72,0	70,6	74,6	73,4

Quelle: E. Theurl: Einige Entwicklungslinien und Reformen der Gesundheitssysteme von Europa im Überblick, in: E. Theurl; J. Dézsy (Hrsg.): Herausforderungen für die Gesundheitspolitik, Innsbruck 1996, S. 5-34, S. 12. Die Lastquote ist hier definiert als Relation der Bevölkerung unter 20 und über 65 Jahren zur Bevölkerung zwischen 20 und 65 Jahren.

2 Die Auswirkungen auf die Systeme der sozialen Sicherung

2.1 Die gesetzliche Rentenversicherung

Die gesetzliche Rentenversicherung ist in Deutschland der mit weitem Abstand wichtigste Teil des Alterssicherungssystems. Derzeit zahlen Arbeitnehmer als Pflichtmitglieder der gesetzlichen Rentenversicherung ca. 20% ihres Bruttolohnes (Arbeitgeber- und Arbeitnehmeranteil zusammen) in die gesetzliche Rentenversicherung ein und erhalten durchschnittlich ab dem Alter von 60 Jahren eine Rente. Die Altersrente (von sonstigen Leistungen der Rentenversicherung, wie z.B. Berufs- und Erwerbsunfähigkeitsrenten, Hinterbliebenenrenten, Rehabilitationsleistungen etc. sei hier abstrahiert) ist voll dynamisiert, d.h. während der gesamten Rentenbezugsdauer an die Lohnentwicklung gekoppelt. Ihre Höhe richtet sich vor allem nach der Höhe der individuellen Beiträge und damit nach der Höhe des individuellen Lohns und nach der Zahl der Jahre, in denen der Arbeitnehmer Beiträge eingezahlt hat. Sehr vereinfacht läßt sich die Situation eines typischen Arbeitnehmers über seinen Lebenszyklus schematisch folgendermaßen darstellen (siehe Abbildung 5). Mit Eintritt in das Erwerbsleben (hier: 20 Jahre) wird ein Arbeitnehmer Pflichtmitglied der gesetzlichen Rentenversicherung und zahlt zur Zeit etwa 20% seines Bruttolohnes während der gesamten Erwerbsphase (hier: 20-60 Jahre) an Beiträgen in die gesetzliche Rentenversicherung ein. Da im Laufe der Zeit das Einkommen steigt, nehmen auch die Beitragszahlungen selbst bei konstantem Beitragssatz zu. Ein Arbeitnehmer, der 45 Jahre Beiträge entrichtet hat, kann dann mit einem Rentenniveau in Höhe von etwa 70% seines letzten Netto-Lohneinkommens bzw. ca. 50% seines letzten Brutto-Lohneinkommens rechnen. Er kann also bis zum Ende seiner Lebenserwartung (hier: 80 Jahre) eine Rente beziehen, die ca. dem 2,5fachen seiner jährlichen Beitragszahlungen entspricht, und, da sie dynamisiert ist, im gleichen Umfang ansteigt, wie die Lohneinkommen der aktiven Arbeitnehmer.

Wichtig für die Rentenversicherung ist, daß ein typisches Mitglied **entweder** als Beitragszahler zu den Einnahmen der Rentenversicherung beiträgt **oder** als Leistungsempfänger von den Ausgaben profitiert. Da die Rente nach dem Umlageverfahren arbeitet, müssen in jeder Periode die Einnahmen (E) genauso hoch sein wie die Ausgaben (A), es gilt also die Formel:

$$E = A \tag{1}$$

Geht man außerdem davon aus, daß bei einem Bundeszuschuß aus Steuermitteln die Beitragszahlungen nur jeweils 80% der Ausgaben decken müssen und daß die Einnahmen aus Beiträgen sich aus dem Beitragssatz (b), dem durchschnittlichen Lohneinkommen pro Arbeitnehmer (L) und der Zahl der Beitragszahler (V) zusammensetzen, während sich die Ausgaben als Produkt aus Durchschnittsrente (DR) und Zahl der Rentner (R) ergeben, dann ist das finanzielle Gleichgewicht aus Einnahmen und Ausgaben gesichert, wenn gilt:

$$\frac{1}{0{,}8} * V * b * L = DR * R \qquad (2)$$

oder:

$$b = 0{,}8 * \frac{R}{V} * \frac{DR}{L} \qquad (3)$$

Abbildung 5: Umlagefinanzierte Rentenversicherung

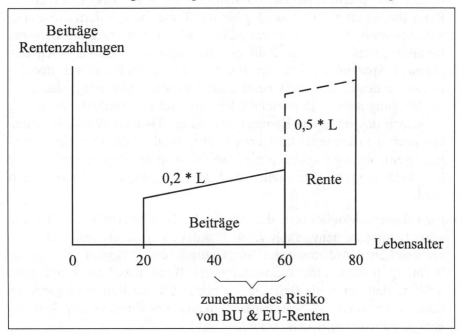

Der Beitragssatz, der erforderlich ist, um das finanzielle Gleichgewicht der Rentenversicherung zu sichern, beträgt also (bei 20%igem Bundeszuschuß) 80% des Produktes aus dem Rentnerquotienten (R/V) und dem Durchschnittsrentenniveau (DR/L). Nun prognostizieren alle demographischen Vorausberechnungen für die Zukunft bis zum Jahre 2030/2040 einen deutlichen Anstieg des Altenquotienten, der sich - wie gesagt - etwa verdoppeln wird.

- Das finanzielle Gleichgewicht der Rentenversicherung kann dann aufrecht erhalten werden, wenn verhindert wird, daß der steigende **Alten**quotient sich in einem entsprechenden Anstieg des **Rentner**quotienten niederschlägt. Das würde jedoch bedeuten, daß die Zahl der Rentner weniger steigt als die Zahl der Personen über 60 Jahre und/oder daß die Zahl der Beitragszahler weniger abnimmt als die Zahl der Personen im erwerbsfähigen Alter. Letzteres könnte beispielsweise durch eine steigende Erwerbsbeteiligung der Personen im erwerbsfähigen Alter erreicht werden. Ein Trend in diese Richtung ergibt sich durch zunehmende Erwerbsbeteiligung der Frauen, auch ein Abbau der Arbeitslosigkeit wirkt in diese Richtung. Ein gegenläufiger Trend ergibt sich jedoch dadurch, daß das Eintrittsalter ins Erwerbsleben eher steigt. Durch die Rentenreform 1992 ist gesetzlich festgeschrieben, daß das Rentenalter schrittweise auf 65 Jahre erhöht wird, wobei vorzeitiger Rentenbezug zu einem Abschlag bei der Rente führt. Sofern diese Heraufschleusung des Rentenalters gelingt, wird gleichzeitig die Zahl der Rentner gesenkt und die Zahl der Beitragszahler erhöht. Nach den jüngsten Sparmaßnahmen der Bundesregierung soll die schrittweise Erhöhung des Rentenalters beschleunigt werden. Ausschlaggebend für die Wirkung auf das finanzielle Gleichgewicht der Rentenversicherung ist jedoch das **faktische** Renteneintrittsalter, das aller Wahrscheinlichkeit nach deutlich unter 65 Jahren bleiben wird. Doch auch ein vorzeitiger Rentenbezug trägt dann zur Stabilisierung der Rentenversicherung bei, weil aufgrund der Rentenabschläge die Ausgabenlast verringert wird.

- Eine weitere Möglichkeit, das finanzielle Gleichgewicht der Rentenversicherung im demographischen Wandel zu erhalten, bestünde in einer deutlichen Anhebung des Bundeszuschusses. Vorschläge in dieser Richtung fordern eine Ausweitung des Bundeszuschusses auf etwa 30%, so daß durch die Beiträge nur noch 70% der Rentenausgaben zu finanzieren wären. Die derzeitige Situation der Finanzpolitik läßt das eher unwahrscheinlich erscheinen.

- Alternativ könnte das Rentenniveau im Vergleich zu den Bruttolöhnen abgesenkt werden. Da nach der Rentenreform 1992 die Rentenzahlungen ohnehin nur noch den **Netto**löhnen folgen, die Lücke zwischen Netto- und Bruttolöhnen jedoch schrittweise größer wird, wird damit schrittweise das Verhältnis von Renten zu Bruttolöhnen abgesenkt.

- Als letzte Möglichkeit bliebe, den Beitragssatz entsprechend zu erhöhen.

In der aktuellen Rentendiskussion wird immer wieder vorgeschlagen, den Gefahren des demographischen Wandels für das finanzielle Gleichgewicht der Rentenversicherung durch einen Systemwechsel zu begegnen. So wird im Kapitaldeckungsverfahren während der Beitragszeit eines Versicherten ein Kapitalstock aufgebaut, der mit Zinsen und Zinseszinsen ausreicht, um eine vertragliche Rente während der durchschnittlich zu erwartenden Rentenbezugsdauer zu finanzieren. Zwar ist ein Alterssicherungssystem nach dem Kapitaldeckungsverfahren nicht völlig unabhängig vom demographischen Wandel, da letztlich jeder Sozialaufwand ganz überwiegend durch einen Konsumverzicht der erwerbstätigen Bevölkerung zu "finanzieren" ist.[4] Doch lassen sich im Kapitaldeckungsverfahren durch geeignete Vorsorgemaßnahmen die Auswirkungen des demographischen Wandels mildern (Kapitalanlage im Ausland, vorübergehende Reduzierung der Nettoinvestitionsquote etc.). Der Systemwechsel vom Umlageverfahren zum Kapitaldeckungsverfahren führt jedoch tendenziell zu einer Doppelbelastung der Generation, die aus ihrem Einkommen einerseits die Rentner finanzieren muß, die Rentenansprüche im alten System erworben haben und zusätzlich durch eigene Beiträge einen Kapitalstock für eigene Renten aufzubauen hat. Angesichts der heute schon erreichten Gesamtbelastung der Arbeitnehmer mit Beiträgen erscheint ein solcher Systemwechsel politisch schwer durchsetzbar.

Es wird jedoch vielfach vorgeschlagen, wenigstens **teilweise** die Vorteile der Kapitaldeckung zu nutzen, indem bereits heute (lange bevor ein drastischer Beitragsanstieg durch den demographischen Wandel erforderlich ist) durch einen moderaten Anstieg der Beitragssätze (und eine Erhöhung des Bundeszuschusses) Vorsorge für den zukünftigen Einnahmenbedarf getroffen wird. Die bereits heute erhöhten Einnahmen wären als **teilweise** Kapitaldeckung den Rücklagen zuzuführen und verzinslich anzulegen, so daß vor allem in der Zeit nach 2010 der erforderliche Beitragsanstieg dadurch gemildert wird, daß diese Rücklagen schrittweise aufgelöst werden ("Untertunnelung" des demographischen Effektes durch Kapitaldeckung).[5] Allerdings lassen sich bereits heute zusätzliche Beitragserhöhungen bzw. eine deutliche Anhebung des Bundeszuschusses angesichts der

---

[4] B. Külp: Unterschiedliche Finanzierungssysteme der gesetzlichen Rentenversicherung und ihr Einfluß auf die Verteilung zwischen den Generationen, in: Hamburger Jahrbuch, 36/1991, S. 35-54.

[5] Vgl. A. Storm: So läßt sich die Last austarieren, in: Rheinischer Merkur, 36/6.9.96.

Gesamtbelastung der Arbeitnehmer mit Beiträgen und angesichts der angespannten Finanzlage des Staatshaushaltes kaum durchsetzen, zumal **derzeit** hierfür kein (demographisch bedingter) Sachzwang besteht.

Da steigende Beiträge angesichts der derzeitigen Gesamtbelastung der Arbeitnehmereinkommen auf verschärften Widerstand der Arbeitnehmer stoßen und diese zudem den Standort Deutschland zusätzlich belasten, wird aller Voraussicht nach der Hauptanpassungsbedarf an die Erfordernisse des demographischen Wandels durch eine schrittweise, aber **deutliche Absenkung des Rentenniveaus** erbracht werden müssen.

Teilweise entspricht eine solche Absenkung des Rentenniveaus im demographischen Wandel durchaus dem Äquivalenzprinzip, sofern der Rentnerquotient durch eine steigende Lebenserwartung zunimmt.[6] Dem hat man in der Bundesrepublik bereits dadurch Rechnung getragen, daß das Rentenalter schrittweise auf 65 Jahre heraufgesetzt wird, wodurch die Rentenbezugsdauer entsprechend sinkt. In Schweden ist man beispielsweise dazu übergegangen, bei zunehmender Lebenserwartung das Rentenniveau **automatisch** abzusenken.[7]

Die wichtigste Ursache für den zukünftigen demographischen Wandel stellt jedoch die sinkende Fertilität dar. Wollte man den Anpassungsbedarf des demographischen Wandels, hervorgerufen durch sinkende Geburtenzahlen, ursachenadäquat anlasten, so müßte man entweder die Beitragssätze entsprechend der Zahl der aufgezogenen Kinder differenzieren oder die Rentenansprüche (neben den Beitragszahlungen) auch von der Kinderzahl abhängig machen.[8]

2.2 Die Arbeitslosenversicherung

Auch die Arbeitslosenversicherung in der Bundesrepublik Deutschland arbeitet nach dem Umlageverfahren. Aus den laufenden Beiträgen werden

---

[6] G. Richter: Die Auswirkungen der Bevölkerungsentwicklung unter Berücksichtigung der Zuwanderung auf die private bzw. betriebliche Alterssicherung, in: Zeitschrift für die gesamte Versicherungswissenschaft, 4/1995, S. 647-659, S. 658.

[7] Vgl. W. Schmähl: Alterung der Bevölkerung, Mortalität, Morbidität, Zuwanderung und ihre Bedeutung für die Gesetzliche Rentenversicherung, in: Zeitschrift für die gesamte Versicherungswissenschaft, 4/1995, S. 616-646, S. 639; vgl. auch A. Storm: So läßt sich die Last austarieren, aaO.

[8] Vgl. E. Knappe: Die gesetzliche Rentenversicherung in Deutschland. Was sie leistet, was sie nicht leistet, in: K. Tiepelmann (Hrsg.): Politik intermediärer und parafiskalischer Institutionen, erscheint 1997.

die Leistungen der Arbeitslosenversicherung jeweils in derselben Periode finanziert. Geht man zur Vereinfachung davon aus, daß die Leistungen lediglich im Arbeitslosengeld bestehen, dann müssen aus den Beiträgen der Arbeitnehmer, die vereinfacht zwischen 20 und 60 Jahre alt sind, die Arbeitslosengeldzahlungen an die Arbeitslosen gedeckt werden, die sich allerdings nicht, wie in der Rentenversicherung, in einer späteren Lebensphase, sondern in **derselben** Lebensphase befinden. Nach dem Umlageverfahren müssen wiederum die Einnahmen die Ausgaben derselben Periode decken. Es gilt also:

$$E = A \tag{4}$$

wie in der Rentenversicherung.

Sieht man zur Vereinfachung von einem Bundeszuschuß ab und geht nur von Leistungen in Form des Arbeitslosengeldes aus, dann lautet die finanzielle Gleichgewichtsbedingung:

$$b * L * B = ALG * AL, \tag{5}$$

wobei

- B: Zahl der Beschäftigten,
- ALG: durchschnittliches Arbeitslosengeld,
- AL: Zahl der Arbeitslosen mit Anspruch auf Arbeitslosengeld.

Der Beitragssatz muß dann dem Produkt aus Arbeitslosengeldniveau (ALG/L) und Arbeitslosenquote (AL/B) entsprechen. Es gilt also:

$$b = \frac{ALG}{L} * \frac{AL}{B} \tag{6}$$

In dieser vereinfachten Form würde also bei einem Arbeitslosengeld von 65% des Lohns und einer Arbeitslosigkeit von 10% ein Beitragssatz von 6,5% erforderlich sein, um das finanzielle Gleichgewicht zu sichern.

Im Zuge des demographischen Wandels ist zu erwarten, daß die Zahl derjenigen, die sich im erwerbsfähigen Alter zwischen 20 und 60 Jahren befinden, deutlich abnehmen wird. Es liegt daher nahe davon auszugehen, daß das Arbeitskräftepotential so stark sinken wird, daß selbst bei einem vollständigen Abbau der Arbeitslosigkeit die Beschäftigung sinken muß. Geht man davon aus, daß sich im Zuge der wirtschaftlichen Entwicklung die Zahl der **Erwerbstätigen** tendenziell erhöht, während das **Erwerbspersonenpotential** vor allem mit dem Jahre 2010 deutlich sinken wird, so bewegen sich die Zahl der Erwerbstätigen und das Erwerbspersonenpotential aufeinander zu. Die Enquete-Kommission Demographischer Wandel geht demzufolge davon aus, daß mit dem Jahre 2015 die Arbeitslosigkeit weitgehend abgebaut ist und dann das sinkende Erwerbspersonenpotential auch ein Absinken der Zahl der Erwerbstätigen erzwingen wird. Das gilt gleichermaßen sowohl für die alten wie die neuen Bundesländer (siehe Abbildung 6 und Abbildung 7).

Selbst wenn man davon ausgehen müßte, daß sich die Zahl der Erwerbstätigen durch die wirtschaftliche Entwicklung nicht erhöht, dann dürfte nach dem Jahre 2020 das Erwerbspersonenpotential soweit abgesunken sein, daß bis dahin die Arbeitslosigkeit abgebaut sein wird und danach das niedrigere Erwerbspersonenpotential die Zahl der Erwerbstätigen determinieren wird. Diese Situation wäre in den neuen Bundesländern allerdings erst 10 Jahre später erreicht. Insgesamt gehen die Arbeitsmarktprognosen also davon aus, daß der demographische Wandel zu einem Abbau der Arbeitslosigkeit und damit zu einer deutlichen Senkung der in der Arbeitslosenversicherung erforderlichen Beiträge führen wird. Hier ist jedoch auf eine in den Prognosen unberücksichtigte Gefahr hinzuweisen. Da in der Rentenversicherung, und, wie noch gezeigt werden wird, auch in der Krankenversicherung von einem deutlichen Anstieg der Beitragslast auszugehen ist und diese zunehmende Beitragslast als Lohnnebenkosten (Arbeitgeberbeiträge) die Arbeitskosten zusätzlich erhöhen wird, ist durchaus eine Entwicklung vorstellbar, in der parallel zum sinkenden Erwerbspersonenpotential auch die Zahl der Erwerbstätigen arbeitskostenbedingt rückläufig ist, und auf diese Weise sich also die **Lücke** zwischen Erwerbspersonenpotential und Erwerbstätigen nicht schließt.

Abbildung 6: Arbeitsmarktbilanz in den alten Bundesländern

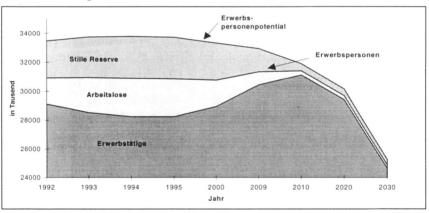

Quelle: J. Grütz; F. Landes; R. Tautz; U. Roppel: Modellrechnungen zum Erwerbspersonenpotential und zur Arbeitsmarktbilanz bis zum Jahr 2030, in: Deutsche Rentenversicherung 7/1993, S. 449-462, S. 458

Abbildung 7: Arbeitsmarktbilanz in den neuen Bundesländern

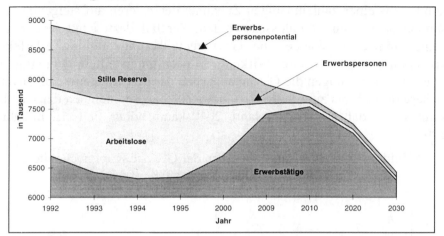

Quelle: J. Grütz; F. Landes; R. Tautz; U. Roppel: Modellrechnungen zum Erwerbspersonenpotential und zur Arbeitsmarktbilanz bis zum Jahr 2030, in: Deutsche Rentenversicherung 7/1993, S. 449-462, S. 459

Diese Gefahr wird noch dadurch verstärkt, daß eine zunehmende Beitrags- und Abgabenlast die Differenz zwischen Brutto- und Nettolöhnen erhöht, wodurch sich das Produktivitäts- und Wirtschaftswachstum immer weniger in einem Anstieg des **verfügbaren** Einkommens für die Erwerbstätigen niederschlägt. Auf diese Weise kann sich zusätzlich der Druck auf Tariflohnerhöhungen verstärken, was ebenfalls die Zahl der Erwerbstätigen nach unten drückt.

Daß sich der demographische Wandel möglichst nicht in einer Erhöhung der Beitragssätze niederschlägt, ist also nicht allein ein Problem der Rentenversicherung (und der Krankenversicherung), sondern gleichermaßen ein Problem der Arbeitslosenversicherung, des Arbeitsmarktes und des Standortes Deutschland.

2.3 Die gesetzliche Krankenversicherung

Am schwierigsten sind die Auswirkungen des demographischen Wandels auf die gesetzliche Krankenversicherung zu durchschauen. In der Literatur werden hierzu drei grundsätzlich verschiedene Zusammenhänge diskutiert.

Auf der einen Seite geht man der Frage nach, wie sich die **Ausgaben** der gesetzlichen Krankenversicherung im Zuge des demographischen Wandels verändern werden. Da bekannt ist, daß die Pro-Kopf-Ausgaben der gesetzlichen Krankenversicherung in den höheren Altersgruppen deutlich höher sind als für jüngere Jahrgänge (siehe Abbildung 8 und Tabelle 5), könnte aus einer zahlenmäßigen Zunahme der Älteren auf steigende Gesundheitsausgaben geschlossen werden. Parallel dazu sinkt jedoch im demographischen Wandel die Gesamtbevölkerung. Beide Teileffekte konterkarieren sich in ihrer Wirkung. Je nach unterstelltem demographischen Szenario steigen die Gesamtausgaben der gesetzlichen Krankenversicherung noch bis zum Jahre 2016 bzw. 2029 an und nehmen danach absolut ab, so daß sie z.B. im Jahre 2040 kaum höher sind als im Jahre 1995.[9]

Abbildung 8: Behandlungsausgaben der GKV je Kopf nach Altersgruppen (geschätzt für das Jahr 1995)

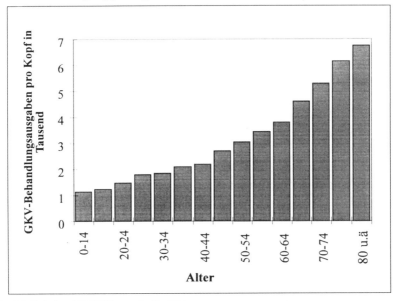

Quelle: M. Erbsland/E. Wille, aaO, S. 670.

Eine andere im Zusammenhang mit dem demographischen Wandel interessierende Fragestellung bezieht sich auf die Ausgaben für Gesundheit **in den letzten beiden Lebensjahren**. Erfahrungsgemäß nehmen die Ausgaben für Gesundheit in den letzten beiden Lebensjahren (sog. "Sterbekosten") drastisch zu. Gleichzeitig erhöht sich auch die Sterbewahrscheinlichkeit mit dem Lebensalter. Dadurch ergibt sich auch ein positiver Zusammenhang zwischen Lebensalter und Gesundheitsausgaben. Iso-

---

[9] Vgl. M. Erbsland/E. Wille: aaO, S. 671 ff.; vgl. auch V. Ulrich; W. Pohlmeier: Die Nachfrage nach medizinischen Leistungen im Lebenszyklus, Beitrag zur Jahrestagung des Vereins für Socialpolitik, Kassel, 25.-27.09.1996, S. 3 ff.

liert man jedoch unabhängig vom Lebensalter die Gesundheitsausgaben, die jeweils in den letzten zwei Jahren vor dem Todeszeitpunkt anfallen, dann zeigt sich ein eher umgekehrter Effekt. Bei Personen, die im jüngeren Alter sterben, sind die Ausgaben in den letzten beiden Lebensjahren eher höher als bei Personen, deren Tod erst im höheren Alter eintritt. Das wird dadurch verständlich, daß die Maßnahmen zur Lebenserhaltung bei jüngeren Personen intensiver sind als bei älteren Personen.

Dennoch bleibt der obengenannte Effekt bestehen, daß die Pro-Kopf-Ausgaben für ältere Personen deutlich höher sind als die Pro-Kopf-Ausgaben für jüngere, obwohl **in den letzten beiden** Lebensjahren für ältere Personen tendenziell weniger ausgegeben wird als für jüngere.[10]

Tabelle 5: Geschätzte Behandlungsausgaben der GKV nach Alter und Geschlecht für das Jahr 1995 (alte Bundesländer)

Alter		DM pro Kopf	
von	bis	Männer	Frauen
0	14	1228,01	1079,56
15	19	1176,54	1466,44
20	24	1278,04	1758,12
25	29	1484,90	2294,09
30	34	1579,07	2235,03
35	39	1939,09	2325,05
40	44	2069,45	2358,68
45	49	2577,08	2831,62
50	54	2947,90	3096,05
55	59	3487,85	3340,69
60	64	4031,67	3683,28
65	69	4866,83	4400,97
70	74	5590,51	5170,68
75	79	6392,94	6118,90
80	u.m.	6893,70	6721,43

Quelle: M. Erbsland/E. Wille, aaO, S. 682.

Eine dritte Frage bezieht sich auf die Auswirkungen des demographischen Wandels auf die **Belastung der Erwerbstätigen mit Beiträgen**. Betrachtet man die Auswirkungen des demographischen Wandels auf den

---

[10] Vgl. P. Zweifel; S. Felder; M. Meyer: Demographische Alterung und Gesundheitskosten: Eine Fehlinterpretation, in: P. Oberender (Hrsg.): Gesundheit und Alter, Baden-Baden 1996.

Beitragssatz in der gesetzlichen Rentenversicherung, ist sowohl die Ausgaben- als auch die Einnahmenentwicklung zu betrachten.[11] Während die Pro-Kopf-**Ausgaben** in den höheren Altersklassen überproportional steigen, nimmt auf der anderen Seite die Wahrscheinlichkeit zu, daß es sich bei Personen höheren Alters um **Rentner** handelt. Das durchschnittliche Rentenalter in der Bundesrepublik Deutschland liegt derzeit bei 60 Jahren. Geht man vereinfacht davon aus, daß es sich bei allen Personen, die älter als 60 Jahre sind, um Rentner handelt, dann gelten für diese die Ausgabenprofile der 60jährigen und älteren Personen, **gleichzeitig** halbieren sich jedoch die Beitragszahlungen, weil die Beitragssätze zur gesetzlichen Krankenversicherung dann aus der Rente zu zahlen sind, die Rente im Durchschnitt aber weniger als 50% der Bruttolohneinkommens beträgt. Wechselt also ein Mitglied der gesetzlichen Rentenversicherung aus dem Erwerbsleben in den Rentnerstatus, so halbieren sich in etwa seine Beitragszahlungen zur gesetzlichen Krankenversicherung. Betrachtet man lediglich die beiden Lebensphasen "Erwerbstätigkeit" (zwischen 20 und 60 Jahren) und "Rentnerphase" (älter als 60 Jahre) und stellt deren Gesundheitsausgaben und Beitragzahlungssituation gegenüber (siehe Abbildung 9), so ist während der Erwerbstätigenphase mit einem durchschnittlichen Ausgabenniveau von 3.680 DM (1995) und während der Rentnerphase mit jährlichen Pro-Kopf-Ausgaben in Höhe von 6.470 DM zu rechnen[12]. Im Durchschnitt sind also die Pro-Kopf-Ausgaben für einen Rentner um ca. 75% höher als für einen Erwerbstätigen.

Im Gegensatz zur Situation der Renten- und Arbeitslosenversicherung, in der der typische Versicherte entweder Zahler **oder** Leistungsempfänger ist, sind die Versicherten in der gesetzlichen Krankenversicherung typischerweise zur selben Zeit Beitragzahler und Leistungsempfänger. Betrachtet man wiederum die Situation in den beiden Lebensphasen Erwerbstätigkeit und Rentnerphase, so zahlt ein Erwerbstätiger derzeit ca. 13,2% Beiträge aus seinem Lohneinkommen (Arbeitnehmer- und Arbeitgeberanteil zusammen), während ein Rentner aus der entsprechend niedrigeren Rente in etwa denselben Beitrags**satz**, damit also entsprechend niedrigere Beitragssummen entrichtet. Da im Zeitablauf Lohneinkommen und die daran gekoppelten Renten steigen, nimmt auch mit wachsendem Alter typischerweise die Beitragszahlung im Laufe der Erwerbstätigen- wie auch der Rentnerphase zu.

---

[11] Vgl. M. Erbsland/E. Wille, aaO, S. 676.

[12] vgl. Sozialpolitische Umschau, 384/1996, S. 16

Kombiniert man Beitrags- und Ausgabenentwicklung im Lebensverlauf für den typischen Versicherten (siehe Abbildung 11), so ergibt sich die Situation, daß während der Erwerbstätigenphase B (die Jugendphase sei wiederum außer acht gelassen) typischerweise deutlich höhere Beiträge entrichtet werden, als es dem Ausgabenrisiko der Versicherten entspricht, während in der Rentnerphase C der umgekehrte Fall eintritt, daß die Beiträge weit weniger als die eigenen Pro-Kopf-Ausgaben decken.

Abbildung 9: Isolierte Durchschnittsausgaben für Gesundheitsleistungen

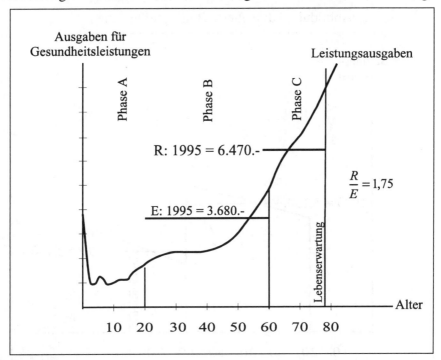

Quelle: eigene Erstellung

Ist das Ausgabenprofil in Abhängigkeit vom Lebensalter gegeben, dann muß ceteris paribus der Beitragssatz um so höher sein, je größer die Zahl der Personen ist, die als Rentner sowohl überproportional hohe Ausgaben (75% höher) verursachen als auch gleichzeitig nur etwa die Hälfte der Beiträge entrichtet. Legt man als demographische Entwicklung wiederum die im ersten Kapitel genannten Veränderungen zugrunde, geht man also davon aus, daß sich der Altenquotient und damit auch der Rentner-Beitragszahlerquotient bis zum Jahre 2040 etwa verdoppelt, dann errechnet sich ein Anstieg der Beitragssätze von ca. 3-4%-Punkten.[13] Der demographische Wandel führt daher in der gesetzlichen Krankenversicherung zu Beitragssätzen zwischen 15 und 16%. Angesichts der sehr viel gravierenderen Auswirkungen in der gesetzlichen Rentenversicherung wird daher der demographische Wandel für die Entwicklung in der gesetzlichen Krankenversicherung **politisch** als weitgehend "unproblema-tisch" betrachtet.

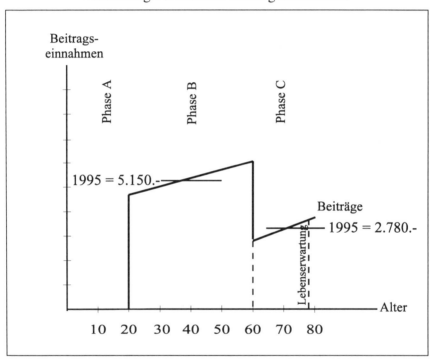

Abbildung 10: Isolierte Beitragseinnahmen

Quelle: eigene Erstellung

---

[13] Vgl. M.. Erbsland/E. Wille, aaO, S. 676; vgl. Prognos-Gutachten 1995: Perspektiven der gesetzlichen Rentenversicherung für Gesamtdeutschland vor dem Hintergrund veränderter politischer und ökonomischer Rahmenbedingungen, DRV-Schriften Bd. 4, Basel 1995, S. 121 ff.; vgl. E. Knappe: Auswirkungen des demographischen Wandels auf den Gesundheitssektor, in: P. Oberender (Hrsg.): Transplantationsmedizin, ökonomische, ethische, rechtliche und medizinische Aspekte, Gesundheitsökonomische Beiträge, Baden-Baden 1995, S. 11-41.

Diese Prognosen gehen zu Recht davon aus, daß

1. die "Ausgaben" für Ältere und damit in der Regel für Rentner deutlich höher sind als für jüngere Mitglieder der gesetzlichen Krankenversicherung, und daß
2. der demographische Wandel das Zahlenverhältnis zwischen Erwerbstätigen und Rentnern zuungunsten der ersteren verschiebt.

Nun können allerdings Rentner nicht in jeder Hinsicht als Personen mit höheren Pro-Kopf-Ausgaben für Gesundheit betrachtet werden. Die Entwicklung in der gesetzlichen Krankenversicherung der Bundesrepublik Deutschland zeigt, daß das keineswegs für alle Ausgabenarten gilt. So steigen beispielsweise die Ausgaben für stationäre Leistungen und Arzneimittel mit dem Alter drastisch an, während sie für ärztliche Leistungen nur moderat zunehmen und z.B. für zahnärztliche Leistungen mit zunehmendem Alter sogar sinken.

Abbildung 11: Einnahmen und Ausgaben für Gesundheitsleistungen

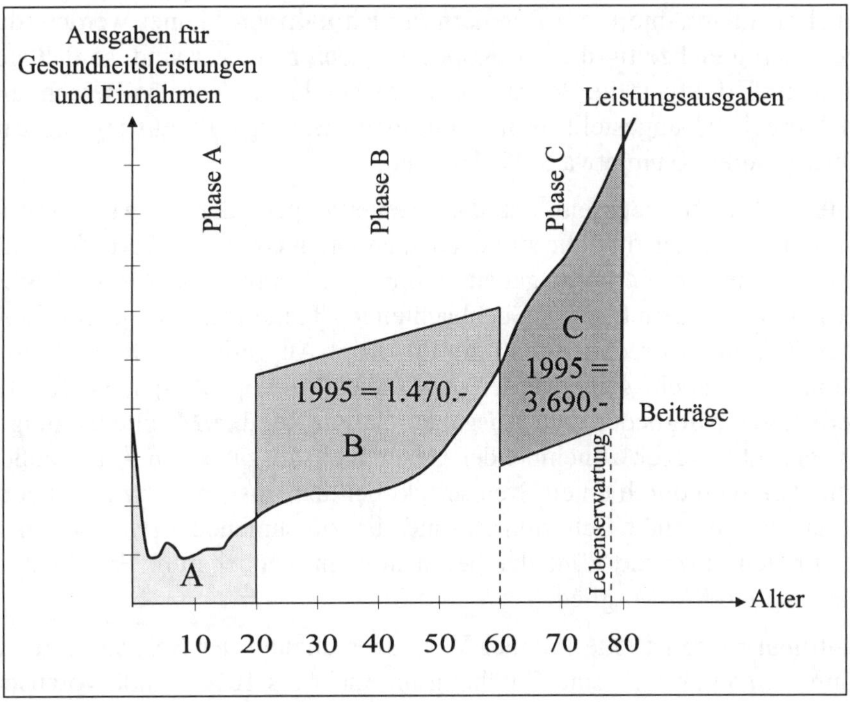

Quelle: eigene Erstellung

Auch wenn man die Gesundheitsausgaben Pro-Kopf insgesamt betrachtet, ist es nicht grundsätzlich richtig, daß die Pro-Kopf-Ausgaben für Rentner höher liegen müssen als für erwerbstätige Arbeitnehmer. Betrachtet man die historische Entwicklung der gesetzlichen Krankenversicherung in Deutschland, so ist die These von den höheren Pro-Kopf-Ausgaben für Rentner erst seit dem Jahre 1973 richtig. 1957 machten die Pro-Kopf-Ausgaben für Rentner beispielsweise nur 67% der Pro-Kopf-Ausgaben für die erwerbstätigen Mitglieder aus, waren also deutlich niedriger. Heute, im Jahre 1995, sind dagegen die Pro-Kopf-Ausgaben für Rentner im Durchschnitt 75% höher als für erwerbstätige Mitglieder. Seit 1957 mußte man also feststellen, daß die Pro-Kopf-Ausgaben für Rentner deutlich schneller gestiegen sind und daß wir heute mit einem Ausgabenprofil rechnen müssen, wie es in Abbildung 8 dargestellt ist, die Ausgaben also im höheren Lebensalter deutlich höher sind als in jüngeren Jahren. Man muß aber auch davon ausgehen, daß der Trend, der die Pro-Kopf-Ausgaben-Kurve Jahr für Jahr steiler werden läßt, **ungebrochen** ist. Hätte man mit den demographischen Vorausberechnungen der 8. koordinierten Bevölkerungsvorausberechnung bereits vor 1973 eine Prognose der Beitragssätze in der gesetzlichen Krankenversicherung gemacht, so hätte man festgestellt, daß zwar mit zunehmender Zahl älterer Menschen und damit zunehmendem Anteil von Rentnern die **Einnahmen** kleiner werden, daß aber auch gleichzeitig die Pro-Kopf-Ausgaben niedriger sind, so daß sich kaum ein Effekt auf die Beitragssätze ergeben hätte. Dieselbe Berechnung im Jahre 1993 angestellt, ergibt nun einen Beitragssatz-anstieg bis zum Jahre 2030/2040 um etwa 3-4% Punkte.

Unterstellt man außerdem, daß das "Steilerwerden" der Ausgabenprofile, das seit 1957 Jahr für Jahr zu beobachten ist, auch in der Zukunft anhält, daß also die Pro-Kopf-Ausgabenrelation von Rentnern zu GKV-Mitgliedern weiterhin dem bisher zu beobachtenden Trend folgt, dann ist im Jahre 2030 damit zu rechnen, daß die Pro-Kopf-Ausgaben für Rentner etwa dreimal so hoch sein werden wie die Pro-Kopf-Ausgaben für erwerbstätige Mitglieder. Die Ausgabenrelation Rentner/Mitglieder steigt - wie gesagt - wegen zunehmender Gesundheitsausgaben im Alter, außerdem aber auch durch einen Bremseffekt bei den Ausgaben für Mitglieder. Durch die sinkende Geburtenrate und die zunehmende Erwerbstätigkeit der Frauen sinkt die Zahl der beitragsfrei mitversicherten Familienmitglieder pro GKV-Mitglied.

Faßt man beide Effekte in einer Vorausberechnung der Beitragssätze zusammen, so läßt sich eine Erhöhung um mehr als 10% Punkte vorausberechnen. **Derselbe** zu prognostizierende demographische Wandel wird sich also Jahr für Jahr mit steiler werdendem Ausgabenprofil drastischer auf den Beitragssatz der gesetzlichen Krankenversicherung auswirken.

Dabei sind die Effekte weder zu addieren, noch sind sie multiplikativ verknüpft. Der demographische Wandel wird **isoliert** zu einem Anstieg des Beitragssatzes um ca. 3-4%-Punkte führen. Die steigenden Ausgaben für Rentner in Relation zu den Ausgaben für Mitglieder werden sich ebenfalls **isoliert** in einem Anstieg von ca. 3%-Punkten niederschlagen. Beide Effekte verstärken sich gegenseitig, so daß insgesamt ein Anstieg von mehr als 10%-Punkten vorausberechnet werden kann, das unter sonstigen Status quo Bedingungen. Dieser berechenbare Effekt dürfte gemildert werden, wenn sich die Frauenerwerbstätigkeit deutlich erhöht. Er dürfte verstärkt werden, wenn die Quote "Rente zu Bruttoeinkommen" sinkt. Es ist also keinesfalls davon auszugehen, daß im Gegensatz zur Rentenversicherung die Gefahr für den Beitragssatz, die vom demographischen Wandel in der **Kranken**versicherung ausgeht, zu vernachlässigen ist. Mit der Status quo Annahme geht man auch davon aus, daß die Ausgabendämpfungspolitik in Zukunft gleich wirksam bleibt wie seit 1977. Die Gesundheitsreformpolitik wird sich aber in Zukunft vor einem erheblich schärfer werdenden Problemdruck gestellt sehen.

Modeling the Demand for Citizenship by Russians in Estonia: An Ordered Choice Analysis

By Attiat F. Ott, Worcester and Kamal Desai, Boston

Summary: The breakup of the Soviet Union left a trail of unresolved issues, one of which is the status of Russians left behind in the newly independent states. Given that repatriation was viewed as an unwelcome option by Russia, alien residents face a reverse migration choice: voluntary return to homeland or demand the host country citizenship. In this paper we offer a model explaining that choice. The model is a latent dependent variable model where the decision rule is derived from a cost-benefit calculus. Using responses from a 1992 survey of Russians in Estonia, we estimate quantitative response models: simple and ordered logit. The findings reveal that ethnicity and tenure play significant role in the citizenship choice.

1. Introduction

The formal dissolution of the USSR at the end of 1991 left many ethnic Russians stranded in the newly independent states. In some of these republics, Russians (military and civilian) were looked upon as uninvited guests whose departure was long overdue. Repatriation, unfortunately turned out to be a difficult problem. Except for the withdrawal of military forces, neither the mother country nor the subjects themselves seem to favor such an option. In former Soviet republics where ethnic Russians constitute a significant portion of the population, the citizenship status of this group is precarious at best.

The determination of their status in the "host" country is a question of politics as well as economics. A republic that has broken away from the Soviet sphere may or may not feel sufficiently secure within its borders to demand repatriation of citizens of the former Soviet Union to their "mother" land. Such an act may invite both retaliation from the Russian Federation as well as international sanctions. There is also the question of property rights of public capital which must be resolved if the repatriation option was elected. Given these political and economic factors, the alternative chosen by many republics was to supply a given (perhaps limited) quantity of rights of citizenship to their resident aliens. Limiting supply might be viewed as a necessary condition for the restoration of economic and political rights of native citizens, and as a proclamation of the country's sovereignty. For the resident alien, the problem is much more complicated. Many such groups did not "voluntarily" choose to be where they are. Rather, they were located there to serve military, political, and/or economic objectives of the USSR. Once they were settled outside their homeland, many believed in the "permanency" of such an arrangement and the security and the integrity of the USSR. In other words they believed that citizenship of one Soviet republic was one and the same as citizenship of the whole. Assuming this presumption to be valid, and in light of the constraints imposed on the newly independent republics as well as the mother country, alien residents face a "reverse" migration choice: voluntarily migrate back to their home country, or demand the host country citizenship.

In this study we model the choice for citizenship by Russians and other ethnic groups residing in the Republic of Estonia. In this model we take as exogenous the supply of citizenship as set by the Estonian government. Migration models that exist in the literature; notably Nakosteen and Zimmer (1980), Robinson and Tomes (1982) analyze inter-regional mobility or inter-county migration where the choice variable is to move or not to move and the explanatory variable commonly used is the wage differential. In such models, the act of migration itself may be taken as an indicator of the demand for citizenship. In the Estonian context, the decision involves two choices. Resident aliens must decide either to move (return to their homeland) or not to move. A choice of not moving, however, must be followed by a demand for Estonian citizenship, or other forms of residency as outlined by the law governing the legal status of aliens in Estonia. Two such laws were enacted in Estonia shortly after its independence from the former USSR. On February 26, 1992 the Supreme Council of the Republic of Estonia adopted a resolution of the Law on Citizenship (amended on April 26, 1993)[1], and on July 8, 1993, the Law on Aliens was adopted by Parliament and proclaimed by the President of Estonia[2]. Two provisions in the Law on Aliens are of particular significance to modelling the citizenship decision: minimum number of years of "continuous" residency in Estonia, and the knowledge (subject to verification by an official examination) of the Estonian Language[3]. In section 2 of the paper we present an outline of the citizenship model. Using re-

---

[1] The Law on Citizenship and amendments to it are available from the Ministry of Foreign Affairs, Tallinn, Estonia. Article 3 of the Law as amended identifies the basis for citizenship.
[2] Draft Law on Aliens was adopted by the Parliament on June 21, 1993. It was later amended and proclaimed by the President of Estonia on July 8, 1993. For a discussion of the Law's provisions and opposition to some of its provisions, see "The Baltic Independent", June 18 - 24, 1993 and June 25 - July 1, 1993. The text is available from the Ministry of Foreign Affairs, Tallinn, Estonia.
[3] Language requirements are spelled out in Article 3 of the Law on Aliens

sponses to citizenship questions elicited from a 1992 survey of non-ethnic Estonians, we estimate the model. A description of the sample and methodology used in the analysis are reported in section 3. The results are discussed in section 4. Section 5 gives conclusions.

2. A Citizenship Choice Model

In modeling the demand for citizenship, we follow the structure used by Nakosteen and Zimmer (1980). The citizenship choice model is a latent dependent variable model consisting of five equations. The first two equations stipulate the benefits associated from not moving (staying in Estonia) or moving (return to homeland). The next two equations spell out the cost of the decision. The final equation nets out the benefits and costs. Formally, for individual i, the benefit derived from the choice of residency in Estonia is given by

$$y^*_{iE} = \delta' x_{iE} + \varepsilon_{iE} \tag{1}$$

The benefit from moving (return to homeland) is

$$w^*_{iH} = \gamma' x_{iH} + \mu_{iH} \tag{2}$$

where y^*_{iE} and w^*_{iH} are unobserved latent variables, $\mathbf{x}$ is a vector of exogenous explanatory variables, δ and γ are vectors of parameters to be estimated, ε and μ are error terms.

But the decision to move (or not to move) entails costs that are specific to the individual and the country. The decision cost may be expressed as

$$c^*_{iE} = \alpha' z_{iE} + \varepsilon_{iE} \tag{3}$$

$$c^*_{iH} = \alpha' z_{iH} + \varepsilon_{iH} \tag{4}$$

where c^*_{iE} is the cost associated with staying, c^*_{iH} is the cost associated with returning to the homeland. Equations (1) - (4) are combined to produce the decision rule:

$$M^*_i = (y^*_{iE} - c^*_{iE}) - (w^*_{iH} - c^*_{iH})$$

or

$$M^*_i = \beta' x_i + e_i \tag{5}$$

According to (5), individual i will seek the citizenship if $M^*_i > 0$, otherwise reject it.

The choice between seeking or not seeking the citizenship may be stated as a binary choice.

$$y_i = \begin{cases} 1, \text{ if } M^*_i > 0 \\ 0, \text{ if } M^*_i \leq 0 \end{cases} \quad (5')$$

where x_i's are explanatory variables, β parameter estimates, and e random errors in the linear statistical model for M^*_i.

In quantitative response models, socioeconomic characteristics are commonly used as explanatory variables. In modeling the demand for Estonian citizenship by the non-ethnic population in Estonia, we additionally expected other variables to influence the choice. Because Estonia as well as other republics of the former Soviet Union are currently undergoing reforms, the expectation is that respondents' expectations about the future path and economic progress of Estonia relative to those of the other former Soviet republics to be significant to that choice. We also expected the citizenship specific requirements (cost) to be significant explanatory variables in the model.[4]

3. The Empirical Model: Data and Methods

Data used to estimate the model consists of responses from 925 non-ethnic Estonians to a number of survey questions relating to the citizenship issue. The survey is a 1.5:1000 random sample drawn from the adult civilian non-Estonian population in the Republic of Estonia. The survey was conducted in April 1992 by the Institute of Philosophy, Sociology, and Law, of the Estonian Academy of Sciences. In the sample 74.3% of the respondents are ethnic Russians, 10.5 % are Ukrainians, 4.3% Belorussians, and the remaining 10.5% represent all other ethnic minorities. The survey poses three citizenship related questions. The choices offered to respondents are depicted in figure 1.

The figure may be viewed as a revelation mechanism for the demand of the citizenship good. Responses to Questions 1 and 2 represent demand associated with the highest price of the good everything else being equal. A measure of this price is the cost associated with the loss of "own" country citizenship. Questions 1 and 3 reveal demand (changes in demand) as the price of the good is reduced. If the respondent was to answer (yes) and (yes) to questions 1 and 2, one may interpret this as representing a *strong* preference. On the other hand, if the respondent's answer was *no* to the first question but also his answer was non-negative on question 3, this would reveal a weak preference for the citizenship.

---

[4] This expectation was supported by the model estimates

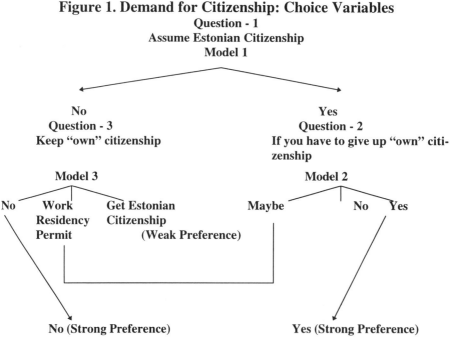

Figure 1. Demand for Citizenship: Choice Variables

Table 1 summarizes the descriptive statistics for the variables used in estimating the model. As shown in the table, a majority (56%) of non-ethnic Estonians have lived in Estonia for over 30 years, 34% between 10 and 30 years, with only 9% residing in Estonia for a period of less than 10 years. 59% of the sample identify themselves with their "cultural background" and are proud of their heritage. Only a few (9%) have Estonian spouses. Less than one half of respondents (41%) had assimilated knowledge of the Estonian language (a requirement for citizenship) even though the tenure of the majority in Estonia exceeded 10 years. The mean monthly income for the sample was 1573 EEK or $121. One weakness of the sample is that it does not contain a regional distribution of respondents. This variable may have been significant to the decision, especially for those living in the northeast region which is a short distance away from the Russian Federation frontiers.

As is common in most surveys, the response rate never reaches 100%. In our sample, some members elected not to respond to the citizenship questions. When an individual failed to respond to any or all of the citizenship questions posed by the survey, the respondent was dropped from the sample. Accordingly, the sample size was reduced to 867, a loss of 6%.

The first step in estimating the model spelled out by equation (5) involves a choice of probability distributions for the error term. The two most commonly used distributions are: the standard normal and the logistic. Denoting preference for citizenship (not moving) by y = 1, and non-preference (moving) by y = 0, we model the probability of the demand for the Estonian citizenship by:

$$\text{Prob}(y=1) = F(\beta'x) \qquad (6)$$

$$\text{Prob}(y=0) = 1 - F(\beta'x)$$

Taking F in (6) as being a standard normal distribution results in the probit model, while taking F as being a logistic distribution results in the logit model. **x** in (6) denotes a vector of exogenous variables, and β is a vector of parameters. Both the probit and logit distributions are symmetric with zero means; the standard normal has $\sigma^2 = 1$ and the logarithmic random variable has $\sigma^2 = \pi^2/3$. Amemiya (1981) argued that no one model is preferable over the other and that at center, both models will closely follow each other.[5] Hence we report in this paper the logit results only.[6]

In addition to the simple logit, respondent's choice for Estonian citizenship was modeled using multi-response ordered models. As can be seen from figure 1, the citizenship decision involves a form of ranking of the proposed alternatives. Since these choice categories can be logically ordered, either the ordered probit, or ordered logit may be used. The latent variable model described by equation 5 above may now be extended for the ordered choice.

$$Z^*_i = \beta x_i + e_i \qquad (7)$$

$$e_i \sim N(0,1)$$

In the model Z^*_i is not observed, but we know which of the choice categories (m) it belongs to. That is, we observe:

$y_i = 0$ if $Z^*_i \leq 0$,

$y_i = 1$ if $0 < Z^*_i \leq \mu_1$,

$y_i = 2$ if $\mu_1 < Z^*_i \leq \mu_2$

---

[5] For a comparison of these models, see Amemiya, pp. 1502 - 1507.
[6] The probit models were also estimated. The results did not differ significantly from the logit.

$y_i = m$ if $\mu_{m-1} \leq Z^*_i$

for all probabilities to be positive:

$$0 < \mu_1 < \mu_2 < \mu_3 ... < \mu_{m-1}$$

In our survey data, m = 3. For the multi-response models the three probability equations for the probit are:

$$\text{Prob}(y = 0) = \Phi(-\beta\mathbf{x}'), \qquad (8)$$

$$\text{Prob}(y = 1) = \Phi(\mu - \beta\mathbf{x}') - \Phi(-\beta\mathbf{x}'),$$

$$\text{Prob}(y = 2) = 1 - \Phi(\mu - \beta\mathbf{x}')$$

The three probability equations for the logit can be stated in the same fashion.[7]

In the next section we report estimates for three models: the simple logit (model 1) and two ordered logit (model 2 and model 3). We use the maximum likelihood method (ML) to estimate the models. ML estimates of β are known to be consistent, asymptotically efficient, and asymptotically normally distributed. The statistical procedures followed in estimating the model as well as specification testing (likelihood ratio test and testing for heteroskedasticity) of the choice models are spelled out in detail in the appendix. Before presenting the results, a note on the interpretation of the estimated coefficients may be helpful. In probability models, we cannot directly interpret the estimated coefficients; these estimates do not indicate the change in the probability of the choice occurring, given a one unit change in the corresponding independent variable.[8] What the coefficient reflects is the effect of a change in an independent variable on the probability distribution of selecting a choice. The slope of the function (dp/dx) can be estimated by multiplying the estimated β's with the density function.[9] The values of the explanatory variables affect the change in the probability, accordingly a set of values are chosen for the purpose of reporting the findings.

4. Results

The models estimated are reported in two sets of tables. The first set gives the results obtained for model 1, while the second set of tables gives the results obtained from estimating the ordered choice models. We begin by

---

[7] Green (1993), pp.672-674 gives excellent examples of the use of ordered choice models.
[8] Judge et al. (1982). pg. 791
[9] Ibid.

discussing findings from model 1, reported in tables 2 through 2.2. In table 2, we show the estimated logit coefficients, while the estimated partial effects for significant variables are given in table 2.1. The probabilities of the choice of Estonian citizenship conditional on selected socioeconomic characteristics were calculated and the results reported in table 2.2.

Table 1: Descriptive Statistics

Variable	Mean	Std.Dev.	Description
LONGLIV1	0.5594	0.4967	Living in Estonia over 30 years
LONGLIV2	0.3448	0.4755	Living in Estonia between 10-30 years
LONGLIV3	0.0888	0.2846	Living in Estonia less than 10 years
PRIMARY	0.0542	0.2265	Primary Education
SECOND	0.3298	0.4704	Secondary Education
SPSECOND	0.3564	0.4792	Special Secondary Education
HIGHER	0.2595	0.4386	Higher Education
MALE	0.4209	0.4940	Individual is male
SPOUSE	0.0991	0.2990	Spouse is Estonian (Wife or Husband)
SINGLE	0.1995	0.3998	Never married
DIVWID	0.3771	0.4849	Divorced or Widowed
PROUD	0.5928	0.4915	Proud of his own nationality/Heritage
RELATIVE	0.4036	0.4909	Majority of relatives in Estonia
RUSSIAN	0.7439	0.4367	Russian citizen
UKRAN	0.1095	0.3125	Ukrainian citizen
BELORUS	0.0449	0.2073	Belorussian citizen
OTHENATL	0.1014	0.3021	Hold some other nationality
OLDNLANG	0.9041	0.2942	Age 50 and over and no knowledge of Estonian language
YOUNLANG	0.8801	0.3250	Age less than 30 and no knowledge of Estonian language
MIDNLANG	0.8040	0.3972	Age between 30 and 50 and no knowledge of Estonian language
LANGUAGE	0.4117	0.4924	At least can communicate in Estonia and read simple texts
INCOME	1573.2	1282.1	Monthly income in Estonian Kroons EEK
ECONPRES	0.2664	0.4423	Estonian economy will reach Western levels before the country of origin

From the estimated coefficients, the three variables we find most significant to the demand for Estonian citizenship (preference for not moving) are length of tenure, having relatives in Estonia, and expectation of the economic prosperity of Estonia relative to other republics. These variables have X^2 values that range from 6 to 21. The critical value for .05 level of significance is 3.84. On the other hand, the most significant variables for a "negative" choice, rejection of Estonian citizenship turned out to be ethnic-specific: country of origin (Russia, Ukraine), being proud of cultural and ethnic heritage, and lack of knowledge of the Estonian Language. X^2 values for these three variables are in the range of about 4 to 9. The respondent's gender (1 if male, 0 if female) is also significant to the negative choice, with more males rejecting the citizenship choice compared to females. The variable "married to Estonian" was not significant to the citizenship choice. In the context of Estonia this finding seems quite plausible, given that only few inter-ethnic marriages have taken place. Another non-intuitive finding was that a higher level of education, although of the correct sign, is not statistically significant at the 95% level.

Table 2: Binary Choice Model Coefficient Estimates

	LOGIT	
	β	Wald Chi-Sq
Constant	2.2065	6.51***
LONGLIV1	1.3703	19.31***
LONGLIV2	0.8753	7.82***
RELATIVE	0.7498	20.65***
ECONPRES	0.4627	7.24***
INCOME	9.1e-05	2.13
SINGLE	0.1065	0.27
SPOUSE	0.4227	2.43
DIVWID	-0.6996	1.48
PROUD	-1.2031	4.37**
SECOND	-0.5955	2.68
SPSECOND	-0.2769	0.59
HIGHER	-0.5143	1.88
MALE	-0.3050	3.84**
OLDNLANG	-0.8151	8.43***
MIDNLANG	-0.5119	6.39***
YOUNLANG	-0.7683	9.38***
RUSSIAN	-0.7678	7.34***
UKRAN	-0.9777	7.73***
BELORUS	-0.7425	2.81*

Note: *-Significant at 90% level,
**-Significant at 95% level,
***Significant at 99% level

Table 2.1: Model 1: Logit model marginal effects computed from coefficient estimates

Variable	Effect on Probability of Choosing Estonian Citizenship
Tenure status	
(Compared to those living in Estonia for less than 10 years)	
Living in Estonia over 30 years	0.3414
Living in Estonia between 10-30 years	0.2184
Relatives living in Estonia	0.1891
Expectation of economic prosperity in Estonia	
relative to own country	0.1154
	Effect on Probability of Not Selecting Estonian Citizenship
Ethnicity:	
Proud of own ethnic heritage	0.3002
Ukrainian national	0.2439
Russian national	0.1916
No knowledge of the Estonian language	
Old, No language	0.2034
Middle age, No language	0.1277
Young, No language	0.1917
Gender: Male	0.0761

Note: The marginal effect ($\partial P/\partial X$) = $F(\beta'x)\beta$ with **x** evaluated at the mean.

Turning now to the marginal effects on the probability of not moving (citizenship preference) from a change in an explanatory variable, we note that the two variables with the greatest statistical significance are length of tenure and presence of family in Estonia. Being a resident in Estonia for several decades suggests that the individual was likely to have formed ties in Estonia. The results of table 2.1 indicate that residency of 30 or more years increases the probability of choosing the Estonian citizenship by 34%, *ceteris paribus*. The economic variable, expectation of a more prosperous Estonian economy relative to that of own country, raises the probability by 11.5%, everything else being the same.

A strong awareness of one's ethnicity, on the other hand, increases the probability of rejecting the citizenship option. Being proud of his/her heritage and culture lowers the citizenship choice probability by 30%, *ceteris paribus*. The cost associated with the citizenship choice may be inferred from marginal effects on the probability from the interactive variables, age and language. Old as well as young individuals, who have no knowledge of the Estonian language will have to bear the cost of learning the language to be eligible for Estonian citizenship.

Table 2.2: Model 1: Logit model probabilities of Estonian citizenship demand

Case A: Knowledge of Estonian language, Russian, Proud of Russian heritage, Male, Secondary education, Majority relatives not in Estonia, Married to non-Estonian, Mean income

	Residency		
	< 10 Years	10-30 Years	>30 Years
Believes Estonia will reach Western standards before country of origin	0.4854	0.6936	0.7878
Believes own country will achieve Western standards before Estonia	0.3726	0.5876	0.7038

Case B: Knowledge of Estonian language, Russian, Proud of Russian heritage, Male, Secondary education, Married to non-Estonian, believe Russia will reach Western standards before Estonia, Living in Estonia <10 years, Mean income

	Age		
	Young	Middle Age	Old
Relatives in Estonia	0.3683	0.4297	0.3575
Relatives in Russia	0.2159	0.2625	0.2081

Case C: Knowledge of Estonian language, No relatives in Estonia, Believes own country will achieve equal or higher living standards, Male, Secondary education, Married to non-Estonian, Living in Estonia <10 years, Mean income

	Ethnicity		
	Russian	Ukrainian	Belorussian
Identify strongly with own heritage	0.3726	0.3249	0.3785
No strong identification with the heritage	0.6642	0.6158	0.6698

Case D: Knowledge of Estonian language, Russian and Proud of Russian heritage, Secondary education, majority relatives not in Estonia, Married to non-Estonian, Believes Estonia will reach Western standards before own country, Mean income

	Residency		
	<10 Years	10-30 Years	> 30 Years
Gender:			
Male	0.3726	0.5876	0.7038
Female	0.4462	0.6591	0.7603

As reported in the table, lack of such a knowledge reduces the citizenship probability for the old (over 50) and young (under 30) by about twenty percentage points, all things being equal. The variable having the smallest marginal effect on the probability was gender, where its contribution was limited to about eight percentage points. Table 2.2 reports the estimated probability of citizenship conditional on: (a) tenure, (b) expectation of the economic future of Estonia, (c) knowledge of Estonian language, (d) ethnic heritage, (e) relatives in Estonia, and (f) gender. The variables selected above are grouped as case A through case D in the table.

Consider first case A where we compare the choice probabilities of two resident aliens who are Russian males, married to non-Estonians, with mean income, secondary education, who are proud of their ethnic heritage, and possess knowledge of the Estonian language, except that they differ in terms of length of tenure and expectations of Estonia's future. Taking residency to be less than 10 years, the choice of Estonian citizenship is 1.3 times greater for the individual who expects the Estonian economy to reach Western standards before Russia. As shown in the top part of the table, first column, there is a probability of 48.5% that those individuals who believe Estonia will do better will demand citizenship compared to 37.3% for individuals who don't. As the length of tenure is increased, the predicted probabilities also increased. For those having 30 years or more of residency the probability is 78.8% for those who believe Estonia will do better than their homeland, and 70% for those who believed Russia will do better. For those with residency of 10 to 30 years the corresponding probabilities are 69% and 59%. In short, for a given tenure, the predicted probability is consistently higher for those groups who believed that Estonia will reach Western economic standards before their own country, with the difference in predicted probabilities between eight and ten percentage points.

In Case B, we contrast the probability of choice of Estonian citizenship for those individuals who possess similar characteristics except for their age and presence of relatives in Estonia. For the younger group (less than 30 years of age), the predicted probability is 1.7 times greater if they have relatives in Estonia than if they did not. Having relatives in Estonia consistently raises the predicted probabilities, although it has the largest effect for the 30 to 50 years of age group compared to both the young and old. When ethnicity -- strong identification with ethnic heritage, was considered (case C), the predicted probability for the citizenship choice was cut by half for three ethnic groups: Russians, Ukrainians, and Belorussians, with the lowest probabilities found for Ukrainians with a strong sense of their ethnicity. For Ukrainians who identify strongly with their ethnic heritage it is 32% compared to 61.6% for other Ukrainians. For the other two ethnic groups, the respective probabilities are 37% to 66% for Russians and 37.8% to 67% for Belorussians. The last case (case D) contrasts the predicted choice of males and females. For all tenure, the predicted probabilities for the citizenship choice for females was about 7 percentage points higher than males, everything else being the same.

4.1 The Ordered Logit

In presenting the findings for Model 2 and Model 3, we follow the same procedure described for the presentation of the results of Model 1. From the estimated coefficients presented in table 3, we note that it is evident that most of the variables that were significant to the citizenship choice in the simple logit were also significant in the ordered logit. In Model 2, length of tenure, having relatives in Estonia, knowledge of the Estonian language, expectation that the Estonian economy will do better compared to the respondent's native country, and the level of income all contributed positively to the demand for Estonian citizenship, while strong ethnic identification and lack of knowledge of the Estonian language figured negatively into the citizenship choice. In Model 3, the variable marriage to an Estonian citizen (not significant earlier) had a positive effect on the choice in addition to the other variables except for current income, which turned out not to be significant to the citizenship choice. When we evaluated these variables' contributions to the probability of rejecting the citizenship, the significance levels of these variables in the ordered choice differed from the standard logit. Model 3, in contrast to both models 1 and 2, offered the alien resident an intermediate choice: residency and work permits. For either of these choices, neither knowledge of the language nor forfeiture of own-country citizenship are required. As the data in table 3 indicates, the significance level of the language variable decreased for young and old and was no longer significant for those individuals in the middle age bracket. Of particular interest is the finding about ethnicity. Except for ethnic Russians, the country of origin was no longer significant for the choice probabilities in this model. In Model 2, the ethnicity variable was significant for Russians' as well as Ukrainians' choice.

Partial derivatives computed from coefficient estimates for Model 2 and Model 3 are reported in table 3.1. Table 3.2 and table 3.3 present estimated probabilities for the ordered choice categories for Model 2 and Model 3 respectively. From entries in table 3.1, we again found that the two variables, tenure and having relatives in Estonia had the highest marginal effects. In comparison with the results obtained for the first model, the significance of ethnicity was reduced or eliminated. Instead, not knowing the Estonian language became the most significant variable for not choosing the Estonian citizenship.

Table 3: Ordered choice models: Logit coefficient estimates

	Model 2		Model 3	
	β	WALD CHI-SQ	β	WALD CHI-SQ
Constant	1.8776	5.60***	3.0891	14.63***
LONGLIV1	1.1443	15.16***	1.0565	17.51***
LONGLIV2	0.7664	6.69	0.5628	5.17***
RELATIVE	0.8015	26.43***	0.7324	21.73***
ECONPRES	0.4090	6.41***	0.3917	6.35***
SINGLE	0.1082	0.31	-0.1257	0.48
SPOUSE	0.3687	2.30	0.5849	4.08**
DIVWID	-0.5176	1.00	-0.5480	1.10
PROUD	-0.9466	3.30*	-0.9062	2.98*
SECOND	-0.3406	1.05	-0.4758	1.97
SPSECOND	-0.0515	0.02	-0.1445	0.18
HIGHER	-0.1888	0.31	-0.4414	1.63
MALE	-0.2732	3.51*	-0.2519	3.18*
INCOME	9.7e-05	3.10*	7.8e-05	1.85
OLDNLANG	-0.9335	13.55***	-0.6367	6.01***
MIDNLANG	-0.5755	9.68***	-0.3008	2.74*
YOUNLANG	-0.8024	13.46***	-0.5543	6.41***
RUSSIAN	-0.6285	6.23***	-0.5601	4.94**
UKRAIN	-0.8804	7.38***	-0.5601	2.98*
BELORUS	-0.4143	1.08	-0.1510	0.11
μ	0.6068	117.93***	1.5729	310.31***

Note: * - Significant at 90% level, ** - Significant at 95% level, *** - Significant at 99% level

Table 3.1: Ordered choice model (Logit): Marginal effects computed from coefficient estimates

Variable	Effect on Probability of Choosing Estonian Citizenship	
	Model 2	Model 3
Tenure status (compared to those living in Estonia for less than 10 years)		
Living in Estonia over 30 years	0.2488	0.2581
Living in Estonia between 10-30 years	0.1978	0.1388
Relatives living in Estonia	0.1835	0.1801
Expectation of economic prosperity in Estonia relative to own country	0.0895	0.0976
Have Estonian spouse	0.0867	0.1418
Effect on Probability of Not Selecting Estonian Citizenship		
Ethnicity: Russian national	0.1553	0.0691
No knowledge of the Estonian language:		
Old, No language	0.2228	0.0720
Young, No language	0.1944	0.0648

Note: The marginal effect $(\partial P/\partial X) = F(\beta'x)\beta$ with x evaluated at the mean.

Table 3.2: Ordered choice model (Logit):
Model 2 probabilities of Estonian citizenship demand

Case A: Knowledge of Estonian language, Russian, Proud of Russian heritage, Male, Mean Income, Secondary education, Majority relatives not in Estonia, Married to non-Estonian

		Residency		
		< 10 Years	10-30 Years	> 30 Years
Believes Estonia will	Prob (No)	0.4378	0.2657	0.1987
do better than Russia	Prob (Maybe)	0.1505	0.1333	0.1140
	Prob (Yes)	0.4117	0.6010	0.6873
Believes Russian will	Prob (No)	0.5397	0.3526	0.2718
do better than Estonia	Prob (Maybe)	0.1430	0.1472	0.1347
	Prob (Yes)	0.3174	0.05002	0.5935

Case B: Knowledge of Estonian language, Russian, Proud of Russian heritage, Male, Secondary education, Married to non-Estonian, believe Russia will do equal or better than Estonia, Living in Estonia <10 years, Mean income

		Age		
		Young	Middle Age	Old
Relatives in Estonia	Prob (No)	0.5399	0.4832	0.5722
	Prob (Maybe)	0.1429	0.1485	0.1383
	Prob (Yes)	0.3171	0.3692	0.2895
No Relatives in Estonia	Prob (No)	0.7224	0.6758	0.7989
	Prob (Maybe)	0.1041	0.1169	0.0966
	Prob (Yes)	0.1725	0.2073	0.1546

Case C: Knowledge of Estonian language, No relatives in Estonia, Believes own country will do equal or better, Make, Secondary education, Married to non-Estonian, Living in Estonia < 10 years, Mean income

		Ethnicity		
		Russian	Ukrainian	Belorussian
Identify strongly with	Prob (No)	0.5397	0.6013	0.4862
the heritage	Prob (Maybe)	0.1430	0.1332	0.1482
	Prob (Yes)	0.3174	0.2655	0.3655
No strong identification	Prob (No)	0.3127	0.2931	0.2689
with the heritage	Prob (Maybe)	0.1422	0.1389	0.1339
	Prob (Yes)	0.5451	0.5680	0.5975

In interpreting the estimated probabilities reported in tables 3.2 and 3.3 for the two ordered choice models, once again we used the same standards outlined for Model 1 to distinguish the choice associated with values of variables given by examples labeled case A, case B, and case C. Recall that Model 2 offered three choice probabilities: rejecting the citizenship of Estonia (Prob No), unsure about it (Prob Maybe), and selecting the citizenship of Estonia (Prob Yes) with the stipulation that no "dual" citizenship would be allowed.

Table 3.3: Ordered choice model (Logit):
Model 3 probabilities of Estonian citizenship demand

Case A: Knowledge of Estonian language, Russian, Proud of Russian heritage, Male, Mean income, Secondary education, Majority relatives not in Estonia, Married to non-Estonian

		Residency		
		< 10 Years	10-30 Years	> 30 Years
Believes Estonia will reach Western standards before own country	Prob (No)	0.1962	0.1221	0.0782
	Prob (Residency)	0.3449	0.2793	0.2121
	Prob (Yes)	0.4594	0.5986	0.7096
Believes own country will do better than Estonia	Prob (No)	0.2654	0.1707	0.1116
	Prob (Residency)	0.3698	0.3273	0.2655
	Prob (Yes)	0.3648	0.5020	0.6229

Case B: Knowledge of Estonian language, Russian and Proud of Russian heritage, Male, Secondary education, Married to non-Estonian, believe Russia will do better than Estonia, Living in Estonia < 10 years, Mean income

		Age		
		Young	Middle Age	Old
Relatives in Estonia	Prob (No)	0.2321	0.1900	0.2421
	Prob (Residency)q	0.3609	0.3407	0.3656
	Prob (Yes)	0.4069	0.4693	0.3872
No Relatives in Estonia	Prob (No)	0.3861	0.3280	0.4058
	Prob (Residency)	0.3659	0.3738	0.3616
	Prob (Yes)	0.2481	0.2983	0.2330

Case C: Knowledge of Estonian language, No relatives in Estonia, Believes own country will do equal or better, Male, Secondary education, Married to non-Estonian, Living in Estonia < 10 years, Mean income

		Ethnicity		
		Russian	Ukrainian	Belorussian
Identify strongly with the heritage	Prob (No)	0.2654	0.2654	0.1935
	Prob (Residency)	0.3698	0.3698	0.3429
	Prob (Yes)	0.3648	0.3648	0.4657
No strong identification with the heritage	Prob (No)	0.1274	0.1274	0.0884
	Prob (Residency)	0.2856	0.2856	0.2301
	Prob (Yes)	0.5870	0.5870	0.6815

Model 3 on the other hand, allows dual citizenship and it gives rise to three probabilities: rejecting the Estonian citizenship (Prob No), selecting residency and work permits (Prob R/W), and choosing the citizenship of Estonia (Prob Yes). Hence, the comparisons reported in the tables in each case are given for the three outcomes. The two variables of interest in the first example, case A, are length of tenure and perception about the relative economic performances of Estonia and country of origin. In case A we focus on the choice of a respondent who is Russian and whose length of tenure in Estonia was relatively short (less than 10 years) and who believed that the Russian economy will reach Western standards before the Estonian economy. This respondent is more likely to reject the Estonian citizenship option than a similar individual who did not share this perception of Russia's economic future.

As reported in table 3.2, the predicted probabilities of rejecting the Estonian citizenship were 1.23 times as high for the individual with the positive assessment of the future progress of the Russian economy compared to the one with the opposite assessment (Prob. (No)= .5397 to .4378). As tenure increased, the predicted probability ratios also increased. At residency of greater than 30 years, the rejection probability is 1.36 times as great if the individual believed Russia will do better than if he believed the opposite. For the choice of the Estonian citizenship (Prob Yes), tenure and perception impacted probabilities differently than what we have found with the previous choice (Prob No). When expectations favored Estonia's progress, the predicted probability for choosing the Estonian citizenship by an individual with tenure of less than ten years was 1.3 times as high as a similarly situated individual with different expectations. As tenure increases, the probability ratio falls to 1.20 at 10 to 30 years, and to 1.15 at residency of over 30 years. This finding suggests that for recent migrants, the future outlook is much more important to the choice than is the case for residents with longer tenure.

In case B, the focus is on age and relatives. In this case, the presence of relatives is critical for choosing or rejecting the citizenship. The predicted probabilities for rejecting the citizenship choice for young Russians with no relatives in Estonia was 72%, compared to 54% for young Russians with relatives in Estonia (or 1.3 times as high). For the older groups, the rejection probability was even bigger: 80% compared to 57%.

Because Model 2 ruled out the "dual" citizenship option, ethnicity was expected to contribute negatively to the choice of the Estonian citizenship. As shown by case C, those who identified strongly with their ethnic heritage were likely to reject the choice compared with those who did not hold such strong views about their ethnicity. The predicted probability for the citizenship choice by Russians with strong ethnic identification was only 31% compared to 54% for those who did not. Similar results were found for Ukrainians and Belorussians.

Turning now to the findings reported for Model 3 beginning with case A, where tenure and expectations of Estonia's economic future relative to own country are the two variables of interest. As shown in table 3.3, for residency of less than 10 years, the predicted probability of choosing Estonian citizenship was 1.2 times higher if the individual with the same length of tenure were to believe Estonia's economic future will be better than Russia's. As tenure increases, the changes in the ratio are negligible. Perception of the value of this economic variable was critical for the choice of the Estonian citizenship. If the expectation was that the Russian economy will reach Western standards faster than the Estonian economy, the probability of rejecting the citizenship for those with less than 10 years residency is 1.4 time as high as those who did not hold this view. Length of tenure increases this ratio, but only slightly. The probability of selecting the residency/work permit option for those with less than ten years residency, however, did not depend on these respondents' expectations about the relative performance of the Estonian economy. The ratio of the probability for this group is 1.07 higher for those who believed Russia will do better. At 10 to 30 years of residency, the predicted probability for this category is 33% if the expectation is that Russia will do better economically compared to 28% for individuals with the opposite expectations. At 30 or more years of residency the respective probabilities are 27% and 21%.

In case B, we control for knowledge of language (not knowing it), ethnic make-up, ethnic feelings, and expectations of the economic future of Estonia relative to own republic. In this case we find that a respondent who is a Russian male, belonging to the first age class (young) was 1.6 times as likely to favor Estonian citizenship if he had relatives living in Estonian compared to a similar individual with no relatives in Estonia. The effect of this factor remains almost the same for all age classes (slightly lower for middle age and slightly higher for the older group). The probabilities of a choice of residency/work permit category for any age class seem not to depend so much on whether the individual does or does not have relatives living in Estonia.

Looking at the role of ethnicity (case C), we contrast the probabilities estimated for the three choice categories for those who identify strongly with their ethnic heritage compared to those who have no such strong identification. As shown in the table, for the three ethnic groups, individuals with a strong sense of ethnic identity were twice as likely to reject the citizenship choice than those who didn't. The probability of the citizenship choice for the members of the three ethnic groups with strong ethnic identification are about forty percentage points below the corresponding probabilities for the other members of these ethnic groups. As to the ratios of the residency/work permit, the probability of this choice goes in the other direction. A shown by the entries for this category, the predicted probabilities for Russians and Ukrainians with strong ethnic identification are 1.3 times higher than those without it. For Belorussians, the ratio is 1.5.

5. Conclusions

The paper provides the first available estimates for the potential demand for citizenship by residents of the former USSR currently residing in one of its successor states. Our findings have important implications not only to policy makers in Estonia as they deal with the ethnic issue and ethnic relations, but also offer valuable insights for other independent republics with multi-ethnic populations. In addition to the traditional economic variable (income differentials) which governs migration flows and the choice of citizenship, the results point to two strong influences on that choice: ethnicity and tenure. Ethnicity played a crucial role in rejecting the citizenship choice; it rejects it if the prospect of retaining one's own citizenship was not permitted. Length of tenure effaces the distinction between the "old" country and the "new" country. Russians in Estonia who have lived there for 30 years or more, although they may not identify closely with the culture of Estonia (their presence there was more a matter of historical accident than of free choice), are in favor of becoming Estonian citizens. Under the provisions of the Law on Aliens, this group seem to be at a greater disadvantage compared to the younger population as some 60% of the older population have no command of the Estonian language. For this group, the cost of citizenship may be quite high.

The study findings highlight the importance of expectations in the demand model. Given that many of the former Soviet republics are restructuring their economies, a great deal of uncertainty looms about the future economic outlook. If expectations were to favor progress in Estonia relative to the other republics, this expectation lowers the cost of (increases the benefit from) the citizenship choice. The opposite would raise it. By all indications, the Estonia economy seems to be progressing quite rapidly. Living standards there are a great deal better than in most other former Soviet republics. If income differentials and other living standards between Estonia and the other former Soviet republics were to widen in the near future, the model predictions would lead us to conclude that the demand for Estonian citizenship would increase. Policy makers in Estonia should consider the implications for this and take the necessary steps to foster understanding between the ethnic and non-ethnic population in the republic. Other republics would do well to view transformation not only as a means for enhancing standards of living of its people but also as a means of "lessening" ethnic tension.

References

Amemiya, Takehi, "Qualitative Response Models: A Survey", Journal of Economic Literature, 19, 1981, pp. 1483 - 1536.

Estonian Statistics: Quarterly Statistical Bulletin, 1992/4, Statistical Office of Estonia, Tallinn.

Greene, William H., Econometric Analysis, second ed., New York: Macmillan, 1993.

Judge, G., R. Carter Hill; W. Griffiths, H. Lütkepohl, and Tsoueng-Chao Lee, Introduction to the Theory and Practice of Econometrics, second ed., New York: John Wiley and Sons, 1982.

Kirch, Aksel, Marika Kirch, and Tarmo Tuisk, "The Non-Estonian Population Today and Tomorrow: A Sociological Overview", Estonian Academy of Sciences, Tallinn, 1992.

Law on Aliens, Amended version adopted by the Riigikogu on July 8, 1993, Foreign Ministry, Tallinn.

Maddala, G.S., "Limited-Dependent and Qualitative Variables in Econometrics", Cambridge: Cambridge University Press, 1983.

McFadden, D., "Econometric Analysis of Qualitative Response Models", in Z. Guliches and M. Intrilligator, eds., Handbook of Econometrics, Vol. 2. Amsterdam: North-Holland, 1984.

Nakosteen, R., and M. Zimmer, "Migration and Income: The Question of Self Selection", Southern Economic Journal, 46, 1980, pp. 840 - 851.

Ott, A. and Ulo Ennuste, "Anxiety as a Consequence of Liberlization: An Analysis of Opinion Surveys in Estonia," The Social Science Journal, Vol.33, No. 2, pp.149-164.

Ott, A. and Aksel and Marika Kirch, "Ethnic Anxiety: A Case Study of Resident Aliens in Estonia," Journal of Baltic Studies, Forthcoming 1996.

Appendix

Specification testing of the choice models

Two tests are suggested for the estimated model: in the first, likelihood ratio test statistics (LR) are used to test for the correct specification of the model -- to test the hypothesis the explanatory variables, other than the intercept, have no effect on choice probabilities. The likelihood ratio test formula is:

$$LR = -2*[\log L_{restricted} - \log L_{unrestricted}] \qquad (7)$$

LR was calculated for the three models. For all models, the null hypothesis that all β's are jointly zero, was rejected at the 99% significance level. For Model 1, $X^2 = 172$ compared to a X^2 critical value with 19 degrees of freedom of 36.19. For Model 2, $X^2 = 172$ against a critical value of 36.19 with 19 d.f, and for Model 3 $X^2 = 150$ compared to the same critical values as the previous two models.

Table A: Ordered choice model: Probit model coefficient estimates

	Model 2		Model 3	
	β	WALD CHI-SQ	β	WALD CHI-SQ
Constant	1.2549	6.75***	1.7229	13.97***
LONGLIV1	0.6512	15.06***	0.6241	16.97***
LONGLIV2	0.4286	6.50***	0.3284	4.86**
RELATIVE	0.4919	26.37***	0.4376	22.08***
ECONPRES	0.2431	6.29***	0.2213	5.61***
SECOND	-0.2134	1.14	-0.2843	2.03
SPSECOND	-0.0468	0.06	-0.0737	0.14
HIGHER	-0.1175	0.34	-0.2725	1.79
MALE	-0.1559	3.15*	-0.1560	3.47*
INCOME	5.6e-05	2.79*	4.9e-05	2.10
SINGLE	0.0640	0.30	-0.0757	0.48
SPOUSE	0.2257	2.30	0.3702	4.92**
DIVWID	-0.3759	1.36	-0.2869	1.05
PROUD	-0.6309	3.82*	-0.4970	3.12*
OLDNLANG	-0.5795	14.23***	-0.3918	6.36**
MIDNLANG	-0.3559	9.90***	-0.1571	2.12
YOUNLANG	-0.4898	13.62***	-0.2850	5.06**
RUSSIAN	-0.3712	5.86***	-0.3068	4.51**
UKRAIN	-0.5195	7.03***	-0.2818	2.15
BELORUS	-0.2299	0.90	-0.0175	0.02
μ	0.3658	120.81***	0.9307	333.02***

Note: * - Significant at 90% level, ** - Significant at 95% level, *** - Significant at 99% level

Table B: Specification Tests: Logit models

Test	d.f. n	Model-1 $\chi^2(n)$	Model-2 $\chi^2(n)$	Model-3 $\chi^2(n)$
LR Test				
All $\beta = 0$	19	172.50***	172.10***	150.40***
Education = 0	3	5.02	-	-
Ethnicity = 0	3	9.08**	8.54**	6.34*
Marital = 0	3	4.67	4.65	7.55*
Age*Lang = 0	3	16.95***	26.01***	9.38***
Test for Heteroskedasticity				
LR test				
Income	1	0.51	0.36	0.01
Proud	1	2.18	2.42	1.01
Russian	1	0.34	0.01	3.07*
Old*Lang	1	2.07	0.01	1.38
Test-1[a]	3	2.92	-	-
Test-2[b]	4	3.03	3.92	3.05
Wald test				
Income	1	-	0.29	0.02
Proud	1	-	1.73	0.77
Russian	1	-	0.01	3.26*
Old*Lang	1	-	0.02	0.05

Note: * - Significant at 90% level, ** - Significant at 95% level, ***Significant at 99% level
[a] - Joint Test: Income, Proud, Russian = 0
[b] - Joint Test: Income2, Proud, Russian = 0

For Model 1 we also tested the hypothesis that the β coefficients for the ethnicity dummies were jointly zero. (This test was carried out for all variables entered in the model with the set of dummies: education level, marital status, ethnicity, and language.) The null hypothesis is rejected at the 95% level ($X^2 = 8.772$ compared to a X^2 critical value with 3 d.f. of 7.820). For Model 2 and Model 3 we also tested the hypothesis that the β coefficients for the language/age dummies were jointly zero. For Model 2, the null hypothesis was rejected at the 95% significance level ($X^2 = 8.549$ compared to a critical value of $X^2 = 7.82$ with 3 d.f.); For Model 3, it was rejected at the 99% significance level ($X^2 = 9.378$ compared to a critical value of 9.350 with 3 d.f.).

The second test recommended was testing for heteroskedasticity. This test is of particular importance as many microeconomic data are heteroskedastic.[10] The test formula is:[11] $VAR\ e_i = (exp\gamma'Z_i)2$ (8)
where γ is a vector of coefficients and Z_i are variables that are assumed to be causing the heteroskedasticity.[12] The null hypothesis $\gamma = 0$ sets a condition for homoskedasticity. LR was used for testing the hypothesis. For Model 1, the null hypothesis was rejected for all variables at the 95% level. For ordered probit models (Model 2 and Model 3) the null hypothesis was also rejected for all the variables at the 95% level of significance. However, for Model 3, the dummy, Russian, the null hypothesis cannot be rejected at the 90% level.[13]

---

[10] Greene, p. 648
[11] Greene, p. 649
[12] See appendix for test results.
[13] See appendix for details.

Bemerkungen zur Qualität der Konjunkturprognosen des Sachverständigenrates zur Begutachtung der gesamtwirtschaftlichen Entwicklung

Von Horst Rinne, Gießen*

Gott erschuf die Ökonomen, damit die Meteorologen mit ihren Prognosen nicht so schlecht abschneiden.

Zusammenfassung: Nach einer Übersicht über die Produzenten von Konjunkturprognosen in Deutschland werden die graphischen und numerischen Instrumente zur Messung und Beurteilung von Prognosefehlern vorgestellt. Diese werden dann auf die SVR–Prognosen der Jahre 1975 bis 1994 angesetzt, um Stärken und Schwachstellen ausfindig zu machen.

1 Einführung

Je reifer oder entwickelter eine Volkswirtschaft ist, desto umfangreicher und detaillierter sind die über sie verfügbaren Wirtschafts- und Sozialstatistiken und desto reger werden dort die prognostischen Aktivitäten. So häufen sich — insb. in der zweiten Jahreshälfte — die Aussagen über die Größe der wichtigsten gesamtwirtschaftlichen Aggregate im kommenden Jahr. Konjunkturprognosen sind in der Bundesrepublik ein Betätigungsfeld für eine wachsende Anzahl von Akteuren (AHN, 1985). Der Öffentlichkeit sind in diesem Kontext allgemeiner bekannt: der Jahreswirtschaftsbericht der Bundesregierung, die im Frühjahr und Herbst von der Arbeitsgemeinschaft der wirtschaftswissenschaftlichen Forschungsinstitute (AWF)[1] vorgelegte Gemeinschaftsdiagnose sowie das Jahresgutachten des Sachverständigenrates zur Begutachtung der gesamtwirtschaftlichen Entwicklung. In all diesen Berichten sind außer retrospektiven Diagnosen auch prospektive Aussagen, Prognosen, enthalten.

Wo prognostiziert wird, treten beinahe selbstverständlich auch Prognosefehler auf. Nur in wenigen Fällen stimmt die Vorhersage mit der Realisation überein. Besonders augenfällig werden Prognoseabweichungen dann, wenn quantitative Punktprognosen aufgestellt werden. In der wissenschaftlichen Literatur findet man einerseits eine umfangreiche Liste von Vorschlägen zur Messung des individuellen Prognosefehlers (u.a. mit/ohne Vorzeichen, absolut/relativ, linear/quadratisch) wie zu deren Aggregation in einer Maßzahl

---
* Für die Zusammenstellung des größten Teils der in dieser Arbeit verwendeten Daten danke ich Herrn cand. rer. pol. Eric Heymann.
[1] Es sind dies die folgenden sechs Institute: DIW – Berlin, HWWA – Hamburg, Ifo – München, Institut für Weltwirtschaft – Kiel, IW – Halle, RWI – Essen.

(SCHWARZE, 1980) und andererseits eine Auflistung aller möglichen Gründe dafür, warum eine Prognose nicht so eintreten muß, wie sie aufgestellt wird (RINNE, 1976, p. 96/97). Nicht immer ist die Aufteilung der gefundenen Prognoseabweichung auf die diversen materiellen (substantiellen) Ursachen möglich. In Abschnitt 2 werden eine Auswahl von Prognosefehlermaßen sowie einige Möglichkeiten der Zerlegung des Prognosefehlers nach formalen Kriterien vorgestellt.

Als Aktionsfeld oder Demonstrationsobjekt sind in Abschnitt 3 die Konjunkturprognosen des Sachverständigenrates zur Begutachtung der gesamtwirtschaftlichen Entwicklung, nachfolgend kurz als Sachverständigenrat bezeichnet und mit SVR abgekürzt, ausgewählt worden. Das hat eine Vielzahl von Gründen:

- Als unabhängige und pluralistische Institution hochkarätiger Wirtschaftswissenschaftler genießt der Sachverständigenrat hohes Ansehen in der Öffentlichkeit.

- Seine Prognosen werden aber von der Fachwelt häufig kritisiert, da sie zu wenig treffsicher seien [AHN (1985), CORNELIUS (1989), DÖPKE/ LANGFELDT (1995), LANGFELDT/TRAPP (1986), PFLAUMER (1986)].

- Für die numerische Auswertung von Prognosefehlermaßen benötigt man eine größere Anzahl individueller Prognosefehler. Diese Anforderungen erfüllen die SVR–Prognosen in idealer Weise: Sie existieren als Einschritt–Jahresprognosen ab dem Jahre 1965 für über ein Dutzend volkswirtschaftlicher Größen in nahezu unveränderter Definition.

- Hinzu kommt, daß die Methode der Prognoseerstellung[2] im wesentlichen unverändert geblieben ist, obwohl sich die personelle Zusammensetzung in den fünf Sachverständigen wie im Mitarbeiterstab mehrfach geändert hat.

- Da das die Prognose enthaltende Jahresgutachten immer zum gleichen Termin innerhalb des Jahres erscheint, haben alle seit 1965 vorgelegten Prognosen denselben relativen Informationsstand. Auch diese Art

---

[2] Der SVR hat bisher sein Prognoseverfahren nicht ausführlich dargelegt, vgl. BARTH (1990). Man kann davon ausgehen, daß es eine Mischform aus einem quantitativ–ökonometrischen Ansatz und einer qualitativen Experteneinschätzung der Entwicklung ist. Die Methode läßt sich als iterativ bezeichnen: Basierend auf der Konjunkturdiagnose und vorgegebenen Werten exogener Variablen (Sie betreffen die Finanzpolitik, die Geldpolitik, das Ausland und die Lohnpolitik.) werden zunächst die wichtigsten endogenen Variablen prognostiziert, etwa die Investitionen, die Ausfuhr, die Effektivverdienste, das Arbeitsvolumen. Aus diesen Prognosen werden die zukünftigen Werte der übrigen endogenen Variablen geschätzt. Die so erhaltenen Prognosen sind i.d.R. nicht in sich konsistent und werden in einer internen Diskussion (Brainstorming) zwischen den Ratsmitgliedern so lange korrigiert, bis eine schlüssige und konsistente Gesamtprognose vorliegt.

der Homogenität ist neben der Methodenhomogenität wichtig für die Aggregation individueller Prognosefehler zu einer Maßzahl. Zum Zeitpunkt der Prognoseerstellung des SVR liegen die amtlichen Daten der Volkswirtschaftlichen Gesamtrechnungen, auf die sich die Prognose ganz überwiegend stützt, nur bis zum zweiten Quartal des laufenden Jahres vor.[3]

2 Methoden und Instrumente

Es bezeichne x_t den Niveauwert einer gesamtwirtschaftlichen Variablen X, i.d.R. eine Strömungsgröße, für die Periode t, die i.a. ein Jahr ist. Dann heißt

$$w_t := \frac{x_t - x_{t-1}}{x_{t-1}} \cdot 100\% \qquad (1)$$

die **realisierte** (prozentuale) Wachstumsrate von X in t. Mit

$$p_{t|t-1} =: p_t \qquad (2)$$

wird die **prognostizierte** (prozentuale) Wachstumsrate von X in t, aufgestellt in $t - 1$ (Einschritt–Prognose), bezeichnet.

Eine erste visuelle Beurteilung der Prognosequalität in n zurückliegenden Jahren, für die jeweils eine Einschritt–Prognose aufgestellt worden ist, gestattet das auf THEIL (1961, p. 30) zurückgehende Prognose–Realisations–Diagramm, kurz: **P–R–Diagramm**. Abb. 1 zeigt dieses für die Wachstumsraten des realen Bruttoinlandsprodukts (BIP) der Jahre 1975 bis 1994 der alten Bundesländer. Für jedes Jahr wird die prognostizierte Wachstumsrate (p_t) über der realisierten (w_t) aufgetragen.

1. Ein Punkt auf der 45°–Linie durch den Koordinatenursprung bedeutet **Übereinstimmung** von Prognose und Realisation. Diese Gerade heißt daher auch Linie der perfekten Prognose.

2. Die **Veränderung** der Variablen ist dann **überschätzt** worden, wenn ein Punkt

    - im ersten Quadranten oberhalb der 45°–Linie liegt (zu hohe prognostizierte Wachstumsrate) oder

    - im dritten Quadranten unterhalb der 45°–Linie liegt (zu hohe prognostizierte Schrumpfungsrate).

---

[3] Wie wichtig der Erscheinungstermin einer Prognose und damit die Zeitnähe der darin verarbeiteten Informationen zum Prognosezeitraum ist, zeigte sich Ende 1995. In dem Maße, wie neue Daten für das laufende Jahr 1995 verfügbar wurden, die anzeigten, daß der Aufschwung nicht recht einsetzen wollte, korrigierten alle prognostizierenden Institutionen ihre Vorhersagen für 1996 nach unten.

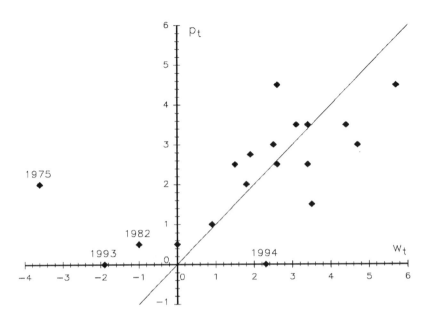

Abb. 1: P–R–Diagramm für die Wachstumsraten des *BIP* (1975 – 1994)

3. Die **Veränderung** der Variablen ist dann **unterschätzt** worden, wenn ein Punkt

- im ersten Quadranten unterhalb der 45°–Linie liegt (zu niedrige prognostizierte Wachstumsrate) oder
- im dritten Quadranten oberhalb der 45°–Linie liegt (zu niedrige prognostizierte Schrumpfungsrate).

4. Punkte im zweiten bzw. im vierten Quadranten, also Fälle mit entgegengesetzten Vorzeichen von prognostizierter und realisierter Veränderungsrate, stellen sog. **Wendepunktfehler** dar. Ob es sich dabei um einen Wendepunktfehler 1. Art (≅ Wendepunkt vorhergesagt, aber nicht eingetreten) oder 2. Art (≅ Wendepunkt nicht vorhergesagt, aber eingetreten) handelt, ist dem einzelnen Punkt im zweiten bzw. vierten Quadranten nicht anzusehen. Dieses zu beurteilen erfordert die Kenntnis der effektiven Veränderungsrate der Vorperiode.

Die Prognosequalität kann aufgrund eines P–R–Diagramms dann als hoch eingestuft werden, wenn die Punkte

- regellos und

- eng

um die Linie der perfekten Prognose streuen und

- nicht im zweiten und vierten Quadranten liegen.

Eine numerische Beurteilung der Prognosegüte wird sich auf die Differenzen zwischen w_t und p_t stützen und diese zu einer Maßzahl aggregieren. Die meisten Maßzahlen indizieren die Mangelhaftigkeit der Prognosen (je höher der Wert der Maßzahl, desto schlechter sind die Prognosen), sind also bezüglich der Prognosegüte Gegenrichtungsindikatoren. Die bekanntesten dieser Maßzahlen sind:

1.
$$MF := \frac{1}{n} \sum_{t=1}^{n} (p_t - w_t) \qquad (3)$$

Dieser **mittlere Fehler** berücksichtigt das Vorzeichen der Prognoseabweichungen und kann im Falle eines Wertes nahe Null eine hohe Qualität vorgaukeln, wenn positive und negative Abweichungen auftreten, die sich in etwa kompensieren.

2.
$$MAF := \frac{1}{n} \sum_{t=1}^{n} |p_t - w_t| \qquad (4)$$

Dieser **mittlere absolute Fehler** ist in dieser Beziehung ehrlicher, da er jeden Irrtum einer Prognose ohne Chance einer Kompensation durch eine Abweichung in die entgegengesetzte Richtung verarbeitet.

3.
$$MQF := \frac{1}{n} \sum_{t=1}^{n} (p_t - w_t)^2 \qquad (5)$$

Dieser **mittlere quadratische Fehler**[4] läßt — wie MAF — keine Fehlerkompensation zu. Während hinter MAF aber eine lineare symmetrische Verlustfunktion steht, geht MQF von einer quadratischen symmetrischen Verlustfunktion aus, die implizit große Prognoseabweichungen stärker gewichtet (berücksichtigt) als kleine. Gegenüber MAF hat MQF den Vorteil der leichteren algebraischen Manipulierbarkeit, vgl. dazu die Ausführungen zum ersten Theilschen–Ungleichheitskoeffizienten weiter unten.

---

[4] Es sei bemerkt, daß MQF nicht mit der Varianz der Prognosefehler $(p_t - w_t)$ verwechselt werden darf. Nur im Falle $MF = 0$ sind MQF und Varianz der Prognosefehler identisch, ansonsten ist MQF größer als die Varianz der Prognosefehler, nämlich um MF^2.

4.
$$WMQF := \sqrt[+]{MQF} \qquad (6)$$

Der **mittlere Quadratwurzelfehler** ist eine derivative Maßzahl, die aus Gründen der Kommensurabilität eingeführt wird. Die Maßzahl und die einzelnen Abweichungen sind wieder in der gleichen Einheit (hier: in v.H.) gemessen.

Die vorstehenden vier Maßzahlen sind durch die Mittelwertbildung zwar unabhängig von der Anzahl n der Prognosen, aber sie sind nicht normiert, etwa auf $[-1; +1]$ oder $[0; 1]$, was den Vergleich der Prognosequalität verschiedener Variablen, deren Veränderungen sich auf unterschiedlichem Niveau bewegen, beeinträchtigen kann. Eine normierte Maßzahl für die Prognosequalität im Sinne eines gleichlaufenden Indikators wäre etwa der **Korrelationskoeffizient** von prognostizierten und realisierten Wachstumsraten:

$$r(p,w) = \frac{\sum\limits_{t=1}^{n} p_t\, w_t - \sum\limits_{t=1}^{n} p_t \sum\limits_{t=1}^{n} w_t / n}{\sqrt{\left\{\sum\limits_{t=1}^{n} p_t^2 - \left(\sum\limits_{t=1}^{n} p_t\right)^2 / n\right\} \left\{\sum\limits_{t=1}^{n} w_t^2 - \left(\sum\limits_{t=1}^{n} w_t\right)^2 / n\right\}}}. \qquad (7)$$

Nachteil dieser Maßzahl ist aber, daß die perfekte (positive) Korrelation nicht unbedingt auch perfekte Prognosen im Sinne von Abb. 1 impliziert, sondern nur die Existenz einer exakten linearen Beziehung mit positivem Steigungsmaß zwischen individuellen Prognosen p_t und Realisationen w_t:

$$p_t = a + b\, w_t,\ b > 0. \qquad (8)$$

Perfekte Prognose verlangt aber zusätzlich, daß $a = 0$ und $b = 1$.

Bereits 1961 hat THEIL (1961, p. 32) den später nach ihm benannten **Ungleichheitskoeffizienten**

$$TU_1 := \frac{\sqrt{\dfrac{1}{n} \sum\limits_{t=1}^{n} (p_t - w_t)^2}}{\sqrt{\dfrac{1}{n} \sum\limits_{t=1}^{n} p_t^2} + \sqrt{\dfrac{1}{n} \sum\limits_{t=1}^{n} w_t^2}} \qquad (9)$$

vorgeschlagen, der das Maß $WQMF$ zu einer auf $[0; 1]$ normierten Maßzahl umformt,[5] außer im Falle $w_t = p_t = 0\ \forall\, t$, wo TU_1 unbestimmt ist. Man erhält:

1. $TU_1 = 0$ genau dann, wenn $p_t = w_t\ (\neq 0)\ \forall\, t$, also im Falle von nur perfekten Prognosen,

---
[5] Zum Beweis, daß $0 \leq TU_1 \leq 1$, vgl. THEIL (1961, p. 40).

2. $TU_1 = 1$, wenn $c\,p_t + d\,w_t = 0 \ \forall\, t$ mit $c,\, d \geq 0$, allerdings nicht beide gleich Null.

Im Falle $TU_1 = 1$ liegt also eine nicht–positive Proportionalität zwischen den p_t und w_t vor, d.h. entweder werden zu von Null verschiedenen Wachstumsraten w_t stets Null–Prognosen gemacht ($d = 0$), oder zu Null–Wachstumsraten werden stets von Null verschiedene Prognosen p_t aufgestellt ($c = 0$) oder Prognose und Realisation sind stets von entgegengesetztem Vorzeichen ($c \neq 0$ und $d \neq 0$). (Das P–R–Diagramm weist im letzteren Fall nur Punkte im zweiten und vierten Quadranten auf.) Es sei bemerkt, daß TU_1 im Gegensatz zu $r(p_t, w_t)$ nicht translationsinvariant ist. Würde man der Beurteilung nicht die Wachstumsraten w_t und p_t, sondern die Wachstumsfaktoren $1 + p_t/100$ und $1 + w_t/100$ zugrunde legen, so fiele ceteris paribus TU_1 kleiner aus. Die fehlende Translationsinvarianz macht den Theilschen Ungleichheitskoeffizienten ungeeignet für Messung und Vergleich der Prognosequalität von Niveaugrößen.

MQF — mithin auch TU_1^2 — läßt sich, allerdings nicht eindeutig, zerlegen. Man gewinnt auf diese Weise Einsicht in die statistische Natur der Prognoseabweichung: Ist sie eher zufällig oder eher systematisch bedingt? Zu diesem Zweck seien zusätzlich zu (7) noch folgende Größen eingeführt:

$$\overline{w} = \frac{1}{n}\sum_{t=1}^{n} w_t;\ s_w^2 = \frac{1}{n}\sum_{t=1}^{n}(w_t - \overline{w})^2 \quad - \begin{cases}\text{Mittelwert und Varianz der}\\ \text{Realisationen}\end{cases}$$

$$\overline{p} = \frac{1}{n}\sum_{t=1}^{n} p_t;\ s_p^2 = \frac{1}{n}\sum_{t=1}^{n}(p_t - \overline{p})^2 \quad - \text{Mittelwert und Varianz der Prognosen}$$

$$cov(p,w) = \frac{1}{n}\sum_{t=1}^{n}(p_t - \overline{p})(w_t - \overline{w}) \quad - \begin{cases}\text{Kovarianz von Realisationen und}\\ \text{Prognosen}\end{cases}$$

$$b = \frac{cov(p,w)}{s_w^2} \quad - \begin{cases}\text{Steigungsmaß der linearen Regression}\\ p_t = a + b\,w_t \text{ im P–R–Diagramm}\end{cases}$$

Zwei Zerlegungen von MQF, die in jeweils zwei Varianten existieren, seien betrachtet:

1.
$$\begin{aligned}MQF &= (\overline{p}-\overline{w})^2 + s_p^2 + s_w^2 - 2\,cov(p,w)\\ &= \underbrace{(\overline{p}-\overline{w})^2}_{=:M} + \underbrace{(s_p - s_w)^2}_{=:S} + \underbrace{2\,[1 - r(p,w)]\,s_p\,s_w}_{=:K},\end{aligned} \qquad (10)$$

2.
$$\begin{aligned}MQF &= (\overline{p}-\overline{w})^2 + [s_p - r(p,w)\,s_w]^2 + [1 - r^2(p,w)]\,s_w^2\\ &= \underbrace{(\overline{p}-\overline{w})^2}_{=:M} + \underbrace{[1-b]^2\,s_p^2}_{=:R} + \underbrace{[1 - r^2(p,w)]\,s_w^2}_{=:Z}.\end{aligned} \qquad (11)$$

Da
$$TU_1^2 = \frac{MQF}{N^2} \text{ mit } N := \sqrt{\frac{1}{n}\sum_{t=1}^{n} p_t^2} + \sqrt{\frac{1}{n}\sum_{t=1}^{n} w_t^2}, \qquad (12)$$

kann auf Basis von (10) für (12) geschrieben werden:
$$TU_1^2 = \frac{M}{N^2} + \frac{S}{N^2} + \frac{K}{N^2},$$

bzw. nach Division durch TU_1^2
$$1 = U_M + U_S + U_K. \qquad (13)$$

$U_M := M/MQF$ ist jener Anteil der (quadrierten) Ungleichheit, der auf unterschiedliche Mittelwerte, d.h. auf verschiedenes Durchschnittsverhalten der Reihen $\{p_t\}$ und $\{w_t\}$ zurückgeht.

$U_S := S/MQF$ ist der Anteil der (quadrierten) Ungleichheit, der auf verschiedenes Streuverhalten in den beiden Reihen zurückgeht.

$U_K := K/MQF$ ist der auf unvollkommene Kovariation der beiden Reihen zurückzuführende Anteil.

U_M und U_S sind zweifellos Indikatoren für systematische Prognosefehler, während U_K den Zufallsaspekt in den Prognoseabweichungen ausdrückt.

Analog zu (12) und (13) kann man auf der Basis von (11) auch die Zerlegung
$$1 = U_M + U_R + U_Z \qquad (14)$$

vornehmen. Sie ist angebracht, wenn man zwischen p_t und w_t die Beziehung
$$p_t = w_t + \varepsilon_t \qquad (15)$$

postuliert, wobei ε_t eine zentrierte Zufallsvariable — $E(\varepsilon_t) = 0$ — ist. In diesem Fall mißt $U_R := R/MQF$ jenen Anteil an der (quadrierten) Ungleichheit, der darauf zurückgeht, daß der Koeffizient von w_t in (15) nicht Eins ist, sondern $b \neq 1$ gilt (Fehler im Richtungskoeffizienten). $U_Z := Z/MQF$ ist jener Anteil, der zu Lasten der zufälligen Größe ε_t geht. Bei dieser Zerlegung sind U_M und U_R Indikatoren für systematische Fehler in der Prognose.

Dem originären und normierten Theilschen Ungleichheitskoeffizienten TU_1 in (9) sind drei weitere, aber nicht normierte Ungleichheitskoeffizienten nachempfunden, welche die tatsächlichen Prognoseabweichungen an jenen messen, die sich bei bestimmten Formen **naiver Prognosen** ergeben hätten, die nicht den Einsatz hochbezahlter und hochqualifizierter Spezialisten erfordern.

$$TU_2 := \frac{\sqrt{\frac{1}{n}\sum_{t=1}^{n}(p_t - w_t)^2}}{\sqrt{\frac{1}{n}\sum_{t=1}^{n} w_t^2}} \qquad (16)$$

vergleicht an der Prognoseabweichung der **No–Change–Prognose**, bei der $p_t = 0 \ \forall \, t$. $TU_2 > 1$ bedeutet, daß die tatsächlichen Prognosen schlechter als die No–Change–Prognosen sind.

$$TU_3 := \frac{\sqrt{\frac{1}{n} \sum_{t=1}^{n} (p_t - w_t)^2}}{\sqrt{\frac{1}{n} \sum_{t=1}^{n} (w_t - w_{t-1})^2}} \qquad (17)$$

vergleicht an der **Last–Change–Prognose**, bei der $p_t = w_{t-1} \ \forall \, t$. $TU_3 > 1$ zeigt an, daß die tatsächlichen Prognosen schlechter als diese Form der naiven Prognose sind.

$$TU_4 := \frac{\sqrt{\frac{1}{n} \sum_{t=1}^{n} (p_t - w_t)^2}}{\sqrt{\frac{1}{n} \sum_{t=1}^{n} (\overline{w} - w_t)^2}} \qquad (18)$$

schließlich vergleicht an der **Average–Change–Prognose**, bei der $p_t = \overline{w} \ \forall \, t$. (Es ist $\overline{w}$ ein geeigneter Durchschnitt von beobachteten Wachstumsraten). $TU_4 > 1$ besagt dann, daß die tatsächlich aufgestellten Prognosen den Average–Change–Prognosen unterlegen sind.

3 Vorgehensweise und Ergebnisse

SVR–Prognosen liegen für die Jahre ab 1965 und für eine große Anzahl wirtschaftspolitisch relevanter makroökonomischer Variablen vor. Aus der Datenfülle[6] wird nachfolgend nur ein kleiner sachlicher und zeitlicher Ausschnitt betrachtet.[7] Es wurden zehn Variablen ausgewählt, die alle Realgrößen sind:

- Privater Verbrauch (C_{pr}),
- Staatsverbrauch (C_{st}),
- Anlageinvestitionen (I_{Anl}) mit den beiden Teilgrößen
- Ausrüstungsinvestitionen (I_{Aus}) und
- Bauinvestitionen (I_{Bau}),
- Ausfuhr (Ex),
- Einfuhr (Im),

---
[6] Im Jahresgutachten 1995/96 finden sich Prognosen für insgesamt 32 Größen.
[7] Eine ausführliche, 18 Aggregate umfassende Untersuchung für den Zeitraum 1970 – 1982 findet sich bei PFLAUMER (1986).

- Bruttoinlandsprodukt (BIP),

bzw. diese betreffen:

- Preisentwicklung des Privaten Verbrauchs ($P_{C_{pr}}$),
- Preisentwicklung des Bruttoinlandsprodukts (P_{BIP}).

Damit hat man die wesentlichen konjunktur- und wachstumsrelevanten Größen einer Volkswirtschaft. Der Gebietsstand lautet „früheres Bundesgebiet", und der Analysezeitraum betrifft die Jahre 1975 bis 1994 umfaßt also etwas mehr als zwei Konjunkturzyklen, nämlich den IV. (1975 – 1981), den V. (1982 – 1992) und den Beginn des VI. Nachkriegszyklus,[8] vgl. auch Abbildung 3. Verwendet wurden die Jahresdaten. Zur Konjunkturanalyse benötigt man eigentlich unterjährige Daten; diese werden aber vom SVR nur in einer groben Rasterung als Halbjahresdaten geliefert und auch nicht zeitlich durchgehend für den gewählten Zeitabschnitt 1975 – 1994.

Nicht nur aus formal–statistischen Gründen (vgl. die Argumentation zu TU_1 in Abs. 2), sondern vor allem aus fachlich–substantiellen Erwägungen sind die Wachstumsraten der obigen zehn Variablen[9] Basis der Analyse. Das Denken und Argumentieren in der Politik, insb. in der Wirtschafts- und Sozialpolitik und in den ökonomischen Wissenschaften ist primär auf die Veränderungen ausgerichtet. Mit der Fokusierung auf die Wachstumsraten handelt man sich aber zwei Probleme ein, die sich nachteilig auf die Beurteilung der Prognosequalität des SVR auswirken werden.

1. Der SVR gibt — zumindest für die ausgewählten Variablen im betrachteten Zeitraum — die Wachstumsraten in einer Schrittweite von 0,5% an. Die realisierten Wachstumsraten wurden — der Praxis des Statistischen Bundesamtes in seinen Publikationen folgend — auf 0,1% genau errechnet. Die Rundung des SVR, die man als eine Art Intervallprognose — allerdings ohne Angabe einer Sicherheitswahrscheinlichkeit — auffassen kann, führt i.a. zu größeren Prognoseabweichungen als jene, die man bei Rundung der realisierten Wachstumsraten auf ebenfalls die Schrittweite 0,5% erzielt hätte.

---

[8] Datierung nach HELMSTÄDTER (1995) vom Beginn eines Aufschwungs bis zum Ende eines Abschwungs.
[9] Auch für die beiden Preisindizes $P_{C_{pr}}$ und P_{BIP} wurden die jährlichen Veränderungen in v.H. gegenüber dem Vorjahr genommen, vgl. (1), und nicht die Veränderung in Punkten.

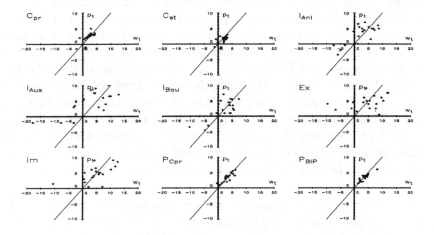

Abb. 2: P–R–Diagramm für die Wachstumsraten von neun makroökonomischen Variablen (1975 – 1994)

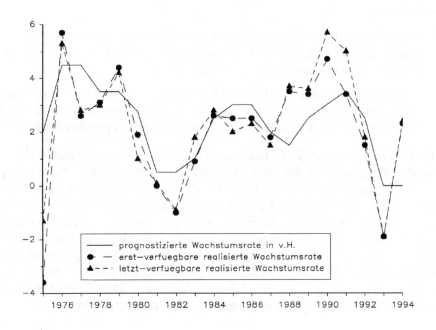

Abb. 3: Zeitreihen der prognostizierten und der realisierten Wachstumsraten des *BIP* (1975 – 1994)

2. Die im Jahresgutachten geschätzten zukünftigen Wachstumsraten sind nicht originär prognostiziert, sondern werden — laut telefonischer Auskunft eines Mitarbeiters des SVR — aus den prognostizierten Niveauwerten des kommenden Jahres und den Niveauwerten des laufenden Jahres errechnet, d.h. die Prognoseaktivität ist auf die Niveaus der Variablen ausgerichtet. Da zum Zeitpunkt der Prognoseerstellung das laufende Jahr aber noch nicht abgeschlossen ist, muß die Referenzgröße x_{t-1} in (1) ebenfalls als Prognose oder Hochrechnung angesehen werden. Damit stecken in einer Prognoseabweichung der Wachstumsrate zwei Komponenten, die Fehlschätzung des laufenden und die des zukünftigen Aggregatwertes. Auf eine Aufspaltung in die beiden Komponenten ist in dieser Arbeit aus Platzgründen verzichtet worden.

Wie erhält man nun die realisierten Wachstumsraten eines Jahres, mit denen die prognostizierten zu vergleichen sind? — Bekanntlich sind die Volkswirtschaftlichen Gesamtrechnungen in einem Maße von Revisionen betroffen wie keine andere Sekundärstatistik;[10] die zuerst veröffentlichten und vorläufigen Daten sind einem mehrjährigen Korrekturprozeß unterworfen. Die vorliegende Analyse stützt sich (mit zwei Ausnahmen in Tab. 2 und Abb. 3) auf die zuerst verfügbar werdenden Wachstumsraten eines jeden Jahres, wie sie aus den Niveauwerten der Jahre t und $t-1$ berechenbar sind, die im Statistischen Jahrbuch des Jahres $t+1$ stehen. Zwei Gründe sprechen für diese Entscheidung:

1. Man simuliert die Vorgehensweise eines kritischen Lesers der Jahresgutachten, der nicht erst mehrere Jahre wartet, um die Prognoseabweichung eines bestimmten Jahres festzustellen.

2. Würde man die letzt–verfügbaren Realisationen nehmen, so würde man die Prognosen ungleich behandeln. Die ältesten Prognosen würden den ausgereiften, die jüngsten den vorläufigen Daten gegenübergestellt.

Abb. 1 und 2 zeigen die P–R–Diagramme für die zehn ausgewählten Variablen. Bei der Erstellung der neun Diagramme in Abb. 2 wurde die automatische Skalierung der Software (hier: GAUSS) ausgeschaltet. In allen Teilgraphiken sind die Skalierung und die Achsenlängen gleich, damit man bei der Beurteilung nicht einer optischen Täuschung unterliegt. An der Form und Lage der Punktewolken erkennt man eine gute Übereinstimmung von Prognose und Realisation bei vier Aggregaten ($C_{pr}, C_{st}, P_{C_{pr}}, P_{BIP}$), eine mittelmäßige beim BIP und eine eher schlechte bei den restlichen fünf Variablen ($I_{Anl}, I_{Aus}, I_{Bau}, Ex, Im$). Näheren Aufschluß über die Performance liefert ein Blick in Tab. 1 mit den quantitativen Auswertungen.

---

[10] Zu den Größenordnungen, Ursachen und Auswirkungen vgl. etwa RINNE (1994).

Tab. 1: Maßzahlen für die Prognosefehler der Aggregate auf der Basis der erst–verfügbaren realisierten Wachstumsraten

Agg.	Max. Fehler Wert	Jahr	MF	MAF	MQF	$WMQF$	TU_1	U_M	U_S	U_K	U_R	U_Z	TU_2	TU_3	TU_4
C_{pr}	3,1000	1981	0,2100	0,9900	1,5880	1,2602	0,2444	0,0278	0,0003	0,9720	0,1415	0,8307	0,5056	0,7759	0,6232
C_{st}	2,3000	1989	−0,3300	0,9900	1,4720	1,2133	0,3169	0,0740	0,0101	0,9160	0,1319	0,7941	0,5838	0,6429	0,7800
I_{Anl}	6,9000	1993	1,0050	2,7550	10,1395	3,1843	0,3352	0,0996	0,2642	0,6362	0,0292	0,8712	0,6234	0,6246	0,5437
I_{Aus}	15,7000	1993	1,4300	4,3500	29,0150	5,3866	0,3970	0,0705	0,4244	0,5051	0,0771	0,8524	0,6923	0,7023	0,6398
I_{Bau}	6,7000	1975	0,6550	2,5050	10,1355	3,1836	0,3743	0,0423	0,1910	0,7667	0,0017	0,9559	0,6731	0,5996	0,5719
Ex	13,6000	1975	−0,0000	4,0700	26,7890	5,1758	0,4263	0,0000	0,4384	0,5616	0,0003	0,9997	0,7231	0,5648	0,7585
Im	12,0000	1993	0,0250	2,9850	16,2225	4,0277	0,3269	0,0000	0,3826	0,6174	0,0131	0,9869	0,5837	0,6087	0,6942
BIP	5,6000	1975	0,2975	1,2075	2,9386	1,7142	0,3035	0,0301	0,2558	0,7141	0,0021	0,9678	0,5751	0,5835	0,6420
$P_{C_{pr}}$	−1,9000	1981	0,0475	0,6225	0,7426	0,8618	0,1187	0,0030	0,1746	0,8224	0,0205	0,9765	0,2341	0,7117	0,4567
P_{BIP}	−2,2000	1975	−0,2550	0,5950	0,6095	0,7807	0,1068	0,1067	0,2871	0,6062	0,0969	0,7964	0,2029	0,5256	0,4968

Der Private Verbrauch macht den größten Teil des *BIP* aus. Seine Wachstumsrate wurde tendenziell überschätzt ($MF \approx 0,2\%$). Problematisch sind die drei aufgetretenen Vorzeichenfehler. In 1981 wurde der tatsächlich eingetretene Rückgang nicht vorhergesagt, während für 1983 und 1984 Rückgänge prognostiziert wurden, die nicht eintraten. Es spricht für schwerwiegenderes Prognoseversagen, wenn dem SVR drei Vorzeichenfehler unterlaufen, obwohl die Zeitreihe der realisierten Wachstumsraten nur zwei negative Vorzeichen trägt. Ähnlich sieht es beim Staatsverbrauch aus, nur daß dieser in seiner Wachstumsrate tendenziell unterschätzt ($MF \approx -0,3\%$) wurde. Unterschätzt wurde im Durchschnitt auch die Wachstumsrate von P_{BIP} ($MF \approx -0,3\%$). Eine schlechte Performance — gemessen an *MAF*, *MQF*, *WMQF* und TU_1 — weisen gerade jene fünf Variablen auf, von denen die Wachstumsimpulse einer Volkswirtschaft ausgehen, die Investitionen sowie die Einfuhr und insb. die Ausfuhr. Mit $MAF \approx 4,4\%$ und $MAF \approx 4,1\%$ zeigen Ausrüstungsinvestitionen und Exporte die größte mittlere Prognoseabweichung; auch der Theilsche Ungleichheitskoeffizient TU_1 in Verbindung mit *MQF* ist für diese Variablen am höchsten. Die Zerlegung von *MQF* nach (13) zeigt für diese fünf Variablen größere Beiträge der systematischen Fehlerursachen, vor allem solcher, die auf verschiedene Streuung in den Reihen der prognostizierten und realisierten Wachstumsraten zurückgehen. Die Zerlegung von *MQF* nach (14) zeigt für alle zehn Variablen sehr hohe Werte von U_Z, was eine Dominanz der Zufallsvariablen ε_t in der Regressionsgleichung (15) bedeutet.

Ein Blick in die letzten drei Spalten von Tab. 1 zeigt, wie die SVR–Prognosen im Vergleich zu naiven Prognosen abschneiden.[11] Für alle zehn Variablen sind die drei relevanten Maßzahlen kleiner als Eins, d.h. der SVR prognostiziert besser als naiv. Für einige Variablen (C_{pr}, C_{st}, I_{Aus}, Ex, $P_{C_{pr}}$) ist die Überlegenheit über die Last–Charge– (TU_3) und die Average–Change–Prognose (TU_4) aber nicht sehr hoch.

Besonderer Aufmerksamkeit bedarf die Prognose der Wachstumsrate des Bruttoinlandsprodukts (*BIP*), denn an dieser Rate wird im wesentlichen der Stand der Konjunktur gemessen. Beurteilt an allen Maßzahlen in Tab. 1 liegt die Prognosequalität des *BIP* im Mittelfeld. Ein Blick auf Abb. 1 zeigt jedoch zwei Wendepunktfehler (1975 und 1982). Um weitere Einsicht in die Prognose–Performance dieses Aggregats zu gewinnen, wurde das Zeitreihendiagramm in Abb. 3 erstellt. Darin fallen zwei Besonderheiten auf:

1. Die Konjunkturschwankungen (Amplituden) laut Prognose sind kleiner als die in der Realität. Die Zeitreihe der Prognosewerte liegt in ihren Extremwerten unter (bei Maxima) bzw. über (bei Minima) denen,

---

[11] Die Average–Change–Prognose in TU_4 erfolgte in der Weise, daß die Wachstumsrate eines Jahres mit dem geometrischen Mittel aus den Wachstumsraten der jeweils fünf vorangegangenen Jahre angesetzt wurde.

die tatsächlich eingetreten sind, egal ob man die erst– oder die letzt–verfügbaren Daten nimmt. Konjunkturhoch bzw. Konjunkturtief werden vom SVR nicht so dramatisch geschätzt, wie es sich dann tatsächlich einstellt. Die Voraussagen des SVR sind bzgl. Boom und Baisse eher mäßigend.

2. Die (absolute) Unterschätzung der Extremwerte wäre für sich genommen nicht so schlimm, wenn die Prognosen gegenüber den Realisationen nicht noch phasenverschoben wäre.[12] In Abschwungphasen, also in Zeiten rückläufiger Wachstumsraten, liegen die Prognosen tendenziell zu hoch (1977 – 78, 1980 – 82, 1992 – 1993), während in Aufschwungphasen bei zunehmenden Wachstumsraten die Prognosen allgemein zu tief liegen (1983 – 1984, 1988 – 1991). Das zwischenzeitliche Tief in 1977 mit dem Zwischenhoch in 1979 wurde nicht prognostiziert. Das Zwischenhoch in 1984 wurde in 1985 und 1986 gesehen, das Zwischentief in 1987 erst in 1988, während der 1990 einsetzende nachhaltige Abschwung erst für 1991 prognostiziert wurde.

Mit dieser Fehlleistung in der Konjunkturprognose steht der SVR nicht allein da. Die AWF prognostiziert hier ähnlich schlecht, vgl. HELMSTÄDTER (1995).

Auf einige weitere, die Prognosequalität der Aggregate betreffende Analysen sei hingewiesen:

1. Mißt man die Prognosefehler gegenüber den letzt–verfügbaren Wachstumsraten (vgl. Tab. 2), so schneiden die Variablen, die in Tab. 1 schon ungünstig lagen, im allgemeinen noch schlechter ab.

2. Ein Blick auf Tab. 3 zeigt, wie die zehn Variablen bzgl. ihrer Prognosefehler korrelieren. Besonders hohe positive Korrelationen und mithin gleichgerichtete Abweichungen findet man dort, wo eine Variable in einer anderen als Komponente enthalten ist (Ausrüstungs- und Bauinvestitionen als Teilaggregate der Anlageinvestitionen; Export, Import und Anlageninvestitionen als Teile des BIP)[13]. Stark negativ korreliert sind die Abweichungen in den Wachstumsraten des Preisindex eines Aggregats mit denen des zugehörigen Aggregats.

---

[12] Phasenverschiebung in der Prognose führt, wenn sich die Wirtschaftspolitik an der Prognose orientiert, zum falschen Timing des Instrumenteneinsatzes, während zu niedrig geschätzte Extremwerte mit einer falschen Dimensionierung der Instrumentvariablen verbunden sind.
[13] C_{pr} und C_{St} als ebenfalls Komponenten des BIP bilden die Ausnahme.

Tab. 2: Maßzahlen für die Prognosefehler der Aggregate auf der Basis der letzt-verfügbaren realisierten Wachstumsraten

Agg.	Max. Fehler Wert	Jahr	MF	MAF	MQF	$WMQF$	TU_1	U_M	U_S	U_K	U_R	U_Z	TU_2
C_{pr}	2,6000	1981	−0,4050	0,8950	1,5695	1,2528	0,2191	0,1045	0,0080	0,8875	0,0561	0,8394	0,4104
C_{st}	3,1000	1989	−0,4700	1,1900	2,1410	1,4632	0,3578	0,1032	0,0604	0,8364	0,0701	0,8268	0,6254
I_{Anl}	10,6000	1993	1,9500	3,0500	14,7880	3,8455	0,4094	0,2571	0,2388	0,5041	0,0257	0,7172	0,7687
I_{Aus}	19,7000	1993	2,1600	4,6400	40,2650	6,3455	0,4507	0,1159	0,4621	0,4220	0,0973	0,7868	0,7654
I_{Bau}	6,2000	1985	1,4500	2,7100	10,3310	3,2142	0,4131	0,2035	0,0701	0,7263	0,0128	0,7837	0,8026
Ex	10,8000	1975	−0,2150	3,5950	19,3055	4,3938	0,3764	0,0024	0,3518	0,6458	0,0049	0,9927	0,6568
Im	−7,5000	1994	0,3100	2,9000	12,3130	3,5090	0,2991	0,0078	0,3078	0,6843	0,0046	0,9876	0,5558
BIP	3,3000	1975	0,0675	1,3175	2,4131	1,5534	0,2719	0,0019	0,2194	0,7787	0,0002	0,9979	0,5101
$P_{C_{pr}}$	−2,3000	1981	0,0525	0,7375	0,9706	0,9852	0,1351	0,0028	0,1990	0,7982	0,0200	0,9772	0,2654
P_{BIP}	−1,2000	1986	−0,0900	0,4500	0,2740	0,5235	0,0745	0,0296	0,0060	0,9645	0,0263	0,9441	0,1469

Tab. 3: Korrelationskoeffizienten der Prognosefehler der einzelnen Variablen

	C_{pr}	C_{st}	I_{Anl}	I_{Aus}	I_{Bau}	Ex	Im	BIP	$P_{C_{pr}}$	P_{BIP}
C_{pr}	1,0000	0,2846	0,3030	0,2959	0,1152	−0,0736	0,1863	0,3965	−0,6870	−0,2066
C_{st}		1,0000	0,0888	0,1561	−0,0981	0,1950	0,3942	0,1500	−0,1429	0,0178
I_{Anl}			1,0000	0,8291	0,6984	0,4380	0,6784	0,6027	0,0180	0,1190
I_{Aus}				1,0000	0,1955	0,3479	0,6556	0,4446	−0,0499	0,0818
I_{Bau}					1,0000	0,4093	0,4032	0,5606	0,1000	0,0013
Ex						1,0000	0,7824	0,8023	0,3160	−0,4407
Im							1,0000	0,6749	0,2085	−0,0998
BIP								1,0000	−0,0572	−0,5695
$P_{C_{pr}}$									1,0000	0,2065
P_{BIP}										1,0000

3. Die Box–Plots mit den Prognosefehlern der zehn Aggregate in Abb. 4 bestätigen mit einem Instrument der explorativen Datenanalyse, was der Einsatz der klassischen Statistik–Instrumente (in Tab. 1 bis 2) zeigte, nämlich erhebliche Treffunsicherheit bei denselben fünf Aggregaten (I_{Anl}, I_{Aus}, I_{Bau}, Ex, Im) mit Ausreißern, ein Ausreißer ebenfalls bei BIP und bei P_{BIP} sowie zwei Ausreißer bei $P_{C_{pr}}$.

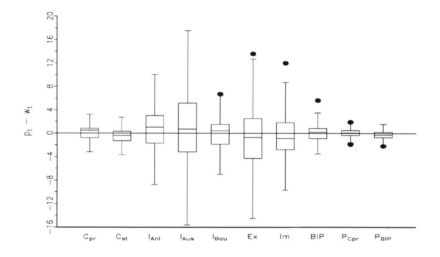

Abb. 4: Box–Plots der Prognosefehler nach Aggregaten

Tab. 4: Maßzahlen für die Prognosefehler der Jahre auf der Basis der erst-verfügbaren realisierten Wachstumsraten

Jahr	Max. Wert	Fehler Agg.	MF	MAF	MQF	WMQF	TU_1	U_M	U_S	U_K	U_R	U_Z	TU_2
1975	13,6000	Ex	3,0450	3,8150	29,6082	5,4413	0,5585	0,3132	0,2720	0,4148	0,0234	0,6634	0,9134
1976	−4,3000	Ex	−0,7900	1,3100	2,9050	1,7044	0,1416	0,2148	0,3720	0,4132	0,1905	0,5946	0,2583
1977	4,8000	Ex	2,1600	2,1600	7,2500	2,6926	0,2974	0,6435	0,1930	0,1634	0,2842	0,0723	0,8154
1978	−4,2000	I_{Aus}	−0,5900	1,0900	2,3870	1,5450	0,1684	0,1458	0,2619	0,5922	0,0000	0,8542	0,3101
1979	−4,2000	Im	−1,6100	1,7500	4,5510	2,1333	0,1931	0,5696	0,3419	0,0885	0,2709	0,1595	0,3280
1980	5,6000	I_{Aus}	0,8250	1,4450	4,6543	2,1574	0,2342	0,1462	0,0451	0,8086	0,4278	0,4260	0,5214
1981	−8,4000	Ex	0,1000	2,5600	13,3900	3,6592	0,5511	0,0007	0,2940	0,7052	0,0075	0,9918	0,8690
1982	5,7000	I_{Aus}	1,6300	1,7700	5,5470	2,3552	0,2976	0,4790	0,0878	0,4333	0,0229	0,4981	0,5489
1983	4,1000	I_{Bau}	0,7400	1,6800	4,4800	2,1166	0,3821	0,1222	0,0026	0,8752	0,2281	0,6497	0,8376
1984	5,2000	I_{Anl}	1,1000	2,4400	10,0080	3,1635	0,4059	0,1209	0,0049	0,8742	0,3849	0,4942	0,9043
1985	6,6000	I_{Bau}	1,2800	1,6600	6,8380	2,6150	0,2754	0,2396	0,1974	0,5630	0,0363	0,7241	0,5500
1986	5,0000	Ex	1,1500	1,9700	6,1650	2,4829	0,3398	0,2145	0,0756	0,7099	0,4301	0,3553	0,8318
1987	3,9000	I_{Bau}	1,3500	1,3900	4,4350	2,0821	0,3220	0,4204	0,0826	0,4969	0,2935	0,2861	0,8318
1988	−5,5000	I_{Aus}	−1,8400	1,8800	7,4120	2,7225	0,4266	0,4568	0,1754	0,3678	0,0368	0,5065	0,6380
1989	−5,4000	Ex	−1,6300	2,2500	7,0570	2,6565	0,2724	0,3765	0,4982	0,1253	0,3595	0,2640	0,4389
1990	−5,9000	I_{Aus}	−2,3200	2,4400	9,4620	3,0760	0,2520	0,5688	0,3737	0,0575	0,3149	0,1163	0,4071
1991	−4,6000	Ex	−1,6700	1,7900	5,6390	2,3747	0,1950	0,4946	0,2619	0,2435	0,1627	0,3427	0,3335
1992	6,3000	I_{Aus}	0,5900	1,5300	5,7950	2,4073	0,3699	0,0601	0,3057	0,6342	0,0834	0,8565	0,7239
1993	15,7000	I_{Aus}	4,7300	4,7300	51,9790	7,2096	0,7713	0,4304	0,3982	0,1714	0,0772	0,4924	0,9711
1994	−6,6000	Im	−2,0800	2,4800	9,8420	3,1372	0,5514	0,4396	0,1832	0,3773	0,0051	0,5554	0,7927

Nach der vorstehenden Diskussion der Prognosequalität der **Aggregate** sei noch untersucht, wie gut die einzelnen **Jahre** zwischen 1975 und 1994 in ihren Prognosen lagen. Tab. 4 faßt die numerischen Auswertungen zusammen. In acht von 20 Jahren wurden die Wachstumsraten der zehn Aggregate im Durchschnitt zu niedrig geschätzt ($MF < 0$). Für einige Jahre (1975, 1984, 1993) gilt $0,9 < TU_2 < 1$, d.h. die naive No–Change–Prognose ist hier fast so gut wie die SVR–Prognose. Für die vier Jahre (1993, 1975, 1981 und 1984) mit den höchsten MQF- und TU_1–Werten zeigt Abb. 5 die P–R–Diagramme, während ein Blick auf die Box–Plots in Abb. 6 erkennen läßt, wie gut bzw. schlecht jedes einzelne der zwanzig Jahre im Untersuchungszeitraum abschnitt.

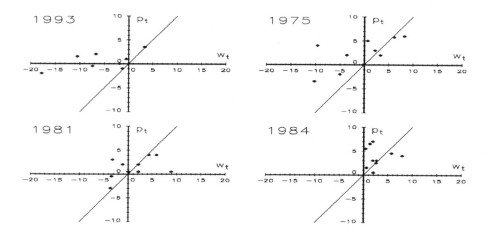

Abb. 5: P–R–Diagramme der vier Jahre mit der schlechtesten Performance

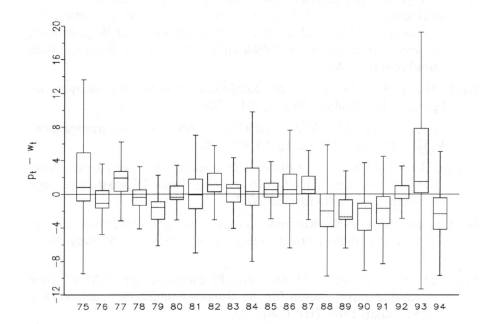

Abb. 6: Box–Plots der Prognosefehler nach Jahren

Mit kurzen Hinweisen auf zwei andere Untersuchungen, in denen die Prognosequalität des SVR verglichen wird mit der anderer Prognostiker und anderer Methoden, sei dieser Bericht abgeschlossen:

1. DÖPKE/LANGFELDT (1995) zeigen, daß der SVR und die AWF sich in der Prognosequalität praktisch nicht unterscheiden. Je nachdem welche Maßzahl man zur Beurteilung heranzieht, liegt mal der SVR oder mal die AWF etwas günstiger.

2. PFLAUMER/SWART (1987) zeigen, daß zwei Verfahren der reinen Zeitreihenprognose (Exponentielles Glätten und Box–Jenkins–Prognosen) der Expertenprognose des SVR bzgl. aller zehn Aggregate (allerdings im Zeitraum 1970–84) in der Qualität unterlegen waren.

Wenn also der SVR vergleichsweise gut mit seinen Prognosen liegt, so gibt es doch noch Ansatzpunkte für Verbesserungen.

Literatur

Ahn, H.A. (1985): Konjunkturprognosen im Vergleich — Eine vergleichende Untersuchung der Jahresprognosen von Verbänden, Wirtschaftsforschungsinstituten und des Sachverständigenrates zur Begutachtung der gesamtwirtschaftlichen Entwicklung 1963 – 1979; Harri Deutsch, Thun/Frankfurt a.M.

Barth, H.J. (1990): Die Praxis der Konjunkturprognose des Sachverständigenrats; Ifo–Studien, 36. Jg., 101 – 108.

Cornelius, P. (1989): Wie treffsicher sind Konjunkturprognosen? Wirtschaftsdienst, 69. Jg., Heft I, 42 – 48.

Döpke, J. / Langfeldt, E. (1995): Zur Qualität von Konjunkturprognosen für Westdeutschland 1976 – 1994; Kieler Diskussionsbeiträge 247, Institut für Weltwirtschaft Kiel.

Helmstädter, E. (1995): Konjunkturprognosen ohne Zyklusvorstellung; Volkswirtschaftliche Korrespondenz der Adolf–Weber–Stiftung, Nr. 2; 34. Jg.

Langfeldt, E. / Trapp, P. (1986): Zur Problematik der Treffsicherheit von Konjunkturprognosen für die Bundesrepublik Deutschland; Die Weltwirtschaft 1986, Heft I, 26 – 37.

Pflaumer, P. (1986): Messung und statistische Analyse der Fehler in den Prognosen des Sachverständigenrates; Allgemeines Statistisches Archiv, 70, 368 – 387.

Pflaumer, P. / Swart, E. (1987): Konjunkturvorhersagen im Vergleich: Expertenprognosen versus Zeitreihenprognosen; Allgemeines Statistisches Archiv, 71, 353 – 363.

Rinne, H. (1976): Ökonometrie; Kohlhammer, Stuttgart.

Rinne, H. (1994): Revisionen; in BRÜMMERHOFF, D. / LÜTZEL, H. (Hrsg.): Lexikon der Volkswirtschaftlichen Gesamtrechnungen; Oldenbourg, München/Wien, 314 – 320.

Sachverständigenrat zur Begutachtung der gesamtwirtschaftlichen Entwicklung (seit 1964/65): Jahresgutachten (mit wechselnden Titeln); bis 1988/89 Kohlhammer, Stuttgart/Mainz, ab 1989/90 Metzler Poeschel, Stuttgart.

Schwarze, J. (1980): Statistische Kenngrößen zur Ex–Post–Beurteilung von Prognosen (Prognosefehlermaße), in: SCHWARZE, J. (Hrsg.): Angewandte Prognoseverfahren; Neue Wirtschaftsbriefe, Herne/Berlin, 317 – 340.

Theil, H. (1961): Economic–Forecasts and Policy; North–Holland, Amsterdam.

Unternehmerische Kompensationspolitik im internationalen Wettbewerb von Sozialregimes

Von Dieter Sadowski und Ruth Böck, Trier

Zusammenfassung: Während das Pendeln von Arbeitnehmern zwischen Wohnort und Arbeitsplatz bereits häufiger studiert worden ist, sind grenzüberschreitende Bewegungen auf regionalen Arbeitsmärkten nur selten empirisch untersucht und noch seltener ökonomisch erklärt worden. Der vorliegende Aufsatz stellt die Personalpolitik von Unternehmen in benachbarten Ländern in den Vordergrund, die Fluktuation von Arbeitnehmern zu beeinflussen: sie anzuregen oder zu dämpfen. Dabei wird neben den Lohndifferenzen eine besondere Betonung auf den Ausgleich von sozialrechtlichen Unterschieden gelegt. Eine originäre empirische Erhebung in der Grenzregion Saar-Lor-Lux gibt Aufschluß über wichtige betriebswirtschaftliche Determinanten der Kompensationsbündel. Auch wenn der Einfluß unterschiedlichen Steuerrechts in dieser Arbeit noch nicht geklärt werden konnte, ist klar, daß betriebliche Entscheidungen nicht entlang von Länder- oder Branchengrenzen erklärbar sind, sondern nur mit feiner gegliedertem Datenmaterial verständlich werden.

1. Grenzüberschreitende Pendelwanderungen im Widerstreit regionaler und europäischer Politik

Wo, wie bei Grenzgängern, Arbeitsplatz und Wohnort in zwei verschiedenen Ländern liegen, kommt es leicht zu Interessenkonflikten. Während die einen die Erosion ganzer Regionen sowie den Verlust von Steuereinnahmen und den Abfluß von Sozialbudgets[1] fürchten und deshalb vehement fordern, der Abwanderung entgegenzutreten (vgl. o.V. 1993a, o.V. 1993b), prognostizieren andere den Zusammenbruch des heimischen Arbeitsmarktes, wenn die Grenzgänger ausblieben (vgl. TELEN 1993). In der Europäischen Gemeinschaft wird daher diskutiert, ob Grenzgängern ein Sonderstatus eingeräumt werden soll. Trotz der Gefahr von Sonderbehandlungen herrscht europapolitisch die Vorstellung, daß Grenzgängern eine besondere Funktion zukomme, "[...] weil sie bei den Bemühungen um die Abschaffung der Binnengrenzen an vorderster Front stehen" (EUROPÄISCHES PARLAMENT 1993: 13). Auf europäischer Ebene steht das

---

[1] Eine neuere Untersuchung der Finanzströme zwischen den Regionen Luxemburg und Trier zeigt für 1994 im Gesundheitswesen einen Nettoabfluß aus Luxemburg von 19,550 Mio DM, bei Rentenzahlungen von 2,566 Mio DM (IABG 1996: 64 bzw. 84).

Ziel eines möglichst hohen Arbeitskräfte*austausch*s im Vordergrund, wodurch man sich einen Abbau regionaler Disparitäten[2] und eine bessere Integration der Kapital- und Gütermärkte verspricht (vgl. FREISL 1991: 8). Auf regionaler Ebene sieht man sich dagegen bislang einer *"Einbahnstraße"* grenzüberschreitender Mobilität und den daraus resultierenden, zuvor angedeuteten Problemen gegenüber.

Ehe einzelnen Akteuren Rat erteilt werden kann, sind Ausmaß und Ursachen der Pendelbewegungen zu klären.[3] Dazu taugen Migrationstheorien deshalb wenig, weil die Beweggründe für das Aufgeben der familiären Verwurzelung und vertrauter sozialer Netzwerke für Pendler gerade nicht gegeben sind und auch die für Wanderungsentscheidungen oft unterstellte unzureichende Information bei Arbeitsplatzalternativen kaum zutreffen dürfte (vgl. Pries 1996: 22). Aufgrund der mangelhaften statistischen Erfassung der Arbeitnehmerfreizügigkeit muß man Quellen unterschiedlicher Qualität und Zuverlässigkeit miteinander kombinieren, um überhaupt Grunddaten zu grenzüberschreitenden Wanderungen zusammentragen zu können. Es zeigt sich, daß im Gegensatz zu der tendenziell rückläufigen Entwicklung der Migration das Ausmaß grenzüberschreitender Pendelwanderungen im Zeitverlauf stetig ansteigt (vgl. FASSMANN/MÜNZ 1993: 16; MARTIN/HÖNEKOPP/ULLMANN 1990: 598). Gab es 1975 250.000 Grenzgänger innerhalb der Europäischen Gemeinschaften, so waren es 1990 bereits ca. 400.000 (vgl. RICQ 1981: 206; ECOTEC 1992: 1)[4], wobei die meisten zwischen den Benelux-Staaten, Frankreich und Deutschland

---

[2] Einen Eindruck von den regionalen Disparitäten zwischen verschiedenen europäischen Regionen vermittelt die KOMMISSION DER EG (1991a: 17ff.).
[3] Grenzüberschreitende Mobilität bzw. Freizügigkeit von Arbeitskräften umfaßt im weitesten Sinne sowohl die (legale) Im- und Emigration zwischen Ländern der Europäischen Gemeinschaft sowie zwischen Drittstaaten und Ländern der Europäischen Gemeinschaft als auch die grenzüberschreitenden Pendelwanderungen (vgl. WHITTING/PENNY o.J.: 1). "The European Commission defines a frontier worker as any person who is employed as a salaried or a non-salaried worker in one Member State and is resident in another Member State, where he/she returns at least once a week" (ECOTEC 1992: 1). Im Gegensatz dazu wird bei Migration sowohl der Arbeitsort als auch der Wohnort gewechselt.
[4] "Die zahlenmäßigen Kenntnisse über Grenzgänger sind - sofern überhaupt vorhanden - um so ungewisser, als sie grenzüberschreitend sind. Genauere Verfahren für die [...] verschiedenen Parameter, die den Grenzgänger kennzeichnen, sind sozusagen nicht vorhanden. Alle diese statistischen Schwierigkeiten regionaler, nationaler oder europäischer Art zeigen deutlich, wie heikel es ist, das Grenzgänger-Phänomen in Zahlen zu fassen und es vor allem zu beschreiben oder etwa auf Grund abgestufter Kriterien eine allgemeine Typologie aufzustellen" (RICQ 1981: 205).

pendeln.[5] Dies ist auch mit ein wesentlicher Grund, weshalb diese Großregion Gegenstand der nachfolgenden Studie ist (EUROPÄISCHES PARLAMENT 1993: 12).[6] Dabei handelt es sich bei den Regionen Saar-Trier/Westpfalz und Luxemburg um Einpendelregionen, wobei jeweils der Anteil an Franzosen dominiert. Während das Grenzgängertum nach Deutschland rückläufig ist, steigt das Pendeln nach Luxemburg stetig an. In Deutschland werden Grenzgänger überwiegend im Verarbeitenden Gewerbe beschäftigt, während der Dienstleistungsbereich gering besetzt ist; in Luxemburg ist dies eher umgekehrt.

Lassen die statistischen Grunddaten noch generelle Aussagen über das Ausmaß und die Struktur grenzüberschreitender Pendelwanderungen zu, so wird über die zugrundeliegenden Motive und Bedingungen meist nur spekuliert.[7] Wir wollen daher gerne wissen, warum grenzüberschreitende Pendelwanderungen sich im Zeitverlauf trotz einheitlicher Freizügigkeitsregelungen anders entwickelten als Migrationen. Dazu rücken wir die Personalpolitik der um Arbeitskräfte konkurrierenden Unternehmen in den Vordergrund, ein in der Literatur zu Wandern und Pendeln außergewöhnliches Vorgehen. Vielleicht klärt eine solche betriebswirtschaftliche Perspektive zumindest teilweise die integrationspolitischen Probleme, vor denen sich das EUROPÄISCHE PARLAMENT (1993: 13) sieht:

> "Es wäre nützlich, über eine genaue Aufschlüsselung der wirtschaftlichen Faktoren zu verfügen, die für die Aufnahme einer Beschäftigung jenseits der Grenze sprechen, da je nach den Gründen [...] unterschiedliche Vorkehrungen für verschiedene Gruppen von Arbeitnehmern erforderlich sein können. Aus diesem Grund wird die Kommission im Entschließungsantrag aufgefordert, eine sehr viel eingehendere Untersuchung des Phänomens der Grenzgänger zur Verfügung zu stellen."

Die vorliegenden Arbeiten weisen Einkommenskomponenten eine Schlüsselrolle für die individuelle Mobilitätsentscheidung zu (vgl. z.B. WERNER 1993: 30f.). Wir konzentrieren uns in diesem Beitrag daher auf

---

[5] Insgesamt zählt man in 1990 in der Region Saar-Lor-Lux-Trier/Westpfalz ca. 60.500 Grenzgänger.
[6] Eine Sammlung von Informationen über Grenzgängerzahlen zwischen anderen Regionen findet man für die 80er Jahre auch bei KESSLER (1991a).
[7] Dieses Problem verschärft sich noch, wenn man die Wanderungsmotive nicht generell, sondern für bestimmte Erwerbspersonengruppen untersuchen möchte, was SADOWSKI/SCHIEBEN (1991) und SADOWSKI (1993) für den Bereich der Ärzte und des Pflegepersonals betonen.

die Frage, worin unterschiedliche betriebliche Kompensationsstrategien von Unternehmen in benachbarten Grenzregionen begründet sind und inwiefern sie das grenzüberschreitende Pendeln beeinflussen. Im Verlauf dieses Projektes haben wir auf Datensammlungen Walter KRUGs (1991) sowie auf seine große Erfahrung in der Gewinnung und Auswertung statistischer Daten im allgemeinen sowie in regional-wirtschaftlichen Untersuchungen im besonderen zurückgreifen können (KRUG 1987, 1976). Dies speziell auch in Lehrveranstaltungen, in denen D. Sadowski scheinbar Mitveranstalter war, in Wahrheit aber, wie R. Böck, Schüler. Trotz seiner mittelbaren Unterstützung möchten wir Walter KRUG nicht mit den Unzulänglichkeiten unseres unternehmenstheoretischen und keineswegs auf idealen Daten beruhenden Arguments belasten, sondern ihm im Rahmen unserer Möglichkeiten danken.

2. Betriebliche Kompensationspolitik und Grenzgängertum

Versteht man unter "Kompensation" Entgelt, Sozialleistungen und die geldwerten Vorteile aus einem Beschäftigungsverhältnis, so wollen wir zwei Typen von Kompensationsstrategien unterscheiden: eine *Anreizstrategie*, mit der Unternehmen aktiv und gezielt versuchen, durch ein überdurchschnittliches Kompensationsniveau Arbeitnehmer anzuziehen, und andererseits eine *Stillhaltestrategie*, bei der sich Unternehmen passiv verhalten und lediglich eine Mindestkompensation anbieten. Die Wahl zwischen Anreiz- und Stillhaltestrategie wird wesentlich durch drei Faktoren bestimmt: durch die Wahrscheinlichkeit, daß überhaupt grenzüberschreitende Mobilität stattfindet, und durch die entstehenden Koordinations- und Motivationskosten. Unter Koordinationskosten subsumieren wir die Kosten der (Wieder-)Besetzung eines Arbeitsplatzes im Falle von Wanderung (Such-, Auswahl-, Einstellungs-, Einarbeitungs- und Opportunitätskosten), als Kosten der Motivation zu Mobilität bezeichnen wir Lohn- und Sozialleistungsprämien sowie Informationsbeschaffungs- und -weitergabekosten. Eine Anreizstrategie, also eine überdurchschnittliche Kompensation, ist ceteris paribus dann vorteilhaft, wenn die (Wieder-) Besetzungskosten bei marktüblichem Lohn höher als die Anreizkosten sind, und eine Stillhaltestrategie lohnt, wenn das Gegenteil gilt.

Solche abstrakten Entscheidungsregeln können natürlich noch nicht erklären, warum in Grenzregionen systematische Unterschiede in der betrieblichen Kompensationspolitik zu den beobachtbaren, dauerhaften "Einbahnstraßen" der Grenzgängerströme führen können. Dies sollte nicht von wechselhaften Marktergebnissen abhängen - die auf Ausgleich hin tendieren, sondern auf institutionellen Faktoren.

3. Wettbewerbsdruck und soziales Sicherungssystem: Determinanten betrieblicher Kompensationsunterschiede

3.1 Die Wettbewerbssituation am regionalen Arbeitsmarkt und die Wahrscheinlichkeit grenzüberschreitender Mobilität

Es wird davon ausgegangen, daß bei einem moderaten Arbeitsmarktwettbewerb die Mobilitätswahrscheinlichkeit c.p. wesentlich geringer ist als bei einem starken Wettbewerbsdruck am regionalen Arbeitsmarkt. Wenn ein Unternehmen quasi-monopolistischer Arbeitsnachfrager ist, weil es sich aufgrund seiner Produktpalette oder seiner Produktionsverfahren in einer Marktnische befindet, dann dürfte die freiwillige Mobilität seiner Mitarbeiter gering sein, denn sie haben zumindest regional keine adäquate Alternative. Solche Unternehmen müssen weniger Anreize zum Verbleib oder zum Wechsel in den Betrieb setzen als Unternehmen, die mit ihren Produkten oder Produktionsverfahren in regionaler Konkurrenz stehen. Für sie ist die Gefahr der Abwerbung von Mitarbeitern durch konkurrierende Unternehmen wesentlich größer, weshalb hier eher eine Anreizstrategie erwartet werden kann. Eine überdurchschnittliche Kompensation ist aber auch denkbar in Unternehmen, die relativ schlechte sonstige Arbeitsbedingungen anbieten und deshalb ohne solche kompensatorischen Differentiale Fluktuations- und Rekrutierungsprobleme haben sollten.

3.2 Absatzmarktbedingungen und die Kosten der (Wieder-)Besetzung eines Arbeitsplatzes

Im Hinblick auf die sinnvolle Interpretation empirischer Beobachtungen unterstellen wir ferner, daß am Absatzmarkt erfolgreiche Unternehmen c.p. ausreichend finanzielle Ressourcen für Sach- und Humankapitalinvestitionen haben und sie auch einsetzen. Damit gehen besondere Qualifikationsanforderungen an die Mitarbeiter einher, also realistischerweise auch aufwendige Such- und Auswahlverfahren sowie eine intensive Einarbeitung, kurz gesagt also relativ hohe (Wieder-)Besetzungskosten. Damit würde eine Anreizstrategie unter sonst gleichen Bedingungen für am Absatzmarkt erfolgreiche Unternehmen vorteilhaft und zu erwarten sein.

Den am Absatzmarkt weniger erfolgreichen Betrieben unterstellen wir ein geringeres Innovationspotential, damit auch unterdurchschnittliche Qualifikationsansprüche, so daß die quasi-fixen Arbeitskosten bei (Wieder-) Besetzung eines Arbeitsplatzes vergleichsweise gering ausfallen dürften. Für diese Unternehmen erwarten wir also personal- und kompensationspolitisch eine Stillhaltestrategie.

3.3 Soziales Sicherungsregime und die Kosten gezielter Mobilitätsanreize

Die Kosten wirksamer Mobilitätsanreize ergeben sich aus der Differenz der Entgelte und Sozialleistungen des eigenen zum konkurrierenden Unternehmen ebenso wie aus den Kosten der Informationsbeschaffung über die Kompensationsdifferenzen und die Kosten der Informationsweitergabe über eigene Kompensationsofferten. Insbesondere wirken national unterschiedliche Regelungen des Steuer-[8], Sozialversicherungs- sowie Arbeitsrechts auf die Höhe der notwendigen Anreizkosten ein. Diese dürften um so höher sein, je umfangreicher der persönliche und sachliche Geltungsbereich der Sozialversicherung und die Beitragsbelastung des Arbeitgebers ist, die nicht nur mit den Beitragssätzen, sondern auch mit den Beitragsbemessungsgrenzen und Berechnungsgrundlagen variiert. Aber auch extensive arbeitsrechtliche Regelungen zum Mindestlohn oder zu Leistungsverpflichtungen bei der Einführung bzw. Aufrechterhaltung von Systemen der betrieblichen Alters- oder Krankenversorgung tragen zur Erhöhung der Anreizkosten bei. Dazu zählen Finanzierungsregelungen, die den Arbeitgeber stärker belasten als die Arbeitnehmer, ebenso wie Bestimmungen zur Unverfallbarkeit, zur Sicherung von Anwartschaften bei Insolvenz oder Betriebsinhaberwechsel oder regelmäßige Anpassungspflichten. Schließlich erhöhen auch umfangreiche Dokumentationspflichten die Anreizkosten, die insbesondere auf hohen Verwaltungskosten basieren.

---

[8] Nicht nur wegen der Diskussion um eine neue Grenzpendlerbesteuerung (vgl. zum Regierungsentwurf KAEFER 1994) sollten die Mobilitätsfolgen von Steuern und die kompensatorischen Reaktionen von Unternehmen hier eigentlich auch thematisiert werden. Wir haben dies wegen der Schwierigkeiten eines über den Steuersatz hinausgehenden Vergleichs (Bemessungsgrundlagen, Abzugsmöglichkeiten, Vielzahl der Steuern) unterlassen müssen. Für den deutsch-luxemburgischen Vergleich vgl. aber IABG 1996: 7-24.

In unserer zugegebenermaßen verengten Sicht beschränken wir unsere empirische Analyse:

a. auf die Wettbewerbssituation der Unternehmen auf grenzüberschreitenden regionalen Arbeitsmärkten, welche die Mobilitätswahrscheinlichkeit bestimmt,
b. auf den wirtschaftlichen (Absatz-)Erfolg der Unternehmen, dem wir große Bedeutung für die (Wieder-)Besetzungskosten beimessen, und schließlich
c. auf die Regelungen des sozialen Sicherungssystems, weil solche Nichtlohndifferenzen für Arbeitnehmer auch fluktuationsrelevant sind und daher die Kosten der gezielten Mobilitätsbeeinflussung (Anreizkosten) mitbestimmen.

Wir fassen unsere Überlegungen in den folgenden Hypothesen zusammen:

Hypothese 1: Unter sonst gleichen Bedingungen findet man in Unternehmen, die sich in einer moderaten Wettbewerbssituation auf dem Arbeitsmarkt befinden, tendenziell eher eine Mindestkompensation (Stillhaltestrategie), während Unternehmen in einer angespannten Wettbewerbssituation eher überdurchschnittliche Kompensationen gewähren (Anreizstrategie).

Hypothese 2: Gegeben den Wettbewerbsdruck am Arbeitsmarkt und die institutionellen Rahmenbedingungen, fallen in wirtschaftlich erfolgreichen Unternehmen c.p. höhere (Wieder-)Besetzungskosten an als in wirtschaftlich weniger erfolgreichen Unternehmen, was dort Anreizstrategien und hier Stillhaltestrategien erwarten läßt.

Hypothese 3: Je stärker die Regelungen des sozialen Sicherungssystems die Unternehmen finanziell belasten, desto höher sind c.p. ihre Anreizkosten und desto wahrscheinlicher ist eine Stillhaltestrategie - und umgekehrt.

Hypothese 4: Je stärker die Anreizkosten die (Wieder-)Besetzungskosten bei gegebenem Arbeitsmarktwettbewerb unterschreiten, desto eher wird eine überdurchschnittliche Kompensation, also eine Anreizstrategie, zu beobachten sein.

Ein Forschungsdesign, welches den besonderen Anforderungen einer empirischen Überprüfung des so formulierten theoretischen Zusammenhangs von Arbeits- und Absatzmarktsituation sowie sozialem Sicherungssystem auf der einen Seite und betrieblicher Kompensationsstrategie auf der anderen Seite angemessen Rechnung trägt, setzt eine quasi-experimentelle Struktur voraus. Unseren Ansatz präsentieren wir im folgenden Kapitel.

4. Zur Empirie des Einflusses institutioneller und marktlicher Rahmenbedingungen auf die betriebliche Kompensationspolitik

4.1 Der Stichprobenplan

Um den Einfluß von länderübergreifenden, systemunabhängigen Variablen (hier: Arbeits- bzw. Absatzmarktsituation) und nationalen Regimeunterschieden (hier: soziales Sicherungssystem) zu trennen, ist es sowohl notwendig, die betriebliche Kompensationspolitik unabhängig von den institutionellen Rahmenbedingungen bei unterschiedlichen Arbeits- und Absatzmarktsituationen zu vergleichen, als dies auch bei unterschiedlichen sozialen Sicherungssystemen unabhängig von den jeweiligen Marktsituationen zu tun.

Um nun zu studieren, inwieweit Markteinflüsse die betriebliche Kompensationspolitik determinieren und Systemvariable irrelevant sind bzw. eine untergeordnete Rolle spielen, bietet sich der *"most different systems"-Ansatz* als Forschungsdesign an (vgl. PRZEWORSKI/TEUNE 1970: 34ff.). Demnach sollte man das zu erklärende Verhalten vor dem Hintergrund möglichst unterschiedlicher Systeme betrachten. Wenn man dann unabhängig von unterschiedlichen landesspezifischen Regelungen sozialer Sicherheit einen Zusammenhang zwischen Markteinfluß und Kompensationspolitik feststellen kann, dann ist dies ein Indiz dafür, daß das betriebliche Verhalten auf die jeweilige Marktsituation zurückgeführt werden kann.

Um auf der anderen Seite der Behauptung nachzugehen, daß Systemvariable, hier also Unterschiede in den nationalen sozialen Sicherungssystemen, unterschiedliche betriebliche Kompensationspolitiken hervorrufen, während den länder-übergreifenden, systemunabhängigen (Markt-) Variablen keine oder eine residuale Bedeutung zukommt, sollte der *"most similar systems"-Ansatz* herangezogen werden (vgl. PRZEWORSKI/TEUNE 1970: 32ff.). Dazu wird empfohlen, das Unternehmensverhalten in Ländern zu untersuchen, die sich möglichst nur hinsichtlich der vermuteten Entscheidungsvariablen wesentlich unterscheiden, aber hinsichtlich vieler anderer Aspekte relativ ähnlich sind, so daß "[...] the number of "experimental" variables, although unknown and still large, is minimized" (PRZEWORSKI/TEUNE 1970: 32). Da in der vorliegenden Arbeit sowohl der Einfluß systemunabhängiger Variablen als auch die Bedeutung der sozialen Sicherungsregimes überprüft werden soll, ist eine Kombination der skizzierten Forschungsdesigns angezeigt.[9]

Möchte man nun betriebliche Kompensationsstrategien mit Hilfe eines solchen Analysedesigns untersuchen, dann müssen sich die Unternehmen, deren Kompensationen betrachtet werden sollen, in ein Raster unterschiedlicher Ausprägungen der marktlichen und institutionellen Rahmenbedingungen einordnen lassen, so daß ein paarweiser Vergleich möglich wird (vgl. auch SORGE 1985: 161). Je konsequenter dieses Konzept der "*matched pairs*" eingehalten wird, desto eher kann man divergierende betriebliche Kompensationspolitiken auf konkrete Einflußvariablen zurückführen.[10]

Zur Realisierung des notwendigen Markt-Institutionen-Rasters müssen nun einerseits die sozialen Sicherungssysteme der ausgewählten Grenzregionen mittels einer empirischen Institutionenanalyse in relevanten Dimensionen erfaßt und vergleichend gegenübergestellt werden, um so komparative Kostenvor- und -nachteile ermitteln zu können. Da andererseits Informationen über die Arbeits- und Absatzmarktbedingungen der Unternehmen notwendig sind, jedoch ein großes Defizit an international vergleichbaren Daten auf Unternehmensebene besteht, wurde am Trierer Institut für Arbeitsrecht und Arbeitsbeziehungen in der Europäischen Gemeinschaft - IAAEG - die **Qu**inter Studie zur **P**raxis der **P**ersonalpolitik in **E**uropa (QUIPPE) entwickelt (vgl. BACKES-GELLNER/BÖCK /WIENECKE 1994). Diese stellt einzelbetriebliche Daten zu arbeits- und absatzmarktlichen Rahmenbedingungen ebenso zur Verfügung wie Informationen über die Kompensationspolitik von Unternehmen in den relevanten regionalen Arbeitsmärkten in Deutschland, Luxemburg und Frankreich. Insgesamt wurden in diesen Regionen Vertreter von 50 Unternehmen befragt,[11] die aus Firmen unterschiedlicher Betriebsgröße der Branchen Textil, Metall, Elektro und Banken stammten.[12] 80% hatten ihren Sitz in einer der eher strukturschwachen Grenzregionen, 20% entfielen

---

[9] Auf Basis eines ebensolchen Untersuchungsdesigns und unter Verwendung des gleichen Datensatzes, der auch dieser Arbeit zugrunde liegt, untersucht BACKES-GELLNER (1996) den Einfluß unterschiedlicher externer Rahmenbedingungen auf betriebliche Berufsbildungsstrategien im deutsch-britischen Vergleich.

[10] Ein Beispiel für eine Analyse, die dieses Konzept der matched pairs verwendet, findet man in der Studie von MAURICE/SORGE/WARNER (1980).

[11] QUIPPE enthält darüber hinaus auch noch Informationen über 14 Unternehmen der Region Rhein-Main und 18 Unternehmen der Region Greater London. Die Rücklaufquote betrug insgesamt 31%.

[12] Vgl. Details zur Stichprobenauswahl bei BACKES-GELLNER/BÖCK/ WIENECKE 1994.

auf das Wirtschaftszentrum Luxemburg. Der Finanzsektor ist mit 36% insgesamt am stärksten vertreten, gefolgt von Unternehmen aus den Branchen Metall (26%), Textil (20%) und Elektro (18%) (vgl. BÖCK 1996).

4.1.1 Kostenbelastungen aus den sozialen Sicherungssystemen: Vom Umfang des Geltungsbereichs bis zu den Dokumentationspflichten

Um die umfangreichen gesetzlichen Regelungen zur sozialen Sicherung in Deutschland, Luxemburg und Frankreich miteinander vergleichen zu können, wurde die Analyse der Institutionen auf die Kosteneinflußgrößen aus betrieblicher Sicht beschränkt. Sie sind in Übersicht 1 zusammengefaßt.

Übersicht 1: Operationalisierung der Determinanten der Anreizkosten - Indikatoren der finanziellen Belastung der Arbeitgeber aus Regelungen zur sozialen Sicherung

OPERATIONALISIERUNG	INDIKATOR
Kompensation über Entgelt	
Geltungsbereich des Sozialversicherungsrechts	• Zahl der einbezogenen Versicherungszweige • Sozialversicherungspflichtige Arbeitnehmer
Finanzierung der Sozialversicherung	• Beitragssätze • Bemessungsgrundlage, Bezugsgröße
Handlungsspielraum	• Mindestlohnverpflichtung • Beitragsbemessungsgrenze
Kompensation über zusätzliche Sozialleistungen	
Errichtung	• Gründungspflichten und -bedingungen • Anspruchsberechtigte
Sicherung von Anwartschaften	• Unverfallbarkeit • Insolvenzschutz, Deckung von Fehlbeträgen • Schutz bei Betriebsinhaberwechsel • Anpassungspflicht
Finanzierung der zusätzlichen Sicherungssysteme	• Beitragssatz, Beitragspflichtige
Kompensation über Entgelt und Sozialleistungen	
Informationsbeschaffung und -weitergabe	• Dokumentations- und Publizitätspflichten

Quelle: BÖCK 1996: 68

Aufgrund der prinzipiell unterschiedlichen gesetzlichen Grundlagen für sozialversicherungspflichtige Entgeltzahlungen einerseits und betriebliche Alters- und Krankenversorgung andererseits kann man unterschiedliche Kostenbelastungen je Land herausarbeiten,[13] wodurch sich - unter der Annahme sonst gleicher Bedingungen - eine Gruppe von Unternehmen mit relativ starken finanziellen Belastungen und eine andere mit relativ geringen finanziellen Belastungen aus dem sozialen Sicherungssystem bilden lassen. Um die Kostenbelastungen gegeneinander abschätzen zu können, wurde ein Index gebildet. Je Indikator wurde eine Bewertung von 0 "gering" bis 2 "umfangreich" vorgenommen, wobei die Regelungen des jeweils zu beurteilenden Landes in Relation zu den Regelungen der beiden anderen Länder gesetzt wurden.[14]

Die Summe der Einzelwerte ergab dann eine Maßzahl für die Kostenbelastung des jeweiligen Landes. (vgl. MAYNTZ/HOLM/HÜBNER 1972: 44-47).[15]

Auffälliges Ergebnis dieser Zusammenfassung (vgl. Übersicht 2) ist, daß sich die länderspezifischen Kostenbelastungen unterscheiden, je nachdem, ob man die entgelt- oder die sozialleistungsbezogenen Regelungen betrachtet. Es lassen sich in Abhängigkeit von diesen Regelungsbereichen dann auch unterschiedliche Gruppen von Unternehmen zusammenfassen: Während die entgeltbezogene Kostenbelastung von deutschen und luxemburgischen Unternehmen relativ nahe beieinanderliegt und französische Unternehmen einen relativen Kostennachteil aufweisen, kann man hinsichtlich der sozialleistungsbezogenen Kostenbelastung die deutschen und französischen Unternehmen zu einer Gruppe zusammenfassen und gegen die luxemburgischen Firmen abgrenzen. Betrachtet man dagegen

---

[13] Die detaillierte empirische Institutionenanalyse wird in BÖCK (1996: 79-153) dargelegt.
[14] Prinzipiell hätte man zusätzlich eine Gewichtung der einzelnen Indikatoren vornehmen können. Problematisch ist jedoch, daß ihre Bedeutung in Abhängigkeit z.B. von der Beschäftigtenstruktur oder von den für das Unternehmen geltenden handels- und steuerrechtlichen Regelungen unterschiedlich sein dürfte. Da die empirische Institutionenanalyse weniger einer exakten Kostenkalkulation als vielmehr einer Unternehmensklassifikation dienen sollte, wurde auf Gewichtungen, die nur spekulativ sein könnten, verzichtet.
[15] Ein Einwand gegen das Verfahren der Indexbildung ist, "[...] daß häufig nur ordinal interpretierbare Zahlenwerte für die Merkmalsausprägungen auf verschiedenen Teildimensionen anschließend addiert, d.h., so behandelt werden, als handele es sich um kardinale Zahlen, die außerdem durch Anlegen eines einheitlichen Maßstabes an alle Teildimensionen zustande gekommen sind" (MAYNTZ/HOLM/HÜBNER 1972: 46). Auch wenn die Indexkonstruktion diesen statistischen Mangel aufweist, so ist sie dennoch ein nützliches, wenn auch grobes Vergleichsmaß für das Ausmaß bestimmter Merkmale in verschiedenen Gruppen und als solches hilfreich für die hier angestrebte Klassifizierung der Unternehmen in institutionenbedingt finanziell stark vs. gering belastete Unternehmen.

die Gesamtbelastung aus den länderspezifischen Regelungen zur sozialen Sicherheit, dann kann man keine Klassifikation in zwei Gruppen mehr vornehmen, wohl aber eine Rangfolge relativer Kostenbelastungen ausmachen: Insgesamt haben luxemburgische Unternehmen einen komparativen Kostenvorteil und französische Firmen einen relativen Kostennachteil, während deutsche Betriebe in der Mitte liegen.

Übersicht 2: Ländervergleich der entgelt- und sozialleistungsbezogenen Kostenbelastungen

Indikator ⬇	Deutschland ⬇	Frankreich ⬇	Luxemburg ⬇
Teildimension Entgelt			
Persönlicher Geltungsbereich	1	2	2
Sachlicher Geltungsbereich	1	2	1
Gesamtbeitragsbelastung	1	2	0
Beitragsbemessungsgrenze	0	2	1
Mindestlohnverpflichtung	0	1	2
Dokumentationspflicht	1	2	0
Entgeltbezogene Kostenbelastung	*4*	*11*	*6*
Teildimension Sozialleistungen			
Einrichtungpflicht/-bedingung	1	2	0
Kreis der Anspruchsberechtigten	1	2	1
Finanzierung durch Unternehmen	2	1	2
Unverfallbarkeit	1	2	0
Insolvenzsicherung/Garantieträgerschaft	1	0	0
Übernahme bei Betriebsinhaberwechsel	2	1	0
Anpassungspflicht	2	1	0
Dokumentationspflicht	1	2	0
Sozialleistungsbezogene Kostenbelastung	*11*	*11*	*3*
Gesamtkostenbelastung	**15**	**22**	**9**

Quelle: BÖCK 1996: 154

4.1.2 Wettbewerbsdruck am Arbeitsmarkt: das An-/ Abwerbeverhalten der Unternehmen

Der Arbeitsmarktdruck der Unternehmen wurde einerseits mit Hilfe ihres Anwerbedrucks gemessen, d.h. mit der Häufigkeit der Anlässe, in den letzten zehn Jahren bei Konkurrenten qualifizierte Arbeitskräfte anzuwerben, und andererseits über den Abwerbdruck, d.h. der Häufigkeit von Personalabwerbungen durch andere Unternehmen und der Intensität ihrer eigenen Reaktionen. Unternehmen, die eher häufig bis regelmäßig Arbeitskräfte angeworben haben oder die sich überdurchschnittlich häufig gegen Abwerbungen wehren mußten, wurden als Betriebe unter hohem Arbeitsmarktdruck gezählt. Demgegenüber sind Firmen, die eher selten bis nie Arbeitskräfte angeworben haben bzw. von Abwerbung betroffen waren oder jedenfalls keine Gegenmaßnahmen ergriffen, in die Gruppe der Unternehmen mit moderatem Wettbewerb am Arbeitsmarkt sortiert.

Die Stichprobe konnte aufgrund der definierten Zuordnungsregel in 31 (66%) passive Unternehmen, die einem moderaten Wettbewerbsdruck ausgesetzt sind, und 16 (34%) aktive Unternehmen, die unter hohem Wettbewerbsdruck am Arbeitsmarkt ihre personalpolitischen Entscheidungen treffen müssen, eingeteilt werden. Auffällig ist, daß die Einteilung der Unternehmen nach ihrer Wettbewerbssituation am Arbeitsmarkt nicht branchenmäßig oder betriebsgrößenspezifisch zu erklären ist, was für unsere Frage die Wichtigkeit von Unternehmensdaten im Unterschied zu Aggregatdaten unterstreicht.

4.1.3 Wettbewerbsfähigkeit am Absatzmarkt: der wirtschaftliche (Miß-)Erfolg der Unternehmen

Um den wirtschaftlichen Erfolg der Unternehmen zu erfassen, wurde auf verschiedene Indikatoren zurückgegriffen: das Betriebsergebnis in 1992, die Entwicklung des Betriebsergebnisses in den letzten fünf Jahren, die Wahrnehmung des Konkurrenzdrucks sowie den durchschnittlichen Umsatz je Beschäftigten. Da diese jeweils unterschiedliche Aspekte des wirtschaftlichen Erfolgs von Unternehmen widerspiegeln und die Korrelationen zwischen ihnen relativ gering ausfielen, wurden sie in einer Clusteranalyse (vgl. BÖCK 1996: 164-74) zur Charakterisierung der Unternehmensstichprobe in eine Gruppe wirtschaftlich erfolgreicher (51%) und eine Gruppe wirtschaftlich weniger erfolgreicher (49%) Firmen genutzt. Auch hier verläuft die Zuordnung der Unternehmen nicht entlang von Branchen- oder Betriebsgrößengrenzen.

4.1.4 Die Hypothesenmatrix

Unser quasi-experimentelles Design zur Prüfung der marktlichen und der nationenspezifischen institutionellen Einflüsse ist in der folgenden Hypothesenmatrix zusammengefaßt (vgl. ähnlich BACKES-GELLNER 1996.)

Mit unseren Hypothesen verträglich wären folgende Beobachtungen:

Hypothese 1: Isolation des Arbeitsmarkteinflusses unabhängig von der Absatzmarktsituation und dem Institutionenregime: Die Werte des Feldes */I müßten niedriger im Vergleich zum Feld */II sein.

Hypothese 2: Isolation des Absatzmarkteinflusses unabhängig von der Arbeitsmarktsituation und dem Institutionenregime: Im Feld */1 müßten niedrigere Werte vorliegen als im Feld */2, ebenso müßten sich im Feld */3 niedrigere Werte als im Feld */4 beobachten lassen.

Hypothese 3: Isolation des Institutioneneinflusses bei gegebenen Marktbedingungen: Dies hätte zur Folge, daß die Werte des Feldes 1/* über denen des Feldes 2/* liegen müßten.

Hypothese 4: Kombination des Institutionen- und Absatzmarkteinflusses bei gegebenen Arbeitsmarktbedingungen: Hier müßten je Arbeitsmarktsituation in Feld 1/2 bzw. 1/4 immer die höchsten und in Feld 2/1 bzw. 2/3 die geringsten Kompensationsniveaus zu finden sein.

Tabelle 1: Das Markt-Institutionen-Raster als Prüfungsschema

Arbeitsmarkt-bedingungen	Absatzmarkt-bedingungen	Soziales Sicherungssystem			
		gering finanziell belastend (K_A gering)	hoch finanziell belastend (K_A hoch)		
geringer An-/Abwerbedruck (ε gering)	wirtschaftlich erfolglos (K_B gering)	1/1	2/1	*/1	*/I
	wirtschaftlich erfolgreich (K_B hoch)	1/2	2/2	*/2	
hoher An-/Abwerbedruck (ε hoch)	wirtschaftlich erfolglos (K_B gering)	1/3	2/3	*/3	*/II
	wirtschaftlich erfolgreich (K_B hoch)	1/4	2/4	*/4	
		1/*	2/*		

Legende: K_A : Anreizkosten
K_B : (Wieder-)Besetzungskosten
ε : Mobilitätswahrscheinlichkeit

Quelle: BÖCK 1996: 77

Welche konkreten Ergebnisse die Auswertung zutage brachte und wie diese ökonomisch zu interpretieren sind, wird im folgenden Abschnitt zusammengefaßt.

4.2 Die Praxis der betrieblichen Kompensationspolitik in der Region Saar-Lor-Lux-Trier/Westpfalz

Auf Basis der erfolgten Mehrfachkategorisierung der Unternehmen konnte der isolierte und kombinierte Einfluß unterschiedlicher Konstellationen der potentiellen Determinanten auf das betriebliche Entgelt- sowie Sozialleistungsniveau zunächst in Partialanalysen ermittelt und schließlich auch durch eine übergreifende Analyse ihr Einfluß auf das gesamte Kompensationsniveau untersucht werden.

Unabhängig davon, ob man zur Messung des betrieblichen Entgeltniveaus das jahresdurchschnittliche Bruttoentgelt oder den monatlichen Modalverdienst heranzog, stellten sich signifikante Unterschiede in Abhängigkeit von der Wettbewerbssituation am Arbeitsmarkt heraus.

Gegeben den Absatzmarkterfolg und die institutionellen Rahmenbedingungen, zeigte sich, daß Unternehmen bei einer höheren Mobilitätswahrscheinlichkeit auch ein höheres Entgelt zahlen. Untersucht man den isolierten Einfluß der Absatzmarktsituation auf diese beiden Entgeltindikatoren, dann wird insbesondere für den Modalverdienst deutlich, daß Unternehmen, die wirtschaftlich erfolgreicher sind, höhere Löhne und Gehälter gewähren.

Schließlich tritt auch deutlich ein Institutioneneinfluß unabhängig von den verschiedenen Marktbedingungen hervor. Er belegt, daß stärker durch das soziale Sicherungssystem belastete französische Unternehmen im Durchschnitt ein geringeres Entgeltniveau realisieren als deutsche und luxemburgische Betriebe mit geringeren Anreizkosten. Betrachtet man abschließend den kombinierten Einfluß der die (Wieder-)Besetzungskosten beeinflussenden Absatzmarktsituation und des die Anreizkosten bestimmenden sozialen Sicherungssystems, bei gegebener Mobilitätswahrscheinlichkeit, dann kann für den weniger ausreißerempfindlichen Modalverdienst herausgearbeitet werden, daß Unternehmen mit hohen (Wieder-)Besetzungs- und gleichzeitig geringen Anreizkosten tendenziell das höchste Entgeltniveau aufweisen und Unternehmen mit umgekehrter Kostenkonstellation die absolut niedrigsten Löhne und Gehälter zahlen.

Tabelle 2: Durchschnittlicher Bruttojahresverdienst je Beschäftigten, *Modalwert eines Bruttomonatsverdienstes* in 1992* und Anteil an Beschäftigten in %, die 1992 mindestens 25% über und unter dem Modalverdienst lagen

Arbeitsmarkt-bedingungen	Absatzmarkt-bedingungen	Soziales Sicherungssystem			
		D+L (K_A gering)	F (K_A hoch)		
geringer An-/ Abwerbedruck	wirtschaftlich erfolglos (K_B gering)	45.067 *3.127* **30,20**	52.271 *2.935* **24,62**	48.990 *3.032* **27,43**	50.670 *3.187* **28,47**
(ϵ gering)	wirtschaftlich erfolgreich (K_B hoch)	55.885 *3.745* **29,57**	45.894 *2.943* **29,62**	52.358 *3.342* **29,59**	
hoher An-/ Abwerbedruck	wirtschaftlich erfolglos (K_B gering)	69.546 *3.742* **41,96**	46.487 *2.523* **15,94**	61.458 *3.130* **28,89**	64.596 *3.564* **31,61**
(ϵ hoch)	wirtschaftlich erfolgreich (K_B hoch)	66.383 *5.250* **39,75**	70.576 *3.398* **32,06**	67.837 *4.100* **34,97**	
		59.762 *3.828* **34,89**	53.174 *2.950* **25,41**		

Legende: K_A : Anreizkosten
K_B : (Wieder-)Besetzungskosten
ϵ : Mobilitätswahrscheinlichkeit
• : in DM[16]

• Quelle: Eigene Berechnungen aus QUIPPE, vgl. BÖCK 1996: 177,182

---

[16] Die in Landeswährung erhobenen und in DM umgerechneten Daten stellen den Wert der errechneten Größen bei kritischer Betrachtung nicht zutreffend dar, da Preisniveauunterschiede und damit auch die realen Nutzen der Kompensationen nicht berücksichtigt werden. Die Verwendung von Kaufkraftstandards (KKS) kann dazu beitragen, Preisniveauunterschiede auszuschalten. Dabei handelt es sich um eine "[...] theoretische Rechnungseinheit, mit der man in allen Mitgliedstaaten die gleiche Menge von Waren und Dienstleistungen kaufen kann. Angaben in KKS eignen sich deshalb dazu, die Kaufkraft der Löhne in den Mitgliedstaaten zu vergleichen" (EUROSTAT 1986: 13). Deshalb wurde alternativ zu den ausgewiesenen Ergebnissen auch Berechnungen der Kompensationsunterschiede auf Basis von KKS durchgeführt. Die Ergebnisse unterscheiden sich zwar absolut, aber nicht relativ oder im Hinblick auf die Irrtumswahrscheinlichkeiten. Außerdem ist zu berücksichtigen, daß die KKS-Umrechnung nicht auf regionalen, sondern auf nationalen Preiserhebungen beruht und somit nicht notwendigerweise die Preisniveaus in den betrachteten Regionen einfängt.

Die gleichen Zusammenhänge wurden dann auch für die Streuung betrieblicher Entgelte untersucht. Insbesondere die isolierten Betrachtungen, aber auch eingeschränkt die Ergebnisse der kombinierten Analyse sprechen für den Einfluß aller drei Faktoren auf die betriebliche Entgeltgestaltung. Als Zwischenergebnis der ersten Partialanalyse kann deshalb festgehalten werden, daß sowohl Markt- als auch Institutionenunterschiede die betriebliche Entgeltpolitik determinieren, wobei der Einfluß der Wettbewerbssituation am Arbeitsmarkt besonders deutlich hervortritt. Die Untersuchung der Bestimmungsfaktoren des betrieblichen Sozialleistungsniveaus erfolgte zunächst anhand der absoluten Zahl der freiwillig angebotenen Sozialleistungen, darunter auch verschiedener Formen betrieblicher Alters- und Krankenversorgung bzw. ihrer funktionalen Äquivalente. Die errechneten Mittelwertunterschiede wiesen mehr Sozialleistungsofferten einerseits in Unternehmen auf, die unter starkem An-/ Abwerbedruck am Arbeitsmarkt stehen, und andererseits in Firmen, die am Absatzmarkt relativ erfolgreich sind. Wie auch beim betrieblichen Entgeltniveau kommt zudem den unterschiedlichen, die betrieblichen Sozialleistungen betreffenden Regelungen der sozialen Sicherungssysteme offenbar eine Bedeutung zu. Es lassen sich eindeutige und signifikante Unterschiede zwischen eher gering institutionell belasteten luxemburgischen und eher stark belasteten deutschen und französischen Betrieben feststellen.

Ein ähnliches Muster ergibt sich, wenn man anstelle der absoluten Zahl an Sozialleistungen den Anteil der Sozialleistungsausgaben je Mitarbeiter überprüft. Somit konnte als Zwischenergebnis der zweiten Partialanalyse festgehalten werden, daß auch die betriebliche Sozialleistungsentscheidung sowohl markt- als auch institutionendeterminiert ist.

Da im Rahmen dieser Arbeit davon ausgegangen wurde, daß die Kompensation von Arbeitsleistung grundsätzlich sowohl durch Entgelt als auch durch freiwillige betriebliche Sozialleistungen vollzogen wird, wurde abschließend noch eine übergreifende Untersuchung durchgeführt. Dazu wurde zunächst mit Hilfe einer neu definierten Variable eine durchschnittliche Monatskompensation aus direktem Entgelt und Sozialleistungsausgaben ermittelt und diese dann dem bekannten Prüfungsschema unterzogen.

Tabelle 3: Durchschnittliche Zahl der freiwillig gewährten Sozialleistungen in 1992[17] und *Ausgaben für Sozialleistungen je Beschäftigten in DM in 1992*[18]

Arbeitsmarkt-bedingungen	Absatzmarkt-bedingungen	Soziales Sicherungssystem			
		L (K_A gering)	F+D (K_A hoch)		
geringer An/-Abwerbedruck (ε gering)	wirtschaftlich erfolglos (K_B gering)	-a *-a*	1,97 *2.087*	1,97 *2.087*	2,47 *3.621*
	wirtschaftlich erfolgreich (K_B hoch)	3,01 *5.848*	2,53 *3.110*	2,61 *3.725*	
hoher An-/Abwerbedruck (ε hoch)	wirtschaftlich erfolglos (K_B gering)	3,0 *-a*	3,91 *2.728*	3,46 *2.728*	3,84 *6.518*
	wirtschaftlich erfolgreich (K_B hoch)	4,79 *9.912*	3,42 *5.831*	4,18 *8.036*	
		3,7 *7.995*	2,95 *3.396*		

Legende: K_A : Anreizkosten
K_B : (Wieder-) Besetzungskosten
ε : Mobilitätswahrscheinlichkeit
a : Kein valider Fall
Quelle: Eigene Berechnungen aus QUIPPE, BÖCK 1996: 187

Auf Basis dieses Indikators konnte gezeigt werden, daß jedem einzelnen der möglichen Determinanten - Arbeitsmarkt- und Absatzmarktsituation sowie soziales Sicherungsregime - ein signifikanter Einfluß auf die betriebliche Kompensationsentscheidung zukommt. Es bestätigte sich eindeutig, daß c.p. Unternehmen unter starkem Arbeitsmarktdruck ebenso wie wirtschaftlich erfolgreiche Betriebe und institutionell finanziell weniger belastete Firmen eher eine Anreizstrategie praktizieren und sich Unternehmen unter moderatem Wettbewerbsdruck am Arbeitsmarkt, wirtschaftlich erfolglose Betriebe und Firmen mit hoher institutioneller Belastung eher für eine Stillhaltestrategie entscheiden. Außerdem konnte aufgrund der Ergebnisse der kombinierten Einflußanalyse davon ausgegangen werden, daß Unternehmen ihre Kompensationsentscheidung durch Abwägen der (Wieder-)Besetzungs- und der Anreizkosten, bei gegebener Mobilitätswahrscheinlichkeit, fällen.

---

[17] Zur Ermittlung der Zahl der freiwilligen Sozialleistungen wurden die Unternehmen direkt nach bestimmten Sozialleistungen gefragt, und es wurde ihnen zusätzlich die Möglichkeit gegeben, noch weitere zu ergänzen. Insgesamt konnten sieben Leistungen angegeben werden.
[18] Auch hier wurde alternativ eine Berechnung auf Basis von KKS vorgenommen. Wiederum zeigten sich keine Veränderungen hinsichtlich Relation und Signifikanz der Ergebnisse, weshalb auch hier die Verwendung der DM-Beträge gerechtfertigt bleibt.

Tabelle 4: Durchschnittliches monatliches Gesamtkompensationsniveau in DM[19]

Arbeitsmarkt-bedingungen	Absatzmarkt-bedingungen	Soziales Sicherungssystem				
		L (K_A gering)	D (K_A mittel)	F (K_A hoch)		
geringer An-/Abwerbedruck	wirtschaftlich erfolglos (K_B gering)	-a	2.961	3.114	3.048	3.585
(ε gering)	wirtschaftlich erfolgreich (K_B hoch)	4.280	3.796	3.389	3.842	
hoher An-/Abwerbedruck	wirtschaftlich erfolglos (K_B gering)	-a	4.056	2.831	3.593	4.490
(ε hoch)	wirtschaftlich erfolgreich (K_B hoch)	6.233	4.516	4.529	4.966	
		5.140	3.869	3.513		

Legende: K_A : Anreizkosten
K_B : (Wieder-)Besetzungskosten
ε : Mobilitätswahrscheinlichkeit
a : Kein valider Fall
Quelle: Eigene Berechnungen aus QUIPPE, vgl. BÖCK 1996: 191

Abschließend wurde dann noch überprüft, ob bestimmte Konstellationen dieser Einflußfaktoren mit einem regionenspezifischen Ausmaß an Grenzgängertum einhergehen. Es konnte gezeigt werden, daß die Region Luxemburg durch einen großen Arbeitsmarktdruck einerseits und den im Regionenvergleich größten Anteil an wirtschaftlich erfolgreichen Unternehmen andererseits charakterisiert ist. Kombiniert mit der geringen institutionellen Belastung durch das soziale Sicherungssystem sind alle Voraussetzungen für eine Anreizstrategie und damit ein relativ hohes Kompensationsniveau gegeben. Entsprechend hoch ist auch der Anteil der Grenzgänger an den Vollzeitbeschäftigten der Unternehmen dieser Region. Umgekehrt zeichnet sich Lothringen durch eine Vielzahl an Unternehmen unter moderatem Arbeitsmarktwettbewerb und einen hohen Anteil an wirtschaftlich weniger erfolgreichen Betrieben aus, was gepaart mit den hohen institutionellen Belastungen eine Basis für eine Stillhaltestrategie und damit für ein besonders niedriges Kompensationsniveau bildet. Deshalb wunderte es auch nicht, daß lothringische Firmen die im Regionenvergleich geringsten Grenzgängeranteile zu verzeichnen haben. Für die Region Saar-Trier/Westpfalz ergibt sich bei allen drei Indikatoren

---

[19] Auch hier rechtfertigt sich nach Vergleich mit den Ergebnissen der KKS-Berechnungen die Verwendung der DM-Beträge.

ein mittlerer Platz: Die gemischte Kompensationsstrategie überrascht daher nicht, sie geht auch mit einem Anteil an Grenzgängern einher, der zwischen demjenigen luxemburgischer und lothringischer Unternehmen liegt.

5. Ansatzpunkte zur Beeinflussung grenzüberschreitender Mobilität

Die Ergebnisse unserer unternehmenstheoretischen und empirischen Analyse möglicher Determinanten des „kleinen Grenzverkehrs" können die Diskussion um die Verringerung von Mobilitätshemmnissen und die Realisierung eines „grenzenlosen Arbeitsmarktes" (RÜTH-MAILÄNDER 1992:494) in Europa informieren. Es ist sehr deutlich geworden, daß weniger die Individuen als vielmehr die in den Regionen ansässigen Betriebe Dreh- und Angelpunkt grenzüberschreitender Mobilität sind und institutionellen wie marktmäßigen Faktoren eine entscheidungsbeeinflussende Funktion zukommt.

Eine Eingriffsmöglichkeit liegt deshalb in der Angleichung der Arbeitgeberbelastungen aus dem sozialen Sicherungssystem. Eine hohe Gesamtbeitragsbelastung wie in Frankreich könnte durch eine paritätische statt die Arbeitgeber mehrbelastende Aufteilung der Beitragszahlungen oder aber durch Finanzierung zumindest eines Sozialversicherungszweiges durch den Staat verringert werden. Aber auch im Bereich der Mindestlohn- und Dokumentationspflichten wären Änderungen denkbar. So könnte man die Festlegung der Mindestlöhne in Frankreich und Luxemburg auf die Ebene der Sozialpartner verlagern, so daß die Festlegung der Mindestlöhne sich besser an den betrieblichen bzw. branchenmäßigen Gegebenheiten orientieren könnten. Schließlich könnte eine Beschränkung der Dokumentationspflicht insbesondere im Rahmen der französischen Sozialbilanzen c.p. kostensenkend wirken.

Auf Seiten der betrieblichen Sozialleistungen sind für die im Vergleich zu luxemburgischen Unternehmen stärker belasteten deutschen und französischen Firmen verschiedene Maßnahmen zu bedenken. Ein möglicher Ansatzpunkt ist die Vereinheitlichung von Wartezeiten und Unverfallbarkeitsregelungen der betrieblichen Altersversorgungssysteme. Eine andere Überlegung könnte dahin gehen, daß französische Unternehmen von der obligatorischen und gesetzlich verpflichtenden Mitgliedschaft in Zusatzaltersversicherungssystemen und "mutuelles" entbunden würden und die private Vorsorge gestärkt würde.

Unsere Vorschläge laufen somit insbesondere auf einen Abbau institutionell bedingter Kostennachteile als Mobilitätsbarrieren hinaus. Die Frage, ob höhere Sozialausgaben - wie auch Steuerausgaben - nicht auch Standortvorteile, etwa eine verbesserte Infrastruktur, bilden könnten, können wir mit unserem Partialansatz nicht beantworten.

Literatur

Backes-Gellner, Uschi (1996): Betriebliche Qualifizierungsstrategien im deutsch-britischen Vergleich. München und Mering: Hampp

Backes-Gellner, Uschi; Ruth Böck; Susanne Wienecke (1994): Quinter Studie zur Personalpolitik in Europa: QUIPPE - Konzeption und erste Befunde. Trier: Institut für Arbeitsrecht und Arbeitsbeziehungen in der Europäischen Gemeinschaft, Quint-Essenzen Nr.41 August 1994.

Böck, Ruth (1996): Betriebliche Kompensationspolitik im Wettbewerb nationaler sozialer Sicherungssysteme. München und Mering:Hampp

ECOTEC (Hg.) (1992): Mobility of Cross-border Workers. Birmingham, Brüssel: European Employment Observatory.

Europäisches Parlament (1993) Bericht des Ausschusses für Soziale Angelegenheiten, Beschäftigung und Arbeitsumwelt über die Mitteilung der Komission über die Lebens-und Arbeitsbedingungen der in den Grenzgebieten lebenden Bürger der Gemeinschaft, insbesondere Grenzgänger vom 27. Januar 1993. Sitzungsdokument A3-00234/93.

Eurostat (1986): Arbeitskosten 1984. Luxemburg: Amt für Amtliche Veröffentlichungen der Europäischen Gemeinschaften.

Faßmann, Heinz; Rainer Münz (1993): Europäische Migration und die Internationalisierung des Arbeitsmarktes. In: Strümpel, Burkhard; Meinolf Dierkes (Hg.) (1993): Innovation und Beharrung in der Arbeitspolitik. Stuttgart: Schäffer-Poeschel.

Freisl, Josef (1991): Die Freizügigkeit der Arbeitnehmer in der Europäischen Gemeinschaft. München: tuduv-Verlags-Gesellschaft.

IABG (1996): Grenzüberschreitende Finanzströme zwischen den Regionen Trier und Luxemburg. Mainz: Ministerium für Wirtschaft, Verkehr, Landwirtschaft und Weinbau, Januar 1996

Kaefer, Wolfgang (1994): Regierungsentwurf Grenzpendlergesetz. Hintergründe, Darstellung und Kritik. Bertriebs-Berater 49(1994)9:613-620

Kessler, Simon (1991): Frontaliers d'Europe. Rapport sur les migrations transfrontalières. Strasbourg: Édition Images.

Kommission der EG (Hg.) (1991): Die Regionen in den 90er Jahren. Vierter Periodischer Bericht über die sozioökonomische Lage und Entwicklung der Regionen der Gemeinschaft. Luxemburg: Amt für Amtliche Veröffentlichungen der Europäischen Gemeinschaften.

Krug, Walter (1991): Die sozioökonomische Struktur des Großraums Saar-Lor-Lux-Trier/Westpfalz. In: Amt für Wirtschaftsförderung der Stadt Trier (Hg.): Trierer Wirtschaft - heute. Eine europäische Region wächst zusammen - SAAR-LOR-LUX-TRIER. Trier:8-11.

Krug, Walter; Martin Nourney (1987): Wirtschafts- und Sozialstatistik: Gewinnung von Daten. 2. Aufl. München, Wien: Oldenbourg.

Krug, Walter (1976): Quantifizierung des systematischen Fehlers in wirtschafts- und sozialwissenschaftlichen Daten. Dargestellt an der Statistik der Erwerbstätigkeit. Berlin: Duncker& Humblot.

Martin, Philip L.; Elmar Hönekopp; Hans Ullmann (1990): Europe 1992: Effects on Labor Migration. International Migration Review 24(1990)3.

Maurice, Marc; Arndt Sorge; Malcom Warner (1980): Societal Differences in Organizing Manufacturing Units: A Comparison of France, West Germany and Great Britain. Organization Studies 1(1980).

Mayntz, Renate; P. Holm; P. Hübner (1972): Einführung in die Methoden der empirischen Sozialforschung. Köln: Opladen.

o.V. (1993a): Die Autobahn ist einflußreicher als der Binnenmarkt. Frankfurter Allgemeine Zeitung (10.08.1993) 183: 12.

o.V. (1993b): Für Besteuerung der Grenzgänger nach Wohnortprinzip. Trierischer Volksfreund (26.04.1993)96: 5.

Pries, Ludger (1996): Internationale Arbeitsmigration und das Entstehen Transnationaler Sozialer Räume. In: Thomas Faist et al. (Hg.): Neue Migrationsprozesse: politisch-institutionelle Regulierung und Wechselbeziehungen zum Arbeitsmarkt. Arbeitspapier des Zentrums für Sozialpolitik Bremen Nr.6/1996

Przeworski, Adam; Henry Teune (1970) The Logic of Comparative Social Inquiry. New York: John Wiley.

Ricq, Charles (1981): Sozialpolitik und Grenzgänger in Europa. Internationale Revue für Soziale Sicherheit 34(1981)2.

Rüth-Mailänder, Agnes (1992): Wanderarbeitnehmer in den EG-Staaten. Arbeitnehmer 40(1992)12.

Sadowski, Dieter (1993): Die Binnenwanderung in der Europäischen Gemeinschaft - Immobilität trotz sinkender Barrieren? - In: Buttler, Friedrich et al. (Hg.) (1993): Europa und Deutschland - Zusammenwachsende Arbeitsmärkte und Sozialräume. Festschrift für Heinrich Franke zum 65. Todestag 26. Januar 1993. Stuttgart et al.: Kohlhammer:483-490.

Sadowski, Dieter; Rainer Schieben (1991): Migration von Ärzten und Pflegekräften in der Europäischen Gemeinschaft. In: Gesellschaft Deutscher Krankenhaustag mbH (Hg.) (1991): Das Krankenhaus auf dem Wege nach Europa. Stuttgart et al.: Kohlhammer: 473-495.

Sorge, Arndt (1985): Informationstechnik und Arbeit im sozialen Prozeß. Arbeitsorganisation, Qualifikation und Produktivkraftentwicklung. Frankfurt/m., New York: Campus.

Telen, Jos (1993): Grenzgänger und Arbeitsmarkt. Tageblatt (02.12.1993) 274: 3.

Werner, Heinz (1993): Beschäftigung von Grenzarbeitnehmern in der Bundesrepublik Deutschland. Mitteilungen aus der Arbeitsmarkt- und Berufsforschung 26(1993)1.

Whitting, Gill; John Penny (o.J.): Migration and Labout Mobility in the European Community. Birmingham, Brüssel: European System of Documentation on Employment, SYSDEM Papers 5.

Wissenschaftliche Veröffentlichungen von Walter Krug

Monographien

Allgemeine Volkswirtschaftslehre III (Verteilungstheorie). Schaeffers Grundriß des Rechts und der Wirtschaft. Abteilung III: Wirtschaftswissenschaften (Hrsg. H.G. Schachtschabel). Stuttgart 1965.

Das immaterielle Kapital und seine statistische Erfassung. Dissertation Erlangen-Nürnberg 1966.

Quantifizierung des systematischen Fehlers in wirtschafts- und sozialstatistischen Daten. Dargestellt an der Statistik der Erwerbstätigkeit. Berlin 1976.

Wirtschafts- und Sozialstatistik: Gewinnung von Daten. München, Wien 1982 (zusammen mit M. Nourney).

Nutzen-Kosten-Analyse der Salmonellosebekämpfung. Schriftenreihe des Bundesministeriums für Jugend, Familie und Gesundheit, Band 131 (1983) (zusammen mit N. Rehm).

Disparitäten der Sozialhilfedichte. Statistische Beschreibung und Analyse. Schriftenreihe des Bundesministers für Jugend, Familie und Gesundheit, Band 190 (1986) (zusammen mit N. Rehm).

Wirtschafts- und Sozialstatistik: Gewinnung von Daten. 2. erweiterte Auflage. München, Wien 1987.

Kaufkraftparitäten für nicht marktbestimmte Güter. Dargestellt am Bildungs- und Gesundheitswesen. Forschungsbericht für EUROSTAT (Luxemburg). Trier 1990.

Statistische Methoden für Wirtschafts- und Sozialwissenschaftler. Trier 1991 (zusammen mit N. Rehm).

Pflegebedürftigkeit in Heimen. Statistische Erhebungen und Ergebnisse. Schriftenreihe des Bundesministers für Familie und Senioren. Band 5 (1991) (zusammen mit G. Reh).

Wirtschafts- und Sozialstatistik. Gewinnung von Daten. 4. völlig neu bearbeitete Auflage. München, Wien 1996, (zusammen mit J. Schmidt).

Hilfe zur Arbeit: Arbeitspotentialschätzung. Schriftenreihe des Bundesministeriums für Gesundheit. Band 54 (1995) (zusammen mit R. Meckes).

Mitherausgeber

Analyse und Prognose in der quantitativen Wirtschaftsforschung. Festschrift für Prof. Dr. I. Esenwein-Rothe. Berlin 1971.

Nutzen-Kosten-Betrachtungen im Bildungs- und Gesundheitswesen. Projekt im Rahmen der "Praxisbezogenen Studienform". Trierer Beiträge. Sonderheft 5 (1980).

Aufsätze

Erfassung des durch Ausbildung entgangenen Einkommens. Schmollers Jahrbuch, Bd. 86 (1966), Heft 4, S. 561 ff.

Quantitative Beziehungen zwischen materiellem und immateriellem Kapital. Jahrbücher für Nationalökonomie und Statistik, Bd. 179 (1967), Heft 1, S. 37 ff.

Auswirkungen einer sich ändernden Altersstruktur im Rahmen der Schulen und Hochschulen. Ein Beitrag zur Prognose im Bildungswesen. Veröffentlichungen der Deutschen Akademie für Bevölkerungswissenschaft, Reihe A, Nr. 12, Hamburg 1969.

Education and Demography. Some Remarks on the Interrelation between Income, Education and other Demographic Variables. Paper for the General Conference of the International Union for Scientific Study of Population. London 1969.

Die nicht stichprobenbedingte Varianz von Erhebungsergebnissen. In: Derselbe (Hrsg.): Analyse und Prognose in der quantitativen Wirtschaftsforschung, Festschrift für Prof. Dr. I. Esenwein-Rothe, Berlin 1971.

Schätzungen des durch Ausbildung entstandenen "Humankapitals". In: A. Hegelheimer (Hrsg.): Texte zur Bildungsökonomie. Berlin 1975.

Zur Genauigkeit des Index der industriellen Nettoproduktion. Jahrbücher für Nationalökonomie und Statistik, Jg. 190 (1976).

Anwendung von Splinefunktionen zur Darstellung der personellen Einkommensverteilung. Allgemeines Statistisches Archiv, Bd. 60 (1977).

Probleme der Anwendung statistischer Methoden auf Daten der amtlichen Wirtschafts- und Sozialstatistik. In: L. Bosse, W. Eberl (Hrsg.): Stochastische Verfahren in den Technischen Wissenschaften und in der amtlichen Statistik. Schriftenreihe der Technischen Universität Wien, Bd. 18. Wien, New York 1980.

Quantifizierung von Indikatoren zur "Rentabilität" der beruflichen Ausbildung und ihre Überprüfung durch Dummy-Regressionen. In: W. Clement (Hrsg.): Konzept und Kritik des Humankapitalansatzes. Schriften des Vereins für Socialpolitik, Bd. 113 (1981).

Logit-Analyse der Beziehungen zwischen Ausbildung und Einkommen. In: W. Clement (Hrsg.): Konzept und Kritik des Humankapitalansatzes. Schriften des Vereins für Socialpolitik, Bd. 113 (1981).

Lineare und nicht-lineare Regressionen zur personellen Einkommensverteilung bei aggregierten Daten. Jahrbücher für Nationalökonomie und Statistik, Bd. 196 (1981).

The Effect of Education on the Personal Distribution of Income: A Comperative Study of the U.S. and the Federal Republic of Germany. In: A. Ott (Hrsg.): Education through Choice. Elementary and Secondary Education. Institute for Economic Studies. Clark University, Worcester (Mass.) 1981 (zusammen mit A. Ott, und T. Bohr).

The Economic Costs of Salmonella Infections in Humans and Domestic Animals. In: G.H. Snoyenbos, (Hrsg.): Proceedings of the International Symposium on Salmonella. New Orleans/LA 1984.

Cost-benefit analysis of salmonella eradication. In: Block, J.C. Havelaar, A.H. und L'Hermite, P.: Epidemiological Studies of Risks Associated with the Agricultural Use of Sewage Sludge: Knowledge and Needs. London, New York 1985.

Möglichkeiten der Erstellung eines Berichtssystems der Armut nationaler und internationaler Art mit Hilfe administrativer Daten. Dargestellt an der Bundesrepublik Deutschland, Dänemark, Großbritannien, Frankreich und Niederlande. Forschungsauftrag des Statistischen Amtes Europäischer Gemeinschaften. Luxemburg 1986/87.

An International Statistical System for Reporting on Poverty. Jahrbücher für Nationalökonomie und Statistik. Festschrift für Prof. Dr. Strecker, Band 203 (1987).

Multivariate Analysen zur Sozialhilfedisparität. Allgemeines Statistisches Archiv, Band 71 (1987).

Personelle Auswirkungen der Bevölkerungsentwicklung auf die Alterssicherung. In: B. Felderer (Hrsg.): Bevölkerung und Wirtschaft. Schriften des Vereins für Socialpolitik. Band 202 (1990) (zusammen mit A. Ott, Worcester/Mass.)

Reale Bildungsausgaben im europäischen Vergleich. In: D. Sadowski u.a. (Hrsg.): Ökonomie und Politik beruflicher Bildung - Europäische Entwicklungen. Schriften des Vereins für Socialpolitik. Band 213 (1992).

Der EKS-Index zur Berechnung der Kaufkraftparitäten der EU-Länder. In: Rinne u.a. (Hrsg.): Grundlagen der Statistik und ihre Anwendungen. Festschrift für K. Weichselberger. Heidelberg 1995, S. 285 ff.

Wirtschafts- und Sozialstatistik als Teil der Statistikausbildung für Wirtschaftswissenschaftler. Allgemeines Statistisches Archiv. Bd. 80 (1996).

Kleinere Beiträge

Studieneinführung "Statistik". Aspekte, Mai 1976.

Geburtenrückgang und Bevölkerungsprozeß. Schriftlicher Diskussionsbeitrag. In: Haas, G., Külp, B. (Hrsg.): Soziale Probleme der modernen Industriegesellschaft. Schriften des Vereins für Socialpolitik. Bd. 92 (1976).

Beschreiben - Schätzen - Entscheiden. Statistik als Wissenschaft und Beruf. St. Gallener Tagblatt. 29. August 1976.

Höheres Einkommen durch qualifizierte Ausbildung? Ein statistischer Beitrag. Trierer Beiträge. Aus Forschung und Lehre an der Universität Trier, Sonderheft 1, Juni 1977.

Quantitative Entscheidungskriterien für Ausbildungsinvestitionen der Bevölkerung der Bundesrepublik Deutschland. Mitteilungen der Deutschen Gesellschaft für Bevölkerungswissenschaft. 58. Folge (1978).

Verdienst, Rendite. Wirtschaftswoche. 26. November 1979.

Vermittlung von Praxisbezug im Studium durch Nutzen-Kosten-Projekte. In: W. Krug, N. Rehm, (Hrsg.): Nutzen-Kosten-Betrachtungen im Bildungs- und Gesundheitswesen. Projekt im Rahmen der "Praxisbezogenen Studienform". Trierer Beiträge. Sonderheft 5 (1980).

Sozioökonomische Auswirkungen der Salmonellose. Bundesgesundheitsblatt. Bd. 26 (1983)

Trier Stadt, Trier Land und überhaupt ... . Eine statistische Beschreibung. In: Trierer Wirtschaft - heute. Jahreszeitschrift 1985/86.

Das regionale Gefälle in der Sozialhilfedichte. Der Landkreis, Heft 8/9, 1986.

Die sozioökonomische Struktur des Großraums Saar-Lor-Lux- Trier /Westpfalz. In: Trierer Wirtschaft - heute. Jahreszeitschrift. 1990/91.

Verzeichnis der Autoren

Dr. Gerhard Arminger, Professor, Bergische Universität Wuppertal

Dr. Walter Assenmacher, Professor, Universität Essen - GHS

Dr. Günter Bamberg, Professor, Universität Augsburg

Dr. Ruth Böck, Gothaer Versicherungsbank VVaG, Köln

Dr. Hans Wolfgang Brachinger, Professor, Universität Fribourg

Sara Carnazzi, Universität Fribourg

Kamal Desai, VA Medical Center, Boston

Dr. Eckart Elsner, Professor, Statistisches Landesamt Berlin

Dr. Klaus Heinemann, Professor, Universität Hamburg

Dr. Eckhard Knappe, Professor, Universität Trier

Dr. Rainer Lasch, Universität Augsburg

Dr. Peter-Michael von der Lippe, Professor, Universität Essen - GHS

Dr. Lothar Müller-Hagedorn, Professor, Universität Köln

Dr. Werner Neubauer, Professor, Universität Frankfurt

Attiat F. Ott, Professor, Clark University

Dr. Klaus Reeh, EUROSTAT Luxemburg

Dr. Horst Rinne, Professor, Universität Gießen

Dr. Dieter Sadowski, Professor, Universität Trier

Dr. Friedrich Schmid, Professor, Universität Köln

RD Jürgen Schmidt, Statistisches Bundesamt Wiesbaden

Dr. Marcus Schuckel, Universität Köln

Dr. Wolfgang Sendler, Professor, Universität Trier

Petra Stein, Gerhard Mercator Universität Duisburg

Dr. Horst Stenger, Professor, Universität Mannheim

Dr. Heinrich Strecker, Professor, em., Universität Tübingen,
        Prof. h.c. Universität München

Mark Trede, Universität Köln

Dr. Rolf Wiegert, Professor, em., Universität Tübingen